高 等 院 校 艺 术 设 计 精 品 教 程

顾 问 杨 永 善 丛 书 主 编 陈 汗 青

环境景观植物与设计

王葆华 王璐艳 主编

华中科技大学出版社

http://www.hustp.com

中国·武汉

内 容 简 介

　　本书针对环境设计专业的培养目标及学生特点,结合多年来的教学与实践经验,详细讲述了景观植物的基础知识及其在环境设计中的理论与应用,主要包括三大主题,即景观植物基础知识、植物景观设计基本理论、不同空间类型植物景观的设计与应用,其中不同空间类型包括建筑庭院空间、城市居住空间、城市交通空间、城市文教类空间、城市商业的空间、城市滨河空间以及城市公园七大专题。本书理论与案例相互渗透,图表与文字相互补充,方便读者阅读、理解和记忆。本书适合作为环境设计、风景园林、城市规划、建筑设计等专业相关课程的教材,也可作为相关设计工作人员的参考书。

图书在版编目(CIP)数据

环境景观植物与设计/王葆华,王璐艳主编.—武汉:华中科技大学出版社,2018.4
高等院校艺术设计精品教程
ISBN 978-7-5680-3537-8

Ⅰ.①环… Ⅱ.①王… ②王… Ⅲ.①园林植物-景观设计-高等学校-教材 Ⅳ.①TU986.2

中国版本图书馆 CIP 数据核字(2018)第 059228 号

环境景观植物与设计

Huanjing Jingguan Zhiwu yu Sheji

王葆华　　王璐艳　主编

策划编辑:余伯仲
责任编辑:邓　薇
封面设计:潘　群
责任校对:刘　竣
责任监印:周治超
出版发行:华中科技大学出版社(中国·武汉)　　　电话:(027)81321913
　　　　　武汉市东湖新技术开发区华工科技园　　　邮编:430223
录　排:武汉楚海文化传播有限公司
印　刷:湖北新华印务有限公司
开　本:880mm×1230mm　1/16
印　张:28
字　数:730 千字
印　次:2018 年 4 月第 1 版第 1 次印刷
定　价:140.00 元

編委會

高等院校艺术设计精品教程

编　委　会

在许多书籍中，通常用"园林植物"来表示用于环境或景观中造景的植物，人们也将园林植物称作景观植物、绿化植物或观赏植物。编者认为，这些叫法相互通用并无不妥，但从学术层面上讨论或对于专业人士来讲，还是有本质区别的。观赏植物主要用来观赏，例如盆栽、盆景等，注重植物的观赏特性，尤其是个体的观赏价值，适当考虑造景功能，基本不考虑其生态价值。绿化植物主要用来绿化、美化人居空间，注重植物的整体性和一定的生态效益，为人居环境提供必要的遮阴、降温、滞尘等功能的同时考虑一定的观赏性。景观植物则是要满足观赏、造景及生态功能等多方面需求的一类植物，注重整体环境的营造，提倡乡土化、本土化。园林植物则是在景观植物的基础上，还应考虑一定的文化传承和意境营造，但园林与景观相比，涉及的范围较窄，这个词容易让人局限于"景园"之中。所以，景观植物的提法比观赏植物、绿化植物、园林植物的范围广，内容更丰富，更能清晰地表达用于城市造景、园林绿化、室内庭院、风景名胜区、风景林、农业观赏园以及用于防护、生态恢复、生境营造、荒山绿化、土壤改良等一系列植物的总称。因此，本书使用"景观植物"一词。

环境设计专业涵盖了景观设计、室内设计以及装饰装修等各方面内容，是人类生存环境中从微观到宏观的整合设计，同时，它也是一个实践性非常强的专业。英国造园家克劳斯顿（Brian Clauston）提出："环境设计归根结底是植物材料的设计，其目的就是改善人类的生态环境，其他的内容只能在一个有植物的环境中发挥作用。"北京林业大学孙筱祥认为："一个主持城市园林绿地系统规划工作的总园林师，如果不掌握3000种以上活的高等植物，是难以胜任总园林师或主持这项工作的。如果请一位没有学过植物学的建筑师、规划师或美术师来主持这项工作，那么他除了在总图上涂绿线、绿带、绿片的颜料以外，就没有别的任务可做了。"由此可见，从事环境设计、风景园林设计、建筑设计的设计师，掌握景观植物的一些知识是十分必要的。

本书力求用最简单的文字表达、最直观生动的图片和清晰明了的表格，将复杂、庞大的知识体系分解到每一章节、每一段落中；另外，书中涉及植物既用了学名也使用了业内认可的俗名、别称，以方便读者记忆和理解。限于编写水平，书中难免有疏忽和欠妥之处，敬请各位同行、专家、读者批评指正！

编 者

2017 年 10 月

目录

第一章

绪　　论

目前城市发展十分迅速，人们对居住环境的质量要求也越来越高，无论是新兴城市还是旧城改造，营造舒适、宜人的自然环境是城市发展的目标。另外，随着人们审美水平的提高，一般的环境美化、绿化似乎无法满足人们对城市环境的追求，更高层次、更具品位的环境景观成为当下大多城市的追求。市场对园林设计、景观设计、风景园林以及环境设计等专业人才的需求量也与日俱增，对人才质量的要求也越来越高，这对高等教育提出了挑战。

第一节　概　　述

一、学科发展与景观植物的关系

我国高校的园林、风景园林、环境设计、景观设计、城市规划等专业或方向都涉及景观植物学或植物造景等植物类相关课程内容，开设的课程名称和讲授内容也不尽相同。不同学科背景下，风景园林或景观设计相关专业课程设置的差异主要体现在专业核心课程上。工科背景院校开设的风景园林、景观学等专业注重设置建筑设计类课程，而较少设置植物类课程；农林背景院校开设的风景园林相关专业设置了覆盖"植物学""植物生理学""树木学""花卉学""植物造景"等课程的较为完善的植物类课程体系；而其他一些高校开设的风景园林相关专业则最多设置了"园林植物与应用""种植设计"两门植物类课程。农林背景院校开设的园林或风景园林专业，植物类课程是重点课程，其涉及的广度、深度、难度远超非农林背景院校开设的环境艺术设计或环境设计专业的相关植物类课程。例如，在广度上，农林背景院校开设的植物类课程涵盖绿地规划、种植设计、植物栽培、植物养护管理、植物文化等；在深度上，它又分为树木学、花卉学、草坪学、苗圃学、插花学、盆景学等；在难度上，它涉及植物生理、植物生态、遗传育种等自然科学。此外，该学科具有名词术语繁多、概念抽象、实践性强、实验材料的季节性强等特点，不适合非农林背景专业的学生学习。如何使一个传统学科与专业需求和发展相适应成为目前植物学教学中的重要任务。虽然这些差异造成了农林背景院校在植物学方面的明显优势，但这并不能说明其他学科背景的专业在植物类课程上就不能超越它并办出特色。非农林类院校相关专业应结合学科优势，发挥各自的专业特色，找出适合自己人才培养目标和模式的植物类课程的教学内容和方法，尤其是在艺术类学科背景下，植物类课程应该根据自身的学科背景和专业特色制定与之相适应的培养目标、课程内容以及开创不同的教学方法、考核模式，来更好地突出专业优势，培养适合社会需求的专业人才。

环境设计专业在高等院校中是一个新兴的专业，在当今社会上是一个急需专业，涵盖了景观设计、室内设计以及装饰装修等各方面内容，是人类生存环境中从微观到宏观的整合设计，同时是实践性非常强的专业。城市环境设计应反映出设计师、决策者以及建设者们对城市所面临生态环境和社会等诸多问题的关注。英国造园家克劳斯顿（B. Clouston）提出："环境设计归根结底是植物材料的设计，其目的就是改善人类的生态环境，其他的内容只能在一个有植物的环境中发挥作用。"北京林业大学园林学院教授孙筱祥认为："风景园林学是用有生命的材料和与植物群落、自然生态系统有关的材料进行设计的艺术和科学的综合学科……一个主持城市园林绿地系统规划工作的总园林师，如果不掌握 3000 种以上活的高等植物，是难以胜任总园林师或主持这项工作的。如果请一位没有学过植物学的建筑师、规划师或美术师来主持这项工作，那么他除了在总图上涂绿线、绿带、绿片的颜料以外，就没有别的任务可做了。"

植物景观成为景观表达的最主要手段，它是环境要素构成中最具生命力和最富变化性、不可预测性的元素。对于私园，植物景观可以陶冶情操、表达志趣；对于公共园林，植物景观可以营造宜人、自然的游憩环境；对于城市环境，植物景观对于保护城市生态环境，反映历史文化和展现城市风貌发挥着重要作用。图 1-1 所示为作不同用途的植物景观。

庭院(泰康商学院中心庭院)

公园(新加坡碧山宏茂桥公园)

城市广场(苏州苏南万科·公园里)

图 1-1 作不同用途的植物景观

本书结合编者在环境设计专业多年的教学经验，从植物配置的艺术与表达，以及植物配置的科学与技术等方面，详细解析植物在环境设计中的设计和运用，并进行理论知识和实际项目的综合介绍。

二、相关概念

1. 景观植物

景观植物（landscape plant）又叫园林植物，也可以说是观赏植物或绿化植物，学术上并没有一个完整统一的定义，一般认为是用于城市造景、园林绿化、风景名胜区等各类绿地的植物。严格来讲，这些叫法是有区别的，这要从观赏、绿化、景观、园林四个词意去理解。

从字面上理解，观赏植物主要用来观赏，例如盆栽、盆景、观赏花卉、观赏蔬果等，注重植物的观赏特性，尤其是个体的观赏价值，适当考虑其造景功能，基本不考虑其生态价值。绿化植物主要用来绿化、美化人居空间，注重植物的整体性和一定的生态效益，为人居环境提供必要的遮阴、降温、滞尘等功能的同时考虑一定的观赏性。景观植物则是指满足观赏、造景及生态功能等多方面需求的一类植物，注重整体环境的营造，提倡乡土化、本土化。园林植物则是在景观植物的基础上，还应考虑一定的文化传承和意境营造，但园林与景观相比，涉及的范围较窄，容易让人局限于"景园"之中。所以，景观植物的提法比观赏植物、绿化植物、园林植物的范围广，内容更丰富，更能清晰地表达用于城市造景、园林绿化、室内庭院、风景名胜区、风景林、农业观赏园以及用于防护、生态恢复、生境营造、荒山绿化、土壤改良等一系列植物的总称。

随着人们对于人与自然这一永恒主题认识的不断加深，景观植物的内涵也在不断丰富、不断拓展，植物在环境设计中越来越被广大设计师所重视。在学科发展和实际应用的过程中，景观植物除了包含传统的观赏乔木、灌木及地被、花卉外，之前一直未被广为认识的野生花卉、农业观光类植物也被纳入景观植物的范畴，近年来观赏果木以及观赏草也成为景观植物。不久的未来，也许蔬菜、药用植物、蜜源植物、经济作物等都会纳入到景观植物的群体中，成为人们改善环境、增加景致、保护生态、展示特色的手段。

2. 植物造景

传统的植物造景（plant landscaping）定义为："利用乔木、灌木、藤木、草本植物来创造景观，并发挥植物的形体、线条、色彩等自然美，形成一幅幅美丽动人的画面，供人们观赏。"其主要特点是强调植物景观的视觉效应，其植物造景定义中的"景观"一词也主要是针对视觉景观而言的。随着生态园林建设的深入和发展以及景观生态学、全球生态学等多学科的引入，植物景观的内涵也随着景观的概念范围不断扩展，传统的植物造景概念、内涵等已不能适应生态时代的需求。

植物造景不再仅仅是利用植物来营造视觉艺术效果的景观，它还包含着生态上的景观、文化上的景观，甚至具有更深更广的含义。我们应该看到，植物造景概念的提出是有其时代背景的，植物造景的发展不能仅仅停留在概念提出的那个时代，而应随着时代的发展而不断发展，尤其应随园林生态的不断发展而发展，这才是适合时代需求的植物造景，持续发展的植物造景。为此，植物造景的概念应被赋予新的含义：以景观生态学原理为指导，以改善城市整体生态品质和实现城市总体功能最优、维护成本低为目标，运用园林植物多样性与园林艺术，设计植物景观，满足人们的生活需要、生态需要，实现景观格局、尺度、功能与生态过程的和谐发展。

3. 植物配置

植物配置（plant arrangement）是指按植物生态习性及园林布局要求，合理配置园林中各种植物（乔木、灌木、花卉和地被植物等），以发挥它们的园林功能和观赏特性。在进行具体园林植物配置的过程中，我们不仅要遵循植物配置的科学性，还要讲究其艺术性。一个园林工程想要做到既符合科学原理又具有极高艺术价值的植物配置是一件十分困难的事情。在进行植物配置的过程中，我们要选择适合该区域气候条件的植物，让植物可以在自然环境中正常生长，这样才能发挥一棵植物的观赏价值。在进行植物选择的过程中，我们需要尽量选择那些具有当地乡土气息的植物，因为只有具有当地乡土气息的植物，才能凸显出当地的自然特色。

4. 绿地率和绿化覆盖率

绿地率（ratio of green space）和绿化覆盖率（green coverage rate）均是衡量城市或某一特定区域的绿化状况的经济技术指标。初学者往往分不清两者的区别，很多人将其混淆。

绿地率即某一区域绿化用地总面积与该区域用地总面积的比值。用公式表示如下：

$$绿地率 = 绿地面积 / 用地总面积 × 100\%$$

绿化覆盖率指绿化植物的垂直投影面积占城市或某一区域用地总面积的比值。用公式表示如下：

$$绿化覆盖率 = 绿化植物垂直投影面积 / 用地总面积 × 100\%$$

将上述定义、公式对比可知，这两个概念都指基于绿化数据与用地总面积的比值，但是，不同点是，绿地率以绿化用地的面积作为比值，绿化覆盖率以植物树冠的垂直投影面积作为比值，其结果和意义有很大不同。例如，以我国当代居住区为例，由于道路和建筑面积的限定，绿地率根本不可能达到80%以上，一般做到不低于30%即可；但是，有可能达到80%以上甚至接近100%的绿化覆盖率。比如，在绿地率有限的居住区，通过道路绿化及屋顶绿化，使道路及建筑用地被绿植覆盖，达到较高的绿化覆盖率，依旧可能营造一个绿地如茵的居住区。

5. 绿视率

绿视率（green looking ratio）指人们眼睛所看到的物体中绿色植物所占的比例，它强调立体的视觉效果，代表城市绿化的更高水准。一般认为，人的视野中绿色的比例达到25%时，感觉最为舒适。绿视率是从人对环境的感知方面考虑的，并且它是随着时间和空间的变化而不断变化的，是一个动态的衡量因素，它侧重的是环境绿化的立体构成。

与绿化覆盖率、绿地率相比，绿视率更能反映公共绿化环境的质量，更贴近人们的生活。绿视率概念的提出，为居住区绿化质量的优劣提供了一个全新的衡量角度，为居住区景观绿化的设计提供了一条新的思路，真正地实现了景观绿化设计中"以人为本"的设计思想，具有现实的指导意义。

三、景观植物应用趋势

1. 垂直绿化

1）概念和作用

垂直绿化是城市景观、公共园林、居住区绿化中的重要组成部分之一，它是充分利用空间优势，采用以攀援植物为主的植物材料进行绿化环境的一种方法，主要应用在建筑的廊柱、墙面、栅栏、阳台、坡度较大的位置等。垂直绿化既能装饰地面建筑物，遮蔽住难看的构筑物，又能建立安静的休息地，更能创造理想的"小气候"。尤其是墙面的垂直绿化，既可以起到美化、装饰作用（见图1-2），又能够

图1-2　垂直绿化

有效降低夏季因强烈阳光照射而炙热的房屋墙面温度，减少了热导效应。据测定，有垂直绿化的建筑室内温度在夏季高温时比没有绿化的室内温度低 3~4 ℃，而湿度可增加 20%~30%。另外，城市主干道沿街建筑的垂直绿化还可以吸收从街道传来的城市噪声，滞留大气中的粉尘，净化空气等。此外，垂直绿化可以用于装饰假山和置石，使枯寂的山石生趣盎然，景色大增。

2）素材选择

垂直绿化的主要植物素材是攀援植物以及草本植物。攀援植物（也称藤本植物）具有细长柔软的枝条和茎蔓，有的具有吸盘、卷须，可以吸附或缠绕在绿化对象上（见图 1-3），例如爬山虎、常春藤、牵牛花；有的则是借蔓茎向上缠绕或垂挂倒立在绿化对象上，例如紫藤、凌霄、葡萄等。攀援植物除了用于观叶、观形外，还可用于赏花闻香，如金银花、飘香藤、蒜香藤等；有些攀援植物的根、茎、叶、花、果实等，还可提供药材、果品、蔬菜、香料等产品，如葛藤、藤三七、豆类、瓜类等。

攀援植物用于垂直绿化优势明显，一方面其具有穿透性强的浅根或气根，可依靠气根吸收空气中的水分或养分，对土壤及气候的适应性强，生长快；另一方面它们能够充分利用土地和空间，在有限的空间和较短的时间内达到理想的绿化效果，解决城市环境中绿地少、绿视率低、空间不足及特殊场所无法用乔灌木来绿化等诸多问题。

草本植物在垂直绿化中也占据一席之地，尤其是近年来新兴的生态墙绿化形式，深受欢迎。草本植物低矮质轻的优势和色彩丰富的花叶使它成为垂直绿化的主要植物材料之一。草本植物没有任何吸附、缠绕等能力，需要借助于一定的营养基质、种植槽、浇灌系统等特殊的设备，使其固定、安放在墙面、坡面的垂直空间上，以达到绿化、美化的作用（见图 1-4）。垂直绿化特殊的设备包括悬挂槽、通水管、护网、栽培介质、供水管、绿化砖、斜孔模块、基槽和基质块、布液管、集液槽、溢流槽、水泵、上液管等。

常见的垂直绿化的草本植物种类繁多，涉及的科属也举不胜举，几乎所有适应能力强、抗逆性好的草本花卉都可以当做垂直绿化的材料。其中常用的藤本蔓生类植物有茑萝、牵牛花、丝瓜、葫芦等，适应能力及观赏价值较高的草花有非洲凤仙、四季海棠、金叶反曲景天、锦绣苋、佛甲草、金叶过路黄、矮麦冬、矮牵牛兰花、天竺葵、针茅、蕨类以及各地的野生草花等。

图 1-3　攀援植物的吸盘（左）、卷须（右）

图 1-4　草本植物在垂直绿化中的应用

3）应用形式

（1）建筑墙面垂直绿化。

现代城市的住宅、公共建筑均以硬质景观为主，适当的软质景观可以柔化和协调建筑与环境的质感和形态冲突，作为软质景观的绿化和水景是最常见的手段。垂直绿化不仅给建筑环境增添了绿色和生机，而且对墙体还有保温作用。另外，垂直绿化既是遮瑕掩陋的完美手段，也是增加城市绿量，提高城市绿视率的有效措施。建筑墙面的绿化常受自然条件、墙面材质、建筑朝向、建筑高度以及建筑的风格和颜色的影响。实践证明，墙面材料越粗糙，越有利于攀援植物的生长。目前国内外常见的墙面主要有清水砖墙面、水泥粉墙、水刷石墙面、水泥毛坯墙、石灰粉墙面、马赛克墙面、玻璃幕墙等。粗糙的墙面易于攀援植物附着，其中水泥毛坯墙还能使带钩刺的植物沿墙攀援；石灰粉墙的强度低，且抗水性差，表层易于脱落，不利于具有吸盘的爬山虎等吸附。这些墙体的绿化一般需要人工固定。马赛克墙面与玻璃墙的表面十分光滑，植物几乎无法攀援，这类墙体的绿化最好通过在靠墙处搭成垂直的绿化格架，使植物攀附于格架之上，既起到绿化作用，又利于控制攀援植物的生长高度，取得整齐一致的效果。同时，不同朝向墙面攀援植物的选择，应根据实际选择与光照、土壤等生态因子相适应的植物，如墙面朝南的选择爬山虎、凌霄、紫藤、木香等，朝向面北的可选择常春藤、扶芳藤、薜荔等耐阴的攀援植物。当然墙面高度不同，选择的植物亦有不同，对于多层建筑可选择爬山虎、五叶地锦等生长力强的植物，对于低矮的墙面可选择扶芳藤、洛石、凌霄等。另外，在古建筑或古典风格建筑的白色墙体上，一般配扭曲的紫藤（见图1-5）、凌霄（见图1-6）、叶子花等，它们可点缀墙体，展示环境的意境美；在现代风格的建筑墙体上，选用常春藤、薜荔等，并加以修剪整形，可突出建筑物的明快、整洁。此外，建筑墙面都有一定的色彩，在进行植物选配时必须充分考虑，如红色的墙体配植开黄色花的攀援植物，灰白的墙面嵌上开红花的美国凌霄，都能使环境色彩变亮。

对墙面进行垂直绿化时，并不是所有攀援植物都能依靠自身的能力攀援而上或是所有的墙面都适合攀援植物生长，有些墙面需用

图1-5　紫藤与白墙

图1-6　凌霄与白墙

一定的技术手段才能使植物攀援其上。常用的固定方法有：

①钉桩拉线法。在砖墙上打孔，钉入长25 cm的铁钉或木钉，并将铁丝缠绕其上，拉成50 cm×50 cm的方格网。一些攀援能力不是很强的植物，如圆叶牵牛、茑萝、观赏南瓜等，就可以附之而上，形成绿墙。国外也有直接用乔木通过钉桩拉线做成绿墙的形式。

②墙面支架法。在距墙15 cm之处安装网状或条状支架，供藤本植物攀援形成绿色屏障。支架的色彩要与墙面色彩一致，网格的单位尺寸一般不超过100 cm×100 cm。

③附壁斜架法。在围墙上斜搭木条、竹竿、铁丝之类一般主要起牵引作用的工具，待植物爬上墙顶后便会依附在墙顶上，下垂的枝叶形成另一番景象。

④墙体筑槽法。修建围墙时，选适宜位置砌筑栽培槽，在槽内种植攀援植物，可解决高层建筑墙面的绿化问题。

（2）构筑物的垂直绿化。

构筑物的垂直绿化主要包括花架、凉棚、绿廊或花廊等的绿化。这类绿化用途也很广泛，但营造方法大同小异。以绿廊为例介绍具体方法，首先是建筑选材，所用的建材包括人工材料和自然材料两大类。人工材料又分三类，即铝材、铜材等金属材料，水泥、粉石、斩石、磨石、瓷砖、马赛克、空心砖等水泥材料，塑胶管、硬质塑胶、玻璃纤维等塑胶材料；自然材料又可分为木竹绿廊和树廊两类。树廊在国内尚属少见，它是利用活的树木通过人工修剪而培育成的廊架形式，既可用紫薇、紫藤等灌、藤木编织而成，又可选凤凰木、榕树等乔木夹道而成。

图1-7　平顶廊（上）和拱形廊（下）

绿廊造型设计多为平顶形或拱形（见图1-7），宽2~5 m，高度随附近建筑物而异，一般高与宽的比为5∶4。绿廊建造时先立柱，柱子纵向间距为2.5~3.5 m，柱与柱之间用横梁相连，梁上架椽和横木，最终形成方格状或其他图案的顶部结构。绿廊类设计在植物营造时主要考虑要同绿廊的材质、色彩、形式、体量相协调。如金属材料的绿廊可栽植色彩明亮、丰富的植物（蔷薇、三角梅等）以增强现代感，天然木竹建成的绿廊可种植乡土气息浓厚的攀援植物（葫芦里、丝瓜、三叶木通等）以增添野趣。也可根据当地植物情况而突出地方特色，如在新疆吐鲁番选用葡萄配置绿廊。

（3）特殊地貌的垂直绿化。

特殊地貌包括园林中的假山石以及陡坡。用根系庞大、牢固的攀援植物或草本植物覆盖山体或坡面，可起到保持水土的作用，特别是在地貌垂直方向变化较大且有坡地时，其稳土的作用更加明显，同时又可形成较好的园林景观（见图1-8）。园林中的山石也可用攀援植物适当点缀，因园林中的置石主要

图1-8 坡地绿化

图1-9 假山石绿化（狮子林）

被用于欣赏造型美，由于其质地坚硬，又孤立裸露，偶有生机不足之感，若适当配置少许攀援植物，则更显得石景生机盎然，同时还遮盖了山石的局部缺陷（见图1-9）。

（4）生产型种植的垂直绿化。

生产型种植绿化主要出现在农业观赏园、机关单位绿化以及家庭花园中，国外的一些校园里也十分提倡生产型的种植。可供生产型种植的攀援植物种类很多，而且大多具有较高的观赏价值。著名的攀援植物葡萄、猕猴桃、观赏南瓜等，不但营养价值和药用价值高，还极具观赏性。除了一些木质藤本，建筑的庭院、角落、花池甚至盆栽，都可以种植一、二年生的攀援植物如瓜类、豆类等，也可选用观赏药用的葫芦等。

2. 绿色屋顶

1）概念和意义

绿色屋顶也叫屋顶绿化，简称为"绿屋顶"，与传统的硬质屋顶相比，具有绿色、生态友好、节能、美观的特点。绿色屋顶对于缓解城市热岛效应、减少空气污染、增加绿化覆盖率、有效开拓屋顶可利用空间以及降低雨水流速和减少流失方面发挥着积极作用，因此深受欧美国家喜爱，欧洲的部分政府甚至已经开始把绿色屋顶系统作为强制性标准来执行，还有一些政府采取提供经济补贴的方式鼓励和推广绿色屋顶建设。近几年我国广州、北京、深圳、上海、西安等城市也在积极尝试开拓绿色屋顶空间。2011年西安曾出台政策，鼓励公共机构所属建筑在符合建筑规范，满足安全要求前提下，建筑层数少于12层，高度低于10 m的非坡面屋顶新建或改建建筑，以及竣工时间不超过20年，顶层坡度小于15°的既有建筑，应当实施屋顶绿化，并在2016年明确了屋顶绿化补贴标准。我国现行的《绿色建筑评价标准》（GB/T 50378-2014）中，已经将合理采用屋顶绿化、垂直绿化等方式作为评价绿色建筑等级的重要指标之一，以后在屋顶绿化的发展上还可以有一些新的探索，如坡屋面种植防滑技术，适宜的地域物种；倡导立体绿化新材料、新技术的研发和应用，以及立体绿化都市农业新思路。

2）绿色屋顶的类型

绿色屋顶根据屋顶结构、承重以及功能定位，可以分为简易的屋顶绿化和游园式（花园式）屋顶绿化两大类。

简易式屋顶绿化（见图1-10）是利用低矮灌木或草坪、地被植物进行简单的屋顶绿化，建筑静荷载应大于等于100 kg/m²；游园式屋顶绿化（见图1-11）是以小乔木、低矮灌木、草本植物相结合进行的屋顶绿化植物配置，可在上面设置园路、简单的休息设施，供人游览、休憩，能最大限度地发挥植物的生态效益，建筑静荷载应大于等于250 kg/m²。研究结果表明，简易式屋顶绿化可截留雨水21.5%，种植屋面平均可截留雨水43.1%，游园式屋顶绿化可截留雨水64.6%。目前在我国旧城区，很多屋顶没有绿化，而一些新建的有屋顶绿化的建筑，由于考虑建筑经济成本的原因，在建设时设计的建筑屋顶荷载较小，常以简易式屋顶绿化为主，所以其生态效益相对游园式屋顶绿化来说较低。

3）素材选择

无论哪种类型的屋顶绿化，在植物材料的选择上都有一些基本的设计原则可循，包括：应选择须根发达的植物，避免选择直根系植物或根系穿透性较强的植物；以乡土植物为主，选择易移植、耐修剪、耐粗放管理、生长缓慢、抗风、耐旱、耐夏季高温、耐空气污染的植物。总之，屋顶绿化植物选择可以概括为"五个优先"：低矮植被优先于高大植被，耐旱植物优先于其他植物，浅根系植物优先于深根系植物，本土植物优先于外来植物，草本及花灌木优先于乔木。目前，国内用于屋顶绿化常见花卉及地被植物有绿景天、黄花景天、佛甲草、德国景天、垂盆草、长寿花、落地生根、岩牡丹、蟹爪兰、丝兰、紫叶鸭跖草、大花马齿苋、紫菀、鼠尾草、石竹、荷兰菊、百里香、薹草、金鸡菊、蛇鞭菊、松果菊、萱草、风铃草、红叶景天、三七景天、鸢尾、沿阶草、玉龙草、大叶油草、细叶结缕草等。花灌木有矮生紫薇、黄栌、连翘、榆叶梅、红瑞木、八仙花、结香、木槿、石榴、黄刺玫、金银木等，小乔木有紫叶李、玉兰、龙爪槐、垂枝榆、罗汉松、垂枝海棠、紫荆、圆柏、龙柏、四季桂、棕榈等。

3.雨水花园

1）概念和缘由

雨水花园是指自然形成的或人工挖掘的浅凹绿地，被用于汇聚并吸收来自屋顶或地面的雨水，通过植物、沙土的综合作用使雨水得到净化，并使之逐渐渗入土壤，涵养地下水，或使之补给景观用水、厕所用水等城市用水，是一种生态可持续的雨洪控制与雨水利用设施。图1-12所示为雨水花园剖面图。

图1-10　简易式屋顶绿化（绿屋顶）

图1-11　游园式屋顶绿化（屋顶花园）

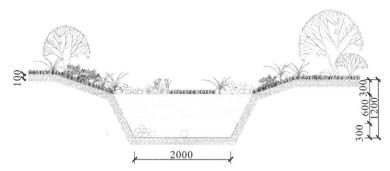

图 1-12　雨水花园剖面图

雨水花园源于城市雨洪管理。在工业化城市的集中与扩张过程中，城市发展对自然土地资源的过度开发，广大的农林地与动植物的自然栖息地被建筑、工业及道路用地所取代，大量的混凝土建筑物、不透水路面取代原有土地成为城市的主要地基。这种现象严重影响降水对土壤的自然渗透，造成地表径流的相对集中，形成城市洪水，使城市地基中含水量严重不足，导致土壤内部失去水平衡，割断了城市环境中的自然水循环链。另外，雨洪给城市造成大面积的交通瘫痪、内涝灾害、水污染、疾病传播等现象。

20 世纪 70 年代提出的雨洪最优管理系统 BMPs（best management practices），是最初针对城乡面源污染，后发展为控制降雨径流水量和水质的生态可持续的生态综合性措施。1990 年美国马里兰州乔治王子郡（Prince George's County）的居住区里，用一种生态滞留与吸收雨水的场地来替代标准化的雨洪最佳管理措施，采取的方法是在每户临街的前院配建一个 28~40 m² 的雨水花园。建成前后的监测数据对比表明，这条街道可以吸收周边 75%~80% 的地表径流，其设计的最大能力可以抵御该地区 100 年一遇的暴雨，造价为传统 BMPs 的 1/4，该项目与西雅图、波特兰市的一些类似项目共同提出了"低影响开发"理念。

雨水作为资源，是大自然水循环的一部分，能够起到调节、补充地区水资源和补给地下水资源的作用。但在我国城市化进程中，由于设计观念的落后和建设中的疏忽、失当而使得原有的可以吸水、纳水的自然生态肌理遭到了破坏，取而代之的是不可渗透的地面铺装、灰色的屋顶以及渠化的河岸等，这就导致雨水不能及时渗入地下补给地下水，从而引起城市洪涝等自然灾害，造成水资源循环不良的后果。针对城市发展中存在的这些问题，我们亟须对雨水的收集、处理和综合利用技术进行研究。近几十年来，欧美国家、日本等国已经在城市雨洪管理的理念及技术方面进行了大力推广并取得良好的效果，如雨水花园、屋顶绿化、生物滞留措施等。2014 年 10 月，我国住房城乡建设部拟定了《海绵城市建设技术指南——低影响开发雨水系统构建》（试行），对海绵城市的建设提出了指导性的规范和依据。（雨水花园属于海绵城市建设的一个组成部分。）

2）雨水花园的著名案例

早期雨水花园最为著名的成功案例是波特兰市的雨水花园的实践。其中最早的是位于俄勒冈科学与工业博物馆停车场的雨水花园，它对东方银行大厦俄勒冈州会议中心屋顶的雨水进行收集和渗透。还有波特兰市的塔博尔山中学雨水花园，它把一个未充分使用的沥青停车场改造成一个有创新性的雨水花园。这个花园集艺术、教育和生态功能于一体。塔博尔山中学雨水花园建成于 2006 年夏天，它不仅把一个"灰色空间"转变成"绿色空间"，同时也解决了当地居民的下水道设施问题。此外，波特兰市的唐纳德溪水公园（见图 1-13）也是一个知名案例，它在一块工业废弃地上重现湿地景观，以水和湿地栖息地作为公园的特色；公园设计充分利用了基地地形从南到北逐渐降低的特点，收集来自周边街道和铺地的雨水。种植的植物种类，从坡地的高处到低处的水池分布的变化，反映的是基地土壤含水量从少到多的变化过程，收集到的雨水经过坡地上植物的层层吸收、过滤和净化，最终多余的雨水被释放到坡地下方的水池中。基地的生态修复和重建不仅仅是为了重现过去的生态环境，更重要的是创造为当今公众服务的新景观，在体现"地方特色"的同时还需要有"时代精神"。唐纳德溪水公园充分展示了景观设计作为一种"人工自然"的生态介入，能够模仿自然特性和借用自然元素来构建人工化的生态新秩序，从而创造一个近似自然条件，混合人类使用特征的能行使"人工自然"的功能的新环境。

美国戴利城 Serramonte 图书馆雨水花园由图书馆前的草坪改建而成，用于雨水地表径流的收集与渗透。它主要利用草本植被进行雨水截留、生物滞留、自然渗透等。整个雨水处理系统避免了附近建筑遭受季节性洪水侵袭，减少了下游水量及对下游河口的污染，同时形成一道可供观赏的花园景致。

澳大利亚墨尔本爱丁堡雨水花园有效解决了墨尔本多年干旱难题。经过设计，整个雨水花园每年将吸收约 16000 kg 的固体悬浮颗粒，同时通过植物生长吸收约 160 kg 的硅、磷、氮等元素，减少垃圾产量。同时过滤的地下水将达 200 m³，可提供公园每年所需灌溉水的 60 %。

3）雨水花园的作用

植物在雨水花园中所起的作用多种多样，主要包括污染物吸收与净化，雨水滞留与渗透，审美与环境教育及生态功能。

污染物吸收与净化方面。雨水花园中的植物要能够吸收、净化雨水径流中携带的多种污染物，如图 1-14 所示。与传统工程措施相比，利用植物来转移、吸收或转化污染物，具有成本低、不破坏生态环境、不引起二次污染等优点。因此植物修复已成为景观设计和环境污染治理交叉领域的前沿性课题。美国学者针对不同植物种类对雨水中氮、磷的去除能力，进行了进一步研究，试验结果表明，不同植物去除污染物的能力具有显著差异，莎草科植物、灯心草属植物及玉树表现出了良好的去除污染物性能，而这些植物共同的特点就是

图 1-13　美国波特兰市唐纳德溪水公园

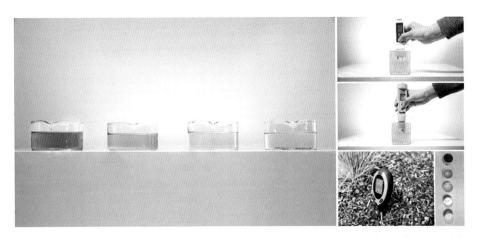

图 1-14 污染物吸收与净化功能

根系发达。国内学者也通过试验发现芦苇、菱白、水葱等水生植物的大量根系可以吸收水体中绝大部分的氮、磷等的有机物来实现对污水的高效净化。由此可以看出，发达的根系在去除雨水中污染物方面起决定性作用。

雨水滞留与渗透方面。典型的雨水花园设计下凹深度为 100~250 mm，一般能够截留初期 12 mm 左右的降雨量。在雨水花园中，植物茎叶能够在一定程度上滞留雨水，减缓雨水径流（见图 1-15）；植物根系能够吸收渗透到土壤中的雨水，并通过茎叶的蒸腾作用向大气中释放。植物根系还有助于维持土壤长期的渗透性能，是使土壤发挥渗透功能的关键。对有种植植物的土壤与未种植植物的土壤的长期渗透性能的变化进行监测，试验结果表明，未种植植物的土壤，其土壤渗透性能会逐渐下降，且难以自我恢复；而种植植物的土壤，随着植物根系的生长，其土壤渗透性能逐渐恢复。其中一项试验表明，在 80% 沙壤土、10% 蛭石、10% 珍珠岩配比的土壤中，初始土壤渗透率为 300 mm/h，8 个月后土壤渗透率降低到 30 mm/h，但随着植物根系的生长，21 个月后土壤渗透率恢复到 350 mm/h 以上。

审美与环境教育方面。植物是雨水花园中最重要的景观元素，它能够使雨水花园充满生机和美感。设计师可以充分利用植物本身的形态、线条、色彩、品种等特征，对不同植物进行艺术性地搭配，创造出别具一格的植物景观效果，带给人们不同的视觉享受。雨水花园的植物之美，还可以让人们充分领略到大自然的丰富多彩，消除对雨水工程措施的刻板印象，提高公众对雨水花园的接受程度，具有显著的环境教育功能，如图 1-16 所示。

图 1-15 雨水滞留与渗透功能

生态方面。雨水花园中的植物为其他生物，如鸟类、昆虫等提供了栖息环境，植物的根系为地下的细菌及藻类的生长提供了良好的条件，如图1-17所示。另外，干湿交替的环境，也能在一定程度上提高雨水花园的生物多样性。此外，植物通过光合作用吸收CO_2释放O_2，通过蒸腾作用吸收热量，增加空气湿度，来改善空气质量，缓解热岛效应，调节微气候。

综上所述，雨水花园中植物的选择要考虑多方面的因素，既需要满足雨水花园的特殊环境条件（水文、土壤等），也要充分发挥植物的功能特性及景观特性。因此，雨水花园植物的选择原则为：优先选择乡土植物，慎用外来物种，确保各物种之间不存在负面影响；选择根系发达、净化能力强、耐水污染的植物；选择既耐短期水淹又有一定耐旱能力的植物；尽量选择耐空气污染、土壤紧实等不良城市环境的植物；不同物种搭配选择（一般3种及以上），提高雨水花园的景观性、生物多样性、稳定性及功能性；尽量选择多年生植物及常绿植物，以减少养护成本。

4.观赏草

1）概念和价值

观赏草作为新兴的植物造景材料，近年来逐渐受到业内人士的重视，其应用越来越广泛，在植物景观设计中也发挥了越来越重要的作用。

观赏草是以茎干、叶丛和花序为主要观赏部位，有着美丽形态、丰富色彩和飘逸姿态的草本植物的统称。观赏

图1-16　审美与环境教育功能

（提供栖息环境）

（提高生物多样性）

图1-17　生态功能

草主要以禾本科植物为主，如蓝羊茅、狗尾草、细叶芒、针茅、狼尾草、蒲苇等（见图1-18），除此之外常见的还有莎草科、灯心草科、花蔺科、天南星科、香蒲科、蓼科等植物。观赏草的主要特点为：具有须根；茎干姿态优美；叶多呈线形或线状披针形，具有平行脉；叶片的颜色除绿色外，还有翠蓝色、白色、金色甚至红色，有些种类绿色间有黄色或乳白色、红色等条纹；花小，花序形态各异，花序下常密生柔毛，有绿、金黄、红棕、银白等各种颜色，五彩斑斓。

观赏草在营造自然、乡村、野趣等景观意境方面更具美学价值。在水体驳岸上种植的观赏草，除了对驳岸生硬的线条起到很好的软化装饰作用，还能更好体现水道的自然和粗犷。观赏草大多根系发达，在防沙固土、防水护坡等方面都有不俗表现，能有效防止水土流失。

2）适用对象

观赏草在植物景观设计中的应用形式有花境、水体绿化、地被覆盖、道路绿化、岩石园配置等。

（1）花境：观赏草株型多变、色彩缤纷，可与观花植物完美结合，又因其观赏期长，常常在开花植物观赏期过后仍具有较好的景观效果，成为良好的花境材料（见图1-19）。观赏草应用在花境时，

图1-18 禾本科狼尾草（上）、蒲苇（下）

首先要考虑花境的类型，单面观赏的要前低后高，双面观赏的要中央高两边低。因此在了解观赏草叶形、叶色、花序的基础上，还得熟悉其株高，如株型高大的观赏草宜作为花境的背景，株型矮小的观赏草宜作为花境的镶边材料。适宜花境应用的观赏草种类繁多，如画眉草、芒草、矮蒲苇、紫御谷、狼尾草等。

（2）水体绿化：在进行水体的植物景观设计时，可以充分利用一些耐水的观赏草种类以增加景观的丰富程度。将它们种植在溪边、坡岸或大面积的水体中，能创造良好的水生植物景观，比如在水景园的驳岸旁种植一些耐湿的观赏草（见图1-20），可丰富水体色彩，观赏草优雅纤细的叶形，还可以破坏驳岸僵硬、枯燥的线条，使水体和周边景物过渡更加自然。在面积较小的水面造景时，一般种植小型的观赏草，如水葱、莎草、鸢尾等。

图1-19 观赏草在花境中的应用

图1-20 河边的观赏草

图 1-21　麦冬用于林下地被景观

（3）地被景观：应用观赏草覆盖地面，会使景物更加协调，如麦冬是近几年应用面积很大的地被型观赏草，该草种具有优良的耐阴、耐旱、耐寒性，是树下覆盖地被的优良草种（见图 1-21）。在遮阴、干旱的林下种植麦冬，生长高度为 25~30 cm，可以形成整齐、茂盛的地被。

（4）道路绿化：城市道路相对园林植物而言是比较严酷的环境，而观赏草抗逆性强，应用于道路时较其他园林植物更容易生存。适宜种类包括：苔草、沿阶草、灯心草、狼尾草、芒草等。

（5）岩石园：大多数观赏草都是能耐干旱，耐贫瘠，抗逆性强的多年生植物，有的在生长期中能长期保持低矮而优美的姿态，满足了岩石园所需景观植物的特点，并且观赏草纤细的叶形和精致的花序可与岩石的硬质表面在形态和质地上形成对比，且色彩丰富多样，颇具自然情趣，适合于讲究植物色彩搭配的岩石园配置。

综上所述，观赏草在植物景观设计中的应用面极广，在园林中扮演着越来越重要的角色。观赏草虽然品种和种类较多、色彩丰富，但在我国的园林应用中，尚处于起步阶段，其理论研究有待于通过实例研究而更加完善。研究者应致力于加快其引种驯化、品种选育以及繁殖速度研究，以满足我国城市园林建设、生态环境建设等多方面对观赏草的迫切需求。

第二节　景观植物的认知

一、植物分类系统

地球上现存的植物种类约有 50 万种。长久以来，人们在生活和生产实践中对各类植物的形态结构、生活习性、利用价值等积累了许多知识，并加以比较研究，根据它们的异同点，将其分门别类，划归为不同的等级和类群，以便于人们识别、研究、利用和保护植物资源，这便是植物分类的目的。

在植物分类学漫长的发展历史过程中形成了不同的分类方法，大致可分为两种。第一种是人为分类法，即人们为了自己认识和应用上的方便，以植物的形态、习性或用途等某一个或少数几个特征作为分类依据来划分植物类群的一种分类方法（本书后面将涉及的风景园林学科对园林植物的分类方法即属此类）。第二种是自然分类法，自达尔文的进化论创立之后，人们认识到植物现在的形态是通过长期演化发展形成的，各种植物之间存在着不同程度的亲缘关系。根据植物之间的亲缘关系对植物进行分类的方法，即为自然分类法，以自然分类法建立的分类系统称为自然分类系统，自然分类是其他所有分类方法的基础。

1. 植物界的基本分类

18 世纪瑞典植物学家林奈（Carolus Linnaeus）把生物划分为动物界和植物界两界，这种两界系统至今仍被沿用。根据各门植物形态结构的原始形态与进化程度，可将植物界划分为低等植物和高等植物两大类。如图 1-22 所示，植物界包括藻类植物、菌类植物、地衣植物、苔藓植物、蕨类植物和种子植物六大类群，一般分为蓝藻门、裸藻门、绿藻门、金藻门、甲藻门、褐藻门、红藻门、细菌门、黏菌门、真菌门、地衣门、苔藓植物门、蕨类植物门、裸子植物门和被子植物门 15 个门。

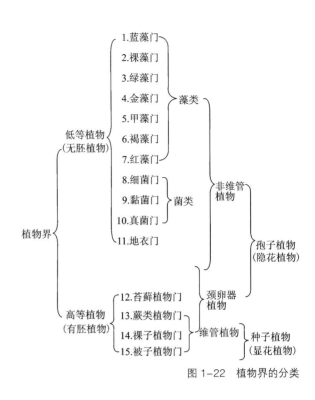

图 1-22 植物界的分类

2. 分类系统

达尔文的《物种起源》提出了生物进化学说，说明了任何生物物种都有它的起源、进化和发展的过程。进化论的思想促进了植物分类的研究。现代几个主要的系统都以最大可能体现植物界各类群之间的亲缘关系为目标，建立起实际上以表型分类与系统发育分类有效结合的分类系统。百余年来，分类系统已有数十个，著名的有恩格勒（A. Engler）系统、哈钦松（J. Hutchinson）系统、塔赫他间（A. Takhtajan）系统、柯朗奎斯特（A. Cronquist）系统。另外，还有我国植物学家胡先骕先生研究建立的分类系统。

3. 植物分类的七个阶层

植物分类的阶层系统，主要包括七个级别：种（species）、属（genus）、科（family）、目（order）、纲（class）、门（division 或 phylum）和界（kingdom）。种（物种）是基本的分类单元，近缘的种归合为属，近缘的属归合为科，科隶属于目，目隶属于纲，纲隶属于门，门隶属于界。有的阶层植物种类繁多，可在上述七个级别下分别设立亚级别，如亚种（subspecies）、亚属（subgenus）、亚科（subfamily）、亚目（suborder）、亚纲（subclass）、亚门（subdivision）等。植物分类的各级单位也称为阶元（category）。各阶元不仅表示范畴的大小和等级关系，也表示亲缘关系的远近。各阶元都有相应的拉丁词和词尾，属以下的阶元无固定词尾。把各个分类阶元按照隶属关系顺序排列，即组成了植物分类的阶层系统。对于环境设计、风景园林或景观设计专业的学生来说，了解和掌握景观植物所处的科和属的特征就可以了。

表 1-1 所示为以若干植物为代表的植物的分级。

表 1-1　植物的分级

界	门	纲	目	科	属	种
植物界	被子植物门	双子叶植物纲	蔷薇目	蔷薇科	蔷薇属	月季
植物界	被子植物门	双子叶植物纲	菊目	菊科	菊属	菊花
植物界	被子植物门	双子叶植物纲	虎耳草目	芍药科	芍药属	芍药
植物界	被子植物门	单子叶植物纲	禾本目	禾本科	小麦属	小麦
植物界	裸子植物门	松柏纲	松柏目	松科	松属	白皮松

通常所说的某一植物的名字即它的种名。种下还有亚种（subspecies）、变种（varietas）和变型（forma）三种分类单位。亚种一般认为是种内类群，形态上有一定的变异，分布或生态或季节上有隔离，同种内的不同亚种，不分布于同一地理分布区内。变种是一个种内类群，形态有变异且较稳定，分布地区较亚种小，同种内的不同变种，可能有共同的分布区。变型，指形态上有较小变异且较稳定，没有一定的分布区而成零星分布的个体。

二、植物命名

对于每一种植物，各国有不同的名称，即使在同一个国家，各地对其的叫法也常不同，例如：玉兰在湖南叫应春花，河南称白玉兰，浙江叫望春花，而在四川称为木花树。同样，也有不同种植物使用同一名称的，如我国叫"白头翁"的植物就有十多种，分属于毛茛科、蔷薇科等不同科属。由于植物种类极其繁多，叫法不一，所以经常发生同名异物或同物异名的混乱现象。为科学上的交流和生产上利用的方便，我国规定了植物的统一中文学名；国际上，为了便于国际学术交流，植物学家制定了世界通用的科学名称，简称学名，也叫拉丁名，作为植物的通用学名。

1.植物的中文学名

1）植物中文命名的现状

古人命名植物时没有现代意义上的物种概念，几千年来自发形成的中文植物命名相当复杂，同名异物和一物多名的现象普遍存在。在《中国植物志》以及各种地方植物志中，许多植物的中文名称经常变动，同一名称在不同书中也可能代表不同的植物。中国台湾地区和香港地区的植物名称与大陆的植物名称也相差比较大。例如，在大陆称为花生的，台湾则称为土豆；在大陆称为葫芦科的，台湾称为瓜科。此外，新加坡等许多华人聚集区也使用植物中文名，日本、韩国也有植物汉名，这些名称目前都没有统一。很多情况下，为了确认一种植物，必须在其中文名称后面加注拉丁名，而拉丁名对于广大非专业人士来说是很陌生的。

另外，许多植物名称很容易从字面上误判其科属，让人无所适从。例如，梅（*Armeniaca mume* Sieb.）为蔷薇科杏属，而山梅花（*Philadelphus incanus* Koehne）则为虎耳草科山梅花属，两者名字相近，而实际科属相去甚远。又如，海棠花（*Malus spectabilis*（Ait.）Borkh.）为蔷薇科苹果属木本植物，秋海棠（*Begonia grandis* Dry）则为秋海棠科秋海棠属草本植物；茉莉花（*Jasminum sambac*（L.）Ait.）为木樨科素馨属，紫茉莉（*Mirabilis jalapa* L.）

为紫茉莉科紫茉莉属；绣线菊（*Spiraea salicifolia*）并不属于菊科，而属于蔷薇科；酸枣（*Ziziphus jujuba* Mll. var. *spinosa*（Bunge）Hu ex H.F.Chow）为鼠李科，南酸枣（*Choerospondias axillaris*（Roxb.）Burtt et Hill）则为漆树科；苋（*Amaranthus tricolor*）为苋科植物，铁苋菜（*Acalypha australis* L.）则为大戟科植物，等等。诸如此类的现象在《中国植物志》和各地方植物志及各类植物名录中大量存在。不规范的植物中文命名不利于植物知识的普及，也给相关应用领域带来很多不便。

2）规范中文命名的意义

规范植物的中文命名将在很大程度上解决原有的名称与实物不符问题。理论上，由于植物没有既定的中文学名，任何人都可以给任何植物随意取一个自己喜欢的中文名字，例如国内许多花卉市场的金钱树、幸福树、一帆风顺、发财树、金枝玉叶、金玉满堂、元宝树等各种各样的植物名称。如果有一个法定的植物中文学名，在严谨的汉语环境中（包括各种商业文书、法律文书、国家标准等）就能杜绝一物多名的现象，为公众识别植物提供方便，也为学术交流以及相关专业的学习提供方便。确定植物中文学名之后，在很多情况下通过中文学名就能实现名称与实物对应，而且一目了然，从而在国内交流时不再必须对其标注拉丁名。

3）植物中文学名的命名规范

前人在讨论规范植物中文命名或统一植物中文名时提出了各种原则、建议及命名规范，例如尽量保持命名的稳定传承，不要轻易改变一个已有的命名，优先采用中文古籍中的原名等，但目前国内还没有统一的命名原则和标准。本书从中总结出普遍的几条标准供学生学习，且本书所涉及的植物中文名称均以目前较为认同的中文名称为学名，以便于学生对植物中文学名的理解和记忆。

（1）一种植物应只有一个全国通用的中文名称，至于全国各地的地方名，可任其存在而称为地方名或俗名。

（2）中文属名是植物中文名的核心，在拟定时选择使用广泛、形象生动，与其形态、生态、用途有联系的中文名作属名。

（3）名称中尽量避免迷信色彩及纪念古人或今人的名称，以免引起混乱。

2.植物的国际命名方法

1）双名法

植物的双名法，由瑞典植物分类学家林奈在他的巨著《植物种志》中创立。所谓双名法，是指用拉丁文给植物的种命名，每个种名都由两个拉丁词或拉丁化的词构成，第一个词是属名，是学名的主体；第二个词是种加词，此外还需加上给这个植物命名的作者名。因此，一个完整的学名形式应当包括属名、种加词和命名人三部分。如银杏的学名为：*Ginkgo biloba* L.，其中"*Ginkgo*"表示属名，"*biloba*"为种加词，意思是"二裂的"，"L."是命名人Linnaeus的缩写形式。双名法的优点，首先在于它统一了全世界所有植物的名称，即每一种植物只有一个名称；其次还提供了一个大概的亲缘关系，由于学名中包含属名，因此根据属名很容易查知该属在植物分类系统中所处的位置。

2）三名法

植物在种内可进行次级分类，分类等级自上而下依次为：亚种（subspecies）、变种（varietas）、亚变种（subvarietas）、变型（forma）和亚变型（subforma），依次缩写为 ssp.（subsp.）、var.、subvar.、f. 和 subf.。亚种、变种或变型的植物学名，应当在正种名称的基础上加上亚种、变种或变型加词，即学名主体由属名、种加词和亚种、变种或变型加词三部分构成，称为三名法。亚种、变种或变型的命名人位于亚种、变种或变型加词的后面。如表1-2所示。

表1-2 三名法

常春藤	*Hedera nepalensis* K. Koch var. *sinensis* (Tobl.) Rehd.
羽衣甘蓝	*Brassica oleracea* L. var.*acephala* DC.f.*tricolor* Hort.

三、景观植物的作用

全球范围内日益加剧的气候变化以及我国快速发展的城市化进程，使得人居环境建设的提升面临着巨大的挑战。植物景观是人居环境建设的重要内容，是城市环境中最重要的具有生命活力的景观要素。植物以其独有的生命代谢活动成为自然界的初级生产力，在应对全球气候变化、受损环境的生态修复、多样化的栖息地建设及舒适的微环境营造等方面扮演着重要的角色。同时，植物的美学特征是构成人类宜居家园不可缺少的审美元素，植物还具有深厚的文化内涵，成为人类精神文明的载体。这些都使得风景园林植物成为人类宜居环境建设中不可缺少的重要内容，其发挥的作用是其他景观要素所不可替代的。本小节简要介绍景观植物在人居环境建设中的作用。

1. 生态功能

1）降低温度

城市环境中大量的铺装和建筑形成了热岛效应。树木浓密的树冠在夏季能吸收和散射、反射掉一部分太阳辐射能，能阻挡阳光80%~90%的热辐射，降低地面温度。此外，树木强大的根系不断从土壤中吸收大量水分，经树叶蒸发到空气中，通过蒸腾作用消耗城市空气中的大量热能，从而实现降温效果。即使是生态效益最低的绿地类型如草坪，也会通过植物叶片的蒸腾作用降低绿地表面的温度。绿色植物的这一作用是缓解城市热岛效应的最有效途径。

2）增加空气湿度

植物的蒸腾作用不仅是地球生物圈水分循环的重要途径之一，景观植物的蒸腾作用在降低温度的同时还具有增加空气湿度的效果。如一株中等大小的杨树，在夏季的白天每小时可由叶片蒸腾25 kg水，一天的蒸腾量就有500 kg之多。研究表明，一般树林中的空气湿度要比空旷地的湿度高7%~14%。植物的这一增湿作用对于气候干旱地区改善城市生态环境，及在园林绿地中为居民营造舒适的微气候环境具有重要的意义。

3）净化空气

城市环境中，人类的各种生产和生活活动造成严重的空气污染，包括大气尘埃、有害细菌、有毒气体等，景观植物在改善空气质量方面发挥着重要的作用。

植物的枝叶可以阻滞空气中的尘埃，许多树种冠大而浓密、叶面多毛或粗糙以及分泌油脂或黏液，对粉尘有吸附作用。此外，植物还通过降低风速起到降尘作用，从而实现滞尘效应。覆盖地面的地被植物则可避免地表扬尘而达到净化空气的作用。粉尘是空气中细菌的载体，植物通过其枝叶的吸附、过滤作用减少粉尘从而减少城市空气中的细菌含量，改善大气质量。有些树种还能分泌一些杀菌素，常见的如松树，其分泌物被誉为"空气维生素"，对人类预防感冒有很好的功效；而桉树的挥发物则能杀死结核菌、肺炎病菌等。

大气污染包括多种有毒气体，其中以二氧化硫、氟化氢以及氯气为主。景观植物具有吸收不同有毒气体的能力，故可在环境保护方面发挥相当大的作用。如忍冬、卫矛、旱柳、臭椿、水曲柳、水蜡等均对二氧化硫和氯气有较强的吸收能力；泡桐、梧桐、大叶黄杨、女贞、榉树、垂柳等则对氟有较好的吸收能力。

此外，合理应用景观植物还可以增加空气负离子含量，创造出适宜的人居环境。负离子即空气中的负氧离子，具有杀菌、降尘、清洁空气的功效。一般情况下，地球表面负离子浓度在每立方厘米数千个。在城市中，由于环境污染，一般负离子浓度在每立方厘米 600 个以下；在城市街道等区域，负离子含量仅为每立方厘米 100~200 个，过低的负离子含量可诱发人体生理障碍。绿色植物在旺盛的光合作用过程中的光电效应和充沛的流水冲刷、撞击时均能产生大量负离子，从而显著增加空气中的负离子含量。

4）降低噪声

城市中繁忙的交通及各种生产活动造成了严重的噪声污染。城市绿地中大量植物具有显著的减弱噪声的作用。景观植物如雪松、桧柏、水杉、悬铃木、垂柳、臭椿、樟树、榕树、桂花、女贞等都具有较好的隔声效果。如果植物配植合理，4~5 m 宽的林带能降低噪声 5 dB。利用植物在居住区外围形成一道隔声减噪的屏障，对保护居住区内的声音环境有重要作用。

5）涵养水源、保持水土

植物发达的根系可固定土壤，使土壤流失减少，使得更多的水分积蓄在土壤中，从而达到涵养水源、保持水土的作用。植物树冠截留部分降水量，可有效减小雨水对地面的冲刷力，防止水土流失，这些作用反过来可减少地表径流，进而减少土壤流失，增加水分蓄积。此外，植物蒸腾作用可加速水循环，使降雨量增多，对涵养水源也十分有利。

6）防风固沙

大规模的树林有着良好的防风作用。选择抗风性能强、根系发达的树种种植成行、成带、成网、成片的防风林，当风遇到树林时，经过树林的阻挡和削减作用，风速得以降低，从而减弱或避免强风带来的各种自然灾害或不利效应。适应当地土壤气候条件的乡土树种，尤其是树冠成尖塔形或柱形而叶片较小的树种，如东北和华北地区的杨、柳、榆、白蜡等，华中到华南地区的马尾松、黑松、圆柏、榉、乌桕、柳、台湾相思、木麻黄等均是良好的防风林树种。在沙漠地区，通过防风林减弱风对沙粒的搬运作用而起到固沙的效果。通过植物配植减弱风力，也可降低风力对地表土壤的破坏，从而减弱或避免土壤的沙漠化。

7）抗灾防火

一些景观植物含树脂少，不易燃烧，且具有木栓层，富含水分，着火时不易产生火焰，将其植成隔离带，能起到一定的防火作用。如珊瑚树、苏铁、银杏、榕树、女贞、木荷、青冈栎等，均是防火作用较好的树种。此外，城市中大量的建筑材料产生了严重的光污染，而景观植物可以有效减弱光的反射，起到减弱城市眩光的作用。

8）维护生物多样性

生物多样性是地球上各种生物——植物、动物和微生物等组成的生态综合体，是人类社会赖以生存和发展的基础。在城市环境中，景观植物自身的物种多样性不仅对改善和保护环境具有重要的意义，同时还是许多其他生物赖以生存的条件，如为某些动物提供食源和栖息地，土壤微生物的活动等均依赖于良好的植物环境。随着人们对环境保护认识的不断提高，在城市园林绿化中遵循生物多样性原则也越来越被重视，保留天然森林和自然景观，强调乡土树种的选择及合理配植，协调动物、植物、微生物的关系，维护和增加城市的生物多样性，已成为当代植物景观设计的共识。

2.审美功能

景观植物种类繁多，色彩丰富，形态各异，具有极高的审美价值。在城市景观及园林绿化建设中，通过合理的设计，景观植物既可以成为观赏的对象，也可以与其他环境要素相配置而起到美化环境的作用。

景观植物具有丰富多彩的姿、色、香、韵等美学特征。无论单体还是不同种类、不同数量构成的群体，常常是人们欣赏的对象。小到一盆或遒劲、或飘逸的盆景，大到一棵或树形丰美、或色彩绚烂的孤植树，都可将景观植物单体作为审美对象。春季像雪海一样的梅林，秋季层林尽染的红叶，则体现了植物群体的观赏价值。

景观植物除自身作为审美对象之外，还在人居环境的美化中扮演着最为重要的角色。无论居住在乡村还是城市，无论是日常的生活、工作环境，还是节假日的休闲度假胜地，无论是城乡开放的大空间，还是居室内外的小空间，人们渴望青山绿水、鸟语花香的优美环境，而除植物外，没有能当此重任者。

3.文教功能

景观植物还具有一定的文化、教育作用。在我国源远流长的文明发展历程中，植物文化享誉于世，其中以植物来寓意人类某些美好的品质，又在欣赏植物的过程中提高自身的审美情趣和道德情操是最为深刻和广为人知的。如千古流传的"梅兰竹菊"四君子，岁寒三友"松竹梅"，"出淤泥而不染"的荷花，雍容华贵、富丽堂皇的牡丹等都成为中华文化不可分割的组成部分。

地域特色是一个地区自然景观与历史文脉的综合，是一个地区真正区别于其他地方的特征。景观植物受地区自然气候、土壤等条件的制约，受社会、经济、文化、地方风俗等的影响，在具有历史脉络的场所中，形成了不同的地方风格，最突出的例子莫过于国树、国花、市树、市花，它们的形成就是植物本身所具有的象征意义上升为该地区文明的标志和城市文化的象征。如广州的木棉、上海的白玉兰、泉州的刺桐、扬州的琼花、昆明的山茶、杭州的桂花及重庆的黄葛树都具有悠久栽培历史与深刻的文化内涵（见图1-23），并深受当地人们的喜爱，这些植物的应用丰富了城市美的内涵，使城市文脉得以延续，提升了当地居民对城市的认同感。杭州西湖的"十里荷风"，北京的"香山红叶"等，甚至成为城市的名片和标志。景观植物文化成为城市精神内涵不可或缺的重要部分，由此可见一斑。

| 广州的木棉 | 上海的白玉兰 | 泉州的刺桐 | 扬州的琼花 |

图 1-23 城市与市树、市花

一个城市的历史以及地方特色还常常体现在一个城市的古树名木上。古树是历史的见证、活的文物，名木是珍贵的资源，它们都是具有很高文化价值的历史遗产，是城市文化浓墨重彩的一笔。另外，具有明显科技价值、科普意义的植物在城市中的应用，可以从某个方面提升大众的科技水平和文化修养，从而间接地推动一个城市的文明进程。

4. 生产功能

景观植物的生产和经济效益表现为两个方面。一方面，景观植物的生产是绿化产业的重要内容。以花卉为例，据有关方面统计，近年来，世界花卉产业每年以 6% 的速度增长。2003 年全球花卉产业总产值就已达 1018.4 亿美元。我国花卉产业起步比较晚，但是已经取得了长足进步。近 10 年来，我国花卉产业产值年平均增长 20% 以上，经济效益明显。另外，许多景观植物，既有很高的观赏价值，又不失为良好的经济树种，如桃、梅、李、杏、枇杷、柑橘、杨梅等既是景观植物，又是经济价值较高的果树；松属、胡桃属、山茶属、文冠果属等属种的果实和种子富含油脂，为木本油料；玫瑰、茉莉、含笑、白玉兰、珠兰、桂花等著名花木，富含芳香油；很多花木的不同器官都可以入药，如银杏、牡丹、十大功劳、五味子、紫玉兰、枇杷、刺楸、杜仲、接骨木、金银花等均为药用花木。此外，还有不少树种可以提供淀粉类、纤维类、鞣料类、橡胶类、树脂类、饲料类、用材类等经济副产品。这些植物均可与园林应用结合生产，实现生态和经济两方面的效益。

四、植物的形态特征概述

认识和了解植物的形态特征是学习景观植物学的基础，这些形态特征包括叶、花、果、根、干以及植物的整体形态等。其中，景观植物的叶、花以及整体形态是最主要的观赏对象，也是景观设计师应该掌握的最基本的植物知识。

1. 植物的叶

植物的叶看似简单，然而却是复杂多样的。为便于学习和记忆，以下结合图片用简单的文字概述与叶有关的知识点，与设计关系不大的知识点略去。

（1）叶的概念：叶是维管植物营养器官之一。

（2）叶的组成：有叶片、叶柄和托叶三部分的称为"完全叶"（见图 1-24）；如果缺叶柄或托叶的称为"不完全叶"，如一品红、丁香、泡桐、女贞的叶缺少托叶，金银花的叶缺少叶柄，金丝桃、郁金香的叶缺少叶柄和托叶，台湾相思树

图 1-24 叶的组成
1. 叶片；2. 叶柄；3. 托叶

等的叶缺少叶片和托叶，叶柄呈扁平状，代替叶片的功能。叶又有单叶和复叶之分。单叶即一个叶柄上着生一片叶子；复叶是二至多片分离的小叶共同着生在一个叶柄上。

（3）叶对植物的功能：叶进行光合作用合成植物所需有机物，并由蒸腾作用提供根系从外界吸收水和矿质营养的动力。

（4）叶形：叶形是指叶片的外形或基本轮廓（见图1-25）。叶形主要根据叶片的长度与宽度的比例以及最宽处的位置来确定。

（5）叶端：即叶片的上端。叶端有不同的形态，有凸有凹，有尖有圆，如图1-26所示。

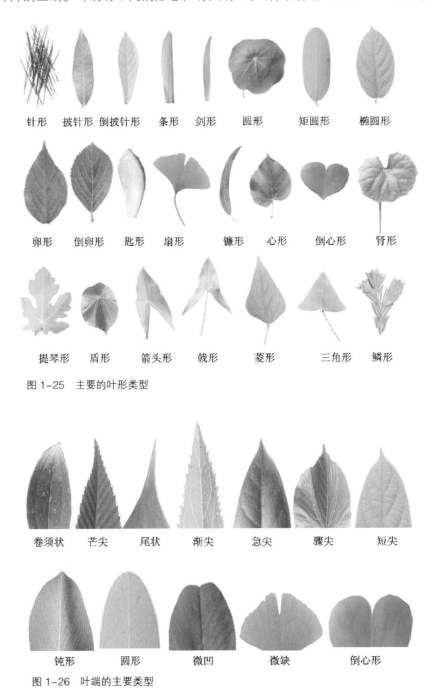

针形	披针形	倒披针形	条形	剑形	圆形	矩圆形	椭圆形
卵形	倒卵形	匙形	扇形	镰形	心形	倒心形	肾形
提琴形	盾形	箭头形	戟形	菱形	三角形	鳞形

图1-25　主要的叶形类型

| 卷须状 | 芒尖 | 尾状 | 渐尖 | 急尖 | 骤尖 | 短尖 |
| 钝形 | 圆形 | 微凹 | 微缺 | 倒心形 |

图1-26　叶端的主要类型

（6）叶基：即叶片的基部，与叶柄相连的一端。与叶端类似，叶基也有不同的形态，有平有曲、有宽有窄，如图 1-27 所示。

（7）叶缘：即叶片的周边。叶片的边缘如果是平滑的称为全缘叶，如黄杨的叶片。但是叶缘并不都是平滑的，许多植物的叶片边缘是锯齿状的，而且锯齿的形态也多样化，还有些是波浪状的叶缘，如图 1-28 所示。

（8）叶裂：即叶的缺裂。当叶缘缺刻深且大，就会形成叶片的分裂。根据叶缘缺裂的程度，分为浅裂、深裂和全裂。浅裂的叶片缺刻最深不超过叶片的 1/2；深裂的叶片缺刻超过叶片的 1/2，但未达中脉或叶的基部；全裂的叶片缺刻则深达中脉或叶的基部，是单叶与复叶的过渡类型。叶裂根据裂的形态又分为掌状裂和羽状裂，如图 1-29 所示。

（9）叶脉：叶片维管束所在处的脉纹，主要类型如图 1-30 所示。

耳形　　锐尖形　　心形　　镍形　　渐尖形

钝形　　偏斜形　　箭形　　戟形　　截状

图 1-27　叶基的主要类型

全缘　　浅波状　　波状　　深波状　　皱波状

圆齿状　　锯齿状　　细锯齿状　　睫毛状　　重锯齿状

图 1-28　叶缘的主要类型

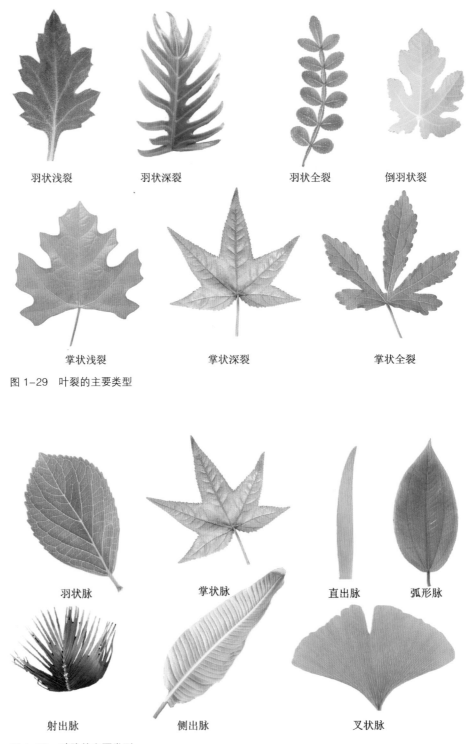

羽状浅裂　　　　羽状深裂　　　　羽状全裂　　　　倒羽状裂

掌状浅裂　　　　　掌状深裂　　　　　掌状全裂

图 1-29　叶裂的主要类型

羽状脉　　　　　掌状脉　　　　　直出脉　　弧形脉

射出脉　　　　　侧出脉　　　　　叉状脉

图 1-30　叶脉的主要类型

（10）叶序：叶在叶柄上的排列方式，即叶在茎或枝上着生排列方式及规律。叶序是鉴定和区分相似种或不同种相似叶形植物的主要特征。常见叶序有以下几种，如图 1-31 所示。

①互生：叶着生的茎或枝的节间部分较长而明显，各茎节上只有 1 片叶着生，如樟、向日葵。叶通常在茎上呈螺旋状分布，因此，这种叶序又称为旋生叶序。

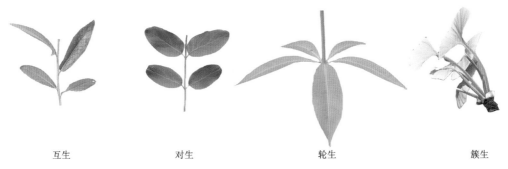

互生	对生	轮生	簇生

图 1-31　叶序的常见类型

②对生：叶着生的茎或枝的节间部分较长且明显，各茎节上有 2 片叶相对着生。如女贞、石竹、薄荷等。有的对生叶序的每节上，两片叶排列于茎的两侧，称为两列对生，如水杉。茎枝上着生的上、下对生叶错开一定的角度而展开，通常交叉排列成直角，称为交互对生，如女贞。

③轮生：3 片或 3 片以上的叶着生的茎或枝的节间部分较长而明显，各茎节上有 3 片及以上叶片轮状着生。例如，夹竹桃、百合、七叶一枝花等。

④簇生：两片或两片以上的叶着生在节间极度缩短的茎上，称为簇生。例如，马尾松是两针一束，白皮松是三针一束，银杏、雪松多枚叶片簇生。在某些草本植物中，茎极度缩短，节间不明显，其叶恰如从根上成簇生出，称为基生叶，如蒲公英、车前。基生叶常集生成莲座状，称为莲座状叶丛。

⑤丛生：着生叶的茎或枝的节间部分较短而不明显，2 片或数片叶片自茎节上一点发出，如马尾松。

绝大多数植物只具有一种叶序，也有些植物会在同一植物体上生长两种叶序。例如，圆柏、栀子具有对生和三叶轮生两种叶序；紫薇、野老鹳草有互生和对生两种叶序；金鱼草上甚至可以看到互生、对生、轮生三种叶序。

（11）单叶与复叶：叶柄上只着生一片叶片的称为单叶，叶柄上着生多片叶片的称为复叶。复叶上的各个叶片，称为小叶。复叶的种类很多，常见的有掌状复叶和羽状复叶，如果细分又有三出、五出或一回、二回等，具体如下（见图 1-32）。

①三出掌状复叶：系由具有掌状叶脉的单叶演化而来，有小叶 3 片（如酢浆草）。

②五出掌状复叶：亦由具有掌状叶脉的单叶演化而来，有小叶 5 片（如牡荆）。

③七出掌状复叶：亦由具有掌状叶脉的单叶演化而来，有小叶 7 片（如天师栗）。

④一回羽状复叶：系由具有羽状叶脉的单叶演化而来，即通过普通缺裂一次形成，依小叶的奇数或偶数而不同。

⑤二回羽状复叶：亦由具有羽状叶脉的单叶演化而来，即通过普通缺裂二次形成，亦有奇偶之分。

⑥三回羽状复叶：亦由具有羽状叶脉的单叶演化而来，即通过普通缺裂三次形成（如唐松草）。

⑦多回羽状复叶：亦由具有羽状叶脉的单叶演化而来，即通过普通多次缺裂形成（如茴香）。

（12）叶的变态：植物的叶因种类不同与受外界环境的影响，常产生很多变态，常见的变态有：叶柄叶（如柴胡）、捕虫叶（见图 1-33）、革质鳞叶（如玉兰）、肉质鳞叶（如贝母）、膜质鳞叶（如大蒜）、刺状叶（如豪猪刺）、刺状托叶（如马甲子）、苞叶（如柴胡）、卷须叶（如野豌豆）、卷须托叶（如菝葜），等等。

奇数羽状复叶　偶数羽状复叶　大头羽状复叶　三出羽状复叶　单身复叶　三出掌状复叶　二回羽状复叶　三回羽状复叶　掌状复叶

图1-32　复叶的主要类型　　　　　　　　　　　图1-33　茅膏菜的捕虫叶

（13）叶片的质地。

植物叶片因薄厚、软硬不同而表现为不同的质地（见图1-34），常见的有以下类型。

①革质：叶片的质地较厚而坚韧，如枸骨。

②膜质：叶片的质地极薄而半透明，如麻黄。

③草质：叶片的质地较薄而柔软，如薄荷。

④肉质：叶片的质地肥厚多汁，如景天属的许多种类。

（14）叶的生存期与落叶。

叶的生存期因植物种类而异。许多植物叶的生存期为一个生长季，如落叶树和一年生草本植物的叶。而有些植物叶的生存期为一至多年，如女贞叶1~3年、松叶2~5年、紫杉叶6~10年、冷杉叶3~10年。这些植物植株上虽有部分老叶脱落，但仍有大量叶存在，同时每年又增生许多新叶，因此植株是常绿的，称为常绿树。叶脱落后在茎上留下的疤痕称叶痕。

2. 植物的花

1）花的概念

花是种子植物的有性繁殖器官，种子植物又称显花植物。种子植物可分为裸子植物和被子植物。裸子植物的花构造十分简单，其雄花为小孢子叶，雌花为大孢子叶，胚珠生于大孢子叶的边缘，大孢子叶张开时胚珠裸露。被子植物的花是由裸子植物的大小孢子叶和不孕孢子叶发展而来的，大孢子叶卷合起来，胚珠生于由大孢子叶卷成的子房内，胚珠不裸露。花的形成在植物个体发育中标志着植物从营养生长转入了生殖生长，在花中形成有性生殖过程中的雌、雄生殖细胞，并在花器官中完成受精，进一步形成果实和种子，以繁衍后代，延续种族。可见花在植物生长周期中占有极其重要的地位。

革质叶　　　　　　　　　　　膜质叶

草质叶　　　　　　　　　　　肉质叶

图1 34　叶质的四种类型

2）花的组成与相关概念

一朵完整的花包括了六个基本部分（见图1-35），即花柄、花托、花萼、花冠、雄蕊群和雌蕊群。花萼和花冠合称化被，花被保护着雄蕊和雌蕊，并有助于传粉。雄蕊和雌蕊完成花的有性生殖过程，是花的重要组成部分。在一朵花中，花萼、花冠、雄蕊和雌蕊都具有的花称为完全花，如桃花、梅花、茶花等。缺少其中一部分或几部分的称为不完全花。不完全花有多种类型：缺少花萼与花冠的称为无被花；缺少花萼或缺少花冠的称为单被花；缺少雄蕊或缺少雌蕊的称为单性花；雄蕊和雌蕊都缺少的称为无性花。在单性花中，仅有雄蕊的称为雄花，仅有雌蕊的称为雌花。雌雄花生在同一植株上的称为雌雄同株，如核桃、乌桕、油桐及桦木科、葫芦科、山毛榉科植物。雌雄花分别生在两个不同植株上的称为雌雄异株，如杨、柳、桑、棕榈等。有些树木，在同一植株上既有两性花也有单性花，称杂性，如朴树、漆树、荔枝、无患子等。

（1）花柄与花托。

花柄，亦称花梗，是着生花的小枝，其结构与茎相似。花柄主要起支持花的作用，也是茎向花输送养料和水分的通道。花柄的长短、粗细常随植物种类而不同，有些植物的花柄很短，有的植物甚至无花柄。果实形成时，花柄发育为果柄。

花柄的顶端部分为花托，花的其他部分按一定方式着生于花托上。较原始的被子植物如玉兰，其花托为柱状，花的各部分螺旋排列其上。随着植物的演化，在不同植物群中花托呈现不同的形状，在多数种类中花托较短，在某些种类中花托凹陷呈杯状甚至筒状，如荷花的倒圆锥状海绵质花托，亦即俗称的莲蓬。

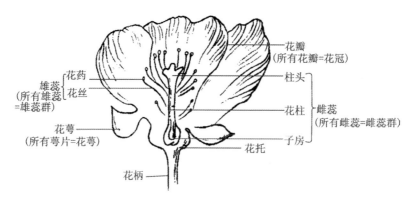

图1-35 花的组成

（2）花被。

花被包括花萼和花冠。花萼由萼片组成，通常为绿色，位于花各部分的最外轮。萼片完全分离的称为离萼；萼片合生的称为合萼。合萼大都上部分离成萼片，基部连合成萼筒。有些花具有两轮花萼，其中外轮花萼称为副萼，如锦葵。花萼通常在花后脱落，但也有果实成熟后仍然存在的，称宿萼，如柿。花冠位于花萼的内侧，由花瓣组成，对花蕊有保护作用。花瓣细胞内常含有花青素或有色体，因而呈现出各种美丽的色彩，有些还具有分泌组织，能分泌挥发油类，放出特殊香气，用以引诱昆虫传播花粉。花瓣分离的花称为离瓣花，如桃花、荷花、槐花等；花瓣合生的花称为合瓣花，如牵牛花、忍冬花等。合瓣花通常基部连合而先端裂成多瓣，裂片数即花瓣的数目。

花冠的形状多种多样（见图1-36），其中各花瓣大小相似的称为整齐花（辐射对称），如十字形、漏斗形、钟状、筒状等；各花瓣大小不等的，称为不整齐花（两侧对称），如蝶形、唇形、舌状花冠等。花冠的形状是被子植物分类的重要依据之一。萼片与花瓣在花芽中排列的方式也随植物不同而不同，常见的有回旋状、覆瓦状及镊合状三种。回旋状是花瓣或萼片每片的一侧覆盖着相邻的一片，另一侧又被另一邻片覆盖着；覆瓦状和回旋状相似，但有一片完全在外，有一片完全在内；镊合状是各片的边缘彼此接触，互不覆盖。

（3）雄蕊。

雄蕊由花丝与花药两部分组成，位于花冠的内轮。花丝的先端着生花药，基部通常着生于花托上或插生于花冠基部与花冠相连，也有着生于花盘上的。在一朵花中，雄蕊的数目随不同植物而异。如兰科植物只有一个雄蕊，木樨科植物有两个雄蕊；但通常由多数雄蕊组成雄蕊群，如桃花、山茶花等。在雄蕊群中，根据花丝与花药的分离或连合，以及花丝的长短分为单体雄蕊、二体雄蕊等不同类型。花药是雄蕊的主要组成部分，通常由4个花粉囊组成，成熟后花粉囊壁裂开，散出花粉。

十字形花冠　蝶形花冠　　　唇形花冠　　高脚蝶形花冠　　漏斗状花冠　　钟状花冠　　辐状花冠　管状和舌状花冠

图1-36 花冠的主要类型

（4）雌蕊。

雌蕊位于花的中央部分，是花的最内轮，由柱头、花柱及子房3部分组成。柱头在雌蕊的先端，是传粉时接受花粉的部位。雌蕊的基部为子房，是雌蕊的主要组成部分，子房内孕育着胚珠。花柱连接着柱头和子房，是柱头通向子房的通道。

3）花序

花序是花在总花柄上有规律的排列方式。被子植物的花，有的是单独一朵生在茎枝顶上或叶腋部位，称单顶花或单生花，如玉兰花、牡丹花、芍药花、莲花、桃花等。但大多数植物的花，或密集或稀疏地按一定排列顺序，着生在特殊的总花柄上。根据花序轴长短、分枝与否、小花有无花柄及开花顺序，花序可分为无限花序与有限花序。

（1）无限花序。

无限花序上花序轴基部的小花先行开放，渐次向上，花序轴顶端在开花过程中可继续生长、延伸；若花序轴很短，则由边缘向中央依次开花。该类花序根据花序排列等特点包括以下几类（见图1-37）。

①总状花序：花序轴较长但不分枝，小花数多，梗近等长，花序轴随开花而不断伸长，如刺槐花、金鱼草花的花序。

②伞状花序：与总状花序相似，唯下部小花的花梗较长，向上渐短，因此各小花排列在同一个平面，如苹果花、梨花、八仙花等的花序。

③伞形花序：多数花梗等长的小花着生于花序轴的顶部，如五加科植物的花及四季报春花等的花序。

④穗状花序：花序轴较长，着生许多小花，似总状花序，但小花无柄或近无柄，如车前草、马鞭草、千屈菜等的花序；穗状花序轴膨大或肉质化，小花密生于肥厚的轴上，外包大型苞片，则称肉穗花序，如香蒲、龟背竹、白鹤芋等的花序。

总状花序　　　　伞状花序　　　　伞形花序　　　　穗状花序

肉穗花序　　　　荑荑花序　　　　头状花序　　　　隐头花序

图1-37 无限花序的主要类型

⑤荑黄花序：许多无柄或具有短柄的单性花，着生在柔软下垂的花轴上，似穗状花序，常无花被而苞片明显，开花或结果后，整个花序脱落，如杨树、柳树、核桃及桦木等的花序。

⑥头状花序：多数无柄或近似无柄的花着生在极度缩短、膨大扁平或隆起的花序轴上，形成头状体，外具形状、大小、质地各异的总苞片，如菊科植物的花序。

⑦隐头花序：花序轴顶端膨大，中央凹陷，许多单性花隐生于花序轴形成的空腔内壁上，如无花果等的花序。

以上各类无限花序的花序轴不分枝，可称为简单花序。另一些无限花序的花序轴有分枝，每一分枝相当于上述一种无限花序，称作复合花序。复合花序有复总状花序，如荔枝、槐树等的花序；复伞房花序，如花楸的花序；复伞形花序，如伞形科植物及天竺葵等的花序；复穗状花序，如女贞、珍珠梅等的花序。

（2）有限花序：有限花序的开花顺序与无限花序相反，花序轴顶端或中心的花先开，然后由上而下或自中心向周围逐渐开放。其生长方式属于合轴分枝式，常称为聚伞花序，也称为离心花序，依据花轴分枝的不同包括以下几类（见图1-38）。

①单歧聚伞花序：顶芽首先发育成花后，仅有顶花下一侧的侧芽发育成侧枝，侧枝顶的顶芽又形成一朵花，如此依次向下开花，形成单歧聚伞花序。若各次分枝都是从同一方向的一侧长出，使整个花序呈卷曲状，称为螺状聚伞花序，如附地菜、勿忘我等的花序；若各次分枝是左右相间长出，使整个花序呈蝎尾状，称为蝎尾状聚伞花序，如唐菖蒲、鸢尾、黄花菜等的花序。

②二歧聚伞花序：顶花形成后，在其下面两侧同时发育出2个等长的侧枝，每一分枝顶端再发育一朵花，然后再以同样的方式产生侧枝，如龙胆科的植物、石竹等的花序。

③多歧聚伞花序：顶花下同时发育出3个以上分枝，各分枝再以同样的方式进行分枝，顶端每枝生一朵花，花

单歧聚伞花序　　螺状聚伞花序　　蝎尾状聚伞花序　　二歧聚伞花序

多歧聚伞花序　　轮伞花序

图1-38　有限花序的主要类型

梗长短不一，节间极短，外形似伞形花序，如大戟科的植物等的花序。

④轮伞花序：聚伞花序着生在对生叶的叶腋，花序轴及花梗极短，呈轮状排列，如益母草等一些唇形科植物的花序。

（3）混合花序：自然界中花序的类型比较复杂，有些植物是无限花序和有限花序混合的，即在同一花序上同时生有无限花序和有限花序，如七叶树花序的主轴为无限花序，侧轴为有限花序；泡桐的花序是由聚伞花序排列形成的圆锥花序，等等。

4）花的颜色

自然界中常见的花色有红色、白色、黄色、紫色、蓝色，等等。了解和掌握景观植物的花色对于植物景观设计有很大帮助。

（1）红色花系：桃、梅、蔷薇、月季、海棠、石榴、牡丹、夹竹桃、紫薇、杜鹃、凤凰木、扶桑、木槿、樱花、一串红、朱顶红、美人蕉等。

（2）黄色花系：迎春、连翘、桂花、黄刺玫、棣棠、蜡梅、黄蝉、黄牡丹、黄杜鹃、黄蔷薇、瑞香、金露梅、金丝桃、金盏菊、萱草、金茶花、万寿菊等。

（3）蓝色花系：紫藤、紫丁香、泡桐、枸橘、八仙花、醉鱼草、木蓝、荆条、二月兰、紫花地丁、风信子、藿香蓟、马蔺、矢车菊、飞燕草等。

（4）白色花系：珍珠梅、暴马丁香、山梅花、鸡树条荚蒾、琼花荚蒾、中华绣线菊、茉莉、白牡丹、玉兰、广玉兰、栀子花、梨、香雪球、雪滴花、大滨菊、玉簪、络石等。

3.植物的果实

1）果实的概念

果实是被子植物的雌蕊经过传粉受精，由子房或花的其他部分（如花托、花萼等）参与发育而成的器官。雌蕊在受精作用以后，花的各部分起了显著的变化，花萼（宿萼种类例外）、花冠一般枯萎脱落，雄蕊和雌蕊的柱头及花柱也都凋谢，仅子房或是子房以外其他与之相连的部分，迅速生长，逐渐发育成果实。

2）果实的结构

果实一般包括果皮和种子两部分，种子起传播与繁殖的作用。其中果皮又可分为外果皮、中果皮和内果皮，如图1-39所示。

3）果实的类型

果实的类型可以从不同方面来划分，有以下几种划分类型。

（1）根据果实发育形成的来源。

①真果：单纯由子房发育而来，多数植物的果实是这一情况。

②假果：除子房外，还有其他部分参与果实组成，如苹果、瓜类、凤梨等。

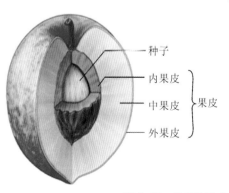

图1-39 果实的组成

（2）根据果实发育形成的部位和数量。

①单果：一朵花只有一枚雌蕊且发育形成一个果实。

②聚合果：一朵花有许多离生的雌蕊，每个雌蕊形成一个小果，相聚在同一个花托上，如莲、草莓、悬钩子。

③聚花果：果实由整个花序发育而来，也称为复果，如桑、凤梨、无花果。

图1-40所示为根据果实发育形成的部位和数量分类的果实类型。

（3）根据果皮的性质。

依据果皮的不同可以将果实分为干果和肉果。果实成熟时，果皮呈现干燥的状态，称其为干果。

单果-樱桃　　　　　　　　　　　　聚合果-黑莓　　　　　　　　　　　　聚花果-桑葚

图1-40　果实的类型

①干果：果皮干燥无汁；干果的果皮在成熟后可能开裂，称为裂果，包括荚果、角果、蒴果、蓇葖果等类型；若干果的果皮不开裂，则称为闭果，通常仅具有单粒的种子，包括颖果、瘦果、翅果、坚果、双悬果、胞果等类型。

②肉果：果皮肥厚，肉质多汁，成熟时不开裂，称为肉果。肉果的常见类型包括浆果、柑果、瓠果、梨果、核果等。

4.植物的种子

种子是所有种子植物特有的繁殖器官。种子植物中的裸子植物，因为胚珠外面没有包被，所以胚珠发育成种子后是裸露的；但被子植物的胚珠是包在子房内，卵细胞受精后，子房发育为果实，里面的胚珠发育成种子，所以种子也就受到果实的保护。种子有无包被，是种子植物中裸子植物和被子植物两大类群的重要区别之一。种子植物除利用种子增殖本属种的个体数量外，同时也依靠种子来抵御干、冷等恶劣环境。而果实部分除保护种子外，往往兼有贮藏营养和辅助种子播撒的作用。

5.植物的茎

茎是维管植物共有的营养器官，通常生长在地面以上，将植物体的光合部分（叶）与非光合部分（根）连接起来。植物的茎在外形上多呈圆柱状，也有些植物的茎呈三棱柱状、方柱状或扁平柱状，有些特别化的茎会形成根状或不规则的块状、球状或圆锥状，茎上生有叶与芽。通常将木本植物的茎，尤其是主茎称为干，由主干分出的茎称为枝。木本植物中，节间显著伸长的枝条，称为长枝；节间短缩，各个节间紧密相接，甚至难于分辨的枝条，称为短枝，其上的叶常因节间短缩而呈簇生状态，例如银杏与多数松科植物。

茎的表面可以是光滑的，也可能具有棱或沟槽，也可能被各种类型的毛状结构或刺覆盖，各种形状的皮孔是木本植物茎表面常见的结构，此外，有些木本植物的干还有脱落、蜕皮等情况，如乔木。图1-41所示为景观植物干的几种特征。设计师对植物的茎的认知主要从其外观的粗糙程度、颜色、剥落等方面来掌握。了解植物茎干的外观，一方面有助于鉴别植物种类，另一方面可以利用其特征去设计景观或营造环境氛围。

图1-41 景观植物干的几种特征（由左至右：紫薇、刺楸、悬铃木、白皮松）

6.植物的根系

植物的根系是景观设计或环境设计中最容易忽略的植物形态特征之一，原因是其生长在土壤里，观赏性不大。但是其生态学意义以及对特殊场地进行景观设计的作用均十分重大。种子萌发时，胚根发育成幼根突破种皮，与地面垂直向下生长为主根。当主根生长到一定程度时，从其内部生出许多支根，称侧根。除了主根和侧根外，在茎、叶或老根上生出的根，叫做不定根。如此反复多次分支，形成整个植物的根系。根系分直根系和须根系（见图1-42），直根系的主要特点是主根明显比侧根粗而长，侧根从主根上生出，主次分明；须根系的主要特点是主根和侧根无明显区别。了解根系的这些知识，有助于设计师在进行护坡绿化、生境修复、屋顶绿化、遗址绿化等设计时甄选合适的植物。

主根
侧根

直根系 须根系

图1-42 根系类型

7.植物的整体形态

以景观植物中的木本植物为例，根据其自然生长状态下成年植株的树干及树冠的整体形态，分为以下5大类共34种基本形态（见图1-43）。

1）针叶乔木的外形

①圆柱形：如杜松、塔柏等。 ②尖塔形：如雪松、窄冠侧柏等。 ③圆锥形：如圆柏。④广卵形：如圆柏、侧柏等。 ⑤卵形：如球柏。 ⑥盘伞形：如老年期油松。⑦苍虬形：如高山区一些老年期树木。

圆柱形　尖塔形　圆锥形　广卵形　卵形　倒卵形　丛生形　偃卧形　匍匐形

笔形　棕榈形　球形　扇球形　钟形　倒钟形　馒头形　伞形

风致形　半球形　拱枝形　悬崖形　垂枝形　龙枝形

图 1-43　植物的主要形态

2）针叶灌木的外形

①密球形：如万峰桧。　②倒卵形：如千头柏。　③丛生形：如翠柏。④偃卧形：如鹿角桧。⑤匍匐形：如铺地柏。

3）有中央领导干的阔叶乔木的外形

①圆柱形：如钻天杨。②笔形：如新疆杨。③圆锥形：如毛白杨。④卵圆形：如加拿大杨。⑤棕榈形：如棕榈。

4）无中央领导干的阔叶乔木的外形

①倒卵形：如刺槐。　②球形：如五角枫。　③扁球形：如栗。　④钟形：如欧洲山毛榉。　⑤倒钟形：如槐。⑥馒头形：如馒头柳。　⑦伞形：如梓树、合欢、香樟。　⑧风致形：由于自然环境因子的影响而形成的，各种富有艺术风格的，体形如高山上或多风处的树木，包括老年树或复壮树等，且一般在山脊多风处常呈旗形。

5）灌木及其他

①圆球形：如黄刺玫。②扁球形：如榆叶梅。③半球形（垫状）：如金老梅。④丛生形：如玫瑰。⑤拱枝形：如连翘。⑥悬崖形：如生于高山岩石隙中之松树等。⑦垂枝形：如垂柳。⑧龙枝形（虬枝形）：如龙爪槐。⑨匍匐形：如平枝枸子（铺地蜈蚣）。

各种树形的美化效果并非机械不变的。它常依靠配植的方式及周围景物的影响而有不同程度的变化。但是总的来说，在乔木方面凡具有尖塔状及圆锥状树形者多有严肃端庄的效果；具有柱状狭窄树冠者多有高耸静谧的效果；具有圆形、钟形树冠者多有雄伟浑厚的效果；而一些垂枝类型者常营造优雅、和平的气氛。

在灌木方面，呈团簇丛生的树形多有朴素、浑然之感，最宜用在树木群丛的外缘或装点草坪及屋基；呈拱形及悬枝状的多有潇洒的姿态，宜点景用或在自然山石旁适当配植。一些匍匐生长的常形成平面或坡面的绿色覆盖物宜作地被植物用，此外，其中许多种类又可作岩石园配置用。至于各式各样的风致形因其别具风格常有特定的审美价值，故须认真对待，用在恰当的地区使之充分发挥其特殊的美化作用。

五、植物的生态习性概述

植物的生态习性是指植物与其生长环境之间的关系。植物的生长发育过程，除了受自身遗传因子的影响外，还与环境条件有着密切的关系。无论是植物的分布，还是其生长发育，甚至外貌景观都受到环境因子的制约。植物与环境的关系表现在个体水平、种群水平、群落水平以及整个生态系统等不同的层面上。每种植物的个体在其生长发育过程的每个环节都对环境有特定的需求，它们在长期的生长发育中，对环境条件的变化也产生各种不同的反应和适应性，即形成了植物的生态习性。因此，合理地栽培和应用植物，首先必须充分了解生态环境的特点，如各个环境因子的状况及其变化规律，包括环境的温度、光照、水分、土壤、大气等，掌握环境各因子对植物生长发育不同阶段的影响。本小节简述主要生态因子对植物生长发育的作用。

1. 环境因子与生态因子

环境因子是指构成植物生活环境的所有因子。在环境因子中，对植物的生长、发育、繁殖、分布等有直接或间接作用的环境要素称为生态因子。生态因子在环境因子中往往对植物起着决定性作用，也称主导因子。

1）环境因子

（1）气候因子：温度、光照、空气、水。

（2）土壤因子：各种有机、无机物质，微生物及土壤理化性质。

（3）地形因子：海拔、坡度与朝向。

（4）生物因子：动物、植物、微生物。

（5）人为因子：人类对植物的影响活动。

2）生态因子

影响植物生长发育的主要生态因子有空气、温度、光照、水分、土壤等因素。生态因子对植物的影响具有以下特点。①阶段性：生态因子对于植物不同的生长阶段所起的作用是不同的。②不可替代性和可调节性：任何一个生态因子对植物生长的影响不能被其他因子所替代，但是在一定情况下，当某一因子在量上有所不足时，可以通过其他因子的增加或增强得到调剂。③生态幅：植物对生态因子的变化有定的适应范围，超出这个范围，会引起生长不良或死亡。④综合作用：一个生态因子的变化会引起其他生态因子不同程度的变化，如光照影响温度和湿度。

2. 温度

温度是影响植物生长的最重要的生态因子之一，温度的变化能够引起其他因子的变化。温度具有规律性和周期性的变化，如随着海拔和纬度升高而降低，随着季节的变化及昼夜的变化而变化等。这种变化首先影响植物在地球上的水平分布，使得不同地理区域分布不同的种类，从而形成特定的植物生态景观，如表1-3所示。

表 1-3　温度对植物水平分布的影响

气 候 带	温度影响	森林类型	植物品种
寒温带	最耐寒树种	针叶林	云杉、冷杉、落叶松等
温带	耐寒树种	针叶阔叶混交林	榆、槭、杨与松科
暖温带	中温树种	落叶阔叶林	栎、杨、桦等
亚热带	喜温树种	常绿阔叶林	樟树、枇杷、龙眼、山茶等
热带	喜高温树种	雨林和季雨林	橡胶树、榕树、椰树等

温度对植物垂直分布的影响主要表现在由于不同海拔的温度不同，植被也存在明显变化，如秦岭海拔与植被的变化如表 1-4 所示。

表 1-4　秦岭海拔与植被的变化

海　　拔	植物类型
海拔 3300 米以上	纯灌丛带
海拔 3000~3300 米	落叶针叶林亚带
海拔 2600~3000 米	常绿针叶林亚带
海拔 2000~2600 米	红桦纯林
海拔 1500~2000 米	辽东栎纯林
海拔 1000~1500 米	槲栎林及锐齿槲栎林
海拔 1000 米以下	栓皮栎纯林

温度直接影响植物的生长发育。不同的温度条件导致植物的耐寒力不同，如原产于温带的多数宿根花卉如鸢尾（*Iris tectorum*）、一枝黄花（*Solidago decurrens* Lour.）等耐寒性强，可忍受较低的冰冻温度，在北方可露地越冬；而原产于热带和亚热带的蝴蝶兰、变叶木等绝不耐寒，不能忍受冰冻温度；原产于暖温带的大多数半耐寒性植物能忍受一定的低温温度，但不能忍受长期严酷的冬季，如金盏花（*Calendula officinalis* L.）、紫罗兰（*Matthiola incaca*（L.）R.Br.）等。突然降低温度对植物的影响主要有寒害、霜害、冻害以及冻拔和冻裂，如表 1-5 所示。

表 1-5　低温对植物的影响

灾害	寒害—霜害—冻害
温度	>0℃—0℃—<0℃
冻拔	高寒地区—土壤水分过多—结冰—隆起—幼苗根部裸露—死亡
冻裂	寒冷地区—阳面—树干表面光照—温度上升—内外温差大—裂缝

突然升高温度至植物所能承受的最高温度极限时，会对植物造成不同程度的伤害，包括休眠、枯死、叶片灼伤、死亡等。南树北移容易发生冻害或冻死，北树南移容易导致其生长不良或不开花结果。原产于热带干燥地区的树木

比较能耐高温，生命活动最高温度可达 60 ℃。原产于温带的树木在 35 ℃左右的气温下，生命活动就减弱或发生紊乱，超过 50 ℃就受到伤害或死亡。

除了植物种类不同对温度要求不同外，同一种类在生长发育的不同阶段对温度要求亦有差异，如多数分布于温带地区的植物在生长发育过程中要求有一段时间的低温休眠，有的在从营养生长向生殖生长转化过程中要求低温春化作用[1]，否则不能正常开花。

3. 光照

光是植物进行光合作用的能量来源，是植物生长发育的必要条件，植物在自然界中所接受的光分为两类：直射光和散射光。散射光对光合作用有利，直射光含有抑制生长的紫外线，若为了避免植物徒长，枝茎老化，则可使植物充分接受直射光。

光因子在光质、光照强度及光照长度等方面极大地影响着植物的分布和个体的生长发育。

光质即光谱的组成，不同波长的光对植物的作用是不同的，比如紫外线促进色素的合成，红、橙光促进种子萌芽和植株高生长，蓝、紫光抑制高生长。不同的光谱成分不仅对植物生长发育的作用不同，而且会直接影响植物的形态特征，如紫外线可以抑制植株的增高生长，并促进花青素的形成，因而高山花卉一般低矮且色彩艳丽，热带花卉也大多花色浓艳。此外，植物的生长随着海拔的升高或其在群落中位置的不同而发生变化。

光照强度是指单位面积上所接受可见光的能量，简称光强。光强随纬度增加而减弱，随海拔升高而增强，在特定区域还受到坡向、朝向、昼夜和季节的变化影响。植物对不同光强的适应性主要表现为阴性植物、阳性植物和中性植物。阳性植物必须生长在完全的光照条件下，如大部分乔木，玫瑰、黄刺玫等灌木及多数的一、二年生花卉；阴性植物要求在适度庇荫的条件下才能生长良好，如原产于热带雨林下的蕨类植物、兰科植物及天南星科植物等；中性植物对光照的适应幅度较宽，如萱草、楼斗菜等宿根花卉。对于特定植物而言，光照强度过弱或过强（如超过植物光合作用的光补偿点和饱和点）都会导致光合作用不能正常进行而影响植物正常生长发育。

光照长度也称光照时间，指白昼光照的持续时间，又称日长、昼长。光照长度对植物的影响主要表现为控制开花时间和花色，调节植物生长。根据植物对光长的适应性可分为长日照植物、短日照植物和中日照植物。长日照植物要求在较长的光照条件下才能成花，而在较短的日照条件下不开花或延迟开花，如三色堇、瓜叶菊等。短日照植物的成花要求较短的光照条件，在长日照下不能开花或延迟开花，如菊花、一品红等。中性植物对光照长度的适应范围较宽，在较短或较长的光照下均能开花，如扶桑、香石竹等。

4. 水分

水是生命体最重要的组成部分，也是植物光合作用的原料之一。植物体内的水分占据总质量的 60%~80%，有的高达 90% 以上。植物体获取水分的来源主要有两个：其一是土壤中的水分，通常，在干旱土壤中生活良好的植物

---

[1] 春化作用是指植物必须经历一段时间的持续低温才能由营养生长阶段转入生殖生长阶段的现象。在自然条件下，低温是诱导某些植物成花的决定性因素之一。

多是深根性，在湿润土壤生活良好的植物多是浅根性；其二是空气中的水分，水有汽、雾、露水、冰雹、雨等各种形态，它们在特定的地域也发生着周期性或昼夜性等规律性的变化，从而影响着植物的分布、生长及其生态景观。

降水的分布直接影响植物的分布。不同植被类型就是由热量和水分因子共同作用的结果，如在热带，终年雨量充沛而均匀的地区分布着热带雨林，在周期性干湿交替的地区则分布着季雨林，夏雨的干旱地区则形成稀树草原这一独特的热带旱生性草本群落；在温带，温暖湿润的海洋性气候下分布着夏绿阔叶林，而干旱的条件下则分布着夏绿旱生性草本群落的草原。这些不同的生态景观皆因不同水分条件下分布的植物种类不同而形成。

水分直接影响植物的生长发育过程。虽然水分是植物生长发育所不可缺少的因子，但植物对水分的需求差异很大，不仅表现在不同种类上，而且表现在同一种类不同的生长发育阶段上。影响植物生长的水分环境是由土壤水分状况和空气湿度共同作用的结果，如原产于热带雨林中的层间植物就主要依赖于空气中大量的水汽而生存，分布于沿海或湿润林下的植物种类移到内陆干旱地区难以正常生长发育，空气湿度是其限制因子之一。在园林环境中，可以通过人工灌溉来调整土壤的水分状况，满足植物的要求，然而空气湿度主要受自然气候的影响，不容易调控，对植物的选择有时限制更大。

适应于不同的水分状况，植物形成旱生、中生、湿生和水生等类型。旱生植物能忍受较长时间的空气或土壤干燥。为了在干旱的环境中生存，这类植物在外部形态和内部结构上都产生许多适应性变化，大多表现为根系极其发达、极强的耐寒性，如沙棘、沙拐枣、柽柳等。湿生植物在生长期间要求大量的土壤水分和较高的空气湿度，不能忍受干旱，大多表现为根系浅而短，喜湿润（如长期处于淹水环境），树干基部膨大，具有呼吸根，如水松、落羽杉、池杉、红树。典型的水生植物则需在水中才能正常生长发育。中生植物要求适度湿润的环境，分布最为广泛，但极端的干旱及水涝都会对其造成伤害。

5. 土壤

土壤是植物生长的基础，不仅起着固定植物的作用，而且是植物根系进行生命活动的重要场所。土壤对植物生长发育的影响，主要是由土壤的物理化学性质和营养状况所决定的。因不同的质地，分为沙土、壤土、黏土等不同的土壤类型，不同的土壤类型又有着不同的水汽状况，对植物的生长发育有重要的影响。土壤的酸碱度是土壤重要的化学性质，也是对植物生长发育影响极大的因素。不同的植物种类对土壤酸碱度有不同的适应性和要求，大部分的景观植物在微酸性至中性的条件下可以正常生长，但有的植物要求较强的酸性土壤，如兰科、凤梨科及八仙花等；有些植物则要求中性偏碱性的土壤，如石竹属的某一种类。土壤的营养状况包括土壤有机质和矿质营养元素，直接影响植物的生长发育。

因践踏和碾压等机械作用以及建筑垃圾的混杂导致城市土壤紧实、黏重，透气性差，pH值较大，营养状况差，极大地影响植物的正常生长发育。因此，城市园林绿化宜选择适应性强的植物种类，当土壤条件过度恶劣时需对其进行改良甚至换土。

6. 空气

空气的主要成分氧气和二氧化碳都是植物生存必不可缺的生态因子和物质基础。二氧化碳是植物光合作用的原料，氧气是植物呼吸作用的原料。然而，大气因子中限制植物生长发育的因素主要是大气污染和风。大气污染的种类很多，对植物危害较大的主要有二氧化硫、硫化氢、氟化氢、氯气、臭氧、二氧化氮、煤粉尘等。也有一些植物种类对特定的污染有较强的抗性，比如抗二氧化硫的花卉有金鱼草、蜀葵、美人蕉、金盏菊、紫茉莉、鸡冠花、玉簪、大丽花、凤仙花、石竹、唐菖蒲、菊花、茶花、扶桑、月季、石榴、龟背竹、鱼尾葵等；抗氟化氢的有大丽花、一串红、倒挂金钟、山茶、天竺葵、紫茉莉、万寿菊、半支莲、葱兰、美人蕉、矮牵牛、菊花等。

在某些地区，风是经常性的和强有力的因子。轻微的风，不论对气体交换，植物生理活动，还是开花授粉都有益处，但强风往往造成伤害，不仅对新植植物造成枝干摇曳而伤害根系，还会引起落花、落果和加速水分蒸腾。寒冷地区冬季强风造成植物蒸腾加剧是边缘植物难以越冬的限制性因子，如北方地区常绿阔叶植物越冬过程中主要的伤害就与大风造成的强烈蒸腾而导致的次生干旱胁迫有关。在热带和亚热带，台风对植物生长影响更大。因此，在城乡绿化植物选择中，在台风盛行的地方不宜大量栽植根系浅、树冠大的植物种类。

综上所述，可以看出各个生态因子对植物分布、生长发育以及景观外貌的生态作用都不容忽视。值得注意的是，虽然在特定条件下对特定物种而言，影响植物生存的生态因子有主次之分，但必须考虑生态因子的综合作用。

第三节　景观植物的分类

一、按植物生物学特性分

根据植物本身的生长状态和生理特征，主要分为木本植物和草本植物两大类，其中木本植物主要包括乔木、灌木、藤本等；草本植物主要包括一年生、二年生及多年生植物，通常称为花卉，或草本花卉等。

1.乔木

乔木，通俗来讲就是人们通常说的"树"。乔木是城市园林中的骨干植物，对环境生态效益和景观的可观赏性影响很大，不论是在功能上或是艺术处理上，都能起到主导作用。初学者可以从以下几个知识点认识乔木。

（1）乔木的特点：主干明显、分支点高、体型大、寿命长。

（2）乔木分类：依其体形高矮通常分为大乔木（20米以上）、中乔木（8~20米）和小乔木（8米以下），如图1-44所示；依据一年四季叶片脱落状况又可分为常绿乔木和落叶乔木，如叶形宽大者，称为阔叶常绿乔木或阔叶落叶乔木，叶片纤细如针状者则称为针叶常绿乔木或针叶落叶乔木。

（3）乔木的景观用途：行道树、庭荫树、主景树、风景林、防护林等。

2.灌木

灌木没有明显主干，多呈丛生状态或自基部分枝。一般体高2米以上者为大灌木，1~2米者为中灌木，高度不足 1 米者为小灌木，如图 1-45 所示。灌木也有常绿灌木与落叶灌木之分，在景观设计中用于在乔林下种植（下木）、绿篱、地被或单株观赏等，其中花灌木用途最广，常用于建筑周边的美化点缀。

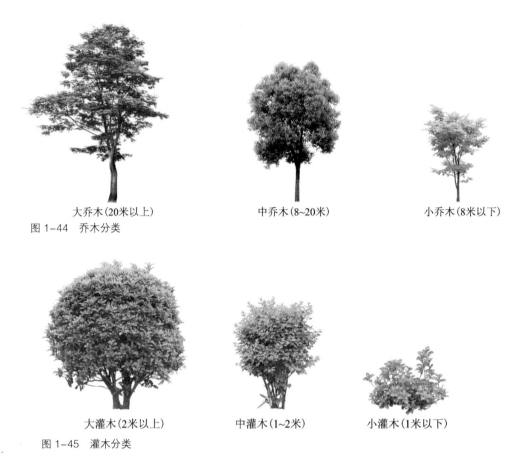

大乔木(20米以上)　　　　中乔木(8~20米)　　　　小乔木(8米以下)

图 1-44　乔木分类

大灌木(2米以上)　　　　中灌木(1~2米)　　　　小灌木(1米以下)

图 1-45　灌木分类

3. 攀援植物

凡不能自立，必须依靠其特殊器官（吸盘或卷须），或靠蔓延作用而依附于其他植物体上的植物，称为攀援植物，亦称为藤本植物，如图 1-46 所示。藤本有常绿藤本和落叶藤本之分，如常见的落叶藤本有南蛇藤、爬山虎、地锦、葡萄、紫藤、凌霄、藤本月季、使君子等，常绿藤本植物有叶子花、常春藤、扶芳藤、络石、蒜香藤、炮仗花等。藤本植物常用于垂直绿化，如花架、篱栅、岩石和墙壁上。

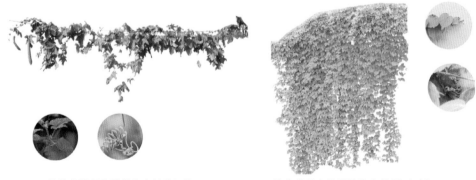

植物靠卷须依附外物生长(丝瓜)　　　植物靠吸盘依附外物生长(爬山虎)

图 1-46　攀援植物

4. 花卉

广义上讲，凡是具有较高观赏价值的木本和草本植物都叫花卉，本小节所讲的花卉特指观赏价值较高的草本植物。根据花卉生长期的长短、根部形态和生态条件要求可将花卉分为以下四类。

（1）一年生花卉：指春天播种，当年开花的种类，如鸡冠花、凤仙花、波斯菊、万寿菊等。

（2）二年生花卉：指秋季播种，次年春天开花的种类，如金盏花、七里黄、羽衣甘蓝等。

以上两者一生之中都是只开一次花，然后结果，最后枯死。这一类花卉多半具有花色艳丽、花香馥郁、花期整齐等特点，但其寿命太短，管理工作量大，因此常用作临时性花坛、节假日装饰性花箱以及花钵、花篮、花束等。

（3）多年生花卉：指凡一次栽植能多年继续生存，年年开花的草本花卉，也称宿根花卉，如菊花、福禄考、黄菖蒲、鸢尾、石竹、羽扇豆、漏斗菜、荷包牡丹、蜀葵、天竺葵、芍药、玉簪、萱草等。

多年生花卉比一、二年生花卉寿命较长，其中包括很多耐旱、耐湿、耐阴及耐瘠薄土壤等种类，适用范围比较广，可以用于花境、花坛或成丛成片布置在草坪边缘、林缘、林下或散植于水景、山石之间。

（4）球根花卉：球根花卉属于多年生花卉的一类，因其地下部分的茎或根肥大成球状、块状或鳞片状，所以称为球根花卉，如大丽花、唐菖蒲、晚香玉等。这类花卉多数花形较大、花色艳丽，除可布置花境或与一、二年生花卉搭配种植外，还可供切花用。

二、按观赏特性分

景观植物个体的色、香、姿、韵及季相变化之美是形成优美的园林景观的重要元素。这些美的特征均来自于花、果、叶、枝等观赏器官，每类观赏器官又具有丰富的观赏特征。

1. 观花类

观花类的景观植物通常具有显著的花色、花形、花香等特征。有的花大色艳，如牡丹、菊花、百合等；有的花小繁茂，如珍珠梅、绣线菊、荚蒾、六月雪等；有的花形独特，如珙桐、合欢、鹤望兰等；有的花香迷人，如桂花、蜡梅、茉莉等。

花色是花的最主要的观赏特征，也是首先让人注目的特征。通常讲的花色包括了花瓣、雌雄蕊、花萼的颜色，但平时人们最关注的还是花冠（所有花瓣的总称）的颜色。

其次是花形，单朵的花具有各式各样的花形，以花冠为例，常见的具十字形花冠的有二月兰、桂竹香；蔷薇型花冠的有月季、桃；蝶形花冠的有国槐、紫藤；漏斗形花冠的有牵牛、茑萝；唇形花冠的有一串红、随意草；喇叭状花冠的有曼陀罗、牵牛花；钟形花冠的有桔梗、风铃草；舌状花冠的有向日葵、蒲公英等。当单朵的花排聚在一起时，又形成大小不同、式样各异的花序。如具总状花序的金鱼草、风信子；穗状花序的千屈菜、蛇鞭菊；葇荑花序的核桃、毛白杨；伞形花序的美女樱、报春花；伞房花序的绣线菊、石竹；头状花序的百日草、万寿菊；圆锥花序的宿根福禄考、泡桐；聚伞花序的唐菖蒲、勿忘我等。另外，还有一些植物的苞片形似花瓣，极具观赏价值，如珙桐、叶子花、四照花等。

花香也是景观植物的观赏特征之一。以花的芳香而论，目前暂无一致的标准进行分类。依据不同植物花香的差别，大体上可分为清香（如茉莉、水仙）、甜香（如桂花）、浓香（如白玉兰）、淡香（如玉兰）、幽香（如树兰）。植物的花香可以刺激人的嗅觉起到使人愉悦的作用。人们自古以来就懂得欣赏花香，花香也成为花文化最重要的内容之一，梅花、兰花等许多传统名花均以香取胜。在园林中，常有所谓"芳香园"设置，即利用各种香花植物配植而成。适宜的花香植物也是医疗和康复花园中常用的材料。

2. 观叶类

相对于花和果实，叶是植物体观赏时间最长的部分。观叶类的景观植物通常具有独特的叶色、叶形等，尤其是室内观叶植物，大多是常绿植物，叶片大而亮绿。一些叶色多变的如变叶木、花叶芋、孔雀竹芋、彩叶草等；还有一些叶形奇特的如鹅掌楸、银杏、羊蹄甲等。叶的颜色有极大的观赏价值，随着季节更替，植物的生长发育，叶色变化十分丰富。根据叶色的特点，园林植物可分为以下几种。

1）绿色叶

绿色虽属于叶子的基本颜色，其深浅、浓淡受种类、环境及本身营养状况的影响会发生变化，有嫩绿、浅绿、鲜绿、浓绿、黄绿、褐绿、赤绿、蓝绿、墨绿、亮绿、暗绿等差别，如叶色呈浓绿色的油松、圆柏、山茶、女贞、桂花、国槐、榕树等，叶色呈浅绿色的水杉、落羽杉、落叶松、金钱松、鹅掌楸、玉兰、柳树等。

2）春色叶

春季新生的嫩叶显著不同于绿色的植物统称为春色叶植物。常见春色叶为粉红色的植物有五角枫和垂丝海棠；紫红色的有黄连木、梅花和葡萄；红色的有七叶树、乌蔹莓、金花茶、卫矛、复叶栾树、女贞、桂花、椤木石楠、山杨、山杏及樱花等。

在南方暖热气候地区，有许多常绿树的新叶虽不限于在春季生长，也有美丽的色彩，而有宛若开花的效果，如铁力木、荔枝等，所以这类植物也可以被称为春色叶植物。

3）秋色叶

凡在秋季叶子有显著变化，如变成红、黄等色而形成艳丽的季相景观的植物统称为秋色叶植物。中国北方每年于深秋观赏黄栌及槭树类的红叶，最著名的当数北京的香山红叶。每到11月，北京的香山层林尽染，数以万计的游客来观赏黄栌的秋色。南方则以枫香、乌桕的红叶著称，其他如南天竹、鸡爪槭也是重要赏秋色叶的种类。山毛榉科、桦木科、槭树科、壳斗科的树种秋色叶亦极佳，加拿大更是将美丽的枫叶糖槭叶画上国旗，作为自己国家的象征和标志。如图1-47所示，常见秋色叶为艳红或深红色的植物有鸡爪槭、三角枫、重阳木、丝绵木、火炬树、乌桕，紫红色的有盐肤木，金黄或艳红色的有金钱松、枫香及银杏等。

4）常年异色叶

异色叶植物也叫全色叶植物，多来源于人们有目的的选择育种，这类植物常年均呈现异于绿色的叶色，如金黄、红、紫等颜色。常年异色叶植物品种数量在逐年增加，在园林景观中也被大量应用，由异色叶植物构成的五彩缤纷

图1-47 秋色叶植物（由左至右：银杏、乌桕、三角枫、白杨）

的色带，如彩篱、花坛等在公园、广场等地随处可见，因其特殊景观效果而广受人们欢迎。如图1-48所示，常年叶色为红色或紫红色的植物有紫叶鸡爪槭、红羽毛枫、细叶鸡爪槭、紫叶小檗、红花檵木、紫叶李、紫叶矮樱；常年黄色或金黄色的有金叶鸡爪槭、金叶黄杨、金叶女贞、金叶桧、金山绣线菊、金叶榕、金叶假连翘；叶上带有金黄色斑纹的有洒金东瀛珊瑚、金边胡颓子、金心大叶黄杨、金边大叶黄杨、斑叶女贞、洒金千头柏、花叶蔓长春花；常年叶色为蓝绿色或泛绿的有矮蓝偃松、蓝云杉、蓝冰柏等。草木类常年异色叶植物有花叶芋、彩叶草等，也有红色、粉色、黄色及花叶等各种色彩变化。

3.观果类

观果类的景观植物通常果实显著、色彩醒目、宿存时间长，常见的如金银木、南天竹、火棘、海棠类、柿、山楂、石榴等植物，以及一些果实奇特者，如佛手、秤锤树、菠萝蜜、番木瓜、吊瓜树等。观果类景观植物的主要观赏特征是果实颜色，通常以红色果实最受欢迎，尤其是秋冬季节，红色果实挂满枝头，异常醒目和美丽。除色彩以外，果实还以其奇异的形状来吸引人们的视线。如铜钱树的果实形似铜钱，佛手的果实有如手掌一般，秤锤树的果实近似秤锤，猫尾木的果实形状如猫尾，炮弹树的果实酷似炮弹等。近年来，一些以食用为主的瓜果蔬菜也逐渐培育出以观赏为主的品种，如观赏辣椒、观赏南瓜、观赏葫芦等，均是极佳的观果园林植物。以下总结若干不同果色的植物。

（1）红色果实植物：荚蒾类、忍冬类、花楸类、大部分冬青属、枸子属、小檗属、山楂、丝绵木、柿树、石榴、海棠果、南天竹、红豆树、枸杞、玫瑰、接骨木等，如图1-49所示。

（2）黄色果实植物：贴梗海棠、木瓜、海棠花、柑橘类、番木瓜、梅、杏、沙棘、金橘、南蛇藤等，如图1-50所示。

（3）蓝紫色果实植物：紫珠属、葡萄、十大功劳、五叶地锦、海州常山、匍枝亮绿忍冬等，如图1-51所示。

（4）黑色果实植物：金银花、女贞属、爬山虎、鼠李、西洋接骨木、君迁子、五加、常春藤、大果冬青等。

（5）白色果实植物：红瑞木、偃伏梾木、乌桕、银杏、雪果等。

图 1-48　全色叶植物（由左至右：紫叶李、红枫、红花檵木、蓝冰柏）

图 1-49　红色果实的植物代表（由左至右：南天竹、火棘、接骨木、海棠）

图 1-50　黄色果实的植物代表（由左至右：沙棘、金橘、杏）

　　除上述基本果色外，有的果实具有花纹。此外，由于光泽、透明度等许多细微的变化，形成了色彩斑斓、极富趣味的植物景观。

4.观枝、观干类

枝、干均属于植物茎的一部分。观枝、观干类的景观植物其茎通常具有奇特的色泽、附属物等。常见的如红瑞木以鲜艳的茎色取胜，白皮松树干的斑驳状剥裂令人驻足，仙人掌类则因茎变态肥大而引人注目。深秋叶落后的干皮颜色在冬季园林景观中具有重要的观赏意义，拥有美丽色彩的植物可以作为冬景园的主要布置材料（见图1-52）。根据枝、干的颜色，景观植物可分为以下几种。

（1）白色树干植物：老年白皮松、白桦、白桉、银白杨、胡桃、法国梧桐、朴树、紫薇等。

（2）红色树干植物：马尾松、红松、赤松、红瑞木、偃伏株木、山桃、野蔷薇、杏、山杏、赤桦、糙皮桦等。

（3）绿色树干植物：竹类、梧桐、棣棠、迎春、木香等。

（4）黑色、黑褐色树干植物·国槐、柿子、皂荚、椿树等。

（5）其他颜色的树干：青壮年白皮松、光皮株木、二球悬铃木、木瓜、斑竹、湘妃竹、油柿、榔榆等具有斑驳状色彩的干。还有紫竹等枝干为紫色的植物，金枝柳、金枝槐等枝干为黄色的植物。除干的色彩不同，有些植物干上具有特殊的器官或附属的皮孔、裂纹、枝刺、绒毛等，也具有观赏价值。

5.观姿类

景观植物因其形体不同而姿态各异。常见的乔灌木有柱形、塔形、圆锥形、伞形、圆球形、半圆形、卵形、倒卵形、匍匐形等，特殊的有垂直形、曲枝形、拱枝形、棕榈形、芭蕉形等。不同姿态的树给人不同的感觉。观姿类的园林植物通常整体具有独特的风姿或婀娜多姿的形态，如高耸入云或波涛起伏，平和悠然或苍虬飞舞。常见的有雪松、老年油松、龙柏、垂柳、酒瓶椰子等。树木之所以形成不同姿态，与植物本身的分枝习性及年龄有关。每一种景观

十大功劳

匍枝亮绿忍

图1-51　蓝紫色果实植物

图1-52　不同颜色的植物枝干（由左至右：白皮松、红瑞木、竹子、槐树）

植物都有其独特的色彩、形态、韵味和芳香，这些自然之美，随着时间的推移时刻在发生变化。春天万蕊千花、欣欣向荣；夏天绿荫弄影、亭亭如盖；秋天嘉实硕果、累累若星；冬天素裹银装、凛凛雄姿。这种四季相交替变化之美景正是由景观植物最主要的观赏特征所构成。

三、按生态习性分

根据不同的生态因子，可将景观植物划分为不同的类型。本书前面已经详细介绍过影响植物生长发育的生态因子，本小节不再赘述，以下分类列出相关知识点。

1. 按植物对温度的适应性分类

（1）不耐寒性植物：热带地区 1 月的平均气温为 15~26 ℃，年温差小，全年均为生长季，个别地区有干湿季之分，仅在这一温度带自然分布的植物均属不耐寒性植物，如椰子、木棉、荔枝、龙眼、羊蹄甲、台湾相思、虎尾兰、鹿角蕨等。这类植物中的木本种类只能应用于温度适宜地区，北方需温室栽培才可安全越冬；草本植物应用于北方则作为一年生栽培或冬季将球根挖起贮藏保护，翌年春季再行栽植，如美人蕉。

（2）半耐寒性植物：亚热带地区 1 月的平均气温从 0~15 ℃不等，生长季 7.5~12 个月，仅在这一温度带自然分布的植物被称作半耐寒性植物，如水松、水杉、香樟、楠木、梅、山茶、广玉兰、紫罗兰、金盏菊等。这类植物中的部分种类可应用于暖温带地区的城市园林，但需良好的小气候环境或冬季进行保护才能安全越冬，如广玉兰、水杉、梅及紫罗兰等。

（3）耐寒性植物：温带地区 1 月的平均气温为 -30~0 ℃不等，7 月的平均气温在 20~26 ℃，生长季为 3.5~7.5 个月。平均气温与降水条件共同构成了从湿润到干旱的各种气候类型。在这一地区有大量自然分布的植物，如银杏、松科、柏科、杨属、柳属、槭树科、豆科、忍冬科的绝大多数树木种类，百合类、石竹、芍药等花卉种类。这一区域原产的种类耐寒性强，是我国三北地区园林绿化的主要材料。此外，在寒带、亚寒带及高山地区分布的植物中，也有许多观赏价值较高的耐寒性植物已应用于园林绿化，如白桦、杜鹃花科的一些种类、金露梅、龙胆、雪莲等，但这类植物大多不能忍受夏季炎热的气候。

2. 按植物对水分的适应性分类

（1）旱生植物：旱生植物是在干旱的环境中能长期忍受干旱而正常生长发育的植物类型。其大多自然分布于干旱及半干旱区域，如柽柳、沙棘等硬叶类旱生植物，仙人掌和景天等科的多浆旱生植物及生长于高寒多风地区的金露梅、偃松、高山石竹等冷生旱生植物。

（2）中生植物：中生植物对水分的要求和依赖程度适中，即不能长期忍受过干和过湿的条件。大多数植物均属于中生植物，其中不同的种类对干旱或潮湿环境的适应能力也有不同。通常来说，耐旱力强的种类具有旱生性状的倾向，而耐湿力强的种类则具有湿生植物性状的倾向。雪松、黑松、侧柏、刺槐、臭椿、黄栌、构树等植物的抗旱性较强，紫穗槐、乌桕、桑树、白蜡、丝绵木、重阳木、香樟等植物的抗涝性较优，垂柳、旱柳、紫藤等植物既耐湿又耐旱，但它们仍然以生长在水分适中的条件下表现最佳。

（3）湿生植物：湿生植物需要生长在潮湿的环境中，若在干燥或中生的环境下则常致死亡或生长不良，其自然分布于水湿环境中，或者能够调节自身的生长发育状况而适应长期被水淹没，如水松、池杉、落羽杉、黄菖蒲、千屈菜等。其适应土壤温度低、透气性差、质地较软等水域土壤条件。这类植物根系浅，体内具有发达的通气组织，乔木则常具有板根或膝根等特点。

（4）水生植物：植物学意义上的水生植物是指常年生活在水中，或在其生命周期内某段时间必须生活在水中的植物。这类植物体内细胞间隙较大，通气组织比较发达，种子能在水中或沼泽地萌发，但它们在枯水期比任何一种陆生植物更易死亡。水生植物种类繁多，依据其形态通常分为四种类型（见图1-53），一是挺水植物，其根或根状茎生于水底泥中，植株茎叶高挺出水面，栽培水深自水缘沼生至1.5 m，如荷花、菖蒲、香蒲、水葱、燕子花、再力花、雨久花、梭鱼草等。二是浮叶植物，其根或根状茎生于泥中，叶片通常漂浮于水面，栽培水深0.8~3.0 m，如菱、睡莲、王莲、芡实等。三是漂浮植物，其根悬浮在水中，植物体漂浮于水面，可随水四处漂泊，如凤眼莲、莕菜、浮萍、满江红等。四是沉水植物，其根或根状茎扎生或不扎生水底泥中，植株体完全沉没于水中，不露出水面，如金鱼藻、黑藻、苦草、水苋菜、红椒草等。在水景中应用的植物除上述四种外，还常将岸边潮湿地段的植物纳入水生植物的范畴，包括沿岸耐湿的乔灌木以及能适应湿土至浅水环境的水际或沼生植物，前者如池杉、水杉、水松、木芙蓉、夹竹桃、美人蕉、蒲葵等，后者如苔草属、泽泻等。

3. 按植物对光照强度的适应性分类

（1）阳性植物：这类植物在全日照下生长良好而不能耐受长时间的荫蔽。例如落叶松属、松属的大多数种类，杨属、柳属、桦木属、栎属、臭椿属、乌桕属、泡桐属等多种木本植物，郁金香、香豌豆等以及草原、沙漠、旷野中分布的多种草本植物。

（2）阴性植物：这类植物在较弱的光照条件下生长较好。阴性植物以草本植物居多，如生长在潮湿、阴暗密林中的秋海棠属的植物，如园林景观中应用的落新妇、玉簪、铃兰、一叶兰、蕨类、竹芋类等。木本植物中典型的

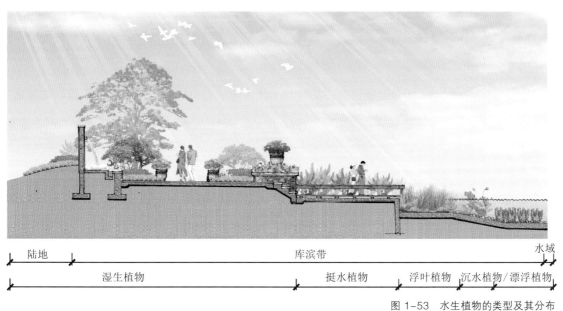

图1-53 水生植物的类型及其分布

阴性植物很少，有些种类则有一定的耐阴性，或要求适度庇荫才可生长良好，尤其以灌木为多，如杜鹃、山茶及珍珠梅等。

（3）中性植物：这类植物对光照强度的要求介于上述两种植物之间，在充足的阳光下生长最好，但亦有不同程度的耐阴能力，又称为耐阴植物。中性植物可依据其对阳光的需求不同，分为偏阳性植物和偏阴性植物。偏阳性的植物有榆属、朴属、榉属、樱花、枫杨等，偏阴性的植物有粗榧、红豆杉、椴树、忍冬、八仙花、常春藤、枸骨、海桐、罗汉松、紫楠、棣棠等。

4.按植物对土壤的适应性分类

土壤为植物生长提供必要的营养物质和矿质元素，其理化性质直接关系到植物的分布和生长发育。其中影响较大的是土壤酸碱度，它受到很多因素的影响，例如气候、母岩、地形地势、地下水和地表植物等。我国南方多酸性土，北方多碱性土。

1）按土壤酸度的分类

（1）酸性土植物：在 pH 值小于 6.5，呈或轻或重的酸性土中生长最好且最多的植物，如马尾松、红松、油桐、杜鹃、山茶、金花茶、八仙花、凤梨属、兰属、大部分蕨属等。

（2）碱性土植物：在 pH 值大于 7.5，呈或轻或重的碱性土中生长最好且最多的植物，如柽柳、紫穗槐、沙棘、沙枣、枸杞、杠柳、马蔺、补血草等。

（3）中性土植物：在 pH 值范围为 6.5~7.5 的土中生长最好且最多的植物种类。大多数的乔木、灌木和草本属于中性土植物。

2）按土壤中含盐量的分类

（1）喜盐植物：喜盐植物以不同的生理特性来适应盐土环境。一般而言，土壤含盐量超过 0.6% 时，大部分植物会生长不良，但喜盐植物可在氯化钠浓度为 1% 甚至超过 6% 的土中正常生长。旱生喜盐植物主要分布在内陆的干旱盐土地区，如乌苏里碱蓬、海蓬子等。湿生喜盐植物主要分布在沿海、滨海地区，如盐蓬、老鼠筋等。

（2）抗盐植物：分为分布在旱地和湿地的两类。因其根的细胞膜对盐类的渗透性很小，所以其对土壤中盐类的吸收很少，如田菁、盐地风毛菊等。

（3）耐盐植物：亦有分布于旱地和湿地两类，其能从土壤中吸收盐分，但并不在体内积累，而是通过泌盐作用将多余的盐分经茎、叶上的盐腺排出体外，如柔毛白蜡、柽柳、沙棘、红树、大米草、二色补血草、霞草、地肤、香雪球等。

（4）碱土植物：能适应 pH 值在 8.5 以上和物理性质极差的土壤条件，如一些藜科、苋科的植物。

5.按植物的抗风力的分类

（1）抗风力强的植物：如马尾松、黑松、圆柏、胡桃、乌桕、枣树、臭椿、朴树、国槐、樟树、河柳、榆树、木麻黄、台湾相思、南洋杉、竹类及橘类等。

（2）抗风力中等的植物：如侧柏、龙柏、杉木、柳杉、楝树、枫杨、银杏、广玉兰、重阳木、榔榆、枫香、桑树、柿树、合欢、紫薇、木本绣球等。

（3）抗风力弱的植物：如大叶桉、榕树、雪松、木棉、悬铃木、梧桐、加杨、泡桐、垂柳、刺槐、杨梅、枇杷等。

四、按地域特征分

按照我国独特的地理特征和地域特征，我国整体而言分为南、北两方，我国南北双方所处的地理位置、气候特征、历史文化以及政治经济活动等方面的不同，造成了我国南北双方自然景观和人文景观的显著差异。

1. 南北方概况

我国的南方和北方以"秦岭—淮河"一线作为分界线，"秦岭—淮河"以北是北方地区，"秦岭—淮河"以南为南方地区。秦岭以其巨大的屏障作用使得南北的气候产生很大差异，构成我国南北气候的分界线，同时秦岭也是我国一月份零摄氏度等温线通过的地方以及 800 mm 等降水量通过的地方。这也决定了它成为我国温度带、中亚热带和暖温带的分界线。秦岭以南，一月平均温度在零摄氏度以上，年降水量超过 800 mm，属亚热带湿润地区，植物可全年生长；秦岭以北，一月平均温度在零摄氏度以下，年降水量不足 800 mm，属暖温带半湿润地区，冬季景色比较单调。差异明显的气候，使秦岭南北的自然景观也截然不同。秦岭北坡及其以北的关中平原是温带落叶阔叶林与森林草原——褐色土带，秦岭南坡及其以南的汉江谷地是北亚热带落叶阔叶与常绿阔叶混交林——黄棕壤与黄褐土地带。南方在栽种植物时注意防涝、防高温，特别是5—9月多雨，要防涝及虫害避免植物烂根。北方以防干旱为主，冬季要防冻和大风，采取必要的防风和防冻措施。南北方土壤差异、气候差异、水文差异非常大，植物的形态、结构、生活习性以及对环境的适应性，决定了植物的多样性。这诸多方面的差异，形成了南北小区绿化的差异性。

2. 园林设计风格对比

南方人口较密集，所以园林地域范围小；又因河湖、园石、常绿树较多，所以园林总体布局因山就势，自由灵活，园林景致也较细腻、精美，其特点是明媚秀丽、淡雅朴素、曲折幽深，但毕竟面积小，略感局促。江南有温和的气候、充沛的雨水、丰盛的物产、优美的景色、宽松的人文环境，其园林营建必然自呈特色。

北方园林的规划布局中，中轴线、对景线的运用较多，更赋予园林以凝重、严谨的格调。北方园林相对于南方而言，风格迥异，颇能表现幽静沉雄气度。植物配植方面，北方园林观赏树种比江南少，尤缺阔叶常绿树和冬季花木，但松、柏、杨、柳、榆、槐和春夏秋三季更迭不断的花灌木如丁香、海棠、牡丹、芍药、荷花等，却也构成北方私园植物造景的主题，每届隆冬，树叶零落，水面结冰，又颇有萧索寒林的画意。图1-54所示为以苏州园林和晋商园林为代表的南北园林风格比较。

3. 南北园林景观中的植物差异

1）种类差异

南方植物种类丰富，有很多常绿阔叶树的应用，常见的如法国梧桐、广玉兰、桂花树、香樟、樱桃、白玉兰、紫玉兰、含笑、海棠、樱花等。另外，南国风光的标志树种假槟榔、鱼尾葵、华棕等高档亚热带树种也独具特色，局部也有应用，如图1-55所示的广东粤晖园热带植物风情。另外，花卉为茶花、兰花、肉桂、铁树、三角梅等。

苏州园林

晋商园林

图 1-54 南北园林风格比较

草种多为暖季型草种，如大叶草、连地针叶草、百喜草、狗牙根等。

北方园林绿化与南方的比较，尤其在气候上受到了一定的局限性，因此植物种类较少，多选用枝序优美、别致的落叶树种，如垂柳、龙爪槐、白榆、垂榆，或选用主干通直、分植规整、冠型急而尖的树种，如水杉、桧柏、落叶松等。其中，柳树、槐树、松树、柏树、杨树、榆树等乔木类是用得较多的树种，且以松柏类和杨柳科植物为多，因为它们耐寒性强，能过冬。灌木类有丁香、海棠、牡丹、芍药、荷花，而它们中大部分是不能过冬的。

2）配植差异

南方由于植物种类多，创造出的景观相当丰富。常绿阔叶树香樟、广玉兰、桂花、杨梅、海桐等的使用，使南方植物景观既可以四季常绿，又可以季季有花：春海棠，夏石榴，秋桂花，冬蜡梅，季季精彩。南方春花秋景与北方有异曲同工之妙。

因受气候的影响，北方城市园林绿化树种色彩单调，基本上还是以槐树、楸树、杨树等为背景，常选用主干通直、分植规整、冠形急而尖的树种，如水杉、桧柏、落叶松等。北方城市园林一般植物规划整齐划一，四季景色差异分明，春来万物复苏，百花齐放；夏来柳树成荫，荷花盛开；秋季树槭染红；冬来万木凋零，雪花纷飞、"千树万树梨花开"（见图 1-56）。

虽然北方地区冬天较冷需要光照，而此时树木已落叶，透光性很好，不影响光照。在夏季，气候干燥，人们更需要绿荫的庇护，而较高大的绿化植物与建筑更协调一些，绿树掩映的居住小区会给人们带来美好的享受和大自然的温馨。北方地区不宜把常绿树近植于建筑物的阳面，因其夏季挡风、冬季遮阳，而应种植落叶树，因其夏季茂密的树叶可遮阳，冬季树叶落光后，住宅便可获得充足的阳光照射。

北方园林绿化以树为主草为少，因为草坪种植后需要专用的养护设备定期浇水、施肥，比栽树管理费用高；其次北方气候寒冷，一遇漫长的冬季，枯黄的草坪便毫无景致而言。故考虑营造草坪时，也应该采用混合草坪，甚至是自然植物草坪等，以降低维护费用，同时尽可能创造自然生物的环境，使小区绿化达到自然化、多元化。一般采用的适合冷季型草种有黑麦草、紫羊茅、高羊茅、早熟禾等。

图 1-55 广东粤晖园热带植物风情

图 1-56 北京颐和园冬景

五、按景观用途分

人们在对景观植物进行实际应用时，往往根据其观赏特点及习性将其用于不同的环境，并以适当的方式配植，以满足不同的功能。据此可将景观植物分为如下几类。

1.孤赏树

孤赏树主要表现树木的形体美，可以独立成景以供观赏，也被称为孤植树或主景树（见图 1-57）。孤赏树一般或树形优美独特，或花朵醒目芳香，或果实鲜艳奇特，或有异国情调，富有特殊意义，若具有上述多项特征则更佳。孤赏树的种植位置一般选择在开阔空旷的地点，如开阔草坪上的显著位置、花坛中心、庭院向阳处等，以成为空间的焦点。常用的孤赏树种类有雪松、金钱松、南洋杉、银杏、悬铃木、七叶树、鹅掌楸、椴树、珙桐、樟树、木棉、玉兰等。

2.行道树

行道树是指在道路两旁栽植，给车辆和行人遮阴并构成街景的树种。行道树应首先具备根深，主干直，分支点高，耐土壤贫瘠，耐汽车尾气污染，耐修剪，抗病虫害及花果叶对人无害的特点；其次是景观特性，如春季发叶早，秋季落叶迟，绿期长，干挺枝秀，花果美丽，植物体量与街道两侧建筑的比例协调。常用的行道树种类有悬铃木、椴树、七叶树、枫香、银杏、鹅掌楸、香樟、广玉兰、大叶女贞、毛白杨、旱柳、栾树、银桦、杜仲、国槐、臭椿、复叶槭、元宝枫、油棕、大王椰子等，如图 1-58 所示。

图 1-57 孤赏树 – 木棉

椴树

悬铃木

鹅掌楸

七叶树

图 1-58　常用行道树

3. 庭荫树

庭荫树（见图 1-59）又称绿荫树，主要有形成绿荫供游人纳凉、避免日光曝晒及美化环境等作用，常种植于庭院、园路、林荫广场或集散广场周边。温带地区的庭荫树一般多为冠大荫浓的落叶乔木，其在夏季可以给人们遮阳纳凉，在冬季人们需要阳光时又可以透光。庭荫树的叶花果俱佳，但由于其多种植在院落及广场周边，是人们多停留的地方，所以应避免采用有毒有害，花果污染环境及行人衣物，有飞毛或飞絮等的植物种类。常用的庭荫树有梧桐、银杏、七叶树、国槐、栾树、朴树、大叶榉、香樟、榕树、玉兰、白蜡、元宝枫等。

4. 花灌木

花灌木通常指花朵美丽芬芳或果实色彩艳丽和茎干姿态优美的灌木。这类植物是构成园林、下层景观及与园路、小品、水体、山石等配景构成各类色彩景观的主体材料，如图 1-60 所示。常用的花灌木种类有榆叶梅、锦带花、连翘、丁香类、月季、山茶、杜鹃、牡丹、金丝桃、紫珠、火棘、枸骨、紫荆、扶桑、六月雪、红花檵木等。

5. 绿篱植物

绿篱是由灌木或小乔木以较小的株行距密植，栽成片状、带状，通常修剪规则的一种园林栽植形式（见图 1-61）。绿篱主要起美化环境、分隔空间、屏障视线、引导视线于景物焦点等作用，或作为雕塑、喷泉等园林设施的背景。可用作绿篱的植物，一般要求叶小而分枝多，易生萌蘖，适应性强，耐修剪并耐阴。根据功能和观赏要求分类，绿篱有常绿篱、落叶篱、花篱、彩叶篱、观果篱、刺篱、蔓篱和编篱等。常用的绿篱植物种类有圆柏、侧柏、杜松、锦熟黄杨、小叶黄杨、大叶黄杨、金叶女贞、珊瑚树、紫叶小檗、贴梗海棠、黄刺玫、水蜡、垂叶榕、金叶榕、叶子花、扶桑等。

6. 地被植物

地被植物即能覆盖裸露地面或斜坡，低矮或匍匐的草本、灌木或藤本植物。图 1-62 所示为采用二月兰配植的地被景观。地被植物是城市绿地的重要组成部分，可以应用在空旷地、林下、树穴表面、路边、水边、堤坡等各种环境中。它们具有植株低矮、枝叶繁密、枝蔓匍匐、根茎发达、繁殖容易等特点。地被植物的合理应用可起到护坡固土、涵养水源、抑制杂草滋生、减少地面热辐射及美化作用，与草坪相比，不仅观赏效果多样，更能节约养护成本。木本地被植物一般包括小灌木和藤本。草本地被植物广义上包括草坪植物及其他地被植物。后者指在庭院和公

图 1-59　庭荫树

图 1-60　花灌木

图 1-61　绿篱（金叶女贞）

图 1-62　地被景观（二月兰）

园内栽植的有观赏价值或经济用途的低矮草本植物。常见的木本地被植物有铺地柏、匍地龙柏、平枝枸子、箬竹、金银花、爬山虎、常春藤等。常见的草本地被植物有连钱草、玉竹、蛇莓、玉簪、萱草、八宝景天、白三叶、鸢尾、红花酢浆草、土麦冬、铃兰、水仙、香雪球、半枝莲、紫花地丁、石蒜等。

7. 花坛植物

花坛是在几何形的栽植床内种植低矮的观赏植物形成或纹样精致，或色彩华丽的图案的花卉景观，如图 1-63 所示。用于花坛的景观植物多数为一、二年生花卉及球根花卉，如一串红、三色堇、郁金香、风信子等，此外一些低矮、观赏性强、耐修剪的灌木也可以用于布置花坛。

8. 花境植物

花境是在多为带状的栽植床内将高低不同的花卉呈自然斑块式栽植而形成的花卉景观（见图 1-64）。花境植物指园林中适合用于布置花境的植物，多数为宿根与球根花卉，如飞燕草、萱草、鸢尾类、美人蕉以及观赏草等，也可以用中小型灌木或灌木与宿根花卉混合布置花境。

9. 室内植物

室内植物指用于装饰和美化室内环境的植物，如仙客来、马拉巴栗、印度橡胶榕、孔雀竹芋、鹅掌柴、变叶木、红背桂、龙血树、巴西木、蝴蝶兰、君子兰、鹤望兰、南洋杉、冷水花、一品红以及天南星科植物、棕榈类植物、杜鹃花类植物、龙舌兰类植物、仙人掌类植物等。根据其观赏器官可以分为观花类、观叶类、观果类以及观茎干类等。这类植物既可应用于室内花园，也可盆栽装饰各类室内外空间。图 1-65 所示为室内植物在室内的应用。

图 1-63　花坛

图 1-64　花境

图 1-65　室内植物在室内的应用

第四节　景观植物的学习方法

　　本科生对景观植物的学习总体上分为四个阶段，即对植物基本知识的认知阶段，对植物形态特征和生态习性的观察和记忆阶段，对植物景观设计基本手法的学习和临摹阶段，以及在各类涉及植物种植与造景的课程设计中对植物的应用实践阶段。在每个阶段都应该掌握恰当的学习方法，使学习事半功倍。

一、第一阶段的学习：对植物基本知识的认知

　　景观植物的基本知识包括相关概念和专业术语，植物分类系统，植物命名，景观植物的不同划分类型，植物形态特征的基本知识，植物生长发育的生态因子等。其目的是对景观植物有一个整体的认知，了解该门学科的整体架

构，初步掌握植物学的专业术语，并明确环境设计等艺术类学科学习景观植物的侧重点。以下简要概述该阶段的学习方法。

1.准备好至少一本教材或相关参考书籍

选择合适的教材或参考书籍，且其内容与本专业的特点和要求相匹配，一般来说配有植物细节特征彩图的书能直观地展示植物的形态特征，便于记忆。通常，关于景观植物基本知识的教材有《园林植物学》《园林树木学》《花卉学》或一些集基础知识和配置设计于一体的教材，如《园林植物与造景》《园林植物景观设计》等。

2.务必认真听课，为自学打下扎实基础

植物学属于自然学科，有些知识点对于设计专业或艺术类的学生还是比较难理解的，初学阶段一定要按时上课、做好笔记、及时与老师交流。不要忽略上课这个重要的环节，尤其是对于自学能力和理解能力较弱的同学，自己反复记忆或思考一个难懂的知识点不如请教老师更快更有效。景观植物的知识不是通过一学期的学习就能全部掌握，更何况景观植物的数量庞大、种类繁多、配置手法与设计理念也在不断更新和变化，这是一门需要长期积累和不断学习的学问，因此认真听课十分关键，这为以后的自学打下扎实的基础。

3.培养兴趣，树立正确的学习观

植物是大自然重要的成员，也是人类赖以生存的物质和能量来源。即使非专业需要，学习一些植物学的知识也是十分有益的。本科学习阶段不要以自己的喜好或"有用无用"来决定是否认真学习一门课程。俗话说"艺多不压身"，任何一门课程都不是多余的，谁也不能断言今天收获的知识以后就一定用不上或用得上，要树立正确的学习观。对于风景园林、景观设计、环境设计等专业来说，景观植物学的知识是必修的专业基础知识，可以使学习者专业技能更加丰富和扎实，对自然环境的认知更加科学和全面，对生活环境的审美更加有品位和深度。

二、第二阶段的学习：对植物形态特征和生态习性的观察和记忆

这个阶段的学习目的是将前期书本的知识在现实环境中得到印证或新发现，从课本中走出来到环境中去认识植物。该阶段的学习需要借助一些辅助工具，例如用于测量距离的卷尺，采集标本图像的相机，记录形态特征的笔记本或绘图本，鉴别植物的工具书以及用于学习交流的网络工具，等等。以下列出这一阶段主要的学习方法。

1.留意身边的风景

"职业病"这个略带贬义的词对于学习者来说是具有启发性的。学习者应当时常观察和评论身边的每一个作品和事物，例如教学楼的空间是否组织合理、流畅，运动场的朝向是否影响打球，广场的铺装是否在雨雪天防滑，绿地里的树木是否在夏日午后为行人遮阴，路边的石凳是什么材质，等等。对于景观植物的学习，我们十分鼓励学生应该有"职业病"：留心身边的玉兰几月份开花，路边的开花灌木是什么种类，为什么看似一样花型的两棵树叶子的形态差异很大，为什么新栽植的行道树树冠被修剪掉很多，等等。这些问题都有助于植物知识的积累。

2.常去花卉市场或植物园

每个城市的花卉市场和植物园是学习植物形态特征和生态习性的理想场所，这些地方会将植物的身份标识牌挂

在植株上，十分方便学习和观察。有些大学的校园、公园、居住区也会给绿化植物挂上身份标识牌，也是不错的实习地。

3. 在旅行中收获知识

伴随着现代社会交通便捷发达和经济水平的提高，通过旅游或旅行去认识自然、了解各地民风民情、增加见识也成为容易实现的寻常之事，尤其是大学生群体，应该把握出行的机会，让每一次旅行都变成采风，随身带上相机和速写本，将感兴趣的景观、景致和新奇的植物拍下来或绘出来，这也是一个很好的学习植物的方法，可以帮我们了解和认识不一样的植物景观和种类。旅行回来之后，对这些照片或手绘图进行分类、整理存档，作为以后的参考和案例。以采集景观植物信息为例，记录内容大概包括当地环境气候特点，环境整体风貌，城市景观特色，景观植物的种类及场地生存环境状况，植物的高度及搭配组合，植物是否开花或结果等。

4. 准备更多的专业书籍

该阶段应该广泛阅读景观植物类的书籍，尤其是一些分类介绍景观植物的特征及应用价值的书籍，来增加自己景观植物种类积累的丰富度，拓展自己对植物在景观设计中的应用见识。这类书籍通常有《地被植物与景观》《水生植物图鉴》《草坪与地被植物》《观赏藤本植物》等。

5. 绘制植物图谱

记住不同植物的形态特征可以通过对大量植物照片的观赏和欣赏，以及实地实物的观察和采集来实现；也可以利用绘画的方式将景观植物的形态特征用写实的手法反映在绘图本上，一方面可以帮助学习者了解和记录植物的细节，另一方面可以亲手设计创作并成册保存。绘制的植物图谱包括植物的整体形态，叶花果等细部特征以及植物名称、用途等信息，能够用色彩渲染更好，如图1-66所示。

图1-66　植物图谱的绘制

6.利用网络资源和论坛进行学习和交流

在旅行或实习过程中往往会遇到不认识的景观植物，但又急切地想知道这种植物的名字。正确的做法有以下几种：第一种是利用植物检索工具书自查，类似于查字典，又快又准确，但是这对自学者的植物学基础知识及专业术语的要求很高，对于没有经过专业训练和刻苦钻研的同学而言，这种方法很难行得通；第二种方法是加入植物类主题的讨论群，无论是微信群还是QQ群都是可行的，群成员将各自拍摄的植物照片发送到群里，大家一起鉴别；第三种是利用与自己专业密切相关的专业网站及其BBS，通过发帖的方式将需要鉴别的植物上传到论坛里，总会有同行讲解，十分方便。此外，一些微信公众号或BBS论坛会有很多专业方面的文章，经常浏览也会学到很多新的知识。自学者可以通过搜索引擎获得想要的资讯，建议大家搜索以下关键词：植物鉴别、园林植物、生态学、野生植物、建筑、景观、户外旅游等。

三、第三阶段的学习：对植物景观设计基本手法的学习和临摹

1.大量收集和学习经典的植物景观设计案例

图书馆和专业网站是必不可少的学习途径。可以从传统经典案例和能够体现当代设计理念的知名案例开始学习，搜集这些案例的平面图、效果图、实景照片以及植物配置表或配置说明等信息。学习这些作品中的植物选种原则、搭配组合手法、种植方式等。

2.抄绘练习

抄绘练习是艺术设计类学生学习的重要环节。通过抄绘，可以熟悉植物景观设计的内容和方法，练习线条和手感。抄绘可以从单个节点的植物种植设计到小尺度场地的植物景观设计再到中尺度空间过渡，也可以从不同场地类型入手，如居住区植物景观设计、城市广场植物景观设计、屋顶花园植物景观设计等。

3.实地调研与测绘

实地调研一个案例会更加直观地感受空间尺度、植物的外形和质感以及植物与各种景观元素的搭配关系。在进行实地调研时，拍照是必不可少的方法，另外，测绘手段更能理性客观地认知环境中的每一个元素。对植物景观进行测绘时，要认识到植物并不是唯一的对象，测绘者需要测量植物与其他环境设施的间距、高度差，植物和地形的关系，植物与植物的间距和密度以及植物本身的冠幅、胸径、分支点、数量等。例如对某一公园林荫大道进行实地调研和测绘时，需要测绘的内容包括：道路的长度和宽度，道路绿化的类型，所有绿化植物的种类，行道树的数量和间距，乔木的胸径，灌木的冠幅和高度，灌木或地被的面积，行道树与道牙的间距，休息座椅与观赏灌木的间距，路灯与乔木的间距等。

四、第四阶段的学习：植物的应用实践

本阶段主要是对前期景观植物知识的掌握程度和设计应用能力进行检验，同时也是从老师、学长或专家那里获得建议，补充和完善自己不足的机会。主要可以通过不同课程设计来检验对植物景观设计的把握能力，也可以通过

参与实际项目或竞赛获得实践经验，另外毕业设计是综合考查各种专业知识和技能的实践机会，每位学生都应该将自己的知识和才能通过毕业设计充分施展出来。学生通过植物应用实践环节的训练，会发现许多更深层次的问题是课本或参考书上学不到的，甚至会发现植物景观设计中会遇到很多实际问题很难用一个专业的知识去解决，需要多专业的合作才能完成。

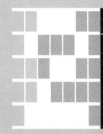

第二章

植物景观设计基本理论与方法

中国古典园林植物造景崇尚"师法自然""艺术美与自然美的交融"以及重视植物文化在造园中的作用。西方古典园林植物景观设计注重形式感和艺术美，强调人工秩序。无论中西，古典的植物景观设计理念都侧重于人的视觉感受，即对植物本身的观赏性以及实用性的关注。现代景观设计理念的发展和人们审美观的不断改变使传统的植物造景理念和设计手法已经不能满足城市发展和环境营造的需求。从 20 世纪 20 年代到 60 年代末，现代主义运动在世界范围内取得了辉煌的成就，现代设计也随之产生。发展到今天，现代设计已经形成一种多元并存的景观发展趋势。当然，这其中也包括植物景观的变化。植物景观设计涉及多学科，如城市规划、建筑设计、环境美学、心理学、生态学以及现代艺术等学科的理论与研究方法均对植物景观设计产生了重要影响，而现代主义、地域主义、结构主义、象征主义、文脉主义、极简主义等各种理论与非理性主义都成为植物景观设计可以接受的思想，植物景观设计的审美观念、设计理念和设计手法发生了与传统植物景观截然不同的转型与变化，呈现出多种倾向的发展趋势。因此，在吸收传统理论的基础上，相关教材应提出适应当前新环境和新理念的植物景观设计的理论和方法。

第一节　植物景观设计的科学原理

一、适地适树原则

在进行城市植物造景设计时，除了保证生态效益原则外，造景风格多元化的发展是势不可挡的，异国风情在生活中也会出现，适地适树时应该充分考虑其丰富的科学内涵和文化艺术内涵，增加乡土树种的应用比例，提高植物景观的物种多样性，推广应用典型配置模式，丰富绿地景观类型，突出植物景观的群体或量的效果，使点、线、面有机结合，在尊重自然的同时，结合实际情况进行方案设计，增强植物景观文化内涵，使景观植物的配置真正达到美化环境和净化环境的双重功能，打造近似自然的生态系统。著名的景观规划大师麦克哈格在其著作《设计结合自然》中提出"设计遵从自然"的理念，指出"以乡土植物应用为主的自然式设计模式"将会成为新时代城市植物造景的发展趋势，将正确的生态理念融入城市植物造景，用生态学指导风景园林设计。

1. 概念

"适地适树"是林业和风景园林植物景观规划设计领域所遵循的基本原则之一。一般林业上认为的适地适树是指绿化树种的特性，特别是生态学特性，与绿化地的立地条件相适应，充分发挥树种生长潜力，尽可能达到该立地在当前技术经济条件下最佳的绿化水平。简言之，就是将树栽植到最适宜其生长的地方，使树木成活并生长健壮，发挥其景观及生态作用。这是针对在"适地适树"原则提出之前较长一段时间内，业界不能对立地条件和植物特性进行准确认识，绿化建设中不计资金和技术的大量投入并无视地域特征和差异而盲目引种的大背景下提出来的，在当时条件下具有积极的意义。但是，基于业界的认知水平和实践条件的不断提升和改变，这一原则已经不能完全适用。首先，也是最重要的，在"适地"中未提及人们在当地和一定基址条件下对植物景观的功能性需求，在"适树"中只提及树种而未考虑草本植物；其次，概念体系中未涉及对建成植物景观的稳定性、安全适宜性以及对能源、水等资源的节约性考量。近年来，一些学者结合国外经验对该概念在风景园林行业应具有的科学内涵进行了探讨，例如清华大学潘剑彬博士提出了风景园林学中的"适地适树"原则及其内涵，即人们在植物景观营造过程中根据对其的功能性需求，选择适应当地气候和景观营造场地条件的植物种类及品种，并进行合理的植物配置和养护管理，以形成稳定的、适宜的、节约资源的植物景观。"地"指植物景观营造地区的气候条件、场地的基址条件以及人们对所营造植物景观的基本功能需求；"树"涵盖植物景观营造过程中常用的，具有一定生态学特性和生物学特性的乔木、灌木及草本植物；"适"指植物景观营造所应用的植物材料既适应营造地区又适应场地的基址条件，同时适宜构建资源节约型、安全健康和长时间处于稳定状态的植物景观功能空间。

2. 实现途径

研究表明，"适地适树"理论实现的三个主要途径有：选树适地、改地适树、改树适地。

1）选树适地

若场地条件适宜营造植物景观，则尊重和保持场地的基本条件，在对当地的气候条件进行充分认识的前提下，根据人们对场地内植物景观的基本功能需求，选择适当的植物种类进行植物景观营造。

2）改地适树

植物景观营造场地的某个条件或某些条件不能满足观赏植物正常生长发育需求时，可以通过土壤管理、给排水管理和养护管理等一系列技术措施逐步改善场地条件，使之满足植物景观生长发育的需要。这也是园林设计中的常用方法之一。

3）改树适地

通过育种、选种等方法，改变植物的某些原有特性，并带有目的性地选育某一抗逆性，例如抗寒性或抗旱性，使植物与立地条件相互适应。

在植物景观规划设计实践中，应以选树适地为主，配合实施改地适树或改树适地，这样既不违背自然和经济规律，还可以充分发挥人在植物景观营造中的创造性。

3. 植物的选择

景观植物配置实践中应将"适地适树"与乡土树种结合，充分利用乡土树种较强的适应性、抗逆性和抗病虫害能力及易于管理的优势。乡土树种是植物多样性的重要组成部分,广泛挖掘乡土树种资源,大力推举适地适树原则,加大乡土树种在城市景观建设中的运用,不仅可以保护当地植物资源多样性,而且对当地植物生态系统的人工恢复具有促进作用。结合当前时代背景,既要考虑满足人们接近自然的要求,又要体现植物景观的科学性,以及保护植物景观的历史性,运用科学手法解决城市中人与自然的对立局面,体现出植物景观设计的多面性。城市植物造景设计不再单纯只考虑视觉感官效果,还要从生境塑造的角度出发,展开空间布局和细节设计,营造自生演替的环境,在不同尺度上提高环境生态品质,形成体现城市地域文化特征的软质空间。

此外,植物景观营造除了以适生的、景观立意好的乡土树种为主,同时也要合理分配好速生树与慢生树,乡土树与外来引进适生植物,近期景观树与远期景观树的比例,体现植物景观的生态性和文化性。

4. 搭配、比例与景观局部

景观植物具有不同的观赏特性,选择植物材料时,注重植物景观的组合及植物季相色彩的搭配,以常绿乡土树为主基调,采用速生树和慢生树、乔木和灌木相结合,从自然地形和植被群落分析,体现"陆生 - 湿生 - 水生"渐变的特点;在水平结构上采用多树种混交林的形式,在垂直结构上采用"林冠层 - 下木层 - 灌木层 - 地被层"多层次组合的形式,展示垂直植物的景观美学特征;骨干树种要很好地突出地域特色,保持原来地区的植被整体风貌和绿化质量效果,选择乡土树种以及与其协调的树种,开敞空间植物的绿化需要保证视线的通透和空间的开敞效果。

应用"适地适树"原则时,应依据不同环境气候条件和不同土壤生境进行植物配置,确定乔木与灌木,地被、落叶植物与常绿植物,乡土植物与外来引进植物,速生品种与慢生品种的配置比例。在植物造景设计时,要考虑植物种群的优势种群和群落结构的稳定性,群落垂直结构与水平结构的分布状况,群落交错区和边际效应并结合植物组成的空间构成理论,综合考虑植物种群的数量、丰富度及多样性。

"适地适树"应用时,可利用地形或植物种类、年龄、配置方式的变化来加强植物群落林冠线的变化,遵循物种多样性及植物边缘效应。景观植物平面布局主要是突出其林缘线曲线的变化,规则式布局有明显的主轴线,或传统的法式规整形的几何布局。植物配置模式的平面设计还要注重色彩的处理,以绿为主,辅以彩叶植物和芳香植物,使其有视觉色彩和气味变化。立面设计以满足功能为基础,与平面设计有机结合,结合原有或者人造的起伏地形、建筑小品及建筑第五立面、乔灌木和立体装饰及绿化来塑造立面效果,同时立面设计还要考虑动态的透视处理,形成"乔木 - 灌木 - 草本及地被植物"结构的复合立体模式(见图2-1),取得"步移景异"的良好效果。

图2-1　"乔木 - 灌木 - 草本及地被植物"结构

二、人性化设计

所谓人性，是指人的基本生理、心理、行为和文化特质。人性化要求城市建筑、景观等不能仅以完成其使用功能为最终目标，还应当提供一种潜在的功能，满足人们的"额外"需要，达到环境的人性化。人性化的环境就是以人的生理、心理、行为和文化特质为出发点的环境，它融汇了现实世界的各种因素，是生活的外化，因而它能为人类的生存活动提供物质及精神方面的条件，蕴涵人类活动的各种意义。

1. 概念

人性化设计即在设计过程中综合考虑人的生理结构以及群体不同的生活习惯、性格特征、宗教信仰和文化习俗等需求因素，对设计对象分类优化，使之更加适用、更加舒适，以使使用者或服务对象能得到最佳使用体验和满意度的设计过程和方案。在具体的城市空间设计中处处体现以人为本，不但要满足各层次、各年龄阶段人的生理需求，还要关心他们的心理需求、行为需求、情感需求。植物作为自然环境与人类社会之间的桥梁与媒介，植物的设计更需要我们以人性化为重要设计原则。植物的生长对植物的大小和形态的改变是最为显著的，而植物的大小和形态也是构成空间最基本的方面。因此，研究植物的生长变化对城市景观空间的影响具有重要的意义。

2. 植物围合与空间

景观植物种类的多样性和配置方式的不同使得植物景观和空间具有丰富的变化。个体植物在成为群体植物中的组成部分时，植物的个体形态会随着植物的生长受到植物间相互作用的影响，个体的形态特征会受到削弱。个体植物形态将融入群体植物外貌中，构成一个有机的植物群体景观。个体植物的生长导致群体植物景观和空间的变化，同时这种变化又反过来影响个体植物本身的形态。植物景观空间受到个体植物生长以及群体植物中的植物间相互作用的影响。

1）空间的围合

景观设计中对空间的营造主要是通过对建筑、墙体、廊柱、植物等元素进行分隔与围合来形成的。一般有五种形态：开敞空间（如广场、草坪）、封闭空间（如房间）、半开敞空间（如景墙）、垂直空间（如天井）和覆盖空间（如亭子）。

空间的围合度与封闭性有关，主要反映在垂直要素的高度、密集度和连续性等方面。高度分为相对高度和绝对高度，相对高度是指物体的实际高度和视距的比值，通常用视角或宽高比 D/H 表示。绝对高度是指物体的实际高度，当物体低于人的视平线时空间较开敞，高于人的视平线时空间较封闭，如图 2-2 所示。空间的封闭程度由这两种高度综合决定。影响空间封闭性的另一因素是垂直面的连续性和密集度。同样的高度，墙越空透，围合的效果就越差，内外的渗透就越强。不同位置的垂直面所形成的空间封闭感也不同，其中位于转角的垂直面的围合能力较强，如图 2-3 所示。

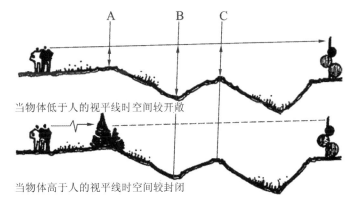

当物体低于人的视平线时空间较开敞

当物体高于人的视平线时空间较封闭

图 2-2　视线与空间

垂直面稀疏　　　　　　　　垂直面密集　　　　　　　　转角的垂直面

图 2-3　植物的空间围合

2）植物景观营造的空间类型与特征

利用景观植物同样能够达到营造不同类型空间的效果。植物空间营造主要是靠树干、树冠以及种植间距和密度等来实现的。以下分别介绍利用景观植物所营造的几种空间类型及其特点。

（1）开敞空间。

开敞空间仅用低矮灌木及地被植物作为空间的限定因素。这种空间四周开敞，外向，无私密性，并完全暴露于视线之内，如图 2-4 所示。

（2）封闭空间。

封闭空间是指利用中小型乔灌木通过较密的种植方式或浓郁的树冠所围合的空间，且空间中的四个方向视线受阻。自然界这种空间类型常见于森林中，光线暗淡，无方向性，具有极强的隐秘性和隔离感。植物景观设计中，封闭空间往往用于风景林区、生态保护区等，如图 2-5 所示。

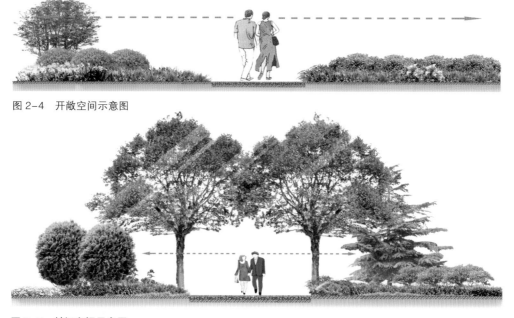

图 2-4　开敞空间示意图

图 2-5　封闭空间示意图

（3）半开敞空间。

该空间与开敞空间相似，但它空间的一面或多面部分受到植物的封闭，限制了视线的穿透，开敞程度较小，其方向性指向封闭较差的开敞面。半开敞空间通常适用于一面需要隐秘性，而另一面又需要景观的居民住宅环境中，如图2-6所示。

（4）垂直空间。

运用笔直且挺拔向上的植物能构成一个方向直立、朝上开敞的室外空间，如图2-7所示。

（5）覆盖空间。

覆盖空间是利用具有浓密树冠的遮阴树，构成一个顶部覆盖而四周开敞的空间。一般来说，该空间是介于树冠和地面之间的宽阔空间，人们能穿行或站立于树干之间，如图2-8所示。

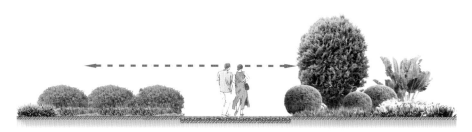

图2-6　半开敞空间示意图

图2-7　垂直空间示意图

图2-8　覆盖空间示意图

3）种植方式与空间

成片种植的乔木，其树干对空间有暗示性界定作用。由于其通透性强，所以围合感较弱。树干创造的围合感与植株的种植密度、树干的粗壮有关。种植密度越大，种植间距越小，则对乔木冠下空间的界定就越强；但是植株间距过近时，会使植株的生长空间变小，也不利于游人对冠下空间的使用，导致乔木功能性降低。树干越粗壮，使得树干对空间的界定作用越强。粗壮的树木为使用冠下空间的游人提供了倚靠、庇护和遮挡，使人在心理上形成安全感。但是随着树干生长得越来越粗壮，植株对生长的营养面积和空间的要求也越来越大，直到达到最大的生长限度。因此随着乔木的生长，植株的间距要逐渐增大，才能保证植物的正常生长。

4）植物形态与空间

乔木对空间围合的作用还与是否为常绿植物、落叶植物以及植物的树形有关。如侧柏、水杉在小苗阶段，枝下高度非常低，几乎贴近地面，加之其圆锥形的树形，使得其可以用于围合私密性很强的空间，或作为障景，但经过几十年的生长后，一小部的叶丛会自疏，树冠上移，围合空间的作用会减弱。而雪松在自然生长的状态下，叶丛始终处于很低的位置，可以使得空间一直保持较高的围合感。

小乔木和一些高的灌木树干和树冠也具有围合空间的作用，如碧桃、金银木等。但是这种作用的发挥受到植物生长的影响。植物在小苗阶段，由于植株较矮，高度低于视平线，因此对空间只有限定作用，但围合感较弱。随着植物的生长，植株茎干的高度逐渐增大，树冠上移，从而改变了游人的视角。当树冠顶部的高度超过视平线时，空间围合感增强，特别是枝叶茂密的种类。当树冠的底部高于视平线或者底部枝叶由于光照不足逐渐稀疏时围合感减弱。此时，有些小乔木或灌木的树冠呈水平生长的态势，开始形成冠下的空间。一些高灌木形成的冠下空间，能够容纳人的活动，且尺度合适。小乔木和灌木对空间的围合也受到植株的大小、种植间距的影响。种植间距越大，植株越小，空间围合感越弱。随着种植间距的增大或者植株的生长，围合感会发生变化。灌木常常与乔木组合，一起来围合空间。

树冠的郁闭度也与植物的分枝形式有关。如钻天杨为总状分枝，侧枝的直立生长能力强，导致树冠呈圆柱形（见图2-9），因此树冠难以形成水平的绿色顶面。对于合轴分枝、假二叉分枝的树木，树冠会随着生长逐渐展开，因此种植间距越近，树冠重叠越大，树冠的郁闭度会逐渐增大。当郁闭度在40%~60%时，会形成空间气氛明朗的疏林；当郁闭度大于70%时，会形成浓荫遮蔽的密林。郁闭度达到90%以上时，由于光线难以透射入冠下空间，因此会显得空间过于阴暗，而有压抑感。

图2-9　钻天杨近似圆柱形树冠

当植物树冠的重叠过于剧烈时，会产生枝干间的机械损伤和对阳光、生长空间的竞争，导致植物出现自然整枝现象，同时树冠开始以纵向生长为主，水平生长减慢。因此，要注意保持适度的种植间距以便形成树林适度的郁闭度。

3. 行为需求与植物环境

人们进行不同的活动时，对植物环境有不同的需求。根据需求的不同，需要配合环境心理学，利用植物及相关景观要素构筑景观空间，以营造满足人们行为及心理需求的高品质景观空间。人们对于空间环境有以下行为需求。

1）基本需求

这是人类维持自身生存的最基本需求，包括衣、食、住等方面的生理需求。生理需求是推动人们行动的最强大的动力。这就要求设计者从使用者最原始最淳朴的生理角度出发，做出合理的安排。设计者应通过科学合理的安排布局，将环境营造成能够为使用者提供最基本需求的场所，让使用者置身其中，阳光直射时有绿亭可以遮阴，风雨交加时大树可以躲避，日常生活中有一方绿地可以为其提供新鲜空气和赏心悦目的景致。

2）领域性需求

在个人化的空间环境中，人需要能够占有和控制一定的空间领域。心理学家认为，领域不仅提供相对的安全感与便于沟通的信息，还表明了占有者的身份与对所占有领域的权利象征。景观植物配置设计应该尊重个人空间，使人获得稳定感和安全感。如古人在家中围墙的内侧常常种植芭蕉（见图2-10），芭蕉无明显主干，树形舒展柔软，人不易攀爬，种在围墙边上既增加了围墙的厚实感，又可防止小偷爬墙而入；又如私人庭院里常见的绿色屏障既起到与其他庭院的分割作用，对于家庭成员来说又起到暗示安全感的作用，通过绿色屏障实现了家庭各自区域的空间限制，从而使人获得了相关的领域性。另外，在植物景观设计方面，可以通过考虑植物的数量、密度和位置来围合空间或是分隔空间，形成通透的视线和良好的环境，尽量避免犯罪空间的产生，为人们创造安全感。

图2-10 围墙边的芭蕉

3）交往需求

在现代社会，交往不仅是社会生活的需求，也是精神生活的需求。交往是相互了解的基础，促进了人们思想交流，增进了人们之间的友谊和感情，表达了人们追求睦邻友好、向往社会交往的强烈愿望。因此，景观空间中心的植物品种要尽量选择观赏价值较高的观叶、观花、观果植物等。这样可以使人相对聚集，促进人与人相互交往，并提供一个舒适的环境，如图2-11所示。此空间环境是人们的心理和日常活动规律形成的空间环境，也是和人的行为联系最紧密的空间环境，要求亲切、

图2-11 银杏林引来游人驻足

安静、充满自然气息。

4）认同感和归属感的需求

植物景观的功能仅仅局限于经济实用还是不够的，它还必须令人感受到美并愉悦，必须满足人的审美需求以及人们追求美好事物的心理需求。在空间设计上，可以利用植物材料的各种特性，营造出适合不同场所的环境或者氛围，让人置身其中，感觉怡然自得，心情舒畅。其实这就是一种在无意识的被动审美的情况下，人和周围环境的交融，人充分被环境所尊重，被自然所尊重。比如，我们在进行高档小区绿地设计的时候，就可以适当选择一些市面上较少见的珍贵树种，以彰显小区的品位和业主的身份；或者在对儿童游戏空间进行植物景观设计时，我们可以选择颜色鲜艳、形态奇特、无毒无害的植物，以迎合儿童的好奇天性和保障儿童的游戏安全，让使用者在环境中有归属感——好像身处的环境就是为自己定做的一样，充分享受被尊重的感觉。

5）自我实现的需求

自我实现的需求是最高层次的需求，它是指实现个人理想、抱负，发挥个人的能力到最大程度，达到自我实现境界的人，可以完成与自己的能力相称的一切事情的需求。景观设计不仅仅是为了满足审美的需求，造成视觉上的刺激，每个使用者在与环境接触的过程中，都与景观或景观中其他使用者发生了联系，只有当景观设计能激发使用者的好奇心，使其主动地参与其中时，它所营造的空间氛围才真正具有最广泛意义上的设计内涵。中国古典园林中的众多文人造园的例子便是自我实现需求的佐证，园主人将无法释放的满腔抱负和无法实现的诗书才华都寄情于这一亩半分的园子中，抒发在亦真亦幻的美景当中。

总之，空间如果不与人的行为发生联系，便不具备任何的现实意义，因为它只是一种功能的载体；人的行为，如果没有空间环境作为背景，没有一定的氛围条件也不可能产生。空间和人类行为的结合，构成了人使用的场所，以适应人类各种不同的行为需求，只有这样，空间才具有真正的现实意义。

第二节　植物景观设计的美学原理

营造优美的植物景观环境不仅要考虑植物本身的特点和立地条件，还应该遵循一定的美学法则，使植物景观既满足植物生长发育需要，又满足人的审美需求，这样的植物景观才能与城市整体景观相融合，起到既改善城市生态环境，又提升城市景观的品质的作用。

一、统一与变化

"统一与变化"即统一中有变化，变化中有统一，力求实现统一与变化的完美结合，是形式美的总原则。应用在植物景观设计中时，"统一"指选择观赏植物种类时，植物之间在形态、质感、线条或色彩等特征上相同或相似，有整体之美；"变化"则指植物景观在整体统一的情况下，局部植物在形态、质感、色彩等方面不同，从而有变化之美。通常，景观中植物之间的形态要素越相近，则形成的植物景观统一性越高。而植物之间差异太大时，可通过增强某一要素加强统一的效果，如植物之间的形体和质感差异较大时，可通过色彩等要素来统一（见图2-12）。

图2-12　植物色彩、质感统一，造型变化

二、对比与调和

"对比与调和"中的"对比"强调差异，"调和"强调统一，是形式美的主要原则之一。应用在植物景观设计中时，"对比"可通过植物之间色彩、数量等方面的差异产生，使不同的特点更加鲜明，对比的植物景观能形成新鲜而强烈的景象，让游赏者为之一振；而"调和"则是通过植物布局等方式使整个景观效果在对比中有和谐的效果。"对比与调和"主要有以下几种方式。

1. 空间的对比与调和

空间的对比与调和主要包括开敞与封闭两种空间形式的对比与调和。进行植物景观设计时，可应用空间的对比与调和营造不同的空间氛围。如要营造神秘空间时，可利用植物形成线性空间，使游赏者从开敞空间突然进入到线性封闭空间，因视线受阻而产生紧张、兴奋感，萌发探索心理，如"曲径通幽"造景形式（见图2-13）。

2. 方向的对比与调和

方向的对比与调和主要包括水平与垂直两个方向上的对比与调和。在进行植物景观设计时，利用植物形体、线条等形成线产生方向上的对比，可增加景深与层次。如水平方向开敞空旷的大草坪与垂直方向高耸的植物群落产生的方向对比，密林形成背景，围合了空间，从而使水平方向的草坪显得更加开阔（见图2-14）。

3. 体量的对比与调和

"体量的对比与调和"主要包括"轻与重"等形式的对比与调和。在进行植物景观设计时，可利用植物的高矮或粗细产生体量上的对比与调和效果，如球形的横向低矮灌木与竖向的乔木形成的植物景观（见图2-15）。植物与建筑配置时也应注意体量等的协调，体量大的建筑前应选择大乔木，如雪松、龙柏、银杏、白玉兰、木棉等；体量较小的建筑前则应配置小乔木或大灌木，如紫薇、鸡蛋花、紫叶李、蜡梅等。

图 2-13　空间对比：曲径通幽　　　　　　　　　　图 2-14　方向对比：水杉与草坪

4. 色彩的对比与调和

　　植物的色彩主要通过叶色和花色表现出来，在诸多植物形态特征中，颜色往往能够给人留下第一印象。对植物进行色彩配置时，对比色的应用最为醒目，例如红与绿、橙与蓝、黄与紫等。对比色的处理会增添优美景致，彩化、亮化环境，使人产生兴奋、刺激的感觉，如图 2-16 所示。不同色彩给人不同的视觉刺激和心理感受，例如红色给人喜庆、热烈、奔放的感觉，景观环境中需要营造欢快、热烈气氛时可选择红色叶植物或开红花的植物，如凤凰木、木棉树、石榴、红千层等；黄色给人明亮、活泼的感觉，景观环境中需要营造开朗、温馨氛围时可选择黄色叶植物或开黄花的植物，如棣棠、金丝桃、迎春、黄刺玫、金鸡菊、堆心菊等；白色给人纯净、淡雅的感觉，同时能柔和鲜艳的色彩，景观环境中需要营造纯净的氛围或调和浓烈的暖色或冷色调时可选择白色的观赏植物，如白玉兰、茉莉花、木绣球、琼花、大花滨菊、白莲等；或在景观环境中以白墙为"纸"，墙前配置姿色俱佳的植物为"画"，

图 2-15　体量对比：灌木球与乔木对比　　　　　　图 2-16　色彩对比：色叶树和常绿灌木

古典园林中的著名景点"海棠春坞"便是佳例；或墙后配置观赏植物，效果也佳；紫色给人高贵、庄严的感觉，景观环境中需要营造这种氛围时，可选择开紫花的观赏植物，如紫荆、羊蹄甲、洋绣球、紫花泡桐、紫丁香、矢车菊、鼠尾草等。

三、均衡与稳定

"均衡与稳定"中的"均衡"具有变化的活泼感，使事物在稳定中富于变化，一方面满足了人视觉上的均衡，另一方面满足了人自觉地追求舒适与安全的心理感觉，是最基本的美学法则。进行植物景观设计时，"均衡与稳定"指植物部分与部分之间，植物部分与整体之间在视觉上达到平衡，有对称均衡和不对称均衡两种形式。

1. 对称均衡

"对称均衡"即左右对称或辐射对称，而后达到稳定的效果。在进行植物景观设计时，"对称均衡"通常用在规则式景观环境中，在主轴两边或中心对称轴四周等距离配置相同种类、体量、形态的观赏植物种类。法国凡尔赛宫植物景观是早期的对称均衡植物景观的典型代表，如图2-17所示。我国对称均衡的植物景观主要出现在皇家园林、烈士陵园、大型公共建筑、城市主干道及城市广场等地。

2. 不对称均衡

"不对称均衡"即不完全对称，但在视觉上又达到了均衡的效果。在进行植物景观设计时，"不对称均衡"指主轴不在中线上，两边的景物在形体、大小、与主轴的距离等方面都不相等，但两边的景物又处于动态的均衡之中，常出现在自然式或混合式的景观环境中。现代景观环境中，不对称均衡植物景观常用于公园、植物园、风景区等较自然的景观环境中。进行不对称均衡植物景观设计时要注意景观的中线与重心的处理，不能使人感觉周围景物是倾斜的。在景观植物设计中，一边是高大的乔木，另一边是丛植的树球或低矮灌木与置石结合的景观，也可获得不对称的动态均衡，如图2-18所示。

图2-17　对称均衡式花园（凡尔赛宫）

图2-18　不对称均衡的景观入口处理

四、比例与尺度

"比例"是部分与部分或部分与整体之间的数量关系，恰当的比例有协调的美感，比例与尺度是形式美的重要内容。景观环境中，植物个体之间、植物个体与群体之间以及植物与环境之间、植物与观赏者之间都存在比例与尺度的问题，且植物作为持续生长变化的生命要素，其比例与尺度在不断发生变化。植物景观设计中应用比例与尺度的关系就是要处理好植物与植物之间，植物与其他造景要素之间的比例关系，以及植物与建筑的比例关系，尤其要重点处理好植物与人的比例关系。如在我国古典私家园林中多选较低矮植物，以体现小中见大；儿童视线低，因此进行儿童活动场所植物的设计时，绿篱修剪高度一般为 0.3 ~ 0.5 m；岩石园选用低矮树种，或多用修剪植物，如图 2-19 所示。

五、节奏与韵律

"节奏"指一些形态要素有规律地反复出现，使人在视觉上感受到动态的连续性，在心理上产生快速或慢速、明快或沉稳的节奏感；"韵律"是节奏有规律的变化形式。在进行植物景观设计时，节奏与韵律是通过使植物的形态、色彩、质感沿同一方向有一定规律地重复出现而形成的，主要有以下几种形式。

1. 连续韵律

植物景观中重复出现相同的植物种类，且其规格相同、距离相等，即形成"连续韵律"，如城市主干道两旁的行道树绿化就是"连续韵律"的植物景观形式，如图 2-20 所示。

2. 渐变韵律

"渐变"是一种规律性很强的现象，这种现象运用在视觉设计中能产生强烈的透视感和空间感，是一种有顺序、有节奏的变化。植物景观设计中，"渐变韵律"指某种植物或植物图案或园林布局连续重复出现，但其大小、形体或者色彩呈渐变趋势，并在某一方面作规则地逐渐增加或减少所产生的韵律。如设计模纹植物景观或节日摆花时，

图 2-19　岩石园小型植物的搭配

图 2-20　连续韵律：行道树

图 2-21　渐变韵律：植物高度渐变

图 2-22　起伏韵律：地形变化

植物的高度可配置成渐变韵律的效果（见图 2-21）。景观植物的色相、色度是不同的，如绿色可分为浓绿、蓝绿、嫩绿、黄绿、淡绿等，植物景观设计时利用颜色的渐变形成渐变图案较为普遍。

3.交替韵律

植物景观中的"交替韵律"指二到三个观赏植物种类交替出现，如西湖苏堤上的桃柳间植，或道路分车带种植的植物。

4.起伏韵律

植物景观形成的"起伏韵律"指由于地形的起伏、台阶的变化造成的植株有起伏感或是模拟自然群落所做的配置造成林冠线的变化（见图 2-22）。

第三节　植物景观设计的生态原理

当前社会，肆意改造自然造成的生态环境恶化问题使人们开始反思，并提出"生态理念"这一概念来保护生存环境，探索土地开发利用的同时降低对环境的破坏，通过较少的环境影响来取得较大的景观价值。对于设计师来说，如何通过景观设计降低土地开发对生态系统的影响，用科学的理念、专业的方法开启对环境影响最小化的园林景观设计时代是值得探索的问题。在提倡可持续发展的时代背景下，加强生态文明建设是国家近年来推进的重点，如园林城市（区）、生态园林城市、森林城市、绿色城市、生态市（县、区）等。可见人们对待城市景观或城市园林的价值观正在由艺术审美及社会功能逐步向生态效益方向发展。

一、生物多样性原则

生物多样性源于生态学理论，是指生命有机体及其赖以生存的生态综合体的多样化和变异性。生物多样性主要包括遗传多样性、物种多样性、生态系统多样性以及景观多样性四个层次。生物多样性是城市生态系统稳定性的基础，可提高城市的景观异质性。人类在城市建设过程中，一方面破坏或摒弃了许多原有的生物群落，另一方面又引进了许多外来的生物并形成了许多新的生物群落。这最终改变了城市生物的组成、结构等自然特性，并深刻影响了生物群落生态功能的发挥。由于城市生活空间的相对局促，城市生物群落的构建受到城市基础设施（如道路、建筑物等）的限制，促使城市生物结构趋于单一化，组成景观的异质性低。只有具有丰富的生物多样性，形成高度复杂、多样的生物群落，才能保证城市生态系统良好、稳定地运转，并从根本上改善城市景观异质性低的问题。

现阶段我国在城市生物多样性设计领域中的研究和实践主要集中在斑块－廊道－基质模式、景观多样性和景观异质性、景观连接度及景观连通性、景观生态规划格局原理等景观生态学理论和方法的导入。具体到城市植物景观设计方面，尤其是中小尺度的城市绿地或花园，生物多样性原则主要可以通过以下三种途径实现。

1. 生境多样化

不同生物对生境的要求有着各自不同的特点。针对城市中小尺度空间的植物造景主要可以从以下三个方面来提高该空间内的生境多样性。

（1）保留城市废弃地原有自然生物侵占所形成的稳定系统。在现代景观设计中，尤其是改造项目，应该对基地现有的植被进行详细的调查，根据实际的生长情况和设计的需求，在最大限度上原地保留树木，然后在此基础上，进行补种植物形成理想的植物景观。如城市的废弃地的改造设计，就应该系统地考察原有场地内已经自然形成的生境类型，并保留较为稳定的生境系统。

（2）改造设计需尊重基地生物多样性，将干扰降到最低。如在城市的广场、居住区里也应该保留具有一定树龄的树木，使之形成一处景观。这样做既保护了树木，又能够让人感受到属于场地原有的"故事"。景观中的硬质景观及必要的休闲设施不能以毁掉场地内已有的稳定生境为代价，应尽可能尊重场地特点进行设计。

（3）利用地形、水体等媒介丰富场地生境类型。一般场地内生境的构建需要依靠地形、水体等媒介，如地形构建之后便会有向阳和背阴的不同生境条件，水体则可以改变生境中的湿度，综合各要素可以构建出丰富的生境类型。

2. 物种多样化

植物景观设计中的物种多样化主要指在符合植物生长所需的立地条件下尽可能多地选择不同植物种类，并通过植物群落的营建满足尽可能多的动物在此生存，即以植物多样性带动动物多样性。大部分人都喜爱鸟和蝴蝶等具有观赏性的动物，而且人与动物的主观感受有相似之处。动物喜欢停留的地方，人也会相应地对其增加好感，同时，因为动物的存在，人们接近自然的愿望会更好得到满足。在如今的城市园林设计中，除了动物园在植物设计时考虑到动物的生境外，其他园林绿地的规划设计中很少有把动物的生存状况作为衡量景观效应的标准。此外，在选种时，尤其是草本植物，应尽量选择容易自播繁殖的物种，如菊科、禾本科、蓼科植物的种子小而轻，容易自播。还应考虑场地内的环境因子条件，为植物种子的自然传播和生长提供条件，即在设计中应该有意识地为物种的传播创造条件。

3. 重视和提倡乡土植物的保护与应用

乡土树种作为长期自然选择的结果，比外来树种更适应当地的气候条件，其适应性、抗逆性、抗虫害能力良好，育苗成本低，养护容易，是城市园林景观建设中应该大量采用的树种。此外，我国大多城市所在的本土区域拥有丰富的野生植物资源，尤其在郊区，乡土树种形成了稳定的植物群落。将乡土树种广泛用于园林种植中，对生物多样性保护来说也具有积极的意义。将乡土植物尤其是城市不常见的野生植物引入城市景观中，不仅能够增加物种多样性，还能形成富有野趣的景观。目前，在北京城区的园林景观中，一些野生花卉如二月兰、紫花地丁、白三叶已经被引种，用以丰富植物景观。

二、最小（少）干预原则与低影响设计

最小干预也称最少干预，是指通过最少的外界干预手段达到最佳促进的效果，它最初源于医学领域对疾病的治疗方法，后来引入到建筑领域，如文物保护与修复、风景区规划等，同样也适用于景观规划设计领域。景观设计中提倡最小干预就要控制景观建设对环境的干扰，降低设计对环境的影响。例如杭州西溪湿地公园在整体规划设计中就体现了最小干预原则，湿地公园的设计基址已经具备良好生态系统，依据最小干预原则进行规划设计可以最大限度地保护原有生态系统；秦皇岛汤河公园的设计中也遵循了最小干预原则，在保留自然河流的绿色与蓝色基底前提下，采用最少量改变原有地形和植被以及历史遗留的人文痕迹，同时引入一条多功能的红色玻璃钢材质的飘带（环境设施），它整合了包括漫步、环境解释系统、乡土植物标本种植、灯光等功能，如图2-23所示，用最少的干预取得了最佳的生态、社会和环境效益。

低影响设计是指降低人为活动对场地或环境影响的设计。当前在雨洪管理中所倡导的低影响开发策略可以作为低影响设计中重要的一部分，除了水文影响之外，从多角度考虑如何降低设计对环境造成的压力，应用先进的科学理论和技术手段，在有限的空间内和资源条件基础上创造节约型园林景观，在兼顾植物景观的美化功能外，实现园林生态效益最大化，均可以作为现代植物景观的特色之一。

图2-23 汤河公园红飘带（上：白天，下：夜晚）

以最小干预和低影响设计为导向的植物景观设计，有利于实现景观的功能、美观与生态效益并存，实现人居环境的可持续发展。无论是最小干预原则还是低影响设计，虽然提法不同，但其理念是一致的。通常，保留和利用原有地形地貌及植被是最常用的生态设计策略。近年来，"海绵城市"理念下的雨水花园、植被浅沟、下沉式绿地、屋顶绿化等植物种植设计策略都是低影响设计和最小干预原则的体现。

三、植物的化感作用

1. 概念与作用原理

植物的化感作用也叫他感作用，是指各种植物（包括高等植物）所释放的化学物质引起的生化相生及相克作用，也有人称之为异株克生或相克相生。植物化感作用有四种途径：雨水冲淋型、根部溢出型、挥发侵入型、残体分解型。

（1）雨水冲淋型：例如桉属植物的叶面分泌酚类，作用于林冠线周围；蒿类植物的叶、茎、根中的苦艾精，作用于林冠线周围。

（2）根部溢出型：例如桃的根系分泌扁桃苷、苯甲酸，作用于林冠线下；黑胡桃根系分泌胡桃醌，作用于林冠线下。

（3）挥发侵入型：例如，柠檬桉叶片分泌蒎烯，作用于冠径 2~3 倍范围内；鼠尾草叶、茎分泌萜烯，作用于冠径 2~3 倍范围内；臭椿叶面分泌酚类，作用于冠径 2~3 倍范围内。

（4）残体分解型：例如蕨类的枝叶残体产生阿魏酸、咖啡酸，作用于残体周围。

2. 相生与相克

很多植物之间都存在着相互作用，主体植物对客体植物的生长发育产生有益或无益的作用。例如，毛竹和苦槠在与杉木混交时都能在不同程度上促进杉木的生长，这两种伴生树种各器官的水浸液中含有的化感物质对杉木种子的发芽和芽的生长有促进作用。柠檬桉皮、叶和根系分泌物中含有水溶性或挥发性化感物质，可以抑制它周围的灌草的生长。青蒿分泌的青蒿素及其生物合成前体可调节植物的生长速度。植物之间的化感作用不仅存在于种间，一些农业作物中存在严重的连作障碍，既是自毒作用也是化感作用的表现。草莓、黄瓜、大豆、豌豆等作物的连作都会造成减产、病害加重。在人工林的经营过程中，也普遍存在着连作障碍问题，杉木、桉树人工速生丰产林会引起地力衰退、生产力下降等现象。化感作用不仅发生在陆生植物之间，植物与微生物、水生植物之间都存在化感作用，尤其是水生生态系统，水生植物、微生物和藻类分泌的化感物质具有很高的化感特性，能够在极其低的浓度下起作用。

3. 景观植物的相生与相克

在进行景观设计时，对于景观植物的化感作用强调得不是很突出，虽然景观植物的化感作用不像农业和林业那样直接影响植物长势和产量，但是，了解一些景观植物的化感作用方面的知识对于植物景观设计具有一定的参考价值。

常见的景观植物相生现象有：金盏菊与月季种在一起，能有效地控制土壤线虫，使月季苗壮生长；葡萄与紫罗兰种在一起，结出的葡萄香味更浓；牡丹和芍药间种，能明显促进牡丹生长，使牡丹枝繁叶茂，花大色艳；红瑞木与槭树、接骨木与云杉、核桃与山楂、板栗与油松可以互相促进；百合和玫瑰种养或瓶插在一起，可延长花期；山茶花、茶梅、红花油茶等与山茶子放在一起，可明显减少霉病；花期仅一天的旱金莲如与柏树放在一起，花期可延长至三天；朱顶红和夜来香、山茶和红花葱兰（韭莲）、石榴花和太阳花、绣球和月季、一串红和豌豆花种在一起，对双方生长都有利；松树、杨树和锦鸡儿在一起，都有良好作用；禾本科牧草根很多，能分泌出有机酸促进团粒结构的形成，为豆科植物所利用，而豆科植物的根系不仅能够帮助土壤形成粒结构，还能制造氮肥促进禾本科牧草的生长，等等。

相克的景观植物有：刺槐、丁香的分泌物对临近花木生长都有抑制作用；丁香与紫罗兰不能混种；稠李抑制某些植物生长；核桃的叶子和根能分泌一种物质，对海棠等蔷薇科花木和多种草本花卉有抑制作用；桃树周围不宜种杉树；葡萄不能与小叶榆间种；榆树不能与栎树、白桦间种；各种花卉栽在果树旁，会加速花朵凋谢；将丁香、紫罗兰、郁金香、勿忘我种在一起，彼此都会受害；丁香、薄荷、月季等能分泌芳香物质的花卉，对临近花卉的生态有一定抑制作用；桧柏与梨、海棠不要种在一起，以免后者患上锈病，导致落叶落果；夹竹桃的叶、皮及根部分泌出夹竹桃苷和胡桃醌，会伤害其他花卉；绣球和茉莉、大丽菊和月季、水仙和铃兰、玫瑰和丁香种在一起，会使双方或其中一方受害；松树不能和接骨木共处，接骨木不但能强烈抑制松树生长，还会使临近接骨木下的松子不能发芽；松树同白蜡树、云杉、栎树和白桦等都有对抗关系，种在一起的结果是松树凋萎；柏树和橘树也不宜在一起生长。此外，桧柏的挥发性油类，会使其他花卉植物的呼吸减缓，停止生长，呈中毒现象；卷心菜和芥菜就是一对势不两立的"仇敌"，如果"相处"，会"两败俱伤"，等等。

第四节　植物组合与搭配方法

一、植物与植物

以植物为主要元素的造景，其组合关系有很多种。在平面构图上有规则式和自然式两大类。在规则式构图中，植物多以对称种植为主，通过对称对植、列植、密植形成花坛、绿篱等方式布局在道路或建筑两侧，还有以树阵的方式进行布局。在自然式构图中，植物的组合多以孤植、均衡对植、丛植、群植、片植等方式布局在道路转弯处、建筑角隅、水景、置石旁边、绿地边缘等处，形成灌丛、地被、疏林、密林、花境等景观。

1.孤植

乔木的单株或灌木单丛栽植称为孤植，也叫单植。用于孤植的树木称为孤植树，在景观中用于两种形式：一是

图2-24 孤植树在建筑空间中的应用

作为赏景树或主景树；二是作为庭荫树或庇荫树。孤植树的选择条件比较高，通常要求是：体型优美，要么高大挺拔，要么冠大荫浓；叶、花、果具有一定的观赏价值，至少在一个季节能够成为观赏的焦点。例如，以观赏姿态为主的国槐、黄山松、柠檬桉、枫杨、七叶树、广玉兰、鹅掌楸、南洋杉、水杉、雪松等，以观赏秋色叶为主的槭树类、栎类、乌桕、黄栌、银杏等，以观赏花卉为主的樱花、白玉兰、木棉树、丝木棉、凤凰木、蓝花楹、栾树、银桦等，以观赏果实为主的柑橘类、柿树、石榴、秋子梨、杨梅等。

孤植树通常配置在庭院、草坪、广场等空间的视觉焦点上，并针对不同尺度的空间选择与之协调的高度和体量的孤植树。例如在建筑中庭空间，适合选择大灌木或小乔木；在草坪或广场空间适合选择挺拔高大的乔木。孤植树还对其观赏视距和背景有一定要求：通常认为，要使人比较舒适地观赏到一株孤植树的完整形态和主要特征，需要留出的观赏距离控制在植株高度的3~4倍；孤植树的背景最好单一，不宜乱，以纯色的草坪、水面、天空、铺装、墙体为佳。图2-24所示为孤植树在建筑空间中的应用。

2. 对植

对植多用于公园和建筑物入口两旁，道路、台阶、桥头以及景观构筑物的两侧等。对植分为对称对植和非对称对植（均衡对植）两种，前者用于规则式构图中，后者用于自然式构图中。对称对植的两组植物要求在树种、形态、数量和体量上保持一致，且两组植物种植中心点连线应被中轴线垂直平分，如图2-25所示。非对称对植的两组植物分布在主轴线两侧，并按照中心构图法或杠杆均衡原理进行配置，形成动态平衡；非对称对植的两组植物在物种、高度、数量上不需完全一致，但需要体态上均衡，如图2-26所示。例如，园林中桥头两侧的对植宜采用非对称对植，对植选种和配置手法可以有以下几种。

图2-25 对称对植在景观中的应用

图2-26 不对称对植在景观中的应用

（1）不同种、不同高度、等距离、等体量：一侧可选用植株略矮但是冠幅较大的灌木（黄刺玫、丛生黄栌），另一侧可选用植株较高，冠幅略小的小乔木（广玉兰、樱花），两组植物在体量上接近相等，种植位置与中轴等距。

（2）同种、不同高度、不等距、不等体量：一侧可选用一株体量较大、较高的乔木或灌木，另一侧可选用两株或三株体量较小、较低的乔木或灌木，多株的一组种植位置距中轴略远，所形成的两组植物同样能够达到均衡对称。

（3）不同种、等高度、等距离、等体量：选择两种植物在高度、距离、体量上基本一致，对称对植在桥头两侧，也能形成不错的对植景观，例如同规格、相似质感的石楠和珊瑚树，迎春和连翘，榆叶梅和碧桃等。

3. 丛植

丛植是指3株及以上，且不大于20株的乔木或灌木以不等距的方式种植成一个组团。丛植的植物以自然式散植在一个组团内，其品种可以相同也可以不同，植物的规格可以有差异，但一定是按照一定的美学构图原则进行组合配置，形成疏密有致、高低错落、深浅相间的植物群落。丛植在园林中多用于点缀、主景或配景，一般布置在草地、河岸、道路弯角和交叉点上。丛植景观也可以配合建筑物，完善建筑的功能和丰富建筑艺术，作配景来用。和孤植树一样，丛植也要考虑观赏视距，但因为丛植所形成的树冠轮廓较大，观赏视距往往比孤植树观赏的要远一些，可尽可能地观赏到丛植景观的全景。丛植树的组合配置方法主要有以下几种。

（1）三株组合：最好采用同种配置。三株丛植不能成一排或等腰、等边三角形，三株植物中心连线所形成的三角形为不等边三角形（见图2-27）。三株植物应有主有从，有高有低，"两株宜近，一株宜远"。三株中有一株不同种，两株同种，若不同种的那株为常绿树，宜置于其他两株后面作为背景，如为落叶或观花灌木宜种在观赏面。

（2）四株组合：四株组合宜采取姿态、大小不同的同种植物，分为两组，适宜形成3∶1的组合，最大株和最小株都不能单独成为一组，其基本平面形式为不等边四边形（见图2-27）。

（3）五株组合：可以是一个树种或两个树种，适宜分成3∶2或成4∶1组合，若为两个树种，其中一种为三株，另一种为两株，分在两个组内，但两组之间距离不能太远，彼此之间也要有所呼应和均衡（见图2-28）。

（4）六株及以上组合：可以分解为二株、三株、四株、五株几个基本形式相互组合，即"以五株既熟，则千

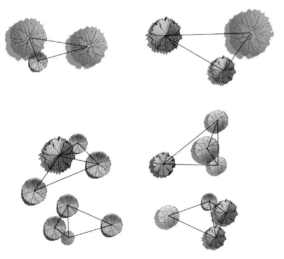 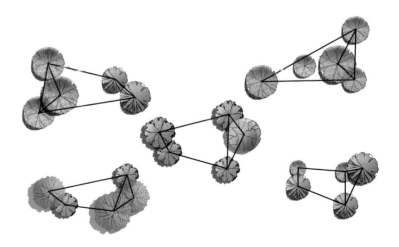

图 2-27　三株与四株组合配置要领　　　　　　　　　　图 2-28　五株组合配置要领

株万株可以类推，交搭巧妙，在此转关"。

4.群植

大量的乔木或灌木混合栽植在一起称群植。群植主要是为了表现群体美，因此对单株要求并不严格。但是组成树群的每株树木，在群体外貌上都起一定的作用，要能为观赏者看到，所以树群中的乔木品种不宜太多，以1~2种为主景树，其他树种和灌木等作为配景或丰富层次。群植在园林绿地中通常布置在区域的周边，来隔离区域、分隔空间，用以掩蔽陋相并起防护作用。群植可以作背景处理，也可以作主景处理。按树种数量可将群植分为单种群植和混栽群植。

（1）单种群植：由一种树木组成，观赏效果相对稳定，树下可用耐阴宿根花卉作地被植物。

（2）混栽群植：外貌上应注意季节变化，树群内部的植物组合必须符合生态要求。从观赏角度来讲，高大的常绿乔木应居中央作为背景，花色艳丽的小乔木应在外缘，大灌木、小灌木应在更外缘，避免相互遮掩。从布置方式上讲，可分为规则式和自然式。规则式树群按直线网格或曲线网格作等距离的栽植。自然式树群则按一定的平面轮廓"凹凹凸凸"地栽植，株间距离不等，一般按不等边三角形骨架组成，而且这些树木最好具有不同年龄、不同高度、不同姿态的树冠，通常在空间较大的地段上多采用自然的树群。区域边缘的树群中最好有一部分采用区域外围的树种，便于互有联系，有过渡、有呼应。树群的配置应注意层次和轮廓，以体现在远处欣赏的群体美。层次一般以三层为好，太多了反而不易察觉，失去层次感。群植树木林冠线最为明显，树冠高低变化缓和时表现柔和平静，起伏变化时给人以强烈的跳动感，但高低一致时则觉平坦乏味了。对作为背景群植景观的层次轮廓色彩的处理不要过于渲染，才能起衬托主景的作用。作主景的群植景观，要处理好树群边缘的布置，可以选择一些观赏特性不同的树种形成对比，显示层次轮廓色彩的美。

5.片植、带植

如果使用低矮的灌木或地被植物进行群植，形成片状的种植方式称为片植，形成带状的种植方式称为带植。片植较多用于草坪、地被景观及花境中，带植多用于绿带、花带或绿篱中。

6.行植（列植）

植物按等距沿直线布局的种植形式称为行植或列植，可形成整齐连续具有韵律感的景观，常见于行道树、分车隔离带、树篱、树阵等。

二、植物与山石

山石元素是传统园林的四大造园要素之一，在现存的一些私家园林和皇家园林中屡见不鲜，著名的网师园、拙政园、颐和园等都有着极为巧妙的山石景致。在现代景观中，山石元素也很常见，景观置石及微地形元素都可视为传统山石的延续。植物与山石的组合与搭配，对于景观效果的呈现具有举足轻重的作用。

1.搭配方式

1）山石为主、植物为辅

在传统园林中，山石一般被放置在庭院的入口或者显眼的地方；而在现代景观中，在公园、小区、机关单位以及建筑物的入口也会放置山石，这足以显示出山石的重要性。作为主景的山石旁常会种植植物来点缀和烘托石头，这样一方面可以达到静中有动、动中有静的变化效果，使得层次更分明，另一方面用植物为山石做配景使景观更接近自然环境。除了在主要出入口放置山石（见图2-29）外，通常在树丛、绿篱及景墙的前面，绿地、道路以及水体的旁边或转角处也可以放置大小不同的山石，再辅以花草点缀山石基部，营造一种自然的感觉。

2）植物为主、山石为辅

在园林景观的设计中，以植物为主的造景往往配上山石，能够起到画龙点睛、动中有静的效果。如上海中山公园的一角由几块奇石和植物成组配置，石块大小呼应，有疏有密，植物有机地组合在石块之间，蒲苇、矮牵牛、秋海棠、银叶菊、伞房决明、南天竹、桃叶珊瑚等花境植物参差不齐、生动有致。园林当中，若干道路两侧以翠竹林为景观主体，林下茂盛葱郁的阴生植物、野生花卉、爬藤植物参差错落、极富野趣，偶见石块二三一组、凹凸不平、倾斜侧欹在浓林之下，密丛之间，漫步其中，如置身郊野山林，让人充分领略大自然的山野气息。

3）以柔克刚，相得益彰

植物与山石合理、巧妙、艺术的搭配可以更加突出山石景致的骨感和风韵，同时也让植物显得更加生动。恰当的植物造型、色彩和山石相配合，更能衬托出山的姿态和坚韧的气势。植物与山石搭配重在"柔美陪衬坚硬"，以植物的软去柔化山石的硬。山石的坚韧体现了自然山川的灵气神韵，而植物则蕴含着柔美和不屈，两者的完美结合，将综合景观效果发挥得淋漓尽致，如图2-30所示。

2. 常见的用于山石的植物

单纯的植物无法表达和谐之美，如果配上山石，植物会显得更加富有神韵，让人们有一种真正置身于大自然的感觉。利用植物与山石进行搭配造景时，不仅要考虑植物、山石自身的特点，还需要考虑植物和山石所处的具体环境。根据周围的具体环境，选择适合该环境的植物种类和山石类型。

传统园林中，常见于假山石上的绿化植物有爬山虎、常春藤、扶芳藤、络石、凌霄等攀援类植物，常见于假山石背景的绿化植物有油松、五针松、黑松、香樟等常绿乔木，常见于假山石旁边或前景点缀的植物有芭蕉、南天竹、箬竹、石榴等灌木。现代城市景观中，假山不多见，但景观置石比较流行，常见于置石前景搭配的植物有阔叶麦冬、

图2-29　入口置石景观

图2-30　古典园林中的"山石–植物"相得益彰

马蔺、香薷、薄荷、细茎针茅、发草等，常见于置石背景搭配的植物有竹子、红枫、罗汉松、杜鹃、迎春等。选择植物时主要考虑的是植物的种类、形态、高矮、大小以及质感，比如瘦而直立型的景观置石，适合丛生状的、枝叶细腻柔软的灌木或草花与之搭配；宽且横卧式的景观置石，适合直立形态的灌木或乔木搭配作为背景，草花镶嵌作为前景；散置状态的小块置石应设置于草坪上或树林中。

三、植物与建筑搭配

园林设计中，植物与建筑的搭配是指植物与园林建筑的搭配组合，但是随着风景园林学及环境设计学的发展，只谈植物与园林建筑的搭配显然已经不能满足现代景观设计的需要。因此，这里所说的建筑应该包括园林建筑、城市居住建筑以及一些公共建筑，所涉及的内容不仅包含建筑外环境，同时也包括建筑内环境以及建筑顶面及侧立面。

1.景观植物对建筑的作用

1）对园林建筑的作用

（1）点题之用。通过景观植物与亭、台、楼阁、榭、廊等园林建筑的搭配，增加意境，彰显园林主题。有许多园林都是以植物命名的，比如杭州著名的"柳浪闻莺"（见图2-31），苏州拙政园中的荷风四面亭（见图2-32），无锡的惠山寺中听松亭，广东惠州的红棉亭。

（2）装饰建筑与丰富景观层次。传统园林中建筑外墙、角隅、窗下、门洞旁的乔木使原本单调、冰冷的建筑变得生动。常见的例子就是园林中的门洞旁边种植的一丛竹子，使生硬的景观立刻就变得富有动感，如在广州的茶座庭院中往往会在椭圆形的门框旁边配上一些棕竹，使得门框的呆板消失不见。

（3）赋予园林建筑季节感。建筑建成以后其自身的形态基本不会发生什么变化，而植物则会随着时间与季节呈现出不同的姿态，花开花谢，草木荣枯，这种变化是园林充满生机的重要原因。利用植物随季节变化的特征，选择恰当的植物布置在园林中，使得不变的建筑也多了季节感。

2）对居住类建筑的作用

（1）营造绿色宜人的居住环境，调节建筑外环境的小气候。现代居住建筑的绿化是必不可少的一项景观工程，无论房前屋后，还是屋顶和外墙，只要有条件都尽可能地用绿色植物进行隔离、防护、降温、滞尘、减噪。

图2-31　西湖柳浪闻莺

图2-32　荷风四面亭

（2）弥补建筑不足，软化线条，遮蔽不良。一座建筑即使造型优美、结构合理、功能完善，但少了植物的搭配，就会显得生硬、单调，缺乏生机和生活氛围。在现代居住建筑外环境营造方面，通常用树丛、绿篱、水景等软质景观来软化建筑生硬的线条，装饰建筑出入口，遮蔽一些不美观的建筑设备（通风口、空调、配电箱等），有些私家庭院里，还会用一些花卉、蔬菜、果树、爬藤类植物营造一个户外花园，将建筑的功能延伸到室外，增加了生活乐趣。

3）对公共建筑的作用

（1）烘托和营造氛围。例如，纪念碑或烈士陵园的主景建筑中轴线两侧会种植高大挺拔的松柏类植物烘托庄严肃穆的氛围，宾馆酒楼的大厅或中庭空间会配置大型常绿观叶植物营造四季如春、欣欣向荣的氛围，市政办公或机关单位主要建筑前会用修剪整齐的草坪或绿篱营造一种有秩序、严肃认真的氛围，等等。

（2）围合或分隔空间。一些公共建筑内部空间会用植物来围合或划分空间，例如图书馆的阅览区、餐厅、商场中庭等。

（3）节能和降温。随着生态节能、绿色建筑等理念的兴起，公共建筑的设计，景观营造，垂直绿化，屋顶绿化以及立体绿化越来越受到重视。在建筑上进行绿化，是全世界城市建设追求的目标，它能在美化装饰建筑的同时，有效实现节能、低碳，尤其是城市建筑屋顶的绿化在减少城市热岛效应方面发挥着积极作用。

2.植物与建筑的搭配方法

1）不同风格建筑的植物配置

（1）北方传统风格的建筑，在其周边适宜配置一些具有文化内涵和寓意的传统植物，如：国槐、银杏、杨树、柳树、蜡梅、冬青、榆树、牡丹、芍药、菊花等。一些新中式建筑，尤其是江南或岭南风格的建筑及私家园林中，适宜选择一些具有淡雅之风的植物，如枇杷、海棠、梧桐、竹子、芭蕉、紫藤等。

（2）现代建筑形式多样，在植物的选择上需要根据具体的建筑风格、环境氛围等来确定，并没有模式化的配置方法。例如：规则式的建筑可以配置修剪整齐的绿篱、绿带，植物选择以耐修剪、常绿为主，如冬青、黄杨、小叶女贞、枸骨、桃金娘等。极简主义风格的建筑外环境适合简单、粗放式的绿植，以草坪植物、绿篱、地被及1~3种乔木点缀种植（见图2-33）为宜。

2）不同功能建筑的植物配置

（1）居住建筑的入门处可以对植两组矮灌木，也可以是低矮的绿篱，用以强调入口，且不阻挡视线；居住建筑的西晒面可以增加垂直绿化以起到保温作用；居住建筑庭院里可以种植果木类植物进行遮阴和观景的同时，还可供食用，如柿树、枣树、梨树、苹果树、樱桃树、山楂、枇杷、木瓜等。

（2）休闲型园林建筑，如亭子、廊架、茶室等，其周边可以配置低于视线的花灌木供近距离观赏；

图2-33　杭州某酒店极简主义景观

建筑上可以配置藤本植物供遮阴。其背景处可以配置高大、浓密的乔木起衬托作用。总体上，此类建筑要遵循造型和功效协调的原则，例如，攒尖顶的亭子，可以选择线条圆滑的背景植物进行衬托；平顶的亭子，可以用尖塔形或圆锥形的背景植物进行调和，打破呆板。

（3）公厕、设备用房等建筑的周围适合种植浓密、高大的植物起遮蔽或隔离作用。

（4）一些服务类建筑，如茶室、餐厅、冷饮店、咖啡馆等，其周边适合种植一些赏花类、观果类、闻香类的植物，如茉莉、栀子、桂花、金橘、石榴等，以吸引人驻足，增加停留时间。

3．植物与建筑的距离控制

因植物是具有生命的造景元素，其生长发育形成的树冠、树形及高度的变化会影响建筑的采光、通风、视线可达性和安全性，因此，在进行建筑外环境的种植设计时，要对乔木和灌木与建筑物的间距及高度进行有效的控制，使建筑与植物"和谐共处"地为人服务。具体控制性数据参考表2-1所示。

表2-1 景观植物与建筑物或构筑物的间距与高度控制

建筑物 / 构筑物类型	距乔木中心的最小距离 /m	乔木高度控制	距灌木边缘的距离 /m	灌木高度控制
开窗的建筑外墙	4	不限	0.5	开窗位置的灌木不高于窗台
无窗的建筑外墙	2	不限	0.5	不限
高2 m以下的围墙	1	分支点高于2 m	0.5	不限
高2 m以上的围墙	2	分支点高于墙高	0.5	不限

四、植物与道路搭配

这里探讨的植物与道路的搭配既包括园林景观中的道路也包括城市道路。中国传统园林中的道路景观讲究步移景异、曲径通幽。在现代城市道路景观中，植物承担更多的功能，尤其是在城市生态环境恶化的今天，植物的生态功能越来越受重视。在城市道路两侧或中心设立的绿化带已经成为城市道路的组成部分，城市中的道路绿地相互连接组成了绿廊和绿网，为城市生态环境的改善发挥着积极作用。

1．不同类型道路植物景观设计注意事项

1）城市快速路的植物景观设计

城市快速路的使用者以司机或乘坐人员为主，道路两侧的景观主要以远景或全景的形式快速映入视线，因此设计时要注重整体性和节奏感，不需要过多考虑植物个性的形态美和细节特征。城市快速路中间一般都设有绿带，主要起到分隔两侧车道及保护行车安全（如防眩光）的作用，因此称之为隔离带，以常绿灌木密植的形式种植，植物高度一般不宜过矮或过高，通常要根据每条道路具体的情况经过严格的计算才能确定合适的高度；此外，每间隔一定的距离需留有透视空间，以便司机观察对面车道的路况。

隔离带景观植物搭配形式要简单明了，注重全局的景物观赏的效果。隔离带比较狭小的里面区域可栽种植物再修剪整齐，使之形成看上去非常有节奏美感的大色块条纹绿化带，绿化的地方采用的景观植物种类不要太多，反复使用次数不要太多，一般可以根据隔离区域宽度每隔30~50 m距离重复一段，中间可以间种开花醒目的花灌木，让植物景观有变化。隔离带一般不种植乔木，防止树冠投影到车道上的阴影扰乱司机的视线。

快速路两侧如果有护坡，需要通过绿化对坡地土壤进行保护加固和美化，防止滑坡，增加视觉美感（见图2-34）。两侧坡度较大的坡地适宜种植多年生草本植物及匍匐生长的灌木，选择根茎发达、易于成活、少维护的种类，坡度小的坡地可以选择一些耐旱、耐贫瘠且耐涝的乡土树种。

图2-34　道路旁的护坡绿化

在快速路进出口处及转弯处应有指示作用的植物，种植成行的乔木来指示车的行驶方向，让司机有安全感。在匝道和主次干道交互地方的顺行交叉处，不适合种植遮挡视线的植物。立体交叉中的大片绿地即绿岛，不允许种植过高的绿篱或太多的乔木，应该尽量种植草，点缀四季常青的树和开花的灌木，适当种植宿根花卉。

2）城市普通交通型干道（时速小于60 km/h）的植物景观设计

此类城市道路路况复杂，以机动车为主兼具非机动车辆及人流交通，道路横断面有多种类型，通常中小城市以一板两带式、两板三带式为主，一些大城市及都市也会出现三板四带式、四板五带式等布置形式（见图2-35），其中的"板"是指车行道，"带"是指绿化带。无论哪一种类型的城市干道，植物景观设计都应遵循以行车安全为首要原则，其次兼具行人遮阴、滞尘降噪、美化街景等功能。

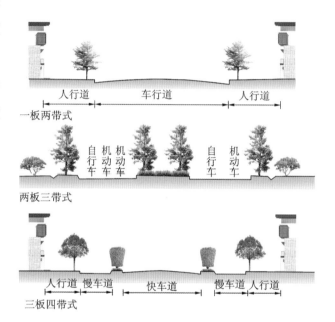

图2-35　城市干道绿化形式断面示意图

一般认为，车行道的行道树应选择分支点不小于3.5 m的乔木，人行道行道树应选择分支点大于2.2 m的乔木；中心绿带适合乔、灌、草搭配的自然式种植，但在道路交叉附近，中心绿带植物以地被和草地为主，不宜种植乔木及高大灌木，以免影响司机视线。

3）城市辅助交通型道路的植物景观设计

此类道路属于城市附属道路，主要供行人及非机动车使用，并限制性地满足部分机动车通行，例如连接城市干道与居住区、校园、公园的支路以及这些场所的内部交通。针对这类道路的植物景观设计就需要重点考虑人的需求，除了满足遮阴、防护、观赏等基本需求外，还应具备艺术审美、休闲游憩、科普教育等功能。无论是植物品种的选择、搭配，还是植物的颜色、数量及面积，都要比城市干道绿地的植物种类丰富、生动，最好做到特色化、多样化的景观效果，使道路景观具有很强的辨识度，例如：连接校园、居住区的道路景观应营造出安静且富有人文气息、生活气息的氛围，连接公园、游园的道路景观应营造出活泼、明快、动态的氛围。

2.行道树的选择条件及相关数据控制

行道树是城市道路的重要组成部分，也是营造街景的主要手段。并不是所有乔木都适合作行道树，行道树的选择通常应综合考虑以下几点：

（1）北方城市以落叶乔木为佳，南方城市则以常绿阔叶乔木为佳；

（2）选择树冠尽可能大而密，树干尽可能端直，分支点尽可能高的植物；

（3）选择寿命长的树种，且生长速度为中速或快速，不宜选择慢生树；

（4）选择发芽比较早，落叶比较晚，或落叶期短的树木，以便于秋冬季集中清扫；

（5）选择树干粗壮、根系深的树种，尤其是在南方多台风、大风的城市，以避免折断和倾倒；

（6）选择病害少，抗逆性强的植物，避免选择易落果、落絮及有过敏原的植物；

（7）优先考虑本土观赏价值较高的特色植物（观花树木、色叶树很受欢迎）。

能够全部满足以上条件的乔木堪称完美的行道树，然而现实中并不多见。因此，在行道树选择时，应尽可能地满足以上选择条件，根据当地城市环境、气候特点以及城市文脉来选择最适合的树种。行道树除了在选种方面有要求，在配置间距、种植位置及苗木规格等方面也有相应要求，如：

（1）行道树树干中心至机动车道路缘石外侧距离不宜小于0.75 m；

（2）行道树定植株距应以树种壮年期冠幅为准，最小种植间距是4 m；

（3）行道树选用苗木的胸径，一般速生树不小于5 cm，慢生树不小于8 cm；

（4）行道树定干高度（分支点）对于车行道而言一般大于3.5 m，对于人行道而言一般大于2.2 m；

（5）行道树上空如有架空电力线路，应保证不小于9 m的树木生长空间，且乔木应选择开放型树冠或耐修剪的树种；

（6）行道树与架空电力线路导线的最小垂直距离应符合表2-2的要求；

表2-2 树木与架空电力线路导线的最小垂直距离

电压 / kV	1 ～ 10	35 ～ 110	154 ～ 220	330
最小垂直距离 / m	1.5	2.0	3.5	4.5

（7）如城市道路埋有地下管线，其行道树以及其他绿化乔木中心距离地下管线外缘的最小水平距离宜符合表 2-3 的规定；

表 2-3　乔木与地下管线外缘最小水平距离

管线类型	距乔木中心水平距离 / m	管线类型	距乔木中心水平距离 / m
电力线缆	1	污水管道	1.5
电信电缆（直埋）	1	电信电缆（管道）	1.5
给水管道	1.5	热力管道	1.5
雨水管道	1.5	燃气管道	1.2
排水盲沟	1.0		

（8）行道树与其他道路设施的最小水平距离应符合表 2-4 的规定。

表 2-4　行道树与其他道路设施的最小水平距离

管线类型	距乔木中心水平距离 / m	管线类型	距乔木中心水平距离 / m
挡土墙	1	路灯杆柱	2
电力杆柱	1.5	电信杆柱	1.5
消防龙头	1.5	各类井盖	1.5

五、植物与水景搭配

植物与水景的搭配主要体现在对水景植物的选择是否合理上。水景植物所营造的园林景观效果分别可以从植物的质感、色彩、欣赏特性、时间变换和综合搭配上来体现。尤其在植物的综合搭配上，十分讲究水生、湿生和半湿生植物的合理布局和不同种类的相互搭配，比如一个较为完善的湿地植物景观由滨水的湿生或耐湿的乔、灌、草植物群落，水缘或临水的挺水植物群落，水中的浮水、浮叶、沉水植物群落共同构成，形成一幅层次丰富、生境多样化和物种多样化的水景画面。水体环境与植物的搭配只有同时兼顾美学价值和生态学价值，才能营造出符合当下低碳理念的高品质水景观。

1.水景植物在景观设计方面的基本要求

1）对绿地性质和功能的满足

水景植物的选择和景观营造要符合该场地的绿地性质及功能要求，一般公园、居住区、护城河道的水景，植物景观就应该以满足观赏和游憩功能为设计原则；湿地公园、天然河流等滨水景观需要兼顾生境营造、保护动植物多样性、泄洪防洪等生态功能，其植物景观设计要以实现净化水体、涵养水源、生态修复为设计原则。

2）不同环境条件下植物的选择

在具体问题具体分析思想的指导下，根据水景植物生态环境条件的差异性选择适合在当地环境气候条件下生长的植物，使得植物种类和环境相协调。

3）植物配置要层次分明

（1）观花和观叶植物相结合：水景植物的花和叶是景观建设中重点考虑的因素，叶有深浅，花有异色；叶能营造环境基调，花能烘托出不同氛围；如何能让不同颜色、不同质感及形状的观花植物和观叶植物通过科学合理的组合及艺术构图，营造出层次分明、变化丰富的水景观，是体现植物景观可赏性的核心所在。

（2）要季相分明：植物景观设计应该利用植物周期性生长发育规律，展示景观的季节性，营造一种"四时不同，景观各异"效果。例如北方自然河流水域的景观，水景本身有枯水期和丰水期，随着降雨等因素的变化，时而水量充沛，岸边低矮的水草会被淹没；时而水位下降，露出浅滩和孤岛；与之相伴的植物景观也发生着有趣的变化，春夏季节的芦苇丛及其伴生植物群落郁郁葱葱、绿意盎然；秋季芦苇、茅、荻等禾本科植物雪白缥缈的花序立于枝头，随风舞动，一派野趣；冬季芦苇的枯黄残枝、岸边树木交错的枝干在雪的映衬下又是另一番意境。

（3）水景植物的花色、花期要互补与协调：注重在水景植物的高度、树冠形状、植物寿命、花色、花期的长短、植物的生长趋势等方面相互平衡发展是现代园林水景景观设计的一项重要内容。

2.水景植物在景观设计中的注意事项

（1）在水景景观设计上要找准设计的方向，依据设计的方向再选择植物的种类，根据各种植物的作用来综合设计。根据造景目标来选择植物种类，这样才能达到理想的效果。

（2）在水体的表面上种植浮叶类水生植物一定注意控制好水生植物在水面上的比例，一般小水域不要超过1/3，宽阔水面则要更小。一株睡莲生发出的枝叶面积可以达到 1~3 m^2，萍蓬草、荇菜等的浮叶能不断快速生长，所占水面面积也会越来越大，如凤眼莲等入侵性强的植物能够迅速覆盖整个水域（见图2-36），甚至影响水体生态安全等，这些植物的特性在应用中要有选择性的配置或有人为可控制的手段。例如，在水景景观中布置凤眼莲、大薸等漂浮植物时，控制方式可采用网箱、绳索等材料设置水面分割围栏等，采用网箱式还可根据现场情况和设计要求，将多个小型网箱拼成不同的图案，美化水面景观。

（3）芦苇、黄菖蒲、灯心草等挺水植物适合在浅水中生长，可以将其当作屏障或背景，但有时会遮挡视线。可在小水面上安排一丛或几丛点缀，大池或大水面可沿水岸成带成片种植（见图2-37）。

图2-36　被凤眼莲入侵的水域

图2-37　岸边的黄菖蒲

（4）对于人工小水体，在选择植物时要测量水位，并且在基质放水或植物种植前必须清除杂草或其他种子。自然式的原生态土驳岸切忌对植物进行规则修剪，否则容易变得生硬不自然。

（5）在水域两侧种植植物要考虑观景视线的走向，在建筑和道路的两侧附近尽量种植低于视线的草本植物，便于观望；如果水景可观赏面较多，视线可能来自不同方向，则岸边及游览道路附近的植物要断断续续地留出大小不同的缺口，不可沿岸和沿途完全封闭。

（6）水景驳岸处理上，若是混凝土岸应多用茂密的植物掩饰这类驳岸生硬或不自然的外表。若是由太湖石、青云石、石英石等堆砌而成自然质感和纹理的石头岸，可在岸边点缀或散植一些质感细腻、线条柔软的植物，将石质驳岸掩映在植物中，忽隐忽现，使景观更加感性。若是原生态土驳岸则要顺其地形地势和立地条件选择和配置植物，使植物和驳岸浑然天成。

3.不同位置水景的植物配置

1）平静、宽阔的水域

宽阔的水域是水景植物的理想生长地域，因为水面的范围比较大，所以可以给游客一种开阔舒畅感，比如湖泊、江河等。对于这样的水域一般应该考虑远景效果，植物搭配上多以培植群落型生态，把点、线、面结合起来形成连续的整体的效果。凡是在这样开阔的水面造景，需要种植大量的绿化植物，才能给人一种气势宏大的壮观效应。从景观视线上下手应该留出空间用于"借景"，使得游客的视线不受阻挡由近及远地放眼到湖中央。滨水区适合大型挺水植物和小型水生花卉植物组团种植搭配，水体中央集中荷花、王莲和睡莲群落形成统一、开阔、人气的景观风貌（见图2-38）。

2）小型水域

对于小型水域的植物配置应该注重近景规划，因为水域较小不够开阔，所以要用精细的手法来突出局部景观特色，努力在单株植物与小型植物群落上下功夫，使得单株和多株植物本身特有的植物的体态、质感、花色等方面组合运用，在选择植物方面可选择像慈姑、水罂粟等小巧、花色鲜艳夺目的小型水生花卉，来最终达到"以小见大"的景观效应。

3）浅水区

水景植物可以根据水的深浅来综合分配，同时由于气候的变化，降水的多少都会影响到水体的多少。湿生、半湿生植物的水位在浅水区一般以 0.2~0.3 m 为宜，浮水和挺水植物多以 0.3~1 m 为宜，而水生高等植物一般都在 1~1.5 m 的水域分布。浅水区是从陆地刚进入水体的那部分，适合比较多的水生植物生长，可应用的亲水植物包括千屈菜、芦苇、慈姑等湿生植物和挺水植物，当然也有两栖类植物，比如喜旱莲子草、

图 2-38　平静水域中的王莲

图 2-39　沉水植物狐尾藻

芦竹等。具体搭配上可在浅水区丛植半湿生植物和挺水植物，岸边点缀种植水杉、水松等乔木，以及在深水区配置睡莲、王莲等。

4）深水区

水生植物一般在深水区的搭配上是一个难点，因为需要考虑如何选择适应深水区的沉水植物。深水区的沉水植物是根据水的深度来选择的，且必须考虑光照和温度条件，另外还要考虑与水面植物的搭配及水面植物的种植面积和密度，以免水面植物遮挡阳光而影响沉水植物的生长，还要注重深水区植物与浅水区植物景观相搭配。常见的沉水植物可选金鱼藻、狐尾藻、黑藻、菹草等（见图 2-39）。

5）驳岸植物配置

现代驳岸从种类上大致可分为石材型驳岸、原生态土质驳岸、混凝土驳岸等，在驳岸上要求的植物种植搭配一样是要把整个景观建设都融入到整个风景体系里，驳岸的主要作用在于和水面景观的配合。

石材型驳岸一般造型比较生硬，虽然也有自然的石头趣味，但是相对来说还是比较乏味，所以在植物搭配上需要把不好看的地方遮盖起来，而把美丽的景观露出来，这样就可以缓解僵硬的感觉。例如，在驳岸边种植迎春花或垂柳之类的乔灌木等，让植物柔软纤细的树枝自然遮盖住石驳岸，同时垂向水面或与水面相吻，另外，在岸边乔木下配置花型灌木和缠绕型藤本植物，例如地锦、燕子花、黄菖蒲等，乔、灌、藤植物的综合应用更能使景观丰富多彩。

原生态土质型驳岸的景观设计需要考虑更多的因素，首先就是它和整个水体边的景岸线布局、景区道路的规划，还有水体附近的地形变化的综合考虑，另外，它是一个特殊的地带，一个水陆过渡的交接地带，因此选择的植物除了要能实现水面向岸堤的自然过渡也要能照顾到水面的装饰效果，所以在植物的挑选上要考虑水生植物、湿生及半湿生植物的综合应用，从水的深浅到陆地过渡性地选择植物，形成一个水陆综合的景观，在植物布局上要避免等距离布置，采用感性、随机的布局方式，可选植物如具有下垂气根的榕树、水杉、落羽松等。

混凝土驳岸就现代景观园林规划上来讲是不太美的，只有在特殊的情况下才使用，多以综合植物造景来掩饰遮盖它不美观的外形肌理，发挥它应有的适用、简单、功能好的特点。

6）堤、岛的植物配置

堤的设置在景观中很重要，因为它总是和路、桥相连，因此在游览路线的规划上也需要考虑这些因素。在堤旁配置的植物，北方可以根据本地植物以杨柳为主，也可是本地特有的植物，南方可以以滨水植物为主，如假槟榔、蒲葵等，也可在堤上设置一些花坛，别有一番景致。岛可分为环岛和半岛，而在景观的设计中以环岛居多。环岛布置植物时往往采用密植成林的方式，能使整个环岛基本上被植物包围，远看就是一个水中绿岛。环岛近水区域多选本地半湿生植物，中间选择符合本地气候的陆生植物，北方以柳树为主，南方可供选择的植物种类更丰富些，如香樟、刺槐等，林下配置灌木和地被植物。半岛植物配置要和陆地相连形成一个整体，从陆到岛要逐渐过渡，其他的则和环岛一样。

六、植物与景观小品搭配

景观小品泛指体态较小的风景园林构筑物及景观雕塑等。它们功能简明、体量较小、造型新颖、立意有章，广泛分布于公园、居住区游园、街心花园、街头绿地等与人们生活密切相关的地带。景观小品一方面作为被观赏的对象，另一方面又是人们观赏景物的所在。因此，设计时，除了考虑其自身的造型外，还应处理好它们与周围环境的关系，特别是与植物的配置问题。只有这样，才能更好地发挥它们在园林中的"点睛"作用，充分体现其艺术价值；否则，即使其本身的艺术性再高，也毫无意义，美好的意境也难以形成。

1. 植物对景观小品的作用

俗话说"无花木则无生气"。景观小品是静止的，无生命的，其造型线条也大多比较生硬、平直，而花木却有风则动，无风则静，处于动静之间，且是有生命、蓬勃不断生长的，造型线条柔软、活泼，其色彩也可以随季节变化而变化。植物与景观小品的配置，主要是利用植物美丽的色彩和多变的线条，遮挡或缓和小品的生硬线条，并丰富小品的色彩；植物的四季变化与生长发育，使景观小品所处的环境在春、夏、秋、冬产生季相变化，赋予小品以时间和空间的季相感。如果配置得体，就可使小品与园林植物相互因借，相得益彰，充分体现人工美与自然美的巧妙结合，增强小品的艺术效果，提高其使用价值，并使景点变得更加优美，产生理想的景观效果。

2. 常见景观小品及其植物配置

1）花架及其植物配置

在城市景观或园林中，花架主要是为了支持藤本植物生长而设置的构筑物。 一方面，花架在为可供观赏的攀援植物生长创造生态条件的同时，还可以通过展示植物枝、叶、花、果的形态、色彩美来点缀环境，并形成通透的建筑空间；另一方面，它具有亭、廊、门、篱等的休息、赏景及组织和划分空间等建筑功能，如炎炎烈日，置身其下，十分凉爽惬意。花架是较理想的立体绿化形式，如植物配置得当，就是成荫纳凉的好场所；否则，就会出现有架无花或花架的大小和植物生长能力不适应，致使植物不能布满全架或花架体量不能满足植物生长需要等问题，从而削弱花架的观赏效果和实用功能。

目前，园林中用于花架的藤本植物有上百种，北方常用的有紫藤、木香藤（见图2-40）、凌霄、蔷薇、葡萄、金银花、牵牛花等，南方常用的有粉花凌霄、蒜香藤、炮仗花、三角梅（见图2-41）、金香藤、飘香藤、玉叶金花、使君子、山牵牛等。由于每种植物的生长习性（如生长速度、枝条长短、叶和花的色彩形状）和攀援方式不同，因此在进行植物配置时，要结合花架的形状、大小、光照条件、土壤酸碱度以及花架在园林中的功能作用等因素来综合考虑。如果花架高大、坚固，可栽种粗壮的木质藤本。如果花架体量稍小，且处于光照不足的阴凉处，则宜选耐阴喜湿的轻盈的木质藤本或草本攀援植物。还可根据植物不同的生长特点，将几种藤本植物混植，既能延长观花期，又能遮挡建筑的某些缺憾并减少酷暑的炙烤和冬日的寒风，使之常年都能起到装饰美化环境的作用。

图 2-40　木香藤架

图 2-41　三角梅藤架

2）园椅、园凳及其植物配置

园椅、园凳是各种园林或绿地中必备的设施，供游人就座休息、促膝谈心和观赏风景，同时还具有组织风景和点缀风景的作用。其植物配置要求夏能遮阴，冬不蔽日。园椅、园凳及其植物配置常见的有以下几种形式。

（1）大树围凳（椅），独柱花架围凳（椅）。

古树横斜，下部围置浅盆状圆形或正多边形坐凳（椅），使树凳结合，既可遮阴纳凉，又可保护大树不受撞击，根部土壤不遭践踏。如上海淮海公园的公共绿地上，在悬铃木的周围布置了一圈坐椅（见图 2-42），真正做到了

图 2-42　休息椅凳与遮阴绿化

大树底下可乘凉，成为闹市区中的一处景观。在体形小巧的独柱花架周围，也可围成圆形或多边形园凳（椅），但架上植物应选用枝干轻细无刺的藤本植物，由于花架、植物、坐凳（椅）三者巧妙结合，体态美观，故也可作景点设置。

（2）冠大荫浓的落叶树下设置条形坐椅。

这种形式常在坐椅附近配置榆叶梅、连翘、丁香等花灌木，花开时节，景色美丽，香气袭人，为游人创造一种幽静的休息和赏景环境。

（3）园椅（凳）与花坛结合。

园椅（凳）与花坛的结合形式近年来应用较普遍。如以花坛为核心，周边围椅（方形、圆形均可）包围花坛，作为独立一景；有的是长条坐椅与花坛相间，形成一体，游人在树荫、花畔就座休息，花香扑鼻，令人心旷神怡。另外，在丛林中设置一组似蘑菇状或仿树桩的休息园凳，能把周围环境衬托得自然、富有情趣，也是园椅、园凳与植物结合的常用手法。

3）园墙、漏窗及其植物配置

园墙的功能主要是分隔空间、丰富景致层次及控制引导游览路线等，是空间构图的一个重要手段。园墙与植物

搭配，是用攀援植物或其他植物装饰墙面的一种立体绿化形式。通过植物在墙面上垂挂和攀援，既可遮挡生硬单调的墙面，又可展示植物的枝、叶、花、果，使墙面自然气氛倍增。

常用的悬垂和攀援植物有黄素馨、迎春、金丝桃、紫藤、木香、美国凌霄、爬山虎、常春藤、扶芳藤、南蛇藤等。由于园墙在园林中的位置和作用不同，植物配置时还应充分考虑植物的生长特性。如常见的木香、紫藤、藤本月季、凌霄等喜阳植物，不适宜配置在光照时间短的北向或庇荫墙面，只能在南向或东南向墙面配置；但薜荔、常春藤、扶芳藤等喜阴或耐阴的植物，则宜在背阴处的墙面生长。有时为了避免色彩单调或落叶的缺憾，还可将几种攀援植物和花灌木相配合，使其在形态和色彩上互相弥补和衬托，丰富墙面的景观和色彩。

墙上开设漏窗，不仅可以装饰墙面，增加景深层次，而且还可起框景作用。透过漏窗，窗外景物隐约可见，若在窗后再进行适当的植物配置，形成一幅幅生动的小品图画，则更能取得理想的视觉效果，如图 2-43 所示。此外，由于窗框的尺度是不变的，植物却在不断生长、体量增大，因此，进行植物配置时，于窗前或窗后近处宜选择生长缓慢、体形不大的植物，如芭蕉、棕竹、南天竹、孝顺竹、苏铁类、佛肚竹等。近旁还可配些尺度不变的剑石、湖石，增添其稳定感，这样有动有静，构成相对持久的画面；窗后远处则宜选体形高大、姿态动人、色彩美丽的植物。

4）景观雕塑及其植物配置

景观雕塑也叫环境雕塑或园林雕塑，是指在景观、园林中供观赏或象征某种寓意的一类雕塑。其题材不拘一格，形体可大可小，形象可具体可抽象，表达的主题可自然可浪漫，具有强烈的艺术感染力，在园林设计中有助于表现园林主题，点缀装饰风景。

景观雕塑的植物配置，主要强调环境气氛的渲染，其中背景的处理尤为重要。常用手法有：以各种浓绿的植物作为浅色雕塑的背景（见图 2-44），青铜色等深色雕塑则应配以浅色植物或以蓝天为背景。此外，对于不同主题的雕塑还应采取不同的种植方式和相应的树种。如在纪念性雕塑周围宜采用整齐的绿篱、花坛及行列式植株，并以体形整齐的常绿树种为宜。对于主题及形象比较活泼的雕塑小品，宜用比较自然的种植方式，选择树形、姿态、叶形、色彩等方面比较潇洒自由的植物。另外，植物配置还能为雕塑形成框景或障景，以突出或衬托雕塑作品的艺术效果。

图 2-43　透过漏窗看室外植物景致

图 2-44　浅色雕塑与其背景植物

随着城市景观与园林绿化的不断发展，各种类型的景观小品愈来愈广泛地应用于城市景观及园林绿地中，而景观小品的成功运用，不仅取决于其自身的形式、内容、体量等与其所处环境的协调，而且也有赖于与其密切相关的植物配置的合理性。因此，这就要求环境设计师在绿地中布置小品时，做到综合考虑、恰当安排、合理配置植物（包括种类、形式等）。只有这样，才能更利于提高景观小品的使用价值，增强其艺术感染力，产生较理想的园林景观效果，更好地发挥景观小品在城市景观及园林绿地中的"画龙点睛"作用。

第五节　图纸表达方法

一、植物种植图

1. 植物种植图的分类

1）按照表现内容及形式进行分类

（1）平面图：即平面投影图，用以表现不同种类植物的种植位置、数量、搭配关系、种植类型等（见图2-45）。

（2）立面图：有正立面投影或者侧立面投影，用以表现植物之间的水平距离和垂直高度（见图2-46）。

（3）剖面图和断面图：用一个垂直的平面对整个植物景观或某一局部进行剖切，并将观察者和这一平面之间的部分去掉，如果绘制剖切断面及剩余部分的投影则称为剖面图，如果仅绘制剖切断面的投影则称为断面图；用以表现植物景观的相对位置、垂直高度，以及植物与地形等其他构景要素的组合情况（见图2-47）。

（4）透视效果图：透视包括一点透视、两点透视、三点透视。透视效果图用以表现植物景观的立体观赏效果，分为总体鸟瞰图和局部透视效果图（见图2-48和图2-49）。

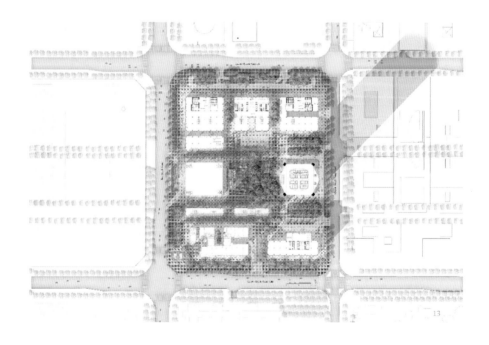

图2-45　植物景观设计平面图

图 2-46　植物景观立面图

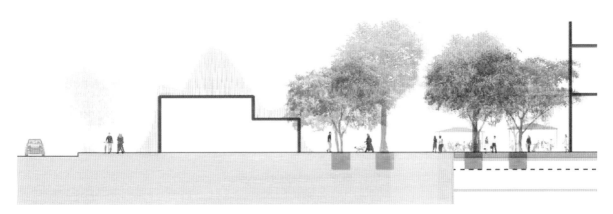

图 2-47　植物景观剖立面图

图 2-48　景观局部效果图（1）

图 2-49　景观局部效果图（2）

2）按照对应设计环节进行分类

（1）植物种植规划图：植物种植规划图应用于初步设计阶段，用来绘制植物组团种植范围，并区分植物的类型（常绿、阔叶、花卉、草坪、地被等）。

（2）植物种植设计图：植物种植设计图用于详细设计阶段，利用图例确定植物种类、植物种植点的具体位置、植物规格和种植形式等。

（3）植物种植施工图：植物种植施工图用于施工图设计阶段，标注植物种植点坐标、标高，确定植物的种类、规格、栽植或养护的要求等。

2.植物种植图绘制要求

图纸应按照制图国家标准《房屋建筑制图统一标准》《总图制图标准》《建筑制图标准》以及《风景园林制图标准》规范绘制。图纸、图线、图例、标注等应符合规范要求。图纸内容要全面，标准的植物种植平面图中必须注明图名、绘制指北针、比例尺，列出图例表，并添加必要的文字说明。另外，绘制时要注意图纸表述的精度和深度对应的设计环节及具体要求。不同设计环节种植图具体绘制要求如下。

1）植物种植规划图

绘制植物种植规划图的目的在于表示植物分区和布局的大体状况，一般不需要明确标注每一株植物的规格和具体种植点的位置。植物种植规划图只需要绘制出植物组团的轮廓线，并利用图例或者符号区分出常绿针叶植物、阔叶植物、花卉、草坪、地被等植物类型。植物种植规划图绘制应包含以下内容。

（1）图名、指北针、比例尺。

（2）图例表：序号、图例、图例名称（如常绿针叶植物、阔叶植物、花卉地被等）、备注。

（3）设计说明：植物配置的依据、方法和形式等。

（4）植物种植规划平面图：绘制植物组团的平面投影，并区分植物的类型。

（5）植物景观效果图、剖面图或者断面图等。

2）植物种植设计图

植物种植设计图除包含植物种植平面图之外，往往还要绘制植物景观剖面图、断面图或效果图。植物种植设计图绘制应包含以下内容。

（1）基本要素：图名、指北针、比例尺、图例表。

（2）设计说明：植物配置的依据、方法、形式等。

（3）植物配置表：序号、中文名称、拉丁名、图例、规格（冠幅、胸径、高度）、单位、数量（或种植面积）、种植密度、其他（如观赏特性、树形要求等）、备注。

（4）植物种植设计平面图：利用图例标示植物的种类、规格、种植点的位置以及与其他构景要素的关系。

（5）植物景观剖面图或者断面图。

（6）植物景观效果图：表现植物的形态特征，以及植物群落的景观效果。

（7）在绘制植物种植设计图的时候，一定要注意在图中标注植物种植点位置，植物图例的大小应该按照比例绘制，图例数量与实际栽植植物的数量要一致。

3）植物种植施工图

植物种植施工图是园林绿化施工、工程预（决）算编制、工程施工监理和验收的依据，并且对于施工组织、管理以及后期的养护都起着重要的指导作用。植物种植施工图绘制应包含以下内容。

（1）基本要素：图名、比例、比例尺、指北针。

（2）植物配置表：序号、中文名称、拉丁名、图例、规格（冠幅、胸径、高度）、单位、数量（或种植面积）、种植密度、苗木来源、植物栽植及养护管理的具体要求、备注。

（3）施工说明：对于选苗、定点放线、栽植和养护管理等方面的要求进行详细说明。

（4）植物种植施工平面图：利用图例区分植物种类，利用尺寸标注或者施工放线网格确定植物种植点的位置——规则式栽植需要标注出株间距、行间距以及端点植物的坐标或与参照物之间的距离，自然式栽植往往借助坐标网格定位。

（5）植物种植施工详图：根据需要，将总平面图划分为若干区段，使用放大的比例尺分别绘制每一区段的种植平面图，绘制要求同施工总平面图。为了读图方便，应该同时提供一张索引图，说明总图到详图的划分情况。

（6）文字标注：利用引线标注每一组植物的种类、组合方式、规格、数量（或面积）。

（7）植物种植施工剖面图或断面图。

对于种植层次较为复杂的区域应该绘制分层种植施工图，即分别绘制上层乔木的种植施工图和中下层地被的种植施工图。绘制要求同上。其中，植物种植设计图和植物种植施工图在项目实施过程中必不可少，而植物种植规划图则根据项目的难易程度和客户要求绘制或者省略。

二、园林植物景观设计的程序

为了有序且成功地实现规划目标，在着手项目之前，设计师应该尽可能详尽地了解项目的相关信息，将客户的需要和项目的情况进行综合分析，并编制设计意向书。

1.现状调查阶段

1）获取图纸信息

首先，了解客户对项目的要求：在项目开发初期，要充分了解客户对植物景观的要求、喜好、预期的效果以及造价、工期等情况。其次，获取图纸资料：设计委托意向确定后，客户应提供与设计有关的图纸资料，设计师根据图纸和要求进行植物景观的规划和设计。图纸资料包括如下几项。

（1）地形图：根据面积大小，提供1：2000，1：1000，1：500的基地范围内总平面地形图。图纸应该明确显示设计范围（红线范围、坐标数字），基地范围内的地形、标高及现状物的位置（包括现有建筑物、构筑物、山体、水系、植物、道路、水井，还有水系的进出口位置、电源等）。现状物中，要求保留、利用改造和拆迁等情况要分别注明；注明主要道路名称、宽度、标高点数字以及走向和道路、排水方向；注明周围机关、单位、居住区的名称、范围，以及今后发展状况等。

（2）局部放大图（1：200）：主要为局部详细设计用。该图纸要满足建筑单位设计及其周围山体、水系、植被、园林小品及园路的详细布局。

（3）主要建筑物的平、立面图：平面图注明室内、室外标高，立面图要标明建筑物的尺寸、颜色等内容。

（4）现状树木分布位置图（1：200，1：500）：主要需标明保留树木的位置、品种、大小、密度、生长状况和观赏价值等，以及现有的古树名木情况、需要保留植物的状况等。有较高观赏价值的树木最好附彩色图片。

（5）地下管线图（1：500，1：200）：一般要求与施工图比例相同。图内包括要保留的地下管线及其设施的位置、规格以及埋深等。

2）获取项目其他信息

在这个阶段所搜集资料的深度和广度将直接影响随后的分析与决定，因此必须注意多方搜集资料，尽量详细、深入地了解与基地环境植物景观规划相关的内容，以求全面掌握可能影响植物生长的各个因子。与项目相关的其他信息主要包括以下内容。

（1）基地的自然状况：地形、土壤、水文、气象等方面的资料，包括地形坡度，土壤厚度和酸碱度，地下水位、水源位置、流动方向和水质，年最高、最低温度及其分布时间，年最高、最低湿度及其分布时间，年、月降雨量，主导风向，最大风力，风速以及冰冻线深度等。

（2）植物状况：该地区内乡土植物种类、群落组成以及引种植物情况等。

（3）历史人文资料调查：基地过去以及现在的利用情况，基地周围有无名胜古迹、人文资源，当地的风俗、传说故事、居民人口和民族构成等。

3）现场调查与测绘

（1）现场踏查。

确定设计任务后，设计师要以客户提供的相关资料为依据进行现场踏查。一方面对现有资料进行核对，对缺失资料进行补充；另一方面，对设计的可行性进行评估，就实地环境条件对植物景观的大致轮廓和构成形式进行艺术构思，发现并记录可利用、可借景的景物以及不利于景观设计的物体，在规划过程中分别加以适当处理。现场踏查的同时拍摄现状照片，以供总体设计时参考。有必要的话，踏查工作要进行多次。

（2）现场测绘。

当图纸资料缺失或不符合要求时，设计师要根据实际需要进行现场测绘，并根据测绘结果绘制基地现状图。基地现状图包括现有的建筑物、构筑物、道路、铺装、植物等。对于基地中要保留的或有特殊价值的植物，要测量并且在图纸上记录其位置、冠幅、高度、胸径等。为了防止在现场调查过程中出现遗漏，设计师应提前将调查内容制成表格，按规定内容进行调查和填写。另外，建筑物的尺度、位置以及视觉质量等可以直接标示在图纸中，或者通过照片加以记录。

2.现状分析阶段

基地的现状分析关系到植物的选择、生长状况、景观塑造以及功能发挥等一系列问题，是进行植物景观设计的基础和依据。对于植物景观设计而言，凡是与植物相关的因素都应该在现状分析中有所考虑，通常包括自然条件（地形、土壤、光照、植被等）分析，环境条件分析，景观定位分析，服务对象分析，经济技术指标分析等多个方面。现状分析常采用叠图法进行，即将不同方面的分析结果分别标注在不同图层之上，通过图层叠加进行综合分析，并绘制基地的综合分析图。现状分析阶段主要涉及以下几个方面。

（1）小气候分析：小气候指基地中特有的气候条件，是有限区域内的光照、温度、水文、风力等条件的综合反映。每一个小范围地域中有不同程度的各种小气候，这取决于基地的地形地段、方位、风向与风速、土壤性质、植被以及直接围绕地段的自然和人为的环境（如林带、池塘、灌溉渠、建筑物等）。在小气候温和，或地形有利、四周有遮挡的地方可以选择种植稍不耐寒的植物种类；如果小气候恶劣，则应该选用在该地区最寒冷的气温条件下也能正常生长的植物种类。

（2）光照分析：光照是影响植物生长的重要因子，因此设计师需要分析基地中光照的状况，尤其掌握太阳高度角和方位角两个参数的变化规律。通过太阳高度角和方位角分析基地的光照强度、遮阴强度、阴影范围，从而调整植物配置以适应不同的光照条件。如将喜阳植物栽植在阳光较为充足的建筑南面或安排在群落上层；将耐阴植物种植在墙的北面、林内、林缘或树荫下。

（3）风力分析：小环境中的风向通常与当地主导风向一致，但有时也会受到基地中建筑物、地形、大面积的水面和林地的影响而发生变化。比如突变的地形会引起空气湍流；平滑的地形使空气平稳地流动；温和的微风通过整齐排列的建筑物或植物后会变得急促。多风的地区应选用深根性、生长快速的植物种类，或用常绿植物组成防风屏障，阻挡强烈的冷风或空气湍流；而空气流通不良的地方，应种植分支点高的乔木，结合开阔水面、绿地形成通风渠道。

（4）人工设施分析：人工设施包括基地内的建筑物、构筑物、道路、铺装、各种管线等，这些设施往往也会影响到植物的选择和配置的形式。植物的色彩、质感、高度与人工设施的外观和用途相匹配。如庄严肃穆的建筑物外常栽植高大乔木；体量轻巧的亭子前常栽植低矮的乔木和花灌木；地下管线集中的地方只能种植浅根性植物，如地被植物、草坪、花卉等。

（5）视觉质量分析：视觉质量分析也就是对基地内外的植被、水体、山体和建筑等组成的景观从形式、历史文化及其特点等方面进行分析和评价，并将景观的平面位置、标高、视域范围以及评价结果记录在调查表或者图纸中，以便做到"佳则收之，俗则屏之"。通过视线分析可以确定今后观赏点位置，从而确定需要"造景"的位置和范围。

（6）绘制现状分析图：根据已掌握的全部资料，经分析、整理、归纳后，分成若干空间，对现状作综合评述，可用圆形圈或抽象图形将其概括地表示出来。现状分析通过对基地条件进行评价，得出基地中有利于或不利于植物栽植和景观创造的各因素，并提出解决的方法。

3.编制设计意向书

设计师将所收集到的资料，经过分析、研究，定出总体设计原则和目标，并编制设计意向书用以指导设计。设计意向书主要包括8个方面，即设计的原则和依据，项目的类型、功能定位、性质特点等，设计的艺术风格，对基地及外围环境条件的利用和处理方法，重要的功能区以及面积估算，投资概算，预期的目标和设计时需要注意的关键问题。

4.功能分区规划

设计师根据现状分析以及设计意向书，画出基地的功能区域草图，草图属于示意说明性质，可用抽象的图形或圆圈图案表示，即泡泡图。在此过程中需要明确以下问题：

（1）基地中需要设置哪些功能，每一种功能所需的面积有多大；

（2）各个功能区之间的关系如何，哪些必须联系在一起，哪些必须分隔开；

（3）各个功能区服务对象都有哪些，需要何种空间类型，比如是私密的空间还是开敞的空间，等等。

在功能分区示意图的基础上，根据各分区的功能确定植物主要配置方式，即确定植物的功能分区，比如入口种植、视觉屏障、隔音屏障、空间围合、空间界定等。

（1）功能分区细化：在植物功能分区的基础上，将各功能分区分解为若干区段，并进一步确定各区段内植物的种植形式、类型、大小、高度、形态等内容。

（2）确定种植范围：用图线标示出各种植物种植区域和面积，并注意各个区域之间的联系和过渡。

（3）确定植物的类型：根据植物种植分区规划图选择植物类型，比如常绿或者落叶的乔、灌、草、藤、花卉等。

（4）分析植物组合效果：明确植物的规格，绘制植物组合立面图，分析植物高度配置。一方面判定植物配置能否形成优美、流畅的林冠线；另一方面判断植物配置能否满足功能需要，如防风、视觉阻挡、空间界定等。

（5）选择植物的颜色和质地：在分析植物组合效果的时候，可以适当考虑植物的颜色与质地的搭配，以便在下一环节能够选择适宜的植物。在功能分区阶段无须具体确定植物种类和栽植地点，只须宏观确定植物分布状况，建立整体轮廓。

5.植物种植设计

1）初步设计

（1）确定孤植树。

种植设计的第一步就是要确定孤植树的位置、外观形态和名称规格。孤植树一般使用形体高大、姿态优美、树冠开阔、树冠轮廓线富于变化，或开花繁茂、香气浓郁、叶色有丰富季节变化的树种，还需考虑树种生长健壮、寿命长、无严重污染环境的落花落果、不含有害于人体健康的毒素等因素。在种植设计时，可以利用原有大树，特别是一些古树名木作为孤植树来造景。在没有现成大树可利用的情况下，也尽量就近选取。常见适宜作孤植树的树种有香樟、悬铃木、朴树、雪松、银杏、七叶树、广玉兰、金钱松、白皮松、枫香、枫杨、乌桕等。孤植树的选择可以在详细设计阶段进一步调整。

（2）确定配景植物。

主景一经确定，就可以考虑其他的配景植物了。配景植物常以树木丛植体现群体效果，与孤植树形成呼应或对比，增添园中的情趣。配景植物还可以与周围建筑环境相结合形成空间标示或视觉焦点。如云杉与桧柏配置，组成灰绿与墨绿的单色调，显得和谐一致；将云杉和月季栽植在一起，云杉深灰色的叶子与月季的红花组成十分鲜艳的对比色调。

（3）选择其他植物。

在确定主、配景植物之后，根据现状分析和绿地功能分区选择配置其他植物。比如用侧柏、冬青、女贞、海桐组成绿篱界定边界或围和空间；在建筑、挡土墙、园墙上栽植攀援植物，如凌霄、常春藤、牵牛花、藤本月季等遮蔽不雅景观，调节日照和通风；在道路两旁种植花境或绿墙组织游览路线等。最后，在设计图纸中用图例标示出植物的类型、规格、种植位置等。

2）详细设计

这一阶段通过对照设计意向书，结合现状分析、功能分区，对初步设计方案进行修改和调整。详细设计阶段应该从植物的形状、色彩、质感、季节变化、生长速度、生长习性等多个方面进行综合分析，还应该参考有关设计规范、技术规范中的要求，具体如下。

（1）核对每一区域的现状条件与所选植物的生态特性是否匹配，是否做到了"适地适树"。这一点在前面的章节中已经强调过了，这里就不再重复。

（2）从平面构图角度分析植物种植方式是否适合。首先，植物的布局形式应该与基地总体景观风格相协调，如规则式和自然式的园林风格在植物布局形式上风格迥异。其次，植物的布局形式应与其他构景要素相协调，比如就餐空间的形状为圆形，如果要突出和强化这一构图形式，植物最好采用环植的方式。确定植物的平面布局形式还应该综合考虑周围环境情况、设计意图和功能用途等方面，使植物景观与环境和谐。

（3）从景观构成角度分析所选植物是否满足观赏的需要，植物与其他构景元素是否协调。可以通过立面图或效果图来分析植物景观的立面效果。首先，观察植物品种是否使植物景观层次丰富，界限清晰。若植物品种不足，景观效果过于单一，应增加植物品种，使植物景观层次更为丰富；若植物品种冗余，景观杂乱无章，则应删减或调整植物品种，使景观层次清晰和谐。其次，调整植物栽植密度，使植物景观达到最佳效果。植物栽植密度指植物种植间距的大小。理想的植物景观效果应该在满足植物正常生长的前提下，植物成熟后相互搭接，形成植物组团。种植间距过大，会使植物以单体形式孤立存在，景观缺少统一性；种植间距过小则影响植物正常生长。最后，还应该注意植物的规格大小与其他构景元素的搭配，根据景观效果选择规格合适的景观植物。要说明的是，在植物景观施工时使用幼苗要确保成活率，降低施工成本，但在详细设计中，不能按照幼苗规格配置，而应该按照成龄植物（成熟度为75%~100%）的规格加以考虑。图纸中的植物图例也要按照成龄苗木的规格绘制，如果栽植规格与图中绘制规格不符，还应该在图纸中给出说明。

（4）满足技术要求：在详细设计确定植物具体种植点位置的时候应该参考相关设计规范、技术规范的要求，比如道路绿化种植中安全视距的要求，植物种植点位置与管线的最小间距，植物种植点与建筑的最小规模等问题。

（5）进行图面的修改和调整，完成植物种植设计详图，并填写植物表，编写设计说明。植物种植设计涉及自然环境、人为因素、美学艺术、历史文化、技术规范等多个方面，在设计中需要综合考虑。由于篇幅有限，本章中对于植物种植的方法和步骤的论述不可能涵盖所有的情况，后面章节中会针对不同的空间的植物景观设计给出一些植物选择、配置的建议，供读者参考。

三、图例表达与植物配置表绘制

1. 植物图例

植物图例是景观设计中植物的图纸表现符号，每种植物没有特定的植物图例，但是通常遵循一定的设计原则，以平面制图为例（见图2-50）：

（1）乔木或单株大灌木一般用表示其树冠大小的圆形标识，圆形中央用圆点表示种植的位置，内部可以填充不同的图案。

（2）丛植灌木一般用表示其树丛轮廓的云线段标识。

（3）草坪一般用点状填充。

（4）绿篱可用矩形或填充的矩形标识。

（5）开花灌木或花卉可以用植物叶、花的简化图标识。

（6）其他地被等可以用不同材质填充，有利于区分。

（7）为表示得更加详细，如果是刺叶常绿的乔木及灌木可用锯齿状线条标识，乔木亦可用俯瞰树冠的平面简化图来表示。

此外，植物图例设计时还应注意以下事项：尽可能反映植物本身的特征，不同种类的植物识别度尽可能高；效果图中的植物图例尽可能协调统一（风格和色彩）；施工图中的植物图例尽可能简单，便于查询；乔木、灌木的图例要能反映树冠大小或轮廓、面积，不可失真；同一套图纸中的植物图例尽可能保持同一种风格。

2. 植物配置表

园林设计、景观设计、建筑设计等涉及植物种植时，需要配置相应的植物配置说明，尤其在园林设计施工图中，植物配置表是必不可少的。尽管一套合格的植物图例能够很好地表达图纸的种植设计意愿，但是必要的文字和表格说明是作图的必要组成部分，更有助于看图识别和分析。植物配置表是以列表的形式将设计中所涉及的所有植物依次列入表中并进行说明。植物配置表（见表2-5）中，通常表格横向顺序内容依次为：编号、图例、植物中文名、拉丁名、规格、数量、观赏特性、备注等；纵向顺序内容建议按照以下顺序列出：常绿乔木、落叶乔木、常绿灌木、落叶灌木、地被植物、花卉、草坪植物等。以上是植物配置表的基本模式，通常会依据项目的大小、植物种类的数量以及排版要求而变化其表格形式和内容。例如，当设计场地较大，植物种类较多时，可以分区、分类配置植物配置表。分区时，将总图分为若干区域，依据每个区域配置植物配置表。分类时，可以将乔木、灌木、地被及草本植物分类单独列表，等等。植物配置表中的图例要与总图、节点平面图、剖面图、立面图、透视效果图中的植物种类相对应。需要注意的是，配置表中的植物高度是指设计苗木的高度，不是某一类植物自然成年的高度。

序 号	名 称	图 例	序 号	名 称	图 例
1	落叶阔叶乔木		14	常绿花灌木密林	
2	常绿阔叶乔木		15	自然形绿篱	
3	落叶针叶乔木		16	整形绿篱	
4	常绿针叶乔木		17	镶边植物	
5	落叶灌木		18	一、二年生草本花卉	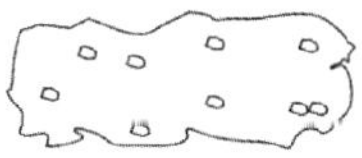
6	常绿灌木		19	多年生及宿根草本花卉	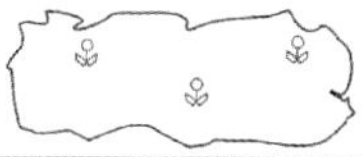
7	阔叶乔木疏林		20	一般草皮	
8	针叶乔木疏林		21	缀花草皮	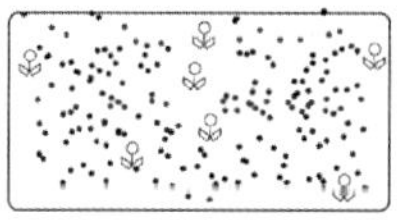
9	阔叶乔木密林		22	整形树木	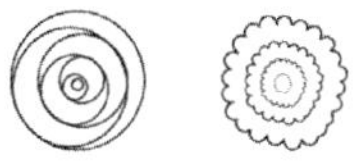
10	针叶乔木密林		23	竹丛	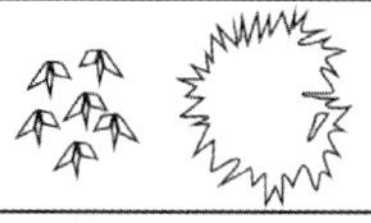
11	落叶灌木疏林		24	棕榈植物	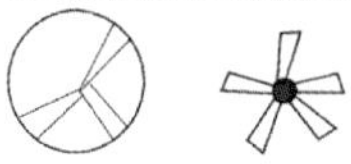
12	落叶花灌木疏林		25	仙人掌植物	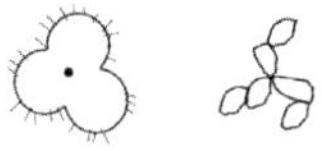
13	常绿灌木密林		26	藤本植物	
			27	水生植物	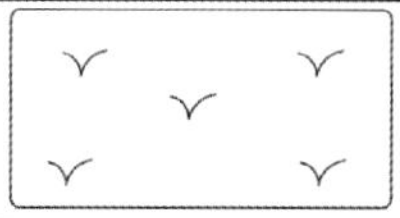

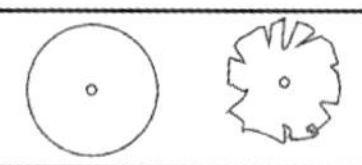

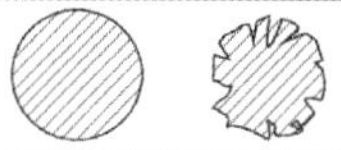

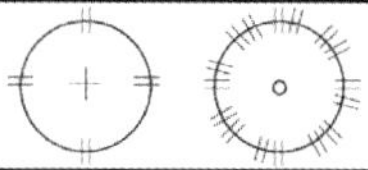

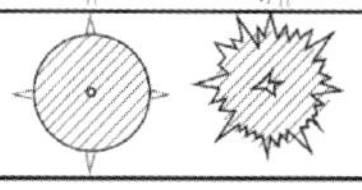

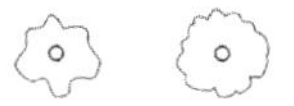

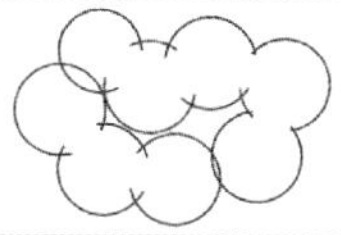

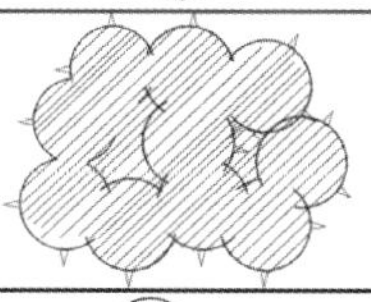

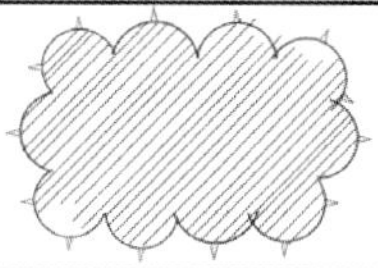

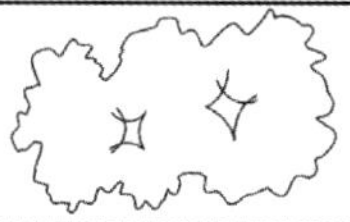

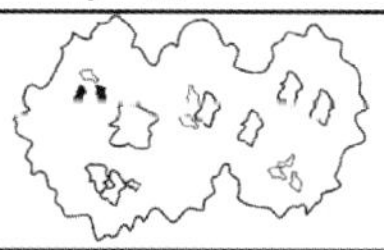

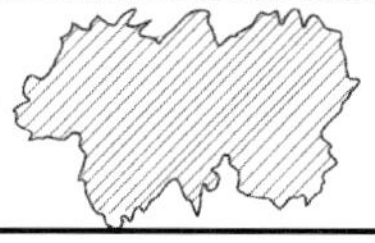

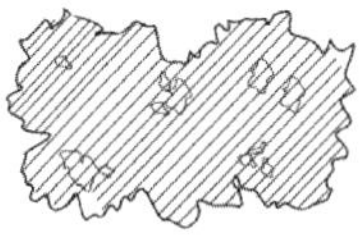

图 2-50 植物平面图例示例

表 2-5 植物配置表示例

编号	图例	中文名	拉丁名	规格			数量/面积	观赏特性	备注
				胸径	冠幅/蓬径	高度			
01	略	白皮松	略	12 cm	—	500 cm	6 棵	常绿、观形	—
02	略	银杏	略	20 cm	—	600 cm	4 棵	秋季赏叶	—
03	略	洒金柏	略	—	40 cm	40 cm	30 m²	常绿、赏叶	丛植
04	略	红瑞木	略	—	60 cm	100 cm	60 m²	冬季观景	丛植
05	略	月季	略	—	40 cm	50 cm	40 m²	四季观花	丛植
06	略	八仙花	略	—	50 cm	60 cm	30 m²	春夏观花	丛植
07	略	爬山虎	略	—	—	—	12 株	墙面装饰	三年生
08	略	葱兰	略	—	—	—	100 m²	地被观赏	81 株/m²
09	略	早熟禾	略	—	—	—	520 m²	群体观赏	散播

第三章

建筑庭院空间植物
景观设计

建筑庭院作为外部空间，与人的活动最为直接，并且受建筑功能、形式、风格等因素的影响很大。由建筑空间延伸的庭院空间类型丰富、特征明确，庭院空间的设计除了要考虑庭院自身的空间特征和人的行为活动外，还需深入分析在建筑内部人的行为活动及其需求。因此，植物作为庭院空间最为重要的景观要素，除需要发挥外部空间的景观作用外，还要注意与内部空间的关系。图 3-1 所示为典型的建筑庭院植物景观。

图 3-1　建筑庭院植物景观

第一节　建筑庭院的类型与空间特征

一、建筑庭院空间类型

1. 按功能属性分

建筑庭院空间以建筑作为主要要素，因此建筑性质与功能对庭院属性产生重要影响，建筑庭院空间功能属性一般有公共开放和私有专属之分。公共开放型建筑庭院是建筑内部空间及功能的延伸，具有较强的开放性和包容性，并需要承载多种公共行为和活动。其主要活动人群及目的受建筑功能影响较多，由建筑功能而决定的庭院类型有医疗建筑庭院、文教建筑庭院、办公建筑庭院、商业建筑庭院、体育建筑庭院、交通建筑庭院、展览建筑庭院、纪念建筑庭院等。私有专属型建筑庭院与公共开放型建筑庭院的本质区别是前者的使用人群较为固定和单一，因此庭院所承载的功能主要由用户需求或活动特点所决定，具有较强的私密性和专属性，如私家花园、会所庭院、幼儿园等。

2. 按空间形式分

庭院一词在《辞源》中解释道：庭者，"堂阶前也"；院者，"周垣也""宫室有垣墙者院"。此为庭院的初步概念，说明建筑庭院空间由建筑和墙围合而成。我国传统建筑对庭院空间营造尤为注重，从古典园林和文学诗词中可看出有前庭、中庭、后院等诸多种类，随着时代发展，现代建筑形式多样，庭院的空间类型和形式也有了更加丰富的展现。

1）平面形式

根据与建筑的关系，庭院可分为封闭型庭院、三向型庭院、线型庭院、开敞型庭院、并联型庭院、散落型庭院等，如图 3-2 所示。

封闭型庭院的四周竖向界面由建筑或围墙等要素限定，平面可以是方形、圆形等任何形状。它是最常见的庭院类型，如北京四合院、福建土楼、陕西地坑院等，如图 3-3 所示。这种类型庭院空间明确、主次分明、流线清晰

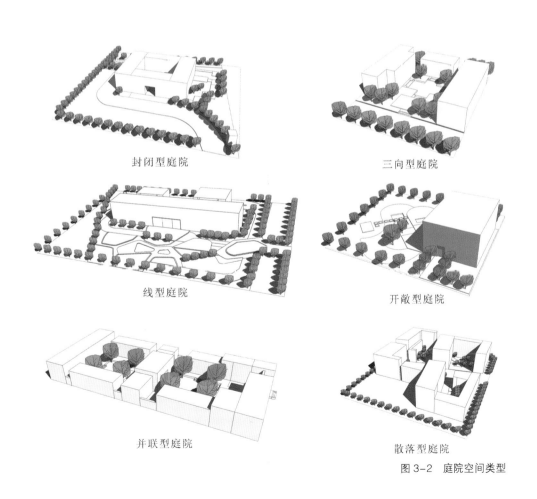

封闭型庭院　　　　　　　　　　三向型庭院

线型庭院　　　　　　　　　　开敞型庭院

并联型庭院　　　　　　　　　　散落型庭院

图 3-2　庭院空间类型

北京四合院　　　　　　　　　　福建土楼　　　　　　　　　　陕西地坑院

图 3-3　常见封闭型庭院空间类型

并且动静分区明显，空间相对静止并注重向心力和凝聚力。三向型庭院，即庭院的三面有围合物，一面是开敞空间，此类空间有较强的驶入感，有明确的出入空间。线型庭院是由相对两侧围合要素构成的空间，具有强烈的方向感，属于动态空间，注重空间朝向与围合界面的关系。开敞型庭院把建筑物概括为一个点，在其辐射或划定范围的空间内均称为庭院，此类型空间限定性较弱，具有强烈的开放性，与外部有较好的沟通与融合，没有强烈的主次关系和方向感。

根据两个或多个院落的组合方式，庭院有并联型和散落型等形式。并联型庭院，指在一个建筑群中连续布置两个或两个以上相似的庭院，形成一组系列，每个庭院又各自服务于一个区域。各个庭院通过一个主导性的联系空间获得彼此的联系，它们之间既相互区别，又相互联系。如图 3-4 所示的三进院、五进院。

散落型庭院，是指建筑或建筑群中有多个庭院空间，这些空间没有明确的空间结构或秩序。此类庭院空间连续性较弱，具有空间丰富、个性独立的特点，如图 3-5 所示的西安建筑科技大学草堂校区的学府城平面图。

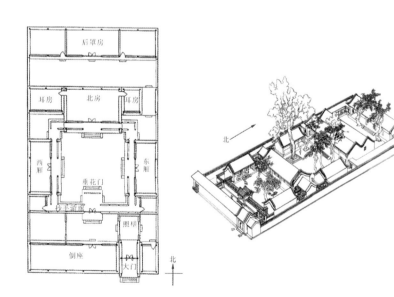

图 3-4　三进院平面图

图 3-5　西安建筑科技大学草堂校区的学府城平面图

2）空间位置

根据庭院与建筑物的竖向位置关系，产生了多种形式的庭院，常见的有屋顶花园（见图3-6）、立体庭院等。屋顶花园，顾名思义就是在建筑屋顶顶板上营建的花园，根据屋顶花园所处的建筑高度有地下建筑上的屋顶花园、单层建筑上的屋顶花园、多层建筑上的屋顶花园（独立式屋顶花园和高层建筑前的裙楼屋顶花园）。立体庭院，从古巴比伦花园到钱学森先生提出的山水城市再到现代错落式建筑，都具有立体庭院的空间，现代建筑更多是为了满足高层建筑享用庭院空间及自然的需求，在一定高度会考虑设计开放性庭院，如西安九座花园（见图3-7）。

3. 按建筑风格分

对建筑庭院的直觉感受很大程度来源于建筑形式及风格。建筑立面作为垂直界面具有强烈的视觉引导和氛围烘托作用，因此多数的庭院环境受建筑风格所影响，但并非是决定性的。就建筑风格而言，建筑庭院可分为古典式庭院、现代式庭院，中式庭院、美式庭院、日式庭院等。

二、建筑庭院空间特征

1. 围合性与开放性

建筑庭院空间在水平方向上具有围合的特点，在垂直方向上具有开放的特点。人们通过围护、遮蔽而创造了有顶部的室内空间，同样也通过围合在大地上占据露天的开敞空间，形成了庭院。建筑围合的庭院空间为人们提供了一个半私密的交往空间，然而简单的千篇一律的围合并不能取得良好的效果或形成空间特色，所以有必要从人行为的心理感受出发，观察各种围合形态对人的心理及活动的影响，从而创造出充满希望和人情味的积极空间。

2. 自然性

中国古代的庭院空间从一开始就注意到了自然与人事相融合的规律。在庭院空间处理上表现为聚合与开放的统一，院、庭、堂之间既分离又相融合，在视线上保持了通透性。不仅如此，庭院空间在处理上还注意引入自然之美，努力营造物情交融、传神写意、领悟天机的场所。"享造化之秀，阴阳晦冥，晴雨寒暑，朝昏昼夜，随形改步，有无穷之趣。" 作为独具一格的东方庭院空间，中国的庭院吸收了几千年来深厚的民族传统文化，它从自然中吸取

图 3-6　Pentana Solutions 屋顶花园

图 3-7　西安九座花园楼内庭院

了丰富的营养，在世代人民劳动的创造中得到了完善。因此，对自然的渴望与追求是庭院空间的永恒主题。但是，当人们长时间处在完全隔绝了自然环境的室内人工环境中时，生理上和心理上都会出现一系列不适应、病态的反应，尤其随着人类社会生活的发展，越来越多的人生活在高度人工化的现代城市中，生活环境中不可避免地充斥着噪声、空气和视觉污染，久居其中的人们会产生生理和心理上的烦躁与不适。因此，庭院植物设计需要表现出引入自然风光，与天地同辉的亲和自然观念，满足人们对自然与健康生活的渴望。

3. 内向性

庭院空间是一种"内向封闭，外向开敞"的空间，外边封闭的空间具有向心内聚的性质。在庭院中所围绕的作为实体的存在，产生空间的张力，使在其内部的人在感情和心理上相互亲近和信任，庭院空间的内向性成为它的重要性质。人在其中往往产生专注、聚集的心理趋向，甚至还被赋予特别的象征意义，比如"聚气""聚财"的象征意义。在现代建筑庭院中，庭院的内向性使它往往成为人们乐于聚集和交往的地方。在现代建筑现象学的视野中，庭院空间正符合场所形成的必要条件：接近性、向心性和闭合性。"中心就是场所"，因而庭院空间被视为具有强烈的场所精神，庭院空间的内向性使得它甚至能在城市空间中发挥作用，在城市中创造出具有凝聚力和活力的公共空间。

4. 模糊性

庭院兼具"内"与"外"的特点：庭院的内向性使其具有室内空间的性质，不同于无限弥散的外部空间；开敞性又使它兼具外部空间的特征。这一独特的空间构成方式使它将看似相对的"内"与"外"的特点集于一体。正是由于它既可以看作室内空间的延伸和扩展，又可以看作有秩序和组织的外部空间，庭院空间才具有特殊的重要性，呈现出多姿多彩的面貌。 中国建筑的庭院空间，既是组群内部的公共空间，也是组群内部的室外空间，在尺度上既可以缩小到极狭窄的不到 1 m² 的小天井，也可以放大到极宽阔的超过 30000 m² 的巨大庭院。庭院的这种可大可小的内部空间，使它成为十分可贵的、具有多种用途的场所。在实际生活中，尽管空间原型相似，但功能的不同使景观面貌迥异。比如，宫殿的庭院显得格外宽大，以体现君临天下的威严，并且适合进行各种礼仪活动；庙宇的庭院同周围的殿堂一样，作为礼佛的场所，当然要端庄肃穆，宁静清新。再如民居四合院，几乎就是半敞开的"露天起居室"，成了家务劳作、晾晒衣物、养殖家禽、副业生产、儿童嬉戏、休憩纳凉和庆典聚会的场所。庭院灵活的适应力，是它在各种类型建筑中得以普遍发展的重要原因。

5. 实用性

庭院空间是一个外边封闭而中心开敞的较为私密的空间，这个空间有着强烈的场所感，所以人们乐于去庭院聚集和交往。我国传统的庭院空间承载着人们吃饭、洗衣、聊天、下棋、晒太阳等日常性和休闲性活动，而现代建筑的庭院空间所承载人们活动的范围更广，特别是使紧张工作的人们在完成自身必需活动的同时，通过视、听、嗅等感官从庭院空间中获得被动式体验。如浇花剪草时享受阳光的照射、清新的空气、花草的芳香等；娱乐时感受休憩设施的舒适和放松，观赏花草树木的自然美，倾听流水的声音等。

第二节 建筑庭院植物设计基本原则

一、庭院植物设计原则

庭院设计旨在实现对个体无限自由的表达和对理想生活的实践。通过私密和开放、过去和未来、回忆和希望的多维层次表达出居住环境的美妙，表现出更和谐、更理想的生活。植物作为庭院空间中重要的景观元素，是塑造空间、营造氛围的重要设计部件。因此，庭院植物景观设计必须满足空间营造要求及人的使用功能需要，并融合建筑与环境，创造舒适的居住空间。庭院植物设计在景观设计中应遵循以下原则。

1.协调性

植物景观的设计应与建筑风格统一协调。目前我国庭院景观中植物设计从形式上大致分为规则式和自然式，从风格上有中国传统式和现代式，主要都以建筑形式及空间需求为参考。

（1）规则式：如图3-8所示，规则式植物景观设计通常适用于法式建筑，整体风格精致典雅。乔木往往以阵列或对称形式种植，较多地运用修剪绿篱、柱形灌木，并常常会结合修剪灌木与花灌木形成精致的模纹花坛，同时在空间节点处点缀精美古典的石材花钵，较少使用色彩艳丽的植物，整体色调肃穆淡雅。

（2）自然式：如图3-9所示，自然式植物景观设计中乔灌木自由地搭配种植，高低起伏、错落有致、层次鲜明而丰富；植物的花期、叶色、树形、叶形等均衡搭配，不落痕迹地展现自然的面貌。英式建筑风格的庭院一般采用自然式与规则式植物设计的结合。

（3）中国传统式：中国传统式植物景观设计基本对应中式建筑及院落，在自然式搭配的基础上更多地配合建筑形成的空间布局，如借景、对景、框景等，同时结合假山、置石等元素布置特色植物，作为主景或者小景，展现

图3-8 规则式庭院

图3-9 自然式庭院

图 3-10 中国传统式庭院

内涵更为丰富的意境，如图 3-10 所示。庭院绿化设计尤为注重与建筑、水体、山石等的协同关系和植物发挥的生态及美学作用，例如空旷的庭院通过种植庭荫树来遮光，采用爬山虎进行墙壁绿化来降温，迎风向种植防风树以挡风；紧靠街道的庭院四周种植防护树，以降噪、吸尘。

2）因地制宜

"一方水土养一方植物"，植物是适应环境的。庭院植物的因地制宜性首先体现在与环境空间的关系上，如尺度、比例、光线、通风等条件，其次设计中应选择以当地植物为主，不仅能够体现当地的特色，便于苗木的选购，也有利于降低一部分成本投入和便于后期的养护。同时，由于植物的生长习性各不相同，应根据其对光、肥、水、土的需求将其布置在适当的场所，如喜阳的银杏宜种在建筑的南侧，喜湿的水杉宜种在水边，惧积水的广玉兰宜栽于较高处。

3）功能性

符合庭院空间的设计，营造不同的庭院空间，需要不同植物设计来配合。如相对开放的活动空间可能需要大片的草坪以满足视野的开阔，室外餐饮及聚会场所需要乔木树冠的遮蔽与灌木围合的安定，种植园艺场所则需要较为规整和细致的花灌木及草花搭配，等等。除此之外，庭院植物的功用也要发挥在对建筑物的视觉效果处理上，如建筑立面的软化与强化常常是人们视线的聚集之处，而建筑立面完成后常常会给人生硬的感觉，与周边环境难以融合，这时就需要利用植物的不同高度、色彩及肌理强化建筑出入口，弱化生硬的建筑转角及部分立面。

4）私密性

庭院植物的设计要满足庭院的围合感，阻挡外界与庭院之间的视线穿透，满足住户隐私的需求。如利用高大的冬青绿篱形成庭院的围合界面，既保证了私密性，又软化了实体围墙的干硬观感。庭院绿化应做到远离喧嚣，闹中取静，邻虽近俗，木掩无哗。私人领域不仅提供相对的安全感，还表明了占有者的身份与其对所占领域的象征。因此，庭院绿化设计应该尊重人的个人空间，使人获得稳定感和安全感。为了减少内部相互干扰，庭院设计中通常会以庭院内人们不同的活动场所来划定动静分区。不同的分区之间存在着围合或连接的变化，植物可以创造出更为有效和有趣的隔断与联系。如利用蜿蜒的花境或小乔木相接树冠形成的门洞，暗示通往更为私密安静的处所；利用乔木树冠的遮蔽及灌木的围合，可以适当隔离同一场所中的其他活动，而创造出相对安定舒适的休闲空间。

5）丰富性、趣味性

在较小的庭院空间中需要通过植物的巧妙布置来丰富视觉景观的层次与变化，并能结合人的活动及功能空间展现生活趣味。季相变化中，春季观花赏新叶，夏季百花生机勃勃，秋季赏花观叶色，冬季赏雪观树形，如图 3-11 所示。在庭院中，由植物展现的季节变换与时光流逝，是自然的生命体现。

花境营造作为一种重要的氛围强化手段，能够大幅度地提升庭院的特征与个性，如图 3-12 所示。在大尺度空

春季　　　　　　　　夏季　　　　　　　　秋季　　　　　　　　冬季

图 3-11　庭院植物的季相变化

间中可考虑采用大体量的单色花境烘托氛围，而在小体量空间中可通过花种的细节变化反映细腻的时节变换，也能够展示主人的气质并提供供其进行园艺创作的平台。

　　花树果树庭院中宜多设计果树，如柑橘类、桃、李、杏、梅等树种，可以结合花园内的蔬果园、烧烤台来布置。开花、香花植物也多能契合居住的闲适氛围与赏玩需要，宜点缀栽植，如海棠类、桂花、丁香、玉兰等。图 3-13 所示为常见的果树和玉兰。

图 3-12　庭院花境　　　　　　　　　　　　　　　　　　　图 3-13　果树、玉兰

6）美观性

　　庭院绿化设计必须满足人的审美需求以及人们对美好事物热爱的心理需求。"俗则屏之，嘉则收之"，具体来说，要注意以下四点。

　　（1）整体统一。首先，庭院应与周边环境协调一致，能利用的部分尽量借景，不协调的部分想方设法采用视觉遮蔽；其次，庭院应与建筑浑然一体，与室内装饰风格互为延伸；最后，庭院内各组成部分有机相连，过渡自然。

　　（2）视觉平衡。庭院的各构成要素的位置、形状、比例和质感在视觉上要取得"平衡"，类似于绘画和摄影的构图要求，只是庭院是三维立体的，而且是多视角观赏的。在庭院设计中还要充分利用人的视觉假象，如在近处的树比远处的体量稍大一些，会使庭院看起来比实际的大。

　　（3）动感。形成多观赏点的庭院引导视线往返穿梭，从而形成动感。动感取决于庭院的形状和垂直要素如绿篱、墙壁和植被。如正方形和圆形区域是静态的，给人以宁静感，适合作休息区；两边高隔的狭长区域让人急步前趋，有神秘性和强烈的动感。不同区间的平衡组合，能调节出各种节奏的动感，使庭院独具魅力。

　　（4）色彩配置。首先，要注意冷暖色彩的位置，暖而亮的色彩有拉近距离的作用，冷而暗的色彩有收缩距离的作用。庭院设计中一般把暖而亮的元素设计在近处，冷而暗的元素布置在远处。其次，要注意色彩的季节变化，应使四季有景可观。

二、私家庭院设计要素

1.植物

植物是园林景观营造的主要素材，所以私家庭院能否达到实用、经济、美观的效果，在很大程度上取决于设计者对园林植物的选择和配置。由于庭院面积有限，因此栽植的植物要相对少而精，每株都要精挑细选，配置的关键是适地适树。应以1~2种植物作为主景植物，再选种2~3种植物作为搭配。庭院色彩也是影响庭院风格的因素之一，对色彩规划的一个技巧是根据建筑色彩与周围环境确定庭院的主色调。观叶、观花、观果等植物的使用，将赋予庭院景观丰富的色相、季相变化。

2.水景

水景是许多庭院里不可或缺的要素，它可以与庭院中的一切元素组合。主要有池塘、溪流、瀑布、跌水、涌泉、泳池等形式。由于水景工程建设难度相对复杂，后期日常维护管理费用相对较高，因此需要设计师提醒业主综合考虑，慎重选择。

3.构筑物

花架、小亭、桥、围墙、栏杆、大门、花池等，是庭院中体量较大的景观元素，是庭院中最吸引眼球，也最能体现其风格的要素。特别要注意选用的构筑物与建筑、周边环境、其他构筑物之间的位置、比例是否协调呼应，是否符合业主人体生理尺度。

4.面饰材料

面饰材料包括路面和各种墙面的面层使用，常用的材料有各种规格的透水砖、石板、卵石、页岩砖、花岗岩、彩色水泥艺术地坪、仿古砖、木材等，有天然和人工之分。它们通过色彩、质感和引人入胜的图案，强调庭院风格和个性。设计时应尽量不要超过3种，要与整个庭院、建筑及周围环境的风格相统一。

5.灯光

灯光能够延长人们在户外停留的时间，是调节气氛、美化环境必不可少的手段之一。灯饰的造型本身就是庭院美妙的装饰品，主要有地灯、庭院灯、壁灯、草坪灯、射灯、水下灯等形式。选择灯饰的过程中，在考虑艺术性的同时更要关注节能、环保及安全问题。

三、幼儿园庭院空间绿化原则

幼儿园作为特殊人群（幼儿）活动的建筑庭院，不同于一般建筑庭院，庭院内的各个功能区应采用不同特色的植物，以增强各区的辨别度，同时满足幼儿对景观的功能需求、安全要求。植物景观的营造要遵循因时、因地、因景等原则，充分挖掘植物的内涵，应用乔木、灌木、地被、草本植物来创造景观，发挥植物本身所具有的形态、色彩等特征，根据植物群落的发展规律来进行种植设计，形成景色优美、结构稳定、物种多样性丰富、生态和谐的植物景观效果。

1.入口空间

幼儿园的入口区包括以幼儿园主入口为划分界限的内外区域，由幼儿园园前空间和入口空间两个部分构成，是体现幼儿园精神风貌的对外展示空间，也是幼儿园与社会商业服务的交界处，有着十分重要的意义。幼儿园园前空间的处理需考虑入口周边的整体环境景观情况，应与之相协调，要顾及幼儿园园内与园外的双重要求，既能与园外景观环境相协调一致，又能体现幼儿园的文化内涵和特色。例如，幼儿园入口常用的植物景观（见图3-14），主要是以修剪整齐的低矮灌木组成模纹图案，以大面积的色块或造型来吸引视线，成为其特色。

园前空间的景观植物的选择应以低矮的灌木、地被植物、草本时花以及富有艺术感的造型树桩等为主，要有较强的艺术效果。至于乔木，要选择具有优美的树姿且分支点较高的常绿的树种，不能具有易产生病虫害及其他会影响景观效果的因素。常见的植物有红花檵木、金叶女贞、桂花、山茶、铺地锦等。

在幼儿园的大门口进行植物景观设计可以考虑选择花灌木球或是常绿小乔木，采用对植的手法进行植物配置（见图3-15），在前坪或两旁进行规则式的布置，采取孤植树结合休息设施的形式，营造景观效果的同时，给接送幼儿的家长们提供方便。

2.边界空间

边界就是指两个区域间的交界处，或称界线，是空间与外界进行分隔而独立存在的维护形式，既有分隔作用又有联系作用，分隔的强度有"封闭""半封闭""半通透""通透"四种，是根据需要而定的。

为了保证幼儿园的安全性以及私密性，幼儿园与周边环境之间的边界一般是实体围墙或是通透围墙。当对场地条件有要求及周围环境太过嘈杂时，应当考虑设置实体围墙，使幼儿园与外界相隔离。幼儿园如采用的是通透式围墙，则可利用"乔木＋灌木＋地被草本"的形式来围合空间（见图3-16）；如采用实体围墙，则可利用攀援植物和大乔木以及一些低矮灌木来进行布置。实体围墙上可布置攀援植物，也可以采用"乔木＋灌木"或是修剪整齐的低矮灌木的形式，来弱化围墙材质的单调感。通透式的围墙是现在大多数幼儿园的首选，因为它不仅可以利用幼儿园外的景观来进行造景，还可以避免使孩子们产生与外界强制分隔的感觉。除了以"乔木＋灌木＋地被草本"的形式来进行植物配置，还可以设置不同高度的台阶式绿地，使围墙的高度得到缓冲；另外，可以在围墙上布置花

图3-14　上海华东师范大学附属双语幼儿园入口的绿化形式

图 3-15　幼儿园入口植物配置示例

图 3-16　通透式围墙植物搭配

架，既可以增加垂直绿化，又能在视觉上降低围墙的高度。总之，边界空间的景观植物的选择应以攀援植物、浓密的常绿乔木、低矮的灌木为主，以起到弱化围墙并营造私密空间的作用。图 3-17 所示为上海某幼儿园设计效果图，可以看出边界空间绿化对幼儿园庭院起到围合作用。

幼儿园内各个空间之间的边界起到区分的功能，以保证每个空间里的活动都能顺利进行，是避免空间之间相互干扰，维持空间良好秩序的有效途径。其目的是通过对空间不同程度的围合来吸引幼儿，促进其积极参加户外活动，增进其与他人的交往。

植物具有独立构成空间或与其他设计要素共同构成空间的功能，可通过自身的不同种类、不同形态和不同的种植方式来分隔空间。其次还可以通过布置树池、花坛等来分隔空间，也可以通过地形结合植物来使地形景观变得更丰富，同时加强层次的变化；还有一种是通过垂直高差的变化来分隔空间，大多是结合台阶或是挡土墙来处理。乔木、灌木和地被相搭配种植可以用来围合私密的空间，半私密的空间可以利用乔木、灌木或是绿篱等来作为限制界定因素，具有一定的通透性。

图 3-17　上海某幼儿园设计效果图

3. 游戏活动空间

幼儿园的游戏活动空间一般包括公共活动场地和器械活动场地。幼儿园植物景观不能只站在追求园林景观美的角度来设计，应该根据场地的功能和幼儿的需要来考虑。在公共活动场地中，我们可以规划一定的面积来种植草坪，搭配种植一些草本植物，并设置一定的地形坡度，这样的处理不仅有利于场地排水，也会使孩子们感觉更加贴近自然，在其中自由轻松地玩耍，与大自然亲密接触（见图3-18）。公共活动场地的四周应适当配置乔木和灌木，起到点缀和围合空间的作用。所选用的草坪，必须是抗逆性强、耐踩踏的种类，如马尼拉草、结缕草等。

图3-18　日本立山某幼儿园草坪活动空间

对于器械活动场地，应当在其中适当穿插栽种落叶乔木，如槐树、栾树、玉兰、银杏、木棉、枫香等。夏季天气炎热，浓密的树荫可以起到遮挡太阳以及防晒的作用（见图3-19），而到了冬天，树叶全部脱落，又不会遮挡住冬季的阳光。

4. 建筑或场地的边角空间

在幼儿园建筑或是场地的边角地带，可以充分利用一些花卉和小型的灌木，或是设置一些绿化小品，如花坛、花钵等，在里面种植观赏草或花卉，起到弱化边角的作用（见图3-20）。这样在减少不安全因素的同时，还可以充分利用边角空间，美化幼儿园的环境。

5. 交通空间

幼儿园内道路两旁可增加一些花带、花境等来起到装饰的作用，运用一些富有野趣的花花草草来引起孩子们对大自然的关注和热爱，如紫花地丁、波斯菊等，同时满足对儿童活动路线的引导和限定要求。

图3-19　上海某幼儿园活动场地遮阴乔木

图3-20　日本立山某幼儿园建筑边角种植

6. 自然种植区

很多儿童的成长环境与大自然长期疏离脱节，使儿童对大自然缺乏亲近感，有些儿童面对自然界的一些事物甚至感到恐惧。美国的一份研究报告曾指出，喜欢在富有挑战性、绿色的户外空间活动的孩子要比在封闭的空间中的主动开发出更多创新形式的游戏。在幼儿园中设置自然化的种植区域和场景，可以促使儿童与大自然多接触，培养其对大自然的热爱及环保的意识。自然种植区可以给幼儿提供松散宽阔的游戏活动场地及各种自然界的植物，引发更多的创造性的游戏，也有利于培养幼儿的创造力和想象力。

在美国、英国等一些西方国家的调查中发现，自然的情趣能够提高儿童参与活动的积极性及创造性。具有乡野气息的狗尾巴草、蒲公英等这些无毒无刺、生命力极强的野生植物，可以让儿童自由愉快地进行自己喜欢的游戏活动。故在进行自然种植区的景观设计时，应当充分利用乡土的花草，不加修剪，种植易于攀爬且抗逆性又强的树木，以及可以让儿童在其中做游戏的灌木丛等（见图 3-21）。另外，富有野趣的花草有很多种，如红花酢浆草、紫花地丁、地被石竹、月见草、波斯菊、葱兰、萱草等，均可用于自然种植区。

7. 种植园

在幼儿园中应当尽量为儿童设置一块种植园地，让他们可以亲手种植，参与劳动，体验收获的快乐，并从中感受大自然强大的生命力和力量，获得心灵上的领悟。这个过程不仅能够让儿童对植物的相关知识有一定的了解和认识，还能培养他们学会与人分享、合作等良好品质。

种植园内种植的植物应该以生命力强、易成活、耐粗放管理的花卉或是常见的蔬菜瓜果为主。它们不仅能为儿童的栽种提供方便，还可以在收获时给儿童带来极大的成就感，同时又具有观赏价值，如油菜花、长寿花、孔雀草、白菜、萝卜、丝瓜等。但应注意不要栽种有毒有刺等不利于儿童健康的植物。

总之，植物景观在幼儿园中不仅可以调节气候和美化环境，同时还具有科普教育、分隔空间、作为游戏材料等作用。然后从植物景观配置最优、位置的选择及植物的选择方面阐述了幼儿园植物景观设计的原则。最后，按照幼儿园不同类型的空间进行划分，分别阐述了各个空间的植物景观设计要点。

图 3-21 德国幼儿园的自然草地

第三节　常见庭院空间植物搭配模式

一、私家庭院的植物配置模式

　　树木是大多数小庭院设计中最重要的垂直要素，不管是群植还是孤植，它们将自然的气息带到小庭院中，有助于小庭院魅力的表达。想要达到我们所要的效果，就必须根据植物的大小、种类、外形、颜色，以及组成方式等来进行选择。同时还要考虑到植物的生态习性。在庭院中应用到的植物主要分为三大类，即乔木、灌木以及草本植物。

　　1.乔木

　　1）乔木的大小和位置

　　乔木的大小，是其重要观赏特性之一，具有组织空间，构成景观主体，提供阴凉的作用。大小不同、位置不同的乔木，在庭院空间中起着不同的作用（见图3-22）。通常庭院中选择小乔木最为适宜，因为在小空间中使用大、中乔木，会显得空间过分拥挤。另外，乔木的布局影响着整体的统一性和多样性，每一种植物都具有自己特殊的性质以及独特的应用方法。

乔木栽植在庭院中央

乔木栽植在庭院边界

乔木栽植在庭院入口处

图3-22　乔木位置与庭院空间

　　2）乔木的色彩

　　植物的颜色也是其重要的观赏特征之一，它影响着整体空间的氛围和情感色彩。在庭院景观中，植物色彩的变化，容易被人注意到。它的变化可以从树的多个特性中表现出来，例如，树叶、果实、花朵等。要注意植物之间色彩的搭配，要与其他观赏特性统一；并且中间以绿色为主，其他色调为辅。另外，对于特殊色彩，例如紫色、青铜色等的使用要小心谨慎。

　　3）乔木的功能选择

　　在小庭院的景观设计中，优先考虑的是乔木的功能，例如，主要用来作防风屏障而栽种的树木，有着茂密和柔软的枝条以及细小的叶子会更好，它们不仅能有效阻挡风，而且还能长出许多小树，这样树木才不会那么快被破坏。功能与形式的结合通常有山丘一景、树凳结合、列植树、圆形树等几种。当乔木以规则式排列时，给人整齐对称、庄严肃穆之感。通常采用的配置手法有对称配置、列置、交替配置和分层配置。当乔木以自然式配置时给人活泼的感觉，更自然。通常用到的手法有孤植、丛植或者群植等。乔木还可混合式配置，即将规则式和自然式配置相结合，但在利用混合式配置方法时要注意考虑其周线、主视角、地形等因素。图3-23分别给出乔木在庭院中的规则式排列、自然式排列和混合式种植的例子。

　　乔木在庭院中的规则式排列　　　　　　乔木在庭院中的自然式排列

乔木在庭院中混合式种植(泰康商学院中心庭院)

图3-23　乔木在庭院中的不同配置

2.灌木

灌木的种类有很多，不管是群植或者单独使用，对于一个小庭院的布局来说都是十分重要的。将其成群或者成团栽种，可以加强或者夸大其外形和结构感；而光线和树荫也扮演了重要的角色。如果过分强调灌木的外形和颜色上的对比，将会呈现出一种纷乱、缺乏和谐的效果。在选择灌木时，不仅要考虑灌木花朵的颜色，还要考虑其他特性来增加它们的观赏趣味。灌木可以用来做绿篱以划分区域，也可以种在大乔木下，以增加层次感，还可以用来固坡，防止水土的流失，也可以柔化建筑线条。灌木与其他植物的恰当配置能够增加艺术效果，如图3-24所示。

图3-24　灌木在庭院中的作用

3.草本植物

作为最具有装饰性的草本植物，其对小庭院的布局和生态的贡献比不上乔木和灌木。它们只在生长季节或者花期起作用，但是它们的装饰效果是十分重要的。草本植物在小庭院中的应用通常需注意以下几点。

（1）在设计一年生或者多年生草本植物花境时，首先要考虑它经常都是在哪个方向被看到，如主要服务于远景还是近景，如果是前一种情况，可以选择少量种类的花种成大色块组成花境，不然会给人杂乱的感觉。

（2）要注意花坛与环境的关系，特别是与建筑物、道路以及周围植物之间的关系，花坛的色彩、主题思想、表现形式等因素要与环境相协调。要注意花坛中种植的各种色彩花的数量、比例、对比色、明暗的应用、中间色的利用、冷暖色的利用，与环境色彩之间的关系等。花坛的纹样设计不可过于烦琐。

二、常见庭院植物的选择

1.庭院陆生植物

1）地栽植物

喜光且对生长环境要求较高的木本园艺植物种类有白玉兰、银杏、桂花、紫玉兰、含笑、二乔玉兰、木瓜、贴梗海棠、垂丝海棠、西府海棠、琼花、雪球、柿子、木芙蓉、马褂木、梅花、月季、无花果、山茶、紫薇、牡丹、石榴、紫藤、樱花、葡萄、碧桃、天竹、红枫、紫荆、木槿、加拿利海枣等；适于地栽的草本植物种类较多，向阳喜光的有石竹、金鱼草、羽衣甘蓝、三色堇、一串红、鸡冠花、千日红、万寿菊、蜀葵、凤仙花、羽扇豆、雏菊、金盏菊、虞美人、葱兰、大丽花等。

耐阴湿的木本园艺植物种类有棕榈、石楠、桃叶珊瑚、日本珊瑚树、女贞、阔叶十大功劳、广玉兰、香樟、龙柏、杜英、罗汉松、八角金盘、蜀桧、雪松、蜡梅、芭蕉、聚生竹等；比较耐阴的草本植物种类则有沿阶草、花南星、吉祥草、玉簪、紫萼、白蒜、万年青、紫背万年青、一叶兰、鸢尾、菖蒲、虎耳草等。

2）盆栽植物

条件较好的庭院，可选栽一些管理要求比较精细的盆栽园艺植物，如梅花、米兰、山茶、一品红、蜡梅、比利时杜鹃、南洋杉、巴西铁、发财树、国王椰子、白兰、珠兰、茉莉、硃砂根、凤梨、金钱树（龙凤木）、非洲茉莉、兰屿肉桂（俗称平安树）、马蹄莲、报春花、大花蕙兰、红掌、建兰、蝴蝶兰、报岁兰、仙客来、文心兰、万代兰、丽格海棠、球根海棠、鹤望兰、扶桑、君子兰、绿萝、网纹草、变叶木、小天使、合果芋、佛手、玳玳、柠檬、郁金香、风信子、荷包花、鱼尾葵、散尾葵、酒瓶椰子等。

条件相对较差的庭院，则可种养一些管理要求比较粗放的盆栽园艺植物，如南天竹、铁树、棕竹、菊花、春兰、蕙兰、朱顶红、迎春花、金钟、金雀花、六月雪、四季桂、仙人掌、文竹、橡皮树、昙花、令箭荷花、龟背竹、春羽、冷水花、红背桂、叶子花、茶花、茶梅、毛鹃、榕树等。

2.庭院水生植物

庭院水生植物以荷花最为常见。荷花为睡莲科莲属植物，常见的主要有两大类：一是美国莲，一是中国莲。中国莲植株高大，花艳体美，在长期栽培驯化中又形成了子莲、藕莲、花莲三大系统品种群，品种已达200余个，可供选择余地很大。

除了荷花外，睡莲科睡莲属的睡莲也是庭院水生植物中一个重要的种类，与荷花这一挺水植物不同的是，睡莲翠绿清秀的叶片和端庄美丽的花朵轻盈地横卧于水面，属浮水植物。

为使庭院水景更为丰富多彩，水池边缘还可选用一些适宜于浅滩、沼泽地生长的植物，其中，典型的有千屈菜、花菖蒲、黄菖蒲、香蒲、菖蒲、水葱、慈姑等。

三、庭院植物配置

1.配置原则

与园林植物配置一样，庭院植物的配置也是一项复杂而精细的工作，只有遵循一定的原则，才能产生既合乎科学规律，又具有艺术欣赏价值的绿化景观。

（1）庭院植物配置应与周围环境相适应，且起到改善环境的作用。一般来讲，如果庭院面积较小，则庭院里配置的植物种类不要太多，应以一二种植物作为主景植物，再选种一二种植物作为搭配。建筑物或高大树木荫蔽处应配置一些耐阴植物，如万年青、蛇莓、二月兰、黄杨、珍珠梅、枸杞等，如果考虑冬季低温情况，可配置一些既耐阴又耐寒的植物（如玉簪等）。建筑物的窗前不宜配置高大常绿树，而应栽植一些低矮植物，以不影响室内采光为宜。另外，植物的配置要与整体庭院风格相配，植物的层次要清楚，形式要简洁而美观。而且，合理的庭院植物配置能够杀菌消毒、净化空气，调节和改善居住区的小气候，使居住区夏季阴凉清新、冬季温和爽适。例如：夏季在墙基外种植爬山虎、络石等藤蔓植物，既可以减少夏季烈日带来的酷热，还可以改善视觉环境。

（2）庭院植物配置尽量做到乔木、灌木、草花或地被植物相结合。例如：对面积较大的庭院，乔木可选择树干高大、树冠开展、叶形美丽、花艳清香的树种，如梧桐、泡桐、国槐、栾树、楸树；并配植一些花灌木，如紫荆、丁香、紫薇、木槿等，使庭院植物高低层次分明，形成绿荫花香的屏障。一些适合庭院应用的植物群落具体模式可参见表3-1。

表3-1　适合庭院应用的植物群落具体模式

序号	植物群落模式
1	毛白杨 / 元宝枫 + 碧桃 + 山楂 / 榆叶梅 + 金银花 + 紫枝忍冬 + 玉簪 + 大花萱草
2	银杏 + 合欢 / 金银木 + 小叶女贞 + 月季 / 早熟禾
3	国槐 + 裂叶丁香 + 天目琼花 / 崂峪苔草
4	毛白杨 + 珍珠梅 + 金银木 / 崂峪苔草
5	臭椿 + 元宝枫 / 榆叶梅 + 太平花 + 边翘 + 白丁香 / 美国地锦 + 崂峪苔草
6	毛白杨 + 天目琼花 + 金银木 / 紫花地丁 + 阔叶土麦冬
7	馒头柳 + 西府海棠 / 紫丁香 + 紫珠 + 连翘 / 崂峪苔草 + 早熟禾
8	国槐 + 花石榴 + 金叶女贞 + 太平花 / 崂峪苔草
9	大叶白蜡 + 馒头柳 + 麻叶锈线菊 + 连翘 + 丁香 / 宽叶麦冬
10	悬铃木 + 银杏 + 胶东卫矛 + 棣棠 + 金银木 / 扶芳藤 + 崂峪苔草
11	垂柳 + 栾树 + 棣棠 + 紫薇 + 崂峪苔草
12	垂柳 + 西府海棠 / 蜡梅 + 丁香 + 平枝枸子 / 崂峪苔草
13	国槐 / 红花锦带 + 珍珠梅 / 扶芳藤 + 紫花地丁
14	太平花 + 金银木 / 紫花地丁 + 二月兰
15	栾树 / 天目琼花 / 铁线莲

（3）庭院植物配置应以乡土植物为主，外来植物为辅。乡土植物经过长期的自然选择，非常适应当地环境条件，而且管理粗放、栽植成活率高。北方庭院可选择的乡土树种有山杏、垂柳、石榴、国槐等。在此基础上，可适当搭配一些外来植物如法桐等。南方一些小气候好的地方，可适当引种一些新品种，如广玉兰、美国红枫、异叶南洋杉、五角枫、红叶石楠等。

（4）庭院植物配置时还应强调其观赏性。植物配置不仅要有空间层次的变化，而且要求植物季相变化也很丰富（见表 3-2）。做到"四季有景可观"：春天的迎春花、海棠、连翘、樱花、丁香可观花，夏季的紫薇、石榴、木槿等亦可观花，秋季的柿、山楂、柑橘可观果，冬季的红叶小檗、红瑞木可观枝。

表 3-2　庭院不同季节花卉的选择

开花季节	植株体型	花 卉 种 类
春季	稍大	碧桃、紫荆、樱花等
	中等	高雪轮、桂竹香、天竺葵等
	矮小	雏菊、三色堇、瓜叶菊、金橘、迎春花等
夏季	稍大	木槿、栀子等
	中等	美人蕉、矢车菊、金鱼草、郁金香、万寿菊等
	矮小	唐菖蒲、凤仙花、鸡冠花、半支莲等
秋季	稍大	桂花、夹竹桃、扶桑等
	中等	月季、大丽花、一串红、百日草、翠菊等
	矮小	千日红、葱兰、菊花、五色苋等
冬季	中等	素心蜡梅、红梅、绿梅等

2.配置的方式

庭院植物配置方式多种多样，应结合庭院内的空间变化、道路走向、建筑门窗来选择。庭院常见配置方式有孤植、对植、丛植、花境、花丛等，多用乔木、灌木、花草、地被进行多层次配置。

1）孤植

作为庭院空间的主景树、遮阴树、目标树，孤植树应选树形婆娑多姿、小巧玲珑、开花茂盛或叶色亮丽或暗香浮动的树种，如梧桐、银杏等。这类树总是赏其单棵树的形态，如赏梧桐之魁然，观银杏之高耸，以显示树木个体美。但孤植树不是孤立存在的，应与周围景观环境相协调，形成一个统一的整体。图 3-25 所示为伞状和卵状的庭院孤植树。

庭院孤植(伞状)　　　　　　　庭院孤植(卵状)

图 3-25　孤植

2）对植

对植多用在庭院门前左右、台阶两旁。如果是对称式对植，作为对植的树种，只要外形整齐、美观，均可采用。如果采用非对称式，可以稍自由些，即关于主体景物中轴支点取得左右均衡即可，例如在左侧种植 1 株较大的花木，右侧种植 2~3 株树姿不同、体积较小的同种花木，或两边种植相似而不同的花木或树丛。但两边树姿的动势要向轴线集中，使左右均衡、富于变化，又相互呼应，这样形成的景观比较生动活泼。图 3-26 所示为对称式对植和非对称式对植实例。

对称式对植   非对称式对植

图 3-26 对植

3）丛植

丛植主要表现植物的群体类，必须选择在庇荫、姿态、色彩、香味等方面有特殊价值的花木，且个体之间在形态色彩上要协调一致，如冬青、女贞、木樨、柑橘以及竹类等。这些树往往种得浓密，起渲染环境的作用，或作为某个主题景物（如水池、假山等）的陪衬物。 图 3-27 所示分别为作为水池陪衬物和山石陪衬物的丛植运用。

丛植在景观中的运用(水池陪衬物)   丛植在景观中的运用(山石陪衬物)

图 3-27 丛植

4）花丛

每丛花卉由三株到十几株花按自然式分布组合，多采用不同种类混植，形态色彩自然，多选管理粗放的多年生宿根花卉，也可采用能自播自繁的 1~2 年生草花，对它们进行合理配植，使庭院四时有花。图 3-28 所示分别为不同种类混植和合理配植的花丛。

不同种类混植   合理配植

图 3-28 花丛

5）花境

花境多采用自然式带状混植，以表现花卉群落的自然景观美。花境中观赏植物要求造型优美，花色鲜艳，花期较长，管理简单，平时不必经常更换植物，就能长期保持其群体自然景观。多选能越冬的观叶、观花灌木和多年生草本花卉。在配置上既要注意个体植株的自然美，还要考虑整体美，例如不同植物的植株高矮、花期早迟、根系深浅均要相互协调。花境多设在庭院台阶两旁、墙边、路旁等处。在花境的背后，常用粉墙或修剪整齐的深绿色的灌木作为背景来衬托，使二者对比鲜明，如在红墙前的花境，可选用枝叶优美、花色浅淡的植株来配置；在灰色墙前的花境，则以大红、橙黄花色相配为适宜。图3-29所示分别为暖色调和冷色调的花境。

暖色调

冷色调

图3-29 花境

3.庭院不同位置植物的配置

庭院每个局部的绿化都关系到庭院的全局效果，庭院不同位置的植物配置，一定要与周围环境相协调。"移竹当窗""蔷薇扶壁""榴花照门""紫藤盘角""雨打芭蕉"就是传统庭院花木配置的典范。因此，庭院中的每个局部的植物配置都需要认真对待。

1）院门

院门是进出之处，位置显露，门口的绿化最引人注目。院门区域的植物配置在保证出入方便的原则下，需注意内外景色的不同，而且要考虑主人的生活习惯和性格，例如可以通过植物配置障景表达含蓄，不让外面行人一目了然于庭院内景的用意。植物配置可与院门建筑材料相结合创造景观。例如：在门架两旁种植攀援植物，创造观花、观叶门景；也可以用盆栽的形式直接放在门柱之上或门的两侧；也可以在门柱基部设立花台，把花木栽在花台之中，但要注意浇水或直接选择耐旱的植物品种。南向的门前，可以均衡配置一些草本花卉及花灌木；北向的门前比较阴冷，通风差，绿化时应种植乔木，以利通风和夏季遮阴；边门、侧门可在门前场地上栽植落叶乔木或建立垂直绿化的屏障。

总之，院门的植物配置要简洁、朴素、自然。花与院门色彩对比要强烈，选择的花木的花期要长，花型要小，并有明显的季节感。图3-30所示分别为利用低矮灌木和攀援植物配置的院门。

院门的植物配置（低矮灌木）

院门的植物配置（攀援植物）

图3-30 院门处的植物配置

2）院墙

为了创造安静、卫生、美丽的生活空间，或者出于安全的需要而在外围设立各种式样的院墙，院墙附近配置的植物主要有乔灌木和藤本植物。

院墙附近配置乔灌木可形成树墙，具有分隔空间、防尘、隔音、防火、防风、防寒、遮挡视线等效果，而且管理方便，经久耐用，可创造生动活泼的景观效果（见图 3-31）。

根据庭院的功能性质的不同，可选用各种不同的树种。为了防风、防火、防尘等可用较高的或自然的不透式树墙；为了观赏庭院内部的景观，可用绿篱或者半透式的树墙；为了加强防卫等特殊功能的需要，可用香橼、枸骨、藤本月季、云实、木香等有刺的树木作绿墙。作为树墙的树种应具有生长健壮、容易管理、抗病虫害强的特点，如香橼、三角枫、女贞等；在遮阴处可选择石楠、珊瑚树等较耐阴的树种；在迎风口应选择深根性、抗风、抗寒能力强的柏树、山楂等树种；整形的树墙要选用耐修剪的树种，如扇骨木、珊瑚树、火棘、女贞、水蜡、山茶、石楠、木槿等。

墙旁也可配置一些藤本植物，使墙面披以绿色外衣，生气倍增，美丽的花木翻越墙头，也美化了园外环境。如果是粗糙的水泥拉毛墙面，可在墙下土地上种植带有吸盘的藤本植物，如爬山虎、五叶地锦、常春藤、扶桑、薜荔、凌霄、络石等，使之爬在墙上，不仅美化墙面，还可防止风雨侵蚀、日光曝晒。在光滑的墙面上，则可将竹、木条或者铁丝花架固定在墙面上，再引种葡萄等藤本植物使其攀援而上，这样不仅形成绿色花纹图案和绿色的墙罩，而且富有季相的变化。向阳的墙面可选用爬山虎、凌霄等；背阳的墙面可选用常春藤、薜荔、扶芳藤等。如果墙面高大可选用爬山虎、五叶地锦、青龙藤，如果墙面矮小可选用扶芳藤、薜荔、常春藤、络石、凌霄等。院墙若为栅栏，用一些草本爬蔓植物如茑萝、牵牛、香豌豆、小葫芦、菜豆、薯蓣等来攀附栅栏生长，为庭院美化增添几分自然情趣，能显出一派生机蓬勃的景象，并带有天然野趣。用藤本植物绿化时，将藤本植物种在墙基附近 15 cm 外、100 cm 内，每株相距 1.5 m 左右。土壤深度约 50 cm。种植时使梢头向墙面伸展，以便藤本植物的生长及平时管理。南方院墙内也可种植芭蕉，芭蕉以叶大幽雅而著名，尤其在夏天可孕风贮凉，在中秋时节，雨打芭蕉，其声清妍，如听古代弹奏之曲，幽静万分，别有风味。

3）通道、园路

从房门到大门门口的主干道叫通道，庭院内的散步小路称园路。通道、园路不仅有交通功能，还有散步赏景的作用（见图 3-32）。

图 3-31 整形的树墙

图 3-32 通道、园路植物配置

通道植物配置既要保证行走方便，又要使行人产生舒畅的感觉。北向的通道光线较差，其旁可种植阴性低矮的花木，使光线不良的通道具有明亮感；向南的通道光线明亮，要使院子显得生气勃勃，可在通道两旁或一边栽植各种阳性花木及带状的花境，并选用红、黄色花，给人以温暖、热情和欢迎之感。

园路植物配置后，不仅要有观赏性，还能引人散步。路面及两旁的绿化可用草坪、花境、树丛的形式布置，例如草坪上的飞石路面，可选择大小为 40 cm×50 cm×15 cm 的飞石块，一般以 60 cm 间距排列，每块飞石之间留有 10~20 cm 的缝隙，有小草自然生长。

4）窗前檐下

窗前檐下选用适当的植物可以使窗外景色充满画意。其植物的配置要考虑窗户的大小和形状，如为大落地窗，且庭院有纵深感，窗前配置的植物宜矮些，使院中的中心景物和稍远些的植物错落有致地展现出来。中式、日式庭院的窗前檐下多用细竹藤萝类，以掩映居室，并可在栽种的布局上形成立体感（见图 3-33）。

图 3-33　窗前檐下植物配置

5）内天井与内大堂

露天内天井虽然只有几平方米，空间狭小，但也可以种植造型美观的桩景树，充分利用空间。内大堂在室内，无直射阳光，可以结合仿真山石，配置一些室内阴生观叶植物，创造出充满情趣的景致。图 3-34 所示为内天井与内大堂植物配置实例。

6）庭院中部

如果庭院面积较小，庭院中部多选用多年生花卉分层配植，利用植株的高矮进行错落搭配，如海桐、野牡丹、姜花、兰草、还魂草、蕨类等。在夏秋季，选用粗放、易管理、多年生草花自然式混植搭配，株形高的在后矮的在前；在寒冷的秋冬季和早春，用暖色调的花木点缀搭配装点成温馨亲切的庭院。

内天井植物配置

内大堂植物配置

图 3-34　内天井与内大堂植物配置

如果庭院面积较大，可多选用木本花卉配植，用常绿树种和彩叶树种合理搭配，合理应用叶色、叶形、树姿进行配植，营造具有明快和谐氛围的庭院。

庭院树木配置须注意主次，主题树木的位置须显要，形态要突出；陪衬树木，一要个性少，二要对主题树起烘托作用，如冬青、女贞、洋槐之类。庭院树木配置也须注意种植位置。庭中宜植槐、榆之类，数年后亭亭如盖，夏荫于庭，能生凉意；冬则落叶，阳光满院。院中林木配置要从长远考虑，新建庭院小树定植时不能太密，避免长大后拥挤。

配置花灌木应注意自然树形及开花季节，如西府海棠，茎干直立，树形细瘦，早春满树粉花，如少女亭亭玉立；垂丝海棠树形如伞，春天开花时，一簇红花花丝下垂，"脉脉含情"。夏花树种如紫薇、木槿、珍珠梅等，花期较长，尤其是紫薇，花期可长达 100 天。锦带花的花期正值春花凋零、夏花不多之际，可以适当点缀，使庭院中繁花似锦。

很多西式庭院，院中地面多做成几何图案的地毯式大草坪。草坪是选用多年生宿根性、单一的草种均匀密植，形成成片生长的绿地。草坪可以防止灰尘扬起，增加空气湿度，调节温度，防止水土冲刷。草坪还可烘托假山、建筑和花木，形成优美宽敞的庭院景观。适于铺设草坪的草种很多，其种类、生长特性等见表 3-3。

表 3-3　庭院常见草坪草的种类和特性

种名	科别	特性	应用	分布
结缕草	禾本科	阴性，耐干旱，耐踩	观赏，运动，休息	全国各地
天鹅绒草	禾本科	阳性，无性繁殖，不耐寒，耐踩	观赏，运动	长江流域 华南地区
狗牙根	禾本科	阳性，耐踩，耐旱，耐瘠薄，耐盐碱	运动，休息	全国各地
假俭草	禾本科	阴性，耐潮湿	水池边，树下	长江以南
野牛草	禾本科	半阴性，耐旱，耐踩	运动，休息，树下	北方各地
羊狐茅	禾本科	耐干旱，可在沙土、瘠薄土壤种植	观赏	西北
红狐茅	禾本科	耐阴，耐寒，耐旱	观赏，运动，休息	西南各地 东北
剪股颖	禾本科	耐阴，耐潮湿，抗病虫，耐瘠薄	观赏，树下	山西
红顶草	禾本科	耐寒，喜湿润，不耐阴	水池边	华中、西南、长江流域

7）景观小品

（1）假山：假山石脚下可分散地、点缀式地配置一些草类（如麦冬），作为石与地面的交接。陈从周《说园》说："远山无脚，远树无根……山露脚不露顶，露顶不露脚。"假山石脚旁边也可点缀些花草，如铃兰、玉簪、蝴蝶花、虎耳草、彩叶草、紫叶酢浆草、银莲花等，颇有野趣。

（2）栅、廊：可配置葡萄、金银花、紫藤、猕猴桃等藤本植物，可作观赏棚架，形成立体的绿色空间，既能遮阴乘凉，也可作为观景赏景的空间，增添家居的休闲特色。

（3）水景：水生植物的配置不宜布满整个水面，或仅在水面四周，应占到水面的三分之一到二分之一，既可保证水面植物景观疏密相间，又不影响水体岸边其他景物倒景的观赏。水体中可设置各种低于水面的种植台、池、缸，根据其离水面深度不同，配置不同植物种类，如荷花（60~120 cm）、睡莲（30~60 cm）、玉蝉花（5~15 cm）。如用缸、盆种植，可在水中机动灵活地移动，创造一定的水面植物图案。水面也可配置满江红、浮萍、槐叶萍、凤眼莲等繁殖快、全株都漂浮在水面上的植物。这类水生植物配置不受水的深度影响，而且可根据景观需要，在水面上制作各种造型的浮圈，将其圈入浮圈中创造水面景观，点缀水面，改变水体形状大小，可使水体曲折有序。清澈见底的小水池中，可结合观赏红鱼的养殖，配置一些水草等沉水植物，其根着生于水池的泥土中，其茎叶可全部浸在水中生长。鱼戏草中，生动活泼，别有情趣。水边可以利用芦苇、荸荠、慈姑、鸢尾、水葱等沼生草本植物，创造低矮的植被景观。

8）附属建筑

（1）庭院温室：北方庭院温室冬季可以种植一些不耐寒园艺花卉和蔬菜。既可满足休闲观赏的需要，又可以足不出户享受新鲜蔬菜之乐。

（2）鸟舍、蜂房：除在鸟舍旁设置饮水槽外，其四周还可以配置一些花灌木，为鸟儿创造一个良好生活环境，吸引鸟儿入住；蜂房附近可以种植一些蜜源植物和芳香植物，来招引蝴蝶和蜜蜂，给庭院增添生气。

四、私家庭院植物搭配存在的问题

1. 滥用"乔木+灌木+草坪（地被）"模式

理论上讲，"乔木+灌木+草坪（地被）"的植物搭配模式是一种比较理想的且能收到较好生态效益的模式。可是，此模式由于过度的复制和滥用，造成私家庭院的绿化出现千园一面的现象。显然，传统观念对植物造景手法的影响是深刻的，新形势下的植物景观设计，要求对以往的观念有新的理解和认识，在充分吸收的基础上加以创新和突破，而非机械地照搬照抄和刻意模仿。

2. 植物配置未能表达主人个性

所谓私家庭院，就是具有一定个人化的空间环境。这个空间在一定程度上表达主人意向。园林植物配置设计应该尊重个人的个性，这种潜在的心理需求和心理反应可以通过植物设计来实现。设计师应该在与主人充分沟通的基础上，选择植物的种类和品种，通过植物来反映和表达主人的意愿和个性。切勿只注重山石、水体、建筑景观的构建，却忽视其他要素的根本特征——植物的生命特征，否则就谈不上通过植物的特征来实现意象化的效果。

3. 庭院绿化功能性不强

古代的私家庭院（含皇家庭院）最初就是经济实用的果园、中草药园甚至是菜圃。理想的私家庭院或别墅花园，应该可以看到硕果满园的风光，或者有气味芳香的草木花卉靓影。从这个意义上讲，每一种植物都应该具有游赏、娱乐，甚至是供私家庭院主人使用、玩赏的功能，这样主人会获得满足感和充实感。在现代社会里，植物景观仅仅局限于经济实用功能还是不够的，它还必须满足人们的审美需求以及对美好事物热爱的心理需求。比如，单株植物有它的形体美、色彩美、质地美、季相变化美；丛植、群植的植物可以通过形状、线条、色彩、质地等要素的组合来体现它们的美，等等。这种功能性的导向性设计，既可美化环境，为景观设计增色，又能让人在未意识到的审美感觉中调节情绪，陶冶情操。反观大众化的庭院绿化，这方面并没有很好地得到重视。

4. 设计、施工、管护严重脱节

"三分建、七分管"，是园林绿化景观质量的重要保障。理论上讲，设计是基础，建设是根本，管护是保障。但是目前，一些庭院绿化设计为了实现"瞬时效果"，不计成本地标新立异、不计（管护）后果对植物进行搭配；而施工过程中，施工方对设计方案中存在的问题不提出疑问和修改意见；管护方在发现问题后，由于缺乏相关的信息反馈机制，不能及时制止该类事件的再次发生，最终导致该类现象重复出现。这种现象显然是设计方、施工方和管护方三者脱节造成的。如果在设计和建设阶段植物材料搭配好、建设质量高，则后期管护方便、投入少；反之则后期管护困难、投入多。

五、私家庭院植物搭配需考虑的问题

进行庭院绿化设计时，应首先根据当地气候环境确定一二种植物为主景树，再选择二到三种为配景树，树种选择要与庭院整体风格和住宅建筑风格相协调。植物配置要季相分明、层次清晰、形式简洁，充分利用地形地貌搭配植物，如在地形高处种植高大主景树，下层配置开花灌木及地被或草坪。主庭绿化需重点考虑以下几个方面。

1. 表现时序景观

庭院是个小型的绿地系统，使用者希望体验到景观一年四季的变化，感受生命轮回更替，而不是一成不变的。春生夏长秋实冬藏，春季繁花似锦，夏季绿树成荫，秋季硕果累累，冬季枝干苍劲，这种盛衰荣枯的生命节律正是植物景观所具备的独特魅力，也为展示庭院景观的时序性提供了条件。要表现好植物景观的时序性，关键是掌握植物生长发育的规律和不同季节最具观赏性的特征，如香椿树、花叶杞柳早春新叶（芽）观赏性极佳；梅花、碧桃、樱花之类优良花木以花姿取胜；银杏、枫香树、红枫等秋色叶树种则以叶片的色彩美见长；石榴、苹果树及芸香科植物以其累累硕果深受人们喜爱；冬季落叶树枝干的苍劲、萧瑟也是一种独特的美。所以在进行主庭植物配置时，应有意识有目的地搭配各季节树种，使得每个季节至少有一两种植物处于最佳观赏期，四季花开不断，色彩斑斓变幻。如居住者会在领略了蜡梅的幽香之后开始期待桃花的浓妆妖艳、早樱的清新优雅，再是万物的争先吐绿，开枝散叶，直至秋叶浸染了色彩，入冬后树叶随风飘落，寂静地储存生命的光和热，等待来年的萌发。

2. 营造庭院观赏景点

植物作为极佳的景观元素，既可以通过孤植展现个体的独特树姿，又可以按照一定的构图方式，乔-灌-草（地被）组合成景，表现植物的群落美。乔木中的香樟、合欢，亚乔木中的大桂花、大玉兰树或是大规格的早樱均适合庭院孤植，构成庭院主景。碧桃、紫薇、海棠等灌木适宜采用组团种植方式来表现群体美，秋色叶的银杏、枫香为背景树，中层种植桂花、枇杷，前景为毛鹃、檵木等花灌木，下层为多年生开花地被，如此多层次的植物配置表现的群落结构，不但具有良好的观赏性，还能发挥生态功能。

3. 创造景观意境

私家庭院的植物景观配置不仅仅是为了构成景色供人观赏，还可以寄托主人志向气节、抒发情感情操。我国传统植物配置提倡师法自然而不拘泥于自然的"写意"，写意是景观设计师与业主交流后的情感拓展，这个时候植物材料不单单是景观实体元素，更是承载道德品质、精神情操的载体。古人把植物分成三类：一是品德赏颂型，如松柏、竹、樟、槐、女贞等；二是诗赋雅趣型，如梅、木兰、桃李、杜鹃、迎春花 、海棠、茶花、牡丹、紫薇、桂花、芍药、木芙蓉、蜡梅、菊花等；三是形实兼丽型，如琵琶、石榴、柑橘、香橼、枣等。庭院绿化设计通过植物进行意境创作，让人从植物的形状、香味和风姿中领略其神韵，从欣赏植物的形态美升华到欣赏植物的意境美，表现主人的节操、气质，达到天人合一的境界。

第四章

城市居住空间植物
景观设计

居住区是人居环境最直接的空间，是一个独立于城市喧嚣之外的，能让人放松自己、休息其中、与人交流的港湾，如图4-1所示的住宅建筑与植物景观（杭州西溪天地景观）。它要体现"以人为本，细微关怀人"的主旨，让人们居住其中有一种归属感、安全感、舒适感，真正成为展示居住生活的美好空间。人类现在所生存的社会环境是人们在利用自然、改造自然的过程中所创造出的人工环境，而这一环境基本上是一个"水泥森林"的都市，困于其中的人们总是期待能够冲出束缚，栖于自然的所在。而要让居住环境富有自然气息，让人们能够随时随地亲近自然，"把大自然搬回家"这一主题便应运而生了。当然，我们不可能把整座森林或者整条河流搬回家，人类与自然的亲近，只能是一种方式——"与自然和谐共生"。 因此，优美的园林绿化环境已成为住宅小区最基本的要素，并且直接关系到小区的整体水平及质量。把大自然合理地"搬"到居住空间中，使人们一走进小区就感觉到像是回到了原生态的自然环境中。斑驳的光影，悦耳的流水叮咚声，高挂枝头的累累硕果，空气中流动的花香等，使人置身其中恍如远离了所有的都市尘嚣，宁静幽远……

图4-1　住宅建筑与植物景观（杭州西溪天地景观）

第一节　居住区景观设计的主要构成和趋势

一、居住区园林绿化景观设计的主要元素分析

景观的设计与使用几乎渗透到了居住区环境的各个角落，在景观设计中如何对景观设计元素进行综合取舍并合理配置乃是居住区景观设计的要点。

1.植物

绿化是环境景观配置的基本构成元素，以往人们在居住区进行园林绿化时仅仅满足于"披上绿化不见黄土"的低层次绿化设计要求，有树有草坪有绿色就行，没有多大特色和艺术性的结合。而现代居住区的园林绿化中的园艺绿化呈现以下几种趋势：

（1）将乔、灌、花、草合理结合，点缀具有观赏性的高大乔木，丛植球状灌木、绿篱和颜色鲜艳、造型优美的花卉、花带、花境和立体花坛，高低错落、远近分明、疏密有致，绿化景观层次丰富。

（2）将绿化平面与立体结合，居住区绿化已从水平方向转向水平和垂直方向相结合，根据绿化位置不同，垂直绿化可分为围墙绿化、阳台绿化、屋顶绿化、悬挂绿化、攀爬绿化等。

（3）将绿化实用性与艺术性结合，追求构图、颜色、对比、质感合理，形成绿带、绿点、绿廊、绿坡、绿面、绿窗等绿色景观，同时讲究和硬质景观的结合使用，也注意绿色的维护和保养，所有这些设计都极大地丰富了居住区绿化的内涵。

2.道路

道路（见图4-2）是居住区的构成框架，一方面它起到了疏导居住区交通、组织居住区空间的功能；另一方面，好的道路设计本身也构成居住区的一道亮丽风景线。按使用功能划分，居住区道路一般分为区内干路和宅间人行道；按铺装材质划分，居住区道路又可分为混凝土路、沥青路以及各种石材仿石材铺装路，等等。居住区道路尤其是宅间路，往往和路牙、路边的块石、休闲座椅、植物配置、灯具等，共同构成居住区最基本的景观线。如区内干路可能较为顺直，由混凝土、沥青等耐压

图4-2　居住区道路

材料铺装；而宅间路则富于变化，由石板、装饰混凝土、卵石、雨花石、文化石、大理石等自然和类自然铺装材料结合周围环境和设计思想有机地拼成。

图4-3 居住区水体与植物的关系

3. 水体

中国园林素有"有山皆是园，无水不成景"之说，水是园林艺术中不可缺少的、极富魅力的一种园林要素，水可以构成多种格局的园林景观，艺术地再现自然，充分利用水的流动、多变、渗透、聚散、蒸发的特性，用水造景，动静相补，声色相衬，虚实相映，层次丰富，古树、亭榭、山石形影相依，产生特殊的艺术魅力，如图4-3所示。

4. 铺地

广场铺地在居住区中是人们路过和逗留的场所，是人流集中的地方。在规划设计中，通过它的地坪高差、材质、颜色、肌理、图案的变化创造出富有魅力的路面和场地景观。目前在居住区中运用的铺地材料有广场砖、石材、混凝土砌块、装饰混凝土、卵石、木材等。优质的硬地铺装往往别具匠心，极富装饰美感，如图4-4所示。

5. 小品

小品在居住区硬质景观中具有举足轻重的作用，精心设计的小品往往会成为人们视觉的焦点和小区的标志，如图4-5所示。

木材铺装 石材铺装（上海仁恒河滨城）

图4-4 居住区硬地铺装

图4-5 居住区小品

二、居住区景观设计新趋势

1.强调环境景观的共享性

共享性是住房商品化的特征，居住区景观设计应使每套住房都获得良好的景观环境效果。首先要强调居住区环境资源的均衡和共享，在设计时应尽可能地利用现有的自然环境创造人工景观，尽可能让所有的住户能均匀享受这些优美环境；其次要强化围合功能强、形态各异、环境要素丰富、安全安静的院落空间，达到归属领域良好的效果，从而创造温馨、朴素、祥和的居家环境。

2.强调环境景观的文化性

崇尚历史、崇尚文化是近来居住区景观设计的一大特点，开发商和设计师不再机械地割裂居住建筑和环境景观，开始在文化的大背景下进行居住区的规划和设计，通过建筑与环境艺术来表现历史文化的延续性。

3.强调环境景观的艺术性

20世纪90年代以前，"欧洲风格"影响到居住区的设计与建设时，曾盛行过欧陆风情式的环境景观，如大面积的观赏草坪、模纹花坛、规则对称的路网、罗马柱廊、欧式线脚、喷泉、欧式雕像等。20世纪90年代以后，居住区环境景观开始关注人们不断提升的审美要求，人们逐渐摒弃了这种原有的造园模式，居住区绿化呈现出多元化的发展趋势，提倡简约明快的景观设计风格。同时环境景观更加关注居民生活的舒适性，不仅为人所赏，还为人所为，强调人与自然环境的和谐相处，人在环境中得到愉悦，得到释放。因此创造自然、舒适，具有艺术性、宜人的景观空间，是居住区景观设计的又一新趋势。

第二节　居住区绿地规划设计

一、居住区规划的基本知识

1.居住区用地构成

（1）居住建筑用地是指居住建筑基底占有的用地及其周围必须留出的用地，包括通向住宅入口的小路、宅旁绿地和家务院落用地。

（2）公共建筑和公用设施用地指居住区各类公共建筑和公用设施建筑物基底占有的用地及其周围的专用土地。

（3）道路及广场用地指居住区范围内不属于以上两项用地内的道路、广场、停车场等的用地。

（4）公共绿地指居住区公园、小区中心游园、住宅组团绿地、花园式林荫道等集中成片绿地。

2.居住区的规模

（1）居住区的规模包括人口规模和用地规模两个方面，一般以人口规模为标志。

（2）居住区的规模受居住区公共服务设施的合理服务半径（800~1000 m）、城市干道间距（700~1000 m）、居住行政管理体制（一个居住区规模大致与一个街道办事处的规模相适应），以及自然地形条件等因素的影响。据此，我国居住区人口规模一般为 5 万 ~16 万人，少则 3 万人；用地规模为 50~100 hm²。

3. 居住区的规划结构形式

居住区的规划结构，是根据居住区的功能要求，为综合地解决住宅与公共服务设施、道路、绿地的相互关系而采取的组织方式。目前我国居住区规划结构主要有以下三种基本形式：

（1）以居住小区为基本单位组成居住区。

（2）以居住生活单元为基本单位组成居住区。

（3）以居住生活单元和居住小区为基本单位组成居住区。

4. 居住区的建筑布置形式及其对绿地布局的影响

（1）行列式布置：住宅按一定朝向和间距成排成行布置（见图 4-6）。优点是绝大多数居室都可获得良好的日照和通风。

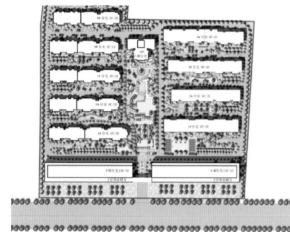

（2）周边式布置：住宅沿街道或院落周边布置。周边式布置中公共绿地相对集中成片，面积比例较大，有利于形成开敞的室外空间和良好的景观效果，如图 4-7 所示。

（3）混合式布置：综合上述两种形式，多以行列式为主，少量住宅或公共建筑沿街道院落布置，构成半封闭空间，以发挥行列式和周边式布置各自的长处，如图 4-8 所示。

图 4-6 居住区建筑行列式布置

图 4-7 居住区建筑周边式布置

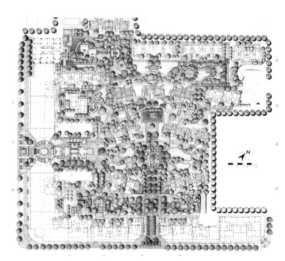

图 4-8 居住区建筑混合式布置

（4）自由式布置：结合地形，考虑采光、通风，对居住建筑自由灵活布置，使其布局显得自由活泼，如图4-9所示。自由式布置一般用于地形复杂且不规则的情况。

5.居住区道路系统布局

（1）宅前小路：通向各户或单元门前，主要供行人使用，一般宽为1.5~3 m。

（2）生活单元级道路：路面宽度为4~6 m，平时以通行非机动车和行人为主。

（3）居住小区道路：连通小区各部分之间的道路，车行道宽7 m以上，两侧可布置人行道及绿化带。

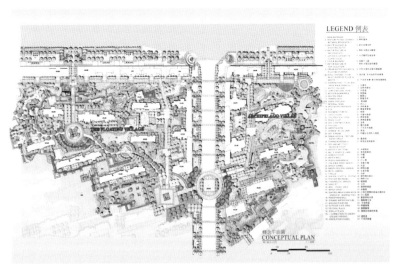

图4-9　居住区建筑自由式布置

（4）居住区级道路：用以解决居住区内、外的交通联系，车行道宽9 m以上，道路红线不小于16 m。

二、居住区绿地概述

1.居住区绿地的组成

（1）公共绿地：根据居住区规划结构形式，公共绿地相应采用三级或二级布置，即居住区公园—居住小区中心游园；居住区公园—居住生活单元组团绿地；居住区公园—居住小区中心游园—居住生活单元组团绿地。

（2）专用绿地：居住区内各类公共建筑和公用设施的环境绿地。

（3）道路绿地：居住区各级道路红线以内的绿化用地。

（4）宅旁绿地：居住建筑四周的绿化用地，是最接近居民的绿地。

2.居住区绿地的定额指标

（1）我国第一部城市规划技术法规《城市用地分类与规划建设用地标准》规定：居住区绿地率为30％；人均公共绿地为3 m²，其中居住区级公共绿地为人均2 m²，小区级公共绿地为人均1 m²。

（2）小区级公共绿地面积：小区中心游园面积+居住生活单元组团绿地面积。

（3）建设部颁布的行业标准《城市居住区规划设计规范（2002年版）》中规定，新建居住区中绿地率不应低于30 ％，旧区改造不宜低于25 ％；居住小区公共绿地应不少于1 m²／人，居住区应不少于1.5 m²／人。

3.居住区绿地规划原则

（1）统一布局，系统规划；

（2）以人为本，设计为人；

（3）绿地为主，小品点缀；

（4）利用为主，适当改造；

（5）突出特色，强调风格；

（6）功能实用，经济合理。

4.居住区绿地的植物配置

1）植物种类的选择

（1）选择生长健壮、管理粗放、少病虫害、有地方特色的乡土树种。

（2）在夏热冬冷地区，注意选择树形优美、冠大荫浓的落叶阔叶乔木，以利于居民夏季乘凉、冬季晒太阳。

（3）在公共绿地的重点地段或居住庭院中，以及儿童游戏场附近，注意选择常绿乔木和开花灌木，以及宿根球根花卉和自播繁殖能力强的 1~2 年生花卉。

（4）在房前屋后光照不足地段，注意选择耐阴植物；在院落围墙和建筑墙面，注意选择攀援植物，起到立体绿化和遮蔽丑陋之物的作用。

（5）充分考虑园林植物的保健作用，注意选择松柏类、香料和香花植物等。

2）配置方式的确定

（1）植物种类搭配要统一中求变化，变化中求统一。

（2）植物配置要讲究时间和空间景观的有序变化。

（3）植物配置方式要多种多样。

图 4-10　居住区公园

三、居住区各类绿地设计

1.居住区公园（社区公园）

居住区公园（见图 4-10）是为整个居住区的居民服务的，通常布置在居住区中心位置，以方便居民使用。居民步行到居住区公园约 10 min 的路程，服务半径以 800~1000 m 为宜。居住区公园面积通常较大，相当于城市小型公园。它应有一定的地形地貌、小型水体、功能分区和景色分区；构成要素除树木花草外，还应有适当比例的小品建筑、场地设施。居住区公园由于面积较市区级公园小，故其空间布局较为紧凑，各功能区或景区空间节奏变化较快。居住区公园和城市公园相比，游人成分单一，主要是本居住区的居民，且游园时间集中，多在早晚，因此，应加强照明设施、灯具造型、夜香植物的布置，成为居住区公园布局的特色。

2.居住小区中心游园（小游园）

1）位置规划

（1）小游园一般布置在小区中心部位（见图4-11），方便居民使用，其服务半径一般以200~300 m为宜，最多不超过500 m。在规模较小的小区中，小游园也可在小区一侧沿街布置或在道路的转弯处两侧沿街布置。

（2）小游园尽可能与小区公共活动或商业服务中心、文化体育设施等公共建筑设施结合布置，集居民游乐、观赏、休闲、社交、购物等多功能于一体，形成一个完整的居民生活中心。

图4-11　居住小区中心游园

（3）小游园应充分利用自然山水地形、原有绿化基础进行选址和布置。

2）用地规模

就小区规模而言，我国小区规模以1万人左右为宜，根据定额标准，小区人均公共绿地面积为1 m²，若小区中心游园和组团绿地各占50 %，则小游园面积以0.5 hm²左右为宜，另一半公共绿地面积可分散安排为住宅组团绿地。

就小区周围市区级公共绿地分布情况而言，若附近有较大的城市公园或风景林地，则小游园面积可小些；若附近没有较大城市公园或风景林地，则可在小区设置面积相对较大的小游园。

3）规划形式

根据小游园构思立意、地形状况、面积大小、周围环境和经营管理条件等因素，小游园平面布置形式可采用规则式、自然式、混合式、抽象式。

3.居住生活单元组团绿地（组团绿地）

1）布设位置

根据组团绿地在住宅组团内的相对位置的不同，组团绿地布设的位置大体上有以下几种情形：

（1）周边式住宅中间；

（2）行列式住宅山墙之间；

（3）扩大行列式住宅之间；

（4）住宅组团的一角；

（5）两住宅组团之间；

（6）一面或两面临街；

（7）与公共建筑结合布置；

（8）自由式布置。

2）用地面积

每个组团绿地用地小，投资少，见效快，面积一般为 0.1~0.2 hm^2。一般一个小区有几个组团绿地。按定额标准，一个小区的组团绿地总面积为 0.5 hm^2 左右。

3）平面构图形式

（1）中轴对称式：设计常以主体建筑入口中轴线为轴线组织景观对称布局。

（2）均衡不对称式：设计采用规则式布局，而构图是不对称的，追求总体布局均衡。

（3）自由式：设计采用自由式布局，局部入口、广场、小品等处穿插规则形式。

4）空间布局方式

（1）开放式：不以绿篱或栏杆与周围分隔，居民可以自由进入绿地内游憩活动。

（2）半封闭式：用绿篱或栏杆与周围部分分隔，但留有若干出入口，可以供居民进出。

（3）封闭式：绿地用绿篱或栏杆与周围完全分隔，居民不能进入绿地游憩，绿地只供观赏，可望而不可即。

5）规划设计内容

（1）绿化种植部分：可种植乔木、灌木、花卉和铺设地，亦可设花架种爬藤植物，置水池植水生植物，植物配置要考虑季相景观变化及植物生长的生态要求。

（2）安静休息部分：设亭、花架、桌、椅、阅报栏、园灯等建筑小品，并布置一定的铺装地面和草地，供老人坐憩、阔谈、阅读、下棋或练拳等。

（3）游戏活动部分：可分别设计幼儿和少儿活动场，供儿童进行游戏和简易体育活动，如捉迷藏、玩沙堆、戏水、跳绳、打乒乓球等，还可选设滑、转、荡、攀、爬等游戏器械。

6）其他注意要点

（1）组团绿地出入口的位置，道路、广场的布置要与绿地周围的道路系统及人流方向结合起来考虑。

（2）组团绿地内要有足够的铺装地面，以方便居民休息活动，也有利于绿地的清洁卫生。一般来说，绿地覆盖率要求在 60％ 以上，游人活动面积覆盖率为 50％~60％。为了有较高的绿地覆盖率，并保证活动场地的面积，可采用铺装地上留穴种乔木的方法，形成树荫场地或林荫小广场。

（3）一个居住小区往往有多个组团绿地，这些组团绿地在布局、内容及植物配置方面要各有特色，或形成景观序列。

7）专用绿地的布置

（1）专用绿地要满足公共建筑和公用设施的功能要求；

（2）专用绿地要结合周围环境的要求布置；

（3）专用绿地若能与小区公共绿地相邻布置，连成一片，则效果更佳，能扩大绿色视野。

4.宅旁绿地设计

1）宅旁绿地的功能作用

宅旁绿地即位于住宅四周或两幢住宅之间的绿化，是居住区绿地的最基本单元，其功能主要是美化生活环境，阻挡外界视线、噪声和灰尘，满足居民夏天纳凉、冬天晒太阳、就近休息赏景、幼儿就近玩耍等需要，为居民创造一个安静、卫生、舒适、优美的生活环境，如图4-12所示。

图4-12　宅旁绿地

2）宅旁绿地的布置类型

（1）树林型。

用高大乔木，多行成排地布置，对改善小气候有良好作用。大多为开放式，居民可在树荫下开展活动或休息。但树林型布置缺乏灌木和花草搭配，比较单调，而且容易影响室内通风采光。

（2）植篱型。

用常绿或观花、观果、带刺的植物组成绿篱、花篱、果篱、刺篱，围成院落或构成图案，或在其中种植物花木、草皮。

（3）庭院型。

用砖墙、预制花格墙、水泥栏杆、金属栏杆等在建筑正面（南、东）围出一定的面积，形成首层庭院。

（4）花园型。

在宅间以绿篱或栏杆围出一定的范围，布置乔木、灌木、花卉、草地和其他园林设施，形式灵活多样，层次、色彩都比较丰富。花园型布置既可遮挡视线、隔音、防尘和美化环境，又可为居民提供就近游憩的场地。

（5）草坪型。

以草坪绿化为主，在草坪的边缘或某一处，种植一些乔木或花灌木、草花之类。草坪型布置多用于高级独院式住宅，也可用于多层行列式住宅。

3）宅旁绿地的设计要点

（1）出入口处理：绿地出入口使用频繁，常拓宽形成局部休息空间，或者设花池、常绿树等重点点缀，引导游人进入绿地。

（2）场地设置：注意将绿地内部分游道拓宽成局部休憩空间，或布置成游戏场地，便于居民活动，切忌内部拥挤封闭，使人无处停留，导致绿地被破坏。

（3）小品点缀：宅旁绿地内小品主要以花坛、花池、树池、座椅、园灯为主，重点处设小型雕塑，小型亭、廊、花架等。所有小品均应规格适宜，经济、实用、美观。

（4）设施利用：宅旁绿地入口处及游览道应注意少设台阶，减少障碍。道路设计应避免分割绿地，出现锐角构图，应多设舒适座椅；桌凳、晒衣架、果皮箱、自行车棚等设计也应讲究造型，并与整体环境景观协调。

（5）植物配置：各行列、各单元的住宅树种选择要在基调统一的前提下，各具特色，成为识别的标志，起到区分不同的行列、单元住宅的作用。宅旁绿地树木、花草的选择应注意居民的喜好、禁忌和风俗习惯。一般在住宅南侧，应配置落叶乔木；在住宅北侧，应选择耐阴花灌和草坪，若面积较大，可采用常绿乔灌木及花草配置，既能起分隔观赏作用，又能抵御冬季西北寒风的袭击；在住宅东、西两侧，可栽植落叶大乔木或利用攀援植物进行垂直绿化，有效防止夏季西、东晒，以降低室内气温，美化装饰墙面。窗前绿化要综合考虑室内采光、通风、噪声、视线干扰等因素，一般在近窗种植低矮花灌或设置花坛，通常在离住宅窗前5~8 m，才能分布高大乔木。在高层住宅的迎风面及风口应选择深根性树种。绿化布置应注意空间尺度感。

4）道路绿地

（1）主干道绿化。

居住区主干道绿化（见图4-13）要考虑行人的遮阴与车辆交通的安全，在交叉口及转弯处要留有安全视距；宜选用姿态优美、冠大荫浓的乔木进行行列式栽植；各条主干道树种选择应有所区别，体现变化统一的原则；中央分车绿带可用低矮花灌和草皮布置；在人行道与居住建筑之间，可多行列植或丛植乔灌木，以控制空气中的尘埃和阻挡噪声；人行道绿带还可用耐阴花、灌木和草本花卉形成花境，借以丰富道路景观；或结合建筑山墙、路边空地采取自然式种植，布置小游园和游憩场地。

（2）次干道绿化。

次干道（小区级）是连通居住区主干道和小区内各住宅组团之间的道路，宽6~7 m，使用功能以行人为主，通车次之，也是居民散步之地。其绿化（见图4-14）布置应着重考虑居民观赏、游憩需要，应丰富多彩、生动活泼。在树种选择上可以多选观花或富于叶色变化的小乔木或灌木，如合欢、樱花、红叶李、红枫等，每条道路选择不同树种、不同断面种植形式，使它们各有个性；在一条路上以一二种花木为主体，形成特色，还可以主要树种给道路

图4-13 居住区主干道绿化

图4-14 居住区次干道绿化

命名，如"合欢路""樱花路""紫薇路"等，也便于行人识别。次干道绿化还可以结合组团绿地、宅旁绿地等形式进行布置，以扩大绿地空间，形成整体效果。

（3）住宅小路绿化。

住宅小路，是连通各幢住宅的道路，宽3~4 m，使用功能以行人为主。其绿化（见图4-15）布置可以在一边种植乔木，另一边种植花灌、草坪；宅前绿化不能影响室内采光或通风；在小路交叉口有时可以适当拓宽，与休息场地结合布置；在公共建筑前面，可以采取扩大道路铺装面积的方式

图4-15　住宅小路绿化

来与小区公共绿地、专用绿地、宅旁绿地结合布置，设置花台、座椅、活动设施等，创造一个活泼的活动中心。

第三节　居住区绿化设计探析

一、居住区绿化景观设计的几个原则

居住区景观的设计包括对基地自然状况的研究和利用，对空间关系的处理和发挥，与居住区整体风格的融合和协调。包括道路的布置、水景的组织、路面的铺砌、照明的设计、小品的设计、公共设施的处理等，这些方面既有功能意义，又涉及视觉和心理感受。在进行景观设计时，应注意整体性、实用性、艺术性、趣味性的结合，具体体现在以下几个方面。

1.居住区园林绿化设计中的空间组织立意原则

景观设计必须呼应居住区整体风格的主题设计，硬质景观要同绿化等软质景观相协调。不同的居住区设计风格将产生不同的景观配置效果，现代化风格的住宅适宜采用现代景观造景的手法，地方风格的住宅则适宜采用具有地方特色和历史色彩的造园思路和手法。当然，城市设计和园林设计的一般规律比如对景、轴线、节点、路径、视觉走廊、空间的开合等，都是通用的。同时，景观设计要根据空间的开放度和私密性组织空间。如公共空间为居住区居民服务，景观设计要追求开阔、大方、闲适的效果；私密空间为居住在一定区域的住户服务，景观设计则要体现出幽静、浪漫、温馨的主旨。

2.居住区园林绿化设计中的园林植物设计的原则

根据生态园林的原理，在满足居住区绿地使用功能的基础上，还应努力创造丰富的景观效果。生态园林的景观性应该体现出科学与艺术的结合与和谐。对景观的合理设计应源于对自然的深刻理解和顺应自然规律，包括植物之

间的相互关系，不同土壤、地形、气候等因素与植物的相互影响，只有将这种认识同园林美学融合，我们才能从整体上更好地展现出植物群落的美，并在维护这种整体美的前提下，适当利用造景的其他要素，来展现园林景观的丰富内涵，从而使它源于自然而又高于自然。生态园林的景观要求人们必须十分重视和把握景观的动态性。因此，如何在居住区绿地中创造丰富的动态景观效果，也是我们应该追求的目标。

3.居住区园林绿化设计要体现地方特征的原则

景观设计要充分体现地方特征和自然特色。我国幅员辽阔，自然区域和文化地域的特征相差甚远，居住区景观设计要把握这些特点，营造出富有地方特色的环境，南北方文化的地域差异，当地的民风、民族文化、历史事件、名人名家等无不是居住区绿化设计文化挖掘的重点。同时居住区景观还应充分利用区内的地形地貌特点，塑造出富有创意和个性的景观空间。

4.居住区园林绿化设计人景相融的原则

环境景观中的点，是整个环境设计中的精彩所在，这些点元素经过相互交织的道路、河道等线性元素贯穿起来，使得居住区的空间变得有序。在居住区的入口或中心等地区，线与线的交织与碰撞又形成面的概念，面是全居住区中景观汇集的高潮。点线面结合的景观要点是居住区景观设计的基本原则。在现代居住区规划中，传统空间布局手法已很难形成有创意的景观空间，必须将人与景观有机融合，从而构成全新的空间网络。

（1）亲地空间：增加居民接触地面的机会，创造适合各类人群活动的室外场地和各种形式的屋顶花园等。

（2）亲水空间：居住区硬质景观要充分挖掘水的内涵，体现东方水文化，营造出人们亲水、观水、听水、戏水的场所。

（3）亲绿空间：硬软景观应有机结合，充分利用车库、台地、坡地、宅前屋后空间构造充满活力和自然情调的绿化环境。

（4）亲子空间：居住区中要充分考虑儿童活动的场地和设施，培养儿童友爱、合作、冒险的精神。

二、园林植物的意境和搭配

1.园林植物的意境创造

园林植物是意境创造的主要素材，园林中的意境可以借助山水、建筑、植物、山石、道路等来体现。但园林植物产生的意境有其独特的优势，这不仅因为园林植物有优美的姿态、丰富的色彩、沁人的芳香；而且因为通过设计产生春天繁花似锦，夏天绿荫暗香，秋天霜叶似火，冬天翠绿常延，四季皆有景，各景有不同的特点。园林植物是具有生命的活机体，是人们感情的寄托。用园林植物创造意境可以归纳为以下几个方面。

（1）利用优美的姿态：如松树象征坚强不屈，万古长青的英雄气概；竹象征"虚心有节"；梅象征不屈不挠，英勇坚贞的品质；柳象征强健灵活，适应环境的优点；胡杨象征坚韧不屈，顽强拼搏的斗志；莲花是佛教的标志。

（2）利用丰富的色彩：如秋天大叶白蜡、复叶槭的黄叶表达秋的联想；梓树的白花是宁静柔和的象征；春季山桃花、榆叶梅的红花朵朵表达欢快、热烈的氛围；而枫树象征不怕艰难困苦，晚秋更红；白桦树表达了清高和与众不同。

（3）利用沁馨的芳香：如桃花的甜香；菊花的浓香；梅花的暗香；荷花的清香；月季的芳香。

（4）利用美的芳名：如桃花、李花象征"桃李满天下"；杏花代表富贵、幸福；丁香象征欣欣向荣，大地回春；万年青常绿有祥瑞寓意。

2. 植物配置

居住区绿地的植物配置构成居住区绿化景观的主题，它不仅能保持、改善环境，满足居住功能等要求，而且还能美化环境，满足人们游憩的要求。植物配置首先要考虑是否符合植物生态要求及功能要求和是否能达到预期的景观效果。设计居住区绿化时，植物配置还应该以生态园林的理论为依据，模拟自然生态环境，利用植物生理、生态指标及园林美学原理，进行植物配置，创造复层结构，保持植物群落在空间、时间上的稳定与持久。此外还应选择落果少、无飞絮、无刺、无毒、无刺激性的植物。

3. 园林植物的空间处理

居住区除了中心绿地（见图4-16）外，其他大部分都分布在住宅前后。其布局大都以行列式为主，形成平行、面积等大的绿地，狭长空间的感觉非常强烈。因此，可以充分利用植物的不同组合，如乔灌结合，常绿和落叶结合，速生和慢生相结合，适当地配置和点缀一些花卉、草皮，打破原有的僵化空间，形成活泼、和谐的空间。在树种搭配上，既要满足生物学特性，又要考虑绿化景观效果，绿化率要达到50％以上，这样才能创造出安静和优美的环境。

居住区内不透水的部分（道路、建筑广场）比例较大，而绿地面积较少，设计时，应充分做好空间处理工作，合理分配园林各要素（如植物、道路、建筑、山石、水体）的比例，重点突出植物造景，同时充分运用植物覆盖所有可以覆盖的土壤，努力提高单位面积的绿地率。

图4-16 小区中心绿地

第四节　居住区绿化的功能及现状

一、居住区绿化的功能

居住区绿化以植物为主体（见图4-17），在净化空气、减少尘埃、吸收噪声、保护居住区环境方面有良好的作用，同时也有利于改善小气候、遮阳降温、调节湿度、降低风速，在炎夏静风时，由于温差而促进空气交换，形成微风。居住区的绿化包括婀娜多姿的花草树木，丰富多彩的植物布置，以及少量的建筑小品、水体等点缀，并利用植物材料分隔空间，增加层次，美化居住区的面貌，使居住建筑群更显生动活泼，起到"俗则屏之，嘉则收之"的作用。良好的绿化环境可吸引居民参与户外活动，使老人、少年、儿童各得其所，在就近的绿地中游憩、活动，使人赏心悦目，精神振奋，形成良好的心理效应，创造良好的户外环境。最后，居住区绿化应选择既有观赏价值又有经济价值的植物进行布置，集合植物观赏功能、环境保护作用、经济效用，取得良好的效果。

二、居住区绿化美化现状

1. 我国居住区绿化的发展状况

人们应该在景观设计和城市建设中得到关怀，而在城市美化思想指导下的绿化建设，强调的是纪念性、机械性、形式性和展示性。事实上，城市绿化的真正意义在于为城市居民提供休闲、生活及工作的环境，而不是主题游乐。特别是在新建居住区中，真正为居民的生活而美化的社区并不多见，而大量出现的，一是样板示范区导向的美化，

图4-17　以植物为主导的居住区绿化

目的是展示政绩，供人参观；二是商利导向的美化，试图通过美化招徕住户。这两种导向都把居住者和居住环境作为展示品，忽略了环境美化对居住者的日常生活和居住的意义，导致居住区美化走入了歧途。但是，随着城市的建设和发展，建成区不断迅速地扩大，新建居住区如雨后春笋般拔地而起。居住区的绿化与城市建设、交通、卫生、教育、商业服务及其他物业管理等，共同构成现代化城市居住区的总体形象。居住区绿地是城市园林绿化系统的重要组成部分，是伴随现代化城市建设而产生的一种新型绿地。它最贴近生活、贴近居民，也最能体现"以人为本"的现代理念，在城市的大园林中占有相当的比重。据统计，居住区占地绿化面积已远超其他公共绿地，增长迅速，也创造了一定的生态效益，得到各级领导和有识之士的高度重视，更深受小区居民的关心和喜爱。

2. 我国居住区绿化的不足

1）绿化用地或绿地率"缩水"

这是现在房地产业普遍存在的一个主要问题。由于种种原因，不少新建居住区的绿化面积达不到国家或地方规定的标准，比如，合理的居住区绿化用地约占居住区总面积的50％，绿化率的标准不能低于35％，而现在不少城市的居住区却达不到这样的标准。不过令人感到欣慰的是，近几年新建的城市居住区在这一方面都达到了相应的标准。

2）绿化设计中忽略"以人为本"

居住区的建设并不在于选用顶级的建材，最好的配套设备，最时尚的设计风格，而在于它能否给人们提供一个方便的居住环境，能否给居民营造一个舒适的家，能否给居住者提供一个舒畅的人性空间。

目前我国许多居住区绿化在很多方面不能体现"以人为本"。比如，有的楼盘用绿地做隔离带，却忽视了人们生活的方便，两分钟的路程可能得走上十几分钟；有的居住区绿化设计没有把残疾人的行动考虑进去，为残疾人的出行带来不便；有的居住区没有为老人和幼儿开辟专用活动场地，等等。

居住区的园林绿化设计，要特别强调人性化。人们进入绿地是为了休闲、运动和交流，因此，园林绿化所创造的环境氛围要充满生活气息，做到景为人用，富有人情味。如人们能在树荫下乘凉、聊天、散步；天真活泼的孩子们能在泥土和石缝中寻找小动物；老人们买菜回来能有个歇脚的地方。因此在住宅入口，甚至到分户入口，都要进行绿化，使人们尽量多接触绿色，多看到园林景观，可以随时随地呼吸到新鲜空气。

园林设计要做到"以人为本"，最重要的是设计者要在充分了解所住居民的年龄结构、职业、生活、工作习惯、生理要求的基础上进行全方位的人性化设计，这样才能使每一个细节都贴近人的活动行为，体现以人为本的设计理念。

3）软质景观与硬质景观严重失衡

园林植物是园林绿化中的主要造园和造景要素，它们特有的色、香、姿、韵和丰富多变的布置形式，不仅改善了生态环境，装点了人们的生活，而且可以产生最佳的环境效益和视觉效果，产生较好的社会效益和经济效益。

然而，在居住区绿化设计中，许多设计师的园林植物造景意识不强，在本身就有限的可绿化空间里，不以植物造景为主，使城市中本已严重失调的软质景观和硬质景观的比例更加失衡。他们没有从保护环境、改善生态的角度对植物进行合理的配置和造景设计，没有考虑城市绿色空间应具有的多样化功能，而是注重美观和造价以求较高的收费标准，注重硬质景观以求在图纸上的丰富表现，注重新潮的建筑外观以求招徕住户和迎合房地产商的嗜好。这种片面追求硬质景观的结果，最终导致人们期望自己居住在一个城市"山林"的梦想化为乌有。

4）植物配置的不合理性

居住区绿化设计对于植物的选择首先要适地适树，尽量选用具有观赏价值的乡土树种和花卉。这样不仅可以降低绿化费用，而且还有利于后期的管理养护。由于居住区内建筑的数量、高低、方位、空间大小等的不同而形成不同的局部环境，再加上不同的植物又有其特有的生长环境要求，因此植物的种植和艺术配置要依据不同植物的特性和特殊的生态环境来进行。

居住区植物的配置应注重乔、灌、草坪（地被）等复层结构植物群落的建成，最大限度地提高单位面积的绿化量，发挥植物最大的生态效益和功能。居住区绿化在强调平面布局（林缘线）的同时，还要在垂直空间上（林冠线）注重乔灌木与地被植物的分层结构搭配。这样既有利于植物的抗逆性，又达到了多样化的生态效应。另外，居住区植物的配置在总体布局中应与整体的空间环境取得一致，形成以小见大的生态系统平衡特性。还可以多采用藤本植物和各式花卉进行墙面、阳台的立体绿化、彩化，并且充分利用各种花卉的造景形式来点缀、丰富居住区的空间景观，营造一个舒适宜人、自然和谐的生活空间。

所以，居住区植物选择总的原则：一是能最大限度地发挥其使用功能，满足人们生活、休息的需要；二是应充分考虑到植物的生物学特性，做到适地适树。

根据居住区的各种环境，如阴面、阳面、山墙、屋顶、阳台等，选择植物应做到无污染，无伤害性。居住区所选植物本身不能产生污染，忌用有毒、有刺尖、有异味、易引起过敏的植物，应选择无飞絮、少花粉的植物。

第五节　居住区绿化和树种选择

一、居住区绿化植物选择基本原则

在居住区绿化中，为了更好地创造出舒适、卫生、宁静优美的生活、休息、游憩环境，要注意植物的配置和树种的选择，原则上要考虑以下几个方面：

（1）考虑绿化功能的需要，以树木花草为主，提高绿化覆盖率，以达到良好的生态环境效益。

（2）要考虑四季景观及早日普遍绿化的效果，采用常绿树和落叶树，乔木和灌木，速生树和慢生树，重点与一般相结合，注意不同树形、色彩变化的树种的配置。种植绿篱、花卉、草皮，使乔、灌、花、篱、草相映成景，丰富、美化居住环境，如图4-18所示的多层次种植的植物。

图 4-18　多层次种植的植物

（3）树木花草种植形式要多种多样，除道路两侧需要成行成列栽植树冠宽阔、遮阴效果好的树木外，可采用丛植、群植等手法，以打破成行成列住宅群的单调和呆板感，以植物布置的多种形式，丰富空间的变化，并结合道路的走向、建筑、门洞等形成对景、框景、借景等，创造良好的景观效果。图 4-19 所示为住宅区路侧丛植的植物。

（4）植物材料的种类不宜太多，且要避免单调，力求以植物材料形成特色，使其统一中有变化（见图 4-20），各组团、各类绿地在统一基调的基础上，又各有特色树种，如玉兰、桂花、丁香、樱花等。

（5）居住绿化以选择生长健壮、管理粗放、少病虫害、有地方特色的优良树种为主，还可栽植一些有经济价值的植物，特别是在庭院内、专用绿地内可多栽植既好看又经济实惠的植物，如桃、核桃、樱桃、玫瑰、葡萄、连翘、麦冬、垂盆草等。花卉的布置给居住区增色添景，可大量种植宿根花卉、球根花卉及自播繁殖能力强的花卉，如美人蕉、蜀葵、玉簪、芍药、葱兰、波斯菊、虞美人等，既能节省人工和花费，又获得良好的观赏效果。

（6）要多种攀援植物，以绿化建筑墙面、各种围栏、矮墙，提升居住区立体绿化效果，并用攀援植物遮蔽丑陋之物。常用的攀援植物有地锦、五叶地锦、凌霄、常春藤等。

图 4-19　住宅区路侧丛植的植物　　　　　　　　　　　　　图 4-20　植物统一中的变化

（7）在小区、幼儿园及儿童游戏场，忌用有毒、带刺、带尖，以及易引起过敏的植物，如漆树、夹竹桃、凤尾兰、枸骨等，以免伤害儿童。在运动场、活动场不宜栽植大量飞毛、落果的树木，如杨柳、银杏（雌株）、悬铃木、构树等。

（8）要注意绿色植物与建筑物、地下管网保持适当的距离，以免影响建筑的通风、采光，以及影响树木的生长和破坏地下管网。一般而言，乔木距离建筑物 5 m 左右，距离地下管网 2 m 左右；灌木距离地下管网和建筑物 1~1.5 m。

二、多色彩叶植物的选用

近年来从国外引进了许多彩叶植物，它们具有绚丽的色彩，在春季盛花期过后与绿叶植物相互映衬，极大地丰富了城市的色彩，而且它们枝繁叶茂，易于形成大面积的群体景观，成为目前园林绿化美化的"新宠"。

1. 关于彩叶植物的定义

从狭义上说，彩叶植物不包括秋色叶植物，它应在春夏秋三季均呈现彩色，一些彩叶裸子植物及亚热带地区的彩叶植物甚至终年保持彩色。从广义上说，凡在生长季节叶片可以较稳定呈现非绿色（排除生理、病虫害、栽培和环境条件等外界因素的影响）的植物都可称作彩叶植物。它们是一类在生长季节或在生长季节的某些阶段全部或部分叶片呈现非绿色的植物。

彩叶植物或来自自然界的变异，或经人工育种、栽培选育而来。植物叶片色彩发生变化的原因很多，遗传、生理因素，环境条件改变，栽培措施改变，甚至病虫害都可能造成植物叶色的改变。但只有叶片非绿色的变化稳定而有规律，才是形成彩叶植物的必要条件。例如，许多植物的彩斑和条纹是由病毒引起的，但只要这些病毒不影响植物的正常生长，彩斑和条纹能够稳定出现，并通过繁殖使彩叶性状传递下去，就可以人为地加以诱导和利用，这也是目前彩叶植物育种的一个重要方面。另外，有选择地对一些彩叶突变加以保留和固定，也是培育彩叶植物的方法之一。

2. 彩叶植物的分类

彩叶植物的色彩主要是由于植物本身色素分布不同而形成的，就色素分布来说，可以分为：

（1）单色叶类：叶片仅呈现一种色调，如黄色或紫色。

（2）双色叶类：叶片的上下表面颜色不同。

（3）斑叶类或花叶类：叶片上呈现不规则的彩色斑块或条纹。

（4）彩脉类：叶脉呈现彩色，如红脉、白脉、黄脉等。

（5）镶边类：叶片边缘呈现彩色，通常为黄色。就色素种类来说，主要有以下几类。

①黄（金）色类：包括黄色、金色、棕色等黄色系列。②橙色类：包括橙色、橙黄色、橙红色等橙色系列。③紫（红）色类：包括紫色、紫红色、棕红色、红色等。④蓝色类：包括蓝绿色、蓝灰色、蓝白色等。⑤多色类：叶片同时呈现两种或两种以上的颜色，如粉白绿相间或绿白、绿黄、绿红相间。

彩叶植物的呈色与其组织发育年龄以及环境条件有密切关系。一般来说，组织发育年龄小的部分，如幼梢及修剪后长出的二次枝等呈色明显。如金叶女贞春季萌发的新叶色彩鲜艳夺目，随着植株的生长，中下部叶片逐渐复绿，对这类彩叶植物来说，多次修剪对其呈色十分有利。光照也是一个重要的影响因子，它从强度、光质和照射时间等几个方面影响花色素的合成及调节与花色素有关的酶的活性，从而影响彩叶植物呈色。有些彩叶植物，如金叶女贞、紫叶小檗，光照越强，其叶片色彩越鲜艳；而一些室内观叶植物，如彩虹竹芋、孔雀竹芋等，只有在较弱的散射光下才呈现斑斓的色彩，强光会使其彩斑严重褪色；另一类彩叶植物，如金叶连翘、金叶荻等，它们的叶色随光强的降低而渐渐复绿，在设施栽培中，如果持续使用遮盖率 75% 的遮阴网 10~15 天，它们金色的叶片就会转绿。还有一些彩叶植物的叶色随光强的增加而趋暗，如紫叶黄栌、紫叶榛等，它们在早春时节色彩鲜艳，在夏季强光照射下，原有的鲜艳色彩明显变淡。

此外，温度、季节也会因影响叶片中花色素的合成而影响叶片呈色。一般来说早春的低温环境下，叶片中花色素的含量大大高于叶绿素，叶片的色彩十分鲜艳；而秋季早晚温差大和干燥的气候有利于花色素的积累，一些夏季复绿的叶片此时的色彩甚至比春季更为鲜艳。如金叶红端木，春季为金色叶，夏季叶色复绿，秋季叶片呈现极为鲜艳的红色，非常夺目。金叶风箱果秋季叶色从绿色变为金色，与红色果实相互映衬，十分美丽。

三、居住区公共空间植物景观设计的植物数据库

1. 居住区公共空间植物景观的植物分类

1）造景植物

（1）观形类。植物的形状是指在正常生长坏境下成年植物的外貌。园林植物的形状通常可分为 14 类：圆柱形，如龙柏、钻天杨；塔形，如雪松、塔柏；卵圆形，如悬铃木、桂树、毛白杨；圆锥形，如白皮松、云杉；倒卵形，如千头柏、刺槐；圆球形，如五角枫、黄刺玫；半球形，如栎树；伞形，如合欢；垂枝形，如垂柳、垂枝桃；拱形，如连翘、迎春；曲枝形，如龙爪槐、龙爪柳；棕榈形，如棕榈；匍匐形，如铺地柏；风致形，如黄山松等。

（2）观枝干类。以观赏树木、枝干的颜色和树皮的外形为主。红色枝干的有毛桃、桦木；绿色枝干的有梧桐、梅花、竹子。光滑树皮的有核桃的幼树；纵沟树皮的有老年核桃；横沟树皮的有山桃、樱花；片裂树皮的有白皮松、悬铃木等。

（3）观叶类。以观赏叶色、叶形为主，有些可终年观赏。按其观赏特性又可分为 3 类：亮绿叶类的叶片深绿而有光泽，多为常绿灌木或小乔木，如海桐、女贞、珊瑚树等；异形叶类，如鹅掌楸、七叶树、银杏、棕榈等；彩色叶类，如金钱松、枫香、黄栌、红叶李、紫叶小檗等。

（4）观花类。在花形、花色、花量、花香诸方面具有特色的树木，其中以花色最为重要。红色花系有碧桃、梅、玫瑰、月季、贴梗海棠、石榴、牡丹、合欢、紫荆、紫薇等；黄色花系有迎春花、金钟花、连翘、桂花、蜡梅等；紫色花系有紫藤、紫丁香、紫玉兰、木槿、泡桐等；白色花系有白丁香、溲疏、女贞、玉兰等。

（5）观果类。指果实形状奇特，色泽鲜艳，经久耐看，并不污染环境的树木，按观赏特性又可分为以下 3 类：

异果类，如石榴、木瓜、罗汉松、枫杨等；色果类，如紫珠、栾树、山楂等；多果类，如火棘、南天竹、金银木等。

2）攀援植物

攀援植物有紫藤、木通、金银花、油麻藤、茑萝、牵牛、何首乌、葡萄、观赏南瓜、葫芦、丝瓜、西番莲、炮仗花、香豌豆、爬山虎、五叶地锦、常春藤、凌霄、扶芳藤、络石、薜荔、蔷薇、木香、叶子花、藤本月季等。

3）草坪植物

草坪植物包括禾本科剪股颖属、早熟禾属和羊茅属中的某些种类，地毯草、狗牙根、假俭草、结缕草和细叶结缕草等，以及莎草科苔草属中的某些种类。其中结缕草、野牛草、麦冬、白三叶草、蜈蚣蕨是我国草坪常用草种。

4）水生植物

提倡生态驳岸设计，利用各类水生植物覆盖、稳固土壤，抑制因暴雨径流对驳岸形成的冲刷。例如：湿地树木类（落羽杉、墨西哥落羽杉、池杉、水杉、美国尖叶扁柏、湿地松、水松、沉水樟、沼楠、台湾相思或头序楤木、紫穗槐、垂柳）；湿生植物类（中华水韭、沼泽蕨、宽叶香蒲、东方香蒲、长苞香蒲、水烛、小香蒲、泽泻、菖蒲、箭叶雨久花、雨久花、灯心草、花菖蒲、毛茛、驴蹄草、圆叶茅膏菜、合萌或田皂角、千屈菜、草龙、星宿菜、半枝莲、水蜡烛、薄荷、慈姑、长喙毛茛泽泻）；浮叶植物类（浮叶眼子菜、水鳖、莼菜、萍蓬草、中华萍蓬草、芡实、亚马逊王莲、白睡莲、柔毛齿叶睡莲、延药睡莲、菱角、四角菱、水皮莲、金银莲花、荇菜）；沉水植物类（竹叶眼子菜、微齿眼子菜、篦齿眼子菜、眼子菜、苦菜、密齿苦菜、穗花狐尾藻、黑藻、大茨藻）。

5）沙生植物

沙生植物包括肉苁蓉、大犀角、芦荟、秘鲁天伦柱、百岁兰、蒙古沙冬青、管花肉苁蓉、绿之铃、仙人掌、生石花、中间锦鸡儿、白刺、巨人柱、光棍树、花棒、新疆沙冬青、短穗柳、紫杆柳、长穗柳、沙漠玫瑰、罗布麻、胡杨等。

2.可供选择的居住区绿化植物

1）春季观花植物

（1）木本类：梅花（红、白）、瑞香（黄）、探春（黄）、白玉兰（白）、樱花（红、白）、碧桃（红、白）、紫叶桃（红）、李（白）、紫叶李（粉）、梨（白）、山楂（白）、刺槐（白）、紫花泡桐（紫）、灯台树（白）、红瑞木（白）、楸树（粉）、红花木（红）、绣线菊（白）、刺槐（黄）、月季（红、白、紫、黄）、紫荆（红）、锦带花（白、粉）、紫丁香（紫）、木本绣球（白）、连翘（黄）、白丁香（白）、暴马丁香（白）、紫藤（紫）、金银木（白）、迎春（黄）、桃（红）、苹果（粉）、榆叶梅（红）。

（2）草本类：雏菊（白、粉）、矮牵牛（白、红、紫）、石竹（白、红、粉）、郁金香（白、红、粉）、锦葵（白、紫、红）、芍药（红）、金鱼草（白、黄、红）、翠菊（粉、白）、福禄考（白、黄）、花菱草（白、黄）、金盏菊（黄）、矢车菊（白、粉、蓝）、紫罗兰（紫）、蒲公英（黄）、美女樱（白、粉）、三色堇（白、黄、紫）、虞美人（白、粉、红）、风信子（白、黄、紫）、鸢尾（蓝、紫）、非洲菊（白、黄、红）。

2）夏季观花植物

（1）木本类：栾树（黄）、白玉兰（白）、珍珠梅（白）、刺槐（白）、小叶女贞（白）、重阳木（黄）、玫瑰（红、白）、芍药（红）、女贞（白）、紫薇（红）、白胡枝子（粉）、天幕琼花（白）、珍珠绣球（白）、雪柳（白）、木香（白、黄）、木槿（红、紫）、合欢（红、粉）、山梅花（白）、臭椿（黄）、红花檵木（红）、美国凌霄（粉）、槐树（白）、牡丹（红、白、粉、黄）、广玉兰（白）、黄花夹竹桃（黄）、紫穗槐（褐）、山楂（白）、金银花（白）、黄山栾（黄）、黄刺玫（红）、夹竹桃（红）、石榴（红）、檵木（粉）、凌霄（红）。

（2）草本类：玉簪（白）、鸡冠花（红、黄）、飞燕草（紫）、翠菊（白）、黑心菊（黄褐）、凤仙花（白、粉、红）、紫茉莉（黄、红、紫）、金鱼草（黄、红、白）、金盏菊（黄）、萱草（黄）、美人蕉（黄、红）、百合（白）、百日草（白、黄、红）、矮牵牛（白、红、紫）、一枝黄花（黄）、千日红（红）。

3）秋季观花植物

（1）木本类：月季（红、黄、白）、夹竹桃（红、白）、木芙蓉（红）、醉鱼草（紫）、凤尾兰（白）、槐树（白）、丝兰（白）、木槿（白、紫、红）、紫薇（红、白）。

（2）草本类：美人蕉（红、黄）、波斯菊（红、紫、白）、百日草（红、黄、紫）、孔雀草（红、黄、褐）、金鱼草（红、黄）、大丽花（红、黄）、万寿菊（黄）、千日红（红）、菊花（白、黄）、美女樱（红）。

4）冬季观花植物

蜡梅（黄）、梅花（白、红）、金缕梅（黄）。

5）观叶、观杆植物

（1）观叶植物：银杏（秋季叶金黄）、枫杏（秋季叶红）、大果榆（秋季红褐）、黄连木（秋季叶黄红）、无患子（秋季叶黄）、榉树（秋季叶红）、五角枫（秋季叶黄）、三角枫（春、秋季叶红）、鸡爪槭（春、夏、秋季紫红）、栾树（秋季叶黄）、紫叶小檗（红）、石榴（春季叶红）、红叶李（紫红）、紫叶桃（紫红）、南蛇藤（黄）、红花檵木（红）、美国地锦（红、黄）、地锦（红、黄）、扶芳藤（黄）、八角金盘、金心大叶黄杨、银心大叶黄杨、花叶常春藤、合欢。

（2）观杆植物：金丝垂柳、金枝槐、红瑞木、紫薇、青桐、白皮松、白桦、三角枫、梧桐、龙爪槐、垂直榆、悬铃木、枣树等。

6）观果植物

冬青（红）、苹果（红）、无患子（黄）、李子（红）、荚迷（红）、梨（黄）、石榴（红）、银杏（黄）、金银木（红）、杏树（黄）、小檗（红）、樱桃（红）、栾树（粉红）、罗汉松（红）、山楂（红）、忍冬（红）、桃树（黄）、天目琼花（红）。

第六节　居住区绿化灌木地被种植图解

　　居住区绿化软景设计和苗木配置，需要依据项目整体建筑规划及景观规划设计，强调景观绿化与项目整体理念、产品定位和建筑风格的谐调；注重景观风格、空间及功能性。近年来，城市住宅项楼盘更注重景观风格和景观绿地面积的设计和规划，使小区环境更园林化。

一、小区道路景观

1.景观道路

　　居住区道路两侧的景观绿带往往是现代简约规整式小灌木色带，例如将夏鹃、小叶黄杨、红花檵木三种叶色植物线性种植，加上大规格黄杨球或海桐球，形成整齐、饱满、层次分明的道路绿化色带效果（见图4-21）。

　　小区外围景观道路，两侧对称种植的规整式绿化带，灌木色带横向层次为夏鹃、红花檵木，加上与列植行道树乐昌含笑间种的红叶石楠球，形成具有纵向韵律和空间层次，且引导感强烈的景观道路（见图4-22）。

2.车库入口

　　高层区地下车库入口景观，常在坡道侧墙内种植大灌木球和藤本植物来弱化硬质贴面，以及用色叶灌木的色块相互搭配进行造景，坡道空间也可以通过设置廊架及绿化围合，形成富有层次、绿化掩映的地下车库入口景观（见图4-23）。

3.消防车道

　　住宅小区中庭常设置隐形消防车道，道路和色块弯曲流畅的线形及节点绿化色块，形成自然园林式的小区庭院环境。在前期施工中须依据景观平面图路网线形布置、绿地堆坡造型等来进行道路路基放样，以避免硬化路基影响苗木定位和种植效果。

图4-21　小区道路两侧的绿带种植　　　　图4-22　小区外围道路绿化种植　　　　图4-23　小区地下车库入口景观

4. 人行步道

居住区道路人行步道的铺装多以石材、透水砖为主，两侧配置草坪及灌木、地被群落。如图 4-24 所示，小道左侧草坪和四季秋海棠为地被，辅以玉簪、丝兰、芭蕉、紫薇等，点缀置石；小道右侧以鼠尾草、阔叶麦冬为地被，搭配高大灌木球，形成层次丰富、高低错落的步行游道景观。

二、中庭景观

1. 草坪空间

在居住小区的中庭及公共景观绿地，常出现草坪造景的形式（见图 4-25）。依据绿地空间安排和植物疏密布置，外围由乔木背景林带形成大草坪空间，林带边缘可种植灌木色块或花境，大草坪空间可孤植庭荫树。草坪绿地的堆坡造型需自然、饱满和平整，适用草皮主要品种有暖季型狗牙根、日本结缕草，以及混播的狗牙根与黑麦草（冷季型）。

2. 中庭色块

高层小区的中庭及公共绿地常布置自然式灌木色块，绿地色块放样需结合景观道路线形和绿地堆坡形态及景观空间鸟瞰图案效果进行布置，以达到色块线形自然流畅、饱满及富有层次，灌木品种叶色、叶形、花色等搭配协调的效果，如图 4-26 所示。

3. 灌木球

在小区中庭绿地的草坪、草花地被和灌木色块上种植大规格灌木球形成植栽层次和形态。在小区绿地林缘草坪上，灌木球常以每个品种三五个为一组种植，不同品种叶色、花色的灌木球疏密配植在草坪空间形成点缀观赏效果（见图 4-27）。

图 4-24　小区步行游道绿化

图 4-25　小区公共空间的大草坪

图 4-26　小区中庭植物色带

图 4-27　小区绿地中的灌木球

三、亲水绿地

　　住宅小区的水景空间与植物造景密不可分，通常在水景周边布置亲水绿地，以草坪、地被以及花灌木色块为主，辅以景石、雕塑、座椅、遮阴树及地形处理，形成色彩丰富、元素多样的亲水绿地效果（见图 4-28）。

四、建筑角隅

　　通常，植物在居住区建筑角隅的美化、软化、装饰方面发挥着重要作用。常见的方法是在建筑外墙 1~1.5 m 范围内种植绿篱进行防护隔离，一方面对建筑外墙进行保护，另一方面可以软化建筑生硬的线条（见图 4-29）。在建筑外墙设立种植池或种植台，种植花草及灌木，起到美化装饰作用。还有，近年来比较流行做下凹式绿地，种植耐水、耐寒、耐阴的地被植物，一方面形成良好的角隅植物群落景观，另一方面可以对雨水有一定的收集作用。

图 4-28　小区亲水绿地植物景观

图 4-29　建筑角隅绿化

五、入口花坛

在居住区及居住区公共建筑或别墅排屋的入口处，通常设置花坛，用以点景和标识空间（见图4-30）。入口花坛可以是永久性花坛也可以是临时性花坛。永久性花坛通常设立在入口两侧或中心隔离绿带中，选择多年生花卉及修剪整齐的花灌木以形成色彩丰富的图案。临时性花坛通常以盆栽摆放为主，以一二年生花卉为主，搭配一株或几株常绿灌木，例如苏铁、印度榕、夹竹桃、桂花、海桐等，可随着季节变化更换时令花卉，可根据需要改变花坛造型。

图4-30 小区建筑入口处的花坛

第五章

城市交通空间植物
景观设计

随着城市的不断扩大和发展，绿地面积尤为紧张。交通担负城市正常运行的重任，交通压力迫使交通空间逐渐增多拓宽，进而牺牲了原有的绿化带。城市交通问题越来越突出，交通与城市发展需要更加和谐的关系。在建设宜居城市的进程中，交通与环境关系的处理显得尤为重要。交通空间不仅解决车辆和人流的行驶通行问题，更是城市中特殊的绿化空间，交通空间在城市空间中的位置和处理手法，直接关系到城市的品质和未来。创建宜居的城市，打造宜人的环境，需要交通与城市环境和谐共赢。本章主要从街道交通空间、公路及其他道路交通空间、道路绿带、道路中心环岛、立交桥下空间、站前交通广场六个方面探讨城市交通空间的特征及其植物景观设计。图5-1所示为以武汉墨水湖立交为例的城市立体交通。

图5-1　城市立体交通（武汉墨水湖立交）

第一节　道路绿化相关规范与术语

一、道路绿化与架空线

分车绿带和行道树绿带上方不宜设置架空线。必须设置时，应保证架空线下有不低于 9 m 的树木生长空间。表 5-1 所示为树木与架空电力线路导线的最小垂直距离。架空线下配置的乔木应选择开放树冠或耐修剪的树种。

表 5-1　树木与架空电力线路导线的最小垂直距离

电压 / kV	1~10	35~110	154~220	330
最小垂直距离 / m	1.5	3.0	3.5	4.5

二、道路绿化与地下管线

行道树绿带下方不得铺设管线。新建道路或经改建后达到红线宽度的道路，其绿化树木与地下管线外缘的最小水平距离宜符合表 5-2 所示的规定。

表 5-2　树木与地下管线外缘最小水平距离

管线名称	距乔木中心距离 / m	距灌木中心距离 / m
电力线缆	1.0	1.0
电信线缆（直埋）	1.0	1.0
电信电缆（管道）	1.5	1.0
给水管道	1.5	—
雨水管道	1.5	—
污水管道	1.5	—
燃气管道	1.2	1.2
热力管道	1.5	1.5
排水盲沟	1.0	

当遇到特殊情况不能达到表 5-2 中规定的标准时，道路绿化树木根颈中心至地下管线外缘的最小距离可采用表 5-3 所示的规定。

表 5-3　树木根颈至地下管线外缘的最小距离

管线名称	距乔木根颈中心距离 / m	距灌木根颈中心距离 / m
电力电缆	1.0	1.0
电信电缆（直埋）	1.0	1.0
电信电缆（管道）	1.5	1.0
给水管道	1.5	1.0
雨水管道	1.5	1.0
污水管道	1.5	1.0

三、道路绿化与其他设施

树木与其他设施的最小水平距离应符合表 5-4 所示的规定。

表 5-4　树木与其他设施的最小水平距离

设施名称	至乔木中心距离 / m	至灌木中心距离 / m
低于 2 m 的围墙	1.0	—
挡土墙	1.0	—
路灯杆柱	2.0	—
电力、电信杆柱	1.5	—
消防龙头	1.5	2.0
测量水准点	2.0	2.0

四、相关术语

（1）道路绿地：道路及广场用地范围内的可进行绿化的用地，如图 5-2 所示。道路绿地分为道路绿带、交通岛绿地、广场绿地和停车场绿地。

（2）道路绿带：道路红线范围内的带状绿地，如图 5-3 所示。道路绿带分为分车绿带、行道树绿带和路侧绿带。

（3）分车绿带：车行道之间可以绿化的分隔带，如图 5-4 所示。位于上下行机动车道之间的为中间分车绿带；位于机动车道与非机动车道之间或同方向机动车道之间的为两侧分车绿带。

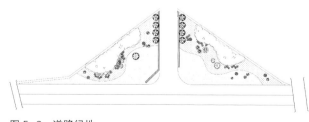

图 5-2　道路绿地

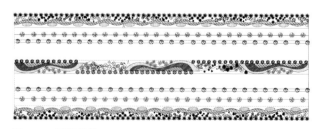

图 5-3　道路绿带

（4）行道树绿带：布设在人行道与车行道之间，以种植行道树为主的绿带，如图5-5所示。

（5）路侧绿带：在道路侧方，布设在人行道边缘至道路红线之间的绿带，如图5-6所示。

（6）交通岛绿地：可绿化的交通岛用地。交通岛绿地分为中心岛绿地（见图5-7）、导向岛绿地（见图5-8）和立体交叉岛绿地（见图5-9）。

（7）广场、停车场绿地：广场、停车场用地范围内的绿化用地，如图5-10、图5-11所示。

（8）道路绿地率：道路红线范围内各种绿地宽度之和占总宽度的百分比。

（9）园林景观路：在城市重点路段，强调沿线绿化景观，体现城市风貌、绿化特色的道路，如图5-12所示。

（10）装饰绿地：以装点、美化街景为主，不让行人进入的绿地，如图5-13所示。

（11）开放式绿地：绿地中铺设游步道，设置坐凳等，供行人进入游览休息的绿地，如图5-14所示。一般选择通透式配置的树木，在距相邻机动车道、路面宽度0.9 m至高3.0 m之间的范围内，其树冠不能遮挡驾驶员视线。

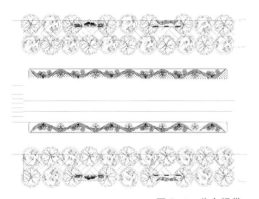

图5-4　分车绿带

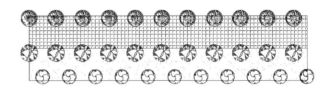

图5-5　行道树绿带

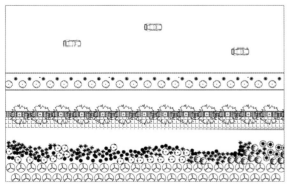

图5-6　路侧绿带

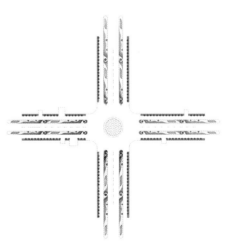

图5-7　中心岛绿地

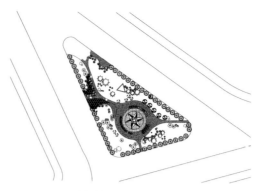

图 5-8　导向岛绿地

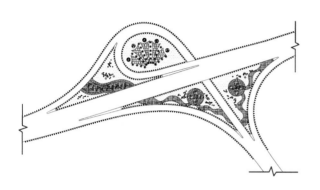

图 5-9　立体交叉岛绿地

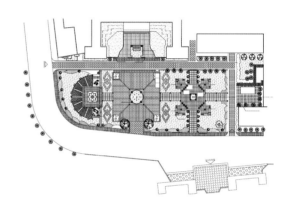

图 5-10　广场绿地

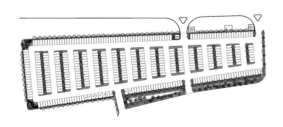

图 5-11　停车场绿地

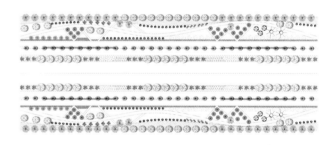

图 5-12　园林景观路

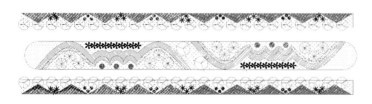

图 5-13　装饰绿地

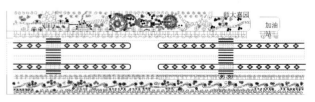

图 5-14　开放式绿地

第二节 街道交通空间植物景观设计

一、街道概述

1. 地理范畴

街道是在城市范围内，全路或大部分地段两侧建有各式建筑物，设有人行道和各种市政公用设施的道路。

2. 规划设计

街道首先是城市中的一条通道，用于帮助我们穿越城市的某一区域，通到那些分布在街道两旁或周边的地点，同时，这一通道也是可供不同类型活动使用的一个共享空间。

3. 历史的沿革

从城市设计角度看，早期的一些城市是由街道发展而来的。当社会进入商品流通阶段后，在南来北往的交通要道出现时，便由点到线逐渐形成了街道。在我国《周礼·考工记》中记载了我国早期营建都城时的情况："匠人营国，方九里，旁三门……面朝后市，市朝一夫。"同时对街道的宽度等都作了详细的描述，"经涂九轨，环涂七轨，野涂五轨"及"环涂以为诸侯经涂，野涂以为都经涂"。

4. 街道的功能特征

在古代，街道既是交通运输的"动脉"，同时也是组织市井生活的空间场所。没有汽车的年代，街道和道路是属于行人的空间，人们可以在这里游玩、购物、闲聊交往、欢娱寻乐，完成"逛街"所需要的全部活动。发展到马车时代，人行与车行的冲突已开始暴露出来，但矛盾并不突出；而到了汽车时代，街道的性质有了质的变化。由于人车混行，人们不得不终日冒着生命危险外出，需借助于交通安全岛、专用人行道和交通标识及管理系统等在街道上行走，且不得不忍受嘈杂的噪声和汽车尾气的污染，而这些都严重影响人们逛街的乐趣。

5. 街道空间

街道空间是由街道一侧或两侧围合的空间。侧界面是街道空间形成的基本因素，是由连续的建筑物、植物或设施构成的。街道两侧空间连续起来，形成空间组织的连续性和秩序性，任何街道都因其连续性而成特色。

街道空间作为城市中分布最广的公共空间，是城市公共空间的重要组成部分，对城市形象影响巨大。街道空间作为一种线形空间，具有"动"与"续"的特质，在这类空间中活动的人在心理上总有一种被驱动指引的感受，人们从一个路口走向另一个路口，这种空间的首尾延续，强化了人的行为和心理的连续性。

从审美经验方面来说，街道空间两侧界面的连续性是人们易于接受的普遍形式之一，是经过审美经验的感知而达到的最终判断，因此，街道空间的形成有赖于对街道两侧建（构）筑物、植物、设施的面宽、质感等的控制，街道空间设计讲究整体性。街道侧面连续性的控制包括沿街建筑高度控制、沿街建筑贴线率、建筑面宽比、建筑屋顶轮廓线四个方面，在此不作赘述。

从安全需求方面来说，街道空间作为人们每天接触的空间，其安全性尤为重要。连续而明确的街道侧面是使街道具有可识别性的最有利因素，也是街道安全的有力保证。

6.街道环境特征

伴随经济的迅猛增长，中国的城市化规模空前。在城市建设的大潮中，街道建设是重点研究与实践的对象，在取得一定成就的同时也存在诸多问题。如今大量的汽车尾气已经对空气造成了不可挽回的影响，街道植物由于种植不当而造成各种行车视线被挡、人行安全受到威胁、交通组织乱套等不良现象。雷姆·库哈斯在他提出的大都市理论中阐述了他对现代城市街道的认识：

（1）街道可识别性的意义不复存在，街道属于消费，已彻底被消费所侵略。街道本来的功能已被抹杀，人们已辨别不清自己应该在街道上的含义。

（2）街道的领域已经在各城市中拓展，空中连廊无处不在。

如建筑师所言，汽车"蚕食"城市，"侵略"人领地的问题日益严重。汽车侵占街道空间，使街道功能越发单一；不科学的规划导致街道秩序杂乱无章；街道尺度不断增大，让街道活力流失；不合理的设计让街道环境逐渐恶化。"人行道不知起自何方，伸向何处，也不见有漫步的人。快车道则抽取了城市的精华，大大地损伤了城市的元气。"现代城市发展模式对机械交通偏爱过度，造成城市街道景观空间人性的缺失与不可持续的发展。街道景观空间是人类不可取代的公共场所与生活舞台，如何有序合理地处理街道景观功能、美学、环境三者之间的关系并使之和谐发展，成为目前城市街道景观研究的重要工作。

二、街道道路绿化规划与设计应遵循的基本原则

1）道路绿化应以乔木为主

乔木、灌木、地被植物相结合，不得裸露土壤。

2）道路绿化应符合行车视线和行车净空要求

（1）行车视线要求：①道路交叉口视距三角形范围内和弯道内侧的规定范围内种植的树木不影响驾驶员的视线，保证行车视距（见图5-15）；②道路外侧的树木沿街整齐连续栽植，预告道路线形变化，引导驾驶员行车视线（见图5-16）。

图5-15 道路交叉口三角区绿化

图5-16 道路外侧连续种植

（2）行车净空要求：道路设计规定在各种道路的一定宽度和高度范围内为车辆运行的空间，树木不得进入该空间。具体范围应根据道路交通设计部门的数据确定。

3）植物种植应适地适树

植物种植应适地适树，并符合植物伴生的生态习惯；不适宜绿化的土质，应改善土壤进行绿化。植物伴生是自然界中乔木、灌木、地被等多种植物相伴生长在一起的现象，形成植物群落景观。道路绿化为了使有限的绿地发挥最大的生态效益，可以进行人工植物群落配置，形成多层次植物景观，但要符合植物伴生的生态习性要求。

4）保护有价值的原有树木

建道路时，宜保留有价值的原有树木，对古树、名木、大树、老树应予以保护。古树是指树龄在百年以上的大树。名木是指具有特别历史价值或纪念意义的树木及稀有、珍贵的树种。大树、老树并没有严格的定义，一般多指已经进入成年或壮年期，胸径较粗，冠幅较大的树木（见图5-17）。

5）道路绿化应远近期结合

道路绿化从建设开始到形成较好的绿化效果需十几年的时间。因此，道路绿化规划设计要有长远观点，绿化树木不应经常更换、移植。同时，道路绿化建设的近期效果也应重视，使其尽快发挥功能作用。这就要求道路绿化远近期结合，互不影响。

图5-17　对原有大树的保护

第三节　公路及其他道路交通空间植物景观设计

一、公路绿化设计

公路绿化应根据公路的等级、路面的宽度来决定，一般路面宽度小于等于9 m时，不宜在路肩上植树，应植于边沟外、公路征地范围边界线以内1 m处（见图5-18）。

路面宽度在9 m以上时，可将树种在路肩上，距边沟内缘不小于0.5 m为宜，以免树根破坏路基。

公路交叉口处应留出足够的安全视距，在遇到桥梁、涵洞、隧道等构筑物时，则5 m以内不得种乔木，以防遮挡驾驶员视线，影

图5-18　公路路肩外绿化种植

图 5-19　公路隧道口绿化

响其对前方路况的判断（见图 5-19）。

公路线长，则可在 20~30 km 的距离内换一种树，使公路绿化不单调，增加了公路上景色的变化。

公路绿化的行道树应选择具有一定规格的苗木，其冠幅大，枝叶密，移植容易成活，根深，耐瘠薄及粗放管理，病虫害少，在北方则要求树种有较强的耐寒力。

二、高速公路绿化

在平原地区，高速公路两侧绿地宽度各 30~50 m，共计实有绿地宽度 60~100 m，绿地率不低于 60 %，绿地覆盖率 90 % 以上（见图 5-20）。

高速干道长 100 km 以上时，在每 50 km 设一休息站，休息站应包括减速道、加速道、停车场、加油站、汽车修理处及食堂、小卖部、厕所等服务设施。

高速公路要求设置宽 3.5 m 以上的路肩，以供出故障的车停放。下坡转弯路段的外侧宜种植树丛树群，起到引导视线和增强驾驶员安全感的作用。

中间隔离带宽为 5~20 m，只允许种草或低矮的地被植物（见图 5-21），以免影响驾驶员的视线，同时也可避免乔木落叶满地引发滑车事故。

隔离带内必须装设喷灌或滴灌设施，采用自动或遥控装置。如隔离带较窄，则需增设防护栏。

三、省级公路绿化

以平原地区为例，省级公路两侧绿地宽度各 20~40 m，共计实有宽度 40~80 m，其绿地率应不低于 50 %，绿化覆盖率达 90 % 以上，路边行道树不得低于 5 m，行道树枝下高度不得低于 4 m。

图 5-20　高速公路绿化

图 5-21　高速公路隔离带绿化

四、其他公路绿化

公路两侧留有一定宽度的绿化带，至少有两行乔木一行灌木的位置，乔木株行距在 3 m 以上，乔木枝下高度不得低于 4 m，树种以乡土树种为宜，绿地率不得低于 25 %，绿化覆盖率达 90 % 以上。

五、铁路绿化

在铁路两侧种植乔木时，要离开铁路外轨不少于 10 m；种植灌木要离开铁路外轨 6 m。

在铁路的边坡上不能种乔木，可采用草本或矮灌木护坡，防止水土流失。图 5-22 所示为铁路两侧的绿化。

铁路通过市区或居住区时，在可能条件下应留出较宽的防护带种植乔木或灌木，以 50 m 以上为宜，以减少噪声对居民的干扰。

公路与铁路交叉时，应留出 50 m 的安全视距，距公路中心 400 m 以内不得种植遮挡视线的乔木或灌木，可配植草坪或矮小的灌木。

在机车信号灯处 1200 m 之内不得种乔木，可种草坪及花卉。

火车站台和广场上及候车室外空间，在不妨碍交通、运输、人流集散的情况下，可以考虑布置花坛、水池、遮阴树和座椅等设施，且应体现地方特色。

图 5-22　铁路两侧绿化

第四节　分车绿带绿化专项设计

一、分车绿带分类设计

分车绿带包括：行道树分车绿带、两侧分车绿带、中央分车绿带、路侧分车绿带。分车绿带宽度为方便应设为 4.5~6.0 m，最窄的也有 1.2~1.5 m，这种最窄的宽度只能满足分隔交通的要求。分车绿带宽度小于 1.5 m 的，应以种植灌木为主，并宜灌木、地被植物相结合。图 5-23 所示为分车绿带宽度小于 1.5 m 时不同的绿化设计。

1. 行道树分车绿带

行道树分车绿带宽度不应小于 1.5 m。行道树分车绿带（见图 5-24）种植应以乔木为主，并宜乔木、灌木、地被植物相结合，形成连续绿带。行道树定植株距，应以其树种壮年期冠幅为准。最小种植株距为 4 m，行道树树干中心至路缘石外侧最小距离宜为 0.75 m。

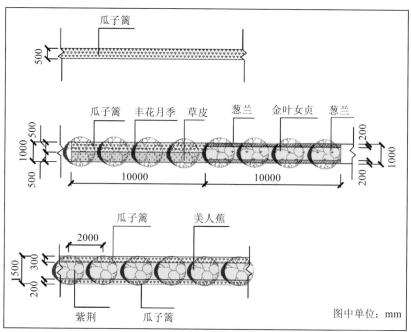

图 5-23 分车绿带小于 1.5 m 时不同的绿化设计

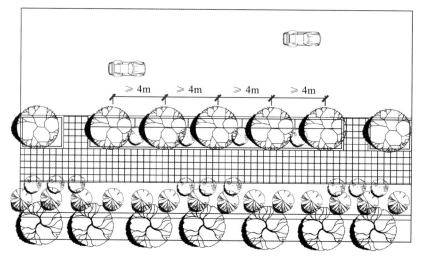

图 5-24 行道树分车绿带

道路交叉口视距三角形范围内，行道树绿带应采用通透式配置。在此三角区内不能有建筑物、广告牌以及树木等遮挡驾驶员视线的地面物。在视距三角形内布置时，其高度不得超过 0.70 m，宜选矮灌木或丛生花草种植。

2. 两侧分车绿带

两侧分车绿带宽度大于或等于 1.5 m 的应以乔木为主种植，并宜乔木、灌木、地被植物相结合，且其两侧乔木树冠不宜在机动车道上方搭接。

3. 中央分车绿带

中央分车绿带应阻挡相向行驶车辆的眩光，配置植物的高度在 0.6~1.5 m 之间，且其树冠应常年枝叶茂密，其株距不得大于冠幅的 2 倍。

4.路侧分车绿带

路侧分车绿带应根据相邻用地性质、防护和景观要求进行设计，并应保持路段内连续与完整的景观效果。

路侧分车绿带宽度大于 8 m 时，可以设计成开放式绿地。开放式绿地中，绿化用地面积不得小于该段绿带总面积的 70 %。路侧分车绿带与毗邻的其他绿地一起为街旁游园时，其设计应符合现行行业标准的规定。

濒临江、河、湖、海等水体的路侧绿地，应结合水面与岸线地形设计成滨水绿带。滨水绿带的绿化应在道路和水面之间留出透景线。

二、树种和地被植物选择

（1）道路绿化应选择适应道路环境条件、生长稳定、观赏价值高和环境效益好的植物种类。

（2）寒冷积雪地区的城市，分车绿带种植的乔木，应选择落叶树种。

（3）行道树应选择深根性、分枝点高、冠大荫浓、生长健壮、适应城市道路环境条件，且落果对行人不会造成危害的树种。

（4）花灌木应选择花叶繁茂、花期长、生长健壮和便于管理的树种。

（5）绿篱植物和观叶灌木应选用萌芽力强、枝叶繁茂、耐修剪的树种。

（6）地被植物应选择茎叶茂密、长势强、病虫害少和易管理的木本或草本观叶、观花植物。其中草坪地被植物应选择萌芽力强、覆盖率高、耐修剪和绿色期长的种类。

第五节　中心环岛绿化设计

一、概述

中心环岛是指在几条相交的交叉口中央，设置成圆形或带圆弧形状的岛，它使进入交叉口的所有车辆均以同一方向绕道行驶，运行过程一般为先在不同方向汇合（合流），接着于同一车道先后通过（交织），最后分向驶出。这样行驶可避免直接交叉、冲突和大角度碰撞，其实质为自行调节的渠化交通形式。中心环岛的优点是车辆可以连续行驶，安全且无须管理措施，车辆平均延误时间短，很少刹车和停车，节约用油，随之噪声低、污染少；缺点是占地大，绕行距离长，当非机动车和行人多及有直向行驶的电车时不宜采用。图 5-25 所示为纽约哥伦布交通环岛的设计平面图和实景照片。

设计平面图   实景照片

图 5-25 纽约哥伦布交通环岛

二、中心环岛绿化设计要点

凡是 4 条道路交汇的中心环岛，其直径应为 40~50 m。中心环岛是最常见的交通广场，其绿化要点如下：

（1）为了安全不设人行横道，不许行人进入广场，绿化的装饰性功能超过使用功能。

（2）植物的高度自圆心向周边逐渐降低，设在周边的灌木或花坛不宜超过 1m，广场地面铺设草坪，各式花坛要求花色、图案纹样精美，管理周到，代表该城市的面貌。

（3）市中心或人流较多的中心环岛可以在其间增设喷泉、水池、雕塑等，丰富立体景观。

（4）中心环岛周边的植物配置宜增强导向作用，在行车视距范围内应采用通透式配置。

（5）中心环岛绿地应保持各路口之间的行车视线通透，布置成装饰性绿地。

（6）导向中心环岛绿地应选择地被植物。

三、中心环岛绿化设计——以济南市北园大街为例

作为北园大街与城市其他主要道路的交接点，该中心环岛位置较为重要，具有一定的面积和规模，并具有一定的标志性。其绿地设计风格着重体现现代城市形象和生活气息，追求简洁明朗的特色，选择乔木、灌木和草本植物有机结合，形成四季多变的景观效果，同时特别选择部分规格较大的树木，形成该道路节点的主景，从而增强该景观节点的景观个性。图 5-26 所示为北园大街中心环岛的平面设计图。

以济洛路中心环岛（见图 5-27）为例，济洛路紧邻济南长途汽车总站，是城市风貌的展示点，故该节点设计色彩绚丽的模纹色块，并选择姿态优美的大型乔木，以简洁的植物组团和建筑前广场上整齐的树阵为背景，烘托了热烈的迎宾气氛，可给外地游客留下美好的第一印象。道路交叉口转盘绿地采用金叶女贞、小龙柏组成环形图案，并在外围草地上点缀金叶女贞色块，紫叶小檗穿插在环状金叶女贞之中，增加了色彩对比，简洁明朗，视野开阔。道路交叉口的东北、东南两个角延续简洁的设计风格，运用了较多的色彩鲜艳、线条流畅的植物模纹色块，与道路中心转盘相呼应。绿地内侧采用常绿、落叶乔木以及花灌木等形成紧凑的植物组团，并在组团前栽植大型乔木，如柿树、皂角、国槐等，赋予该地块明快大气的风格，同时结合沿线建筑，将建筑前广场作为开放空间，纳入城市绿地，以银杏树阵的绿化方式体现强烈的时尚感和现代感。

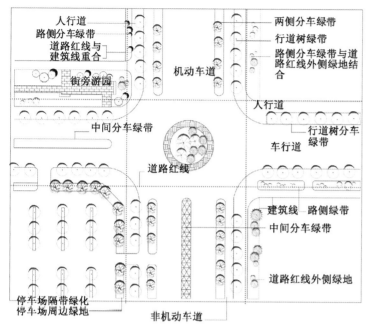

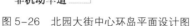

图 5-26　北园大街中心环岛平面设计图　　　　　　　　　　　图 5-27　济洛路中心环岛绿地设计

　　济南市历山路口出于行车安全性的考虑，同时也为了创造富有时代感的道路空间，以道路交叉口中心环岛为原点，与周边绿地一起通过自然流畅的曲线，抽象现代的造型，明朗大气的色块，共同营造开阔靓丽、丰富有序的景观空间。中心环岛以耐阴性较强的小龙柏形成中心圆，边缘以彩色艳丽的金叶女贞、紫叶小檗交替组合成具有旋转动感的图案，与车辆行人的通行方向非常协调。交叉口东南、西南两块绿地面积较大，结合建筑及河道设置休闲活动场所，在留出行车安全空间的基础上种植树形优美的大规格秋色叶乔木，突出路口的观赏性，乔木前沿种植曲线流畅的绿篱色带，通过变化的林缘线和丰富的地被群落，组合成路口的景观亮点。东北角和西北角两块绿地塑造起伏地形，通过不同植物的组合创造清新舒适的群落景观；以常绿和落叶乔木作为背景，前面片植花灌木，开阔绿地和较高地形栽植大型乔木，使该节点更富气势。

第六节　立交桥下空间植物景观设计

一、概述

　　立交桥属于桥梁建筑中的一种类型，是为了避免车辆在道路交叉处发生混乱而设计的一种可以让车辆分流的架空建筑物。因此城市中绝大部分立交桥的作用就是让交通不拥堵，保持通畅。鉴于它的功能，立交桥基本上都是建在道路交叉的地方。

本节着重讨论城市立交桥作为城市公共空间景观中的重要节点，在特定规划地段上相关的设计思路和宏观上的用地规划及协调。

二、城市立交桥的景观设计理念

城市立交桥节点与场地、自然的关系主要体现在景观处理上。

1. 场地特色及空间结构的强化

人类的活动具有相应的特征，这就形成了场所感。活动和场所能相互刺激而创造出活力。很多立交桥下成为周边市民聚集活动的特色场所，比如横跨在河两侧的北京天宁寺桥，沿着长长的河堤聚集了大量老人摆桌打麻将，旁边的小广场上还有许多休息的市民，货郎和剃头挑子，生活情趣十足。场地特色的强化，可以加强人们对该节点的识别性，由"我在这里"变成"我爱这里"，增强人们对该节点的认同感。

节点中各构成要素的组合方式即空间结构的强化，有助于人们明确方向感。在立交桥节点中，立交桥桥体的各车道组合方式，桥体与地面的衔接，绿化、小品、灯具等的使用都要强调内在的结构性。虽然方向感的获得除了来自空间形态还可能有许多其他的方式，但对于残疾人，尤其是盲人，空间形态本身具有的明确简洁特点，会带来更多便利。方向感弱带来的迷惑与紧张，方向感强所带来的适意与自信，都说明了空间结构的清晰与否可以直接影响人的情感。因此立交桥节点景观在设计时首先要强调场地特色和空间结构的强化。

2. 形式与功能的统一

场地特色和空间结构主要帮助我们从形态上了解空间与时间的关系。现在我们把环境和人的行为联系起来。节点空间的形式与内在的非空间内容是统一的，必须"表里如一"。具体来说，立交桥节点的空间形态必须与其中所发生的活动一致。不一致的情况将破坏节点景观的整体性，带来许多负面影响。

立交桥节点首先要满足车流、人流的交通功能，同时考虑人的停留、游憩及绿化的生态效益、观赏效果等。在20世纪80至90年代，各城市流行将商业、娱乐等功能纳入立交桥节点。如成都二环路绝大多数立交桥下长期以来为小商贩的铺面、舞厅、卡拉OK厅等的聚集点。立交桥节点本不应包括这些功能，当空间形式与活动不一致时，就产生了如垃圾污染、交通混乱、治安恶劣、桥体维护困难等许多问题。

3. 符号的易辨性

立交桥节点是城市意象系统中的一个符号。城市环境是一个交流和沟通的媒介，展示着各种明确的或不明确的符号。这些符号告诉我们许多有趣或有用的信息。符号的易辨性即人们使用符号性物质特征来与其他人沟通的有效程度。立交桥节点不同于自然景观，是人工创造出来的，充斥着各种符号，表达着许多意义。立交桥节点所形成的符号，应具有公众认知性。比如，不能将立交桥节点包围起来，形成像换乘车站那样的交通节点。也不宜把立交桥节点中的市民游园设计成城市中心广场，匝道及周边绿化也不可能设计成原始森林。符号化能增加获得信息的层面，使设计更易于理解。立交桥节点景观需达到这样一个目的——让人一看便知那是一座立交桥，而不是一座牌坊、一个火车站或者一个庆典广场。

符号语言学是一门处理符号交流的内部结构，并发展出语言研究和文化人类学研究的学科。我们可以努力通过对环境标志的应用获得更精准的知识。目前，该学科在将空间概念转换为语言符号上仍有困难，语言是一种纯粹的沟通系统，空间符号则是完全不同的组织方式。立交桥节点中的交通标志符号也同样需要易辨性，让人明确何处是出口，是否禁止转弯，限速多少等重要信息。景观中的符号就更多了，可能是一张座椅，可能是地面花砖的铺设图样，也可能是某些特定的植物……这些符号不但是特定文化的产物，也表达了人们的生活体验。例如：冷与热、高与低、动与静、关心与忽略、干净与肮脏、自由与限制……

4. 设计中的弹性余地

我们不得不承认，一个非常容易被感知、被分辨的环境不见得是一个适宜生活的环境。空间结构太过清晰和明确，每一个符号就只能指向唯一固定的涵义，而新的思想总是诞生于模糊之间。

人们对景观的感觉不是在一个瞬间发生的，更强调一个过程而不是状态。现在对景观的理解可能在几年或几十年后就成了那个时代的反面。为了保证节点景观的可延续性，除了做一些超前的设计外，可在设计时保留余地。这样在设计之初可能会增加一些开支，但比今后由于功能与形式的严重不符而导致的重建代价要小得多。最简单的例子就是在节点周边留出一些空间，以备今后空间转型时尚有余地。假如规划中节点周边十年后可能是居住用地，那么对该节点的设计中可适当考虑留出游园场地；若规划为商业中心，可在周边预留集散空间或立体人行通道的空间。

三、城市立交形式及环境分析

立交桥按交通功能可分为分离式（又称简单式，见图5-28）和互通式（见图5-29）两类。分离式立交桥是指桥上和桥下道路之间不相通的立体交叉形式，它的作用是保证上下两条道路上的车辆能安全、快速地通行，这种立交桥的附属空间只有桥下的空间，而且绝大部分都是作为封闭式绿化和道路之用。互通式立交桥又可以细分为两类：

图5-28　分离式立交桥

图5-29　互通式立交桥

部分互通式和完全互通式。匝道是互通式立交桥的标志，也是保证车流顺畅的法宝。由于匝道一般都是螺旋形式的，因此它会使立交桥占用更多的土地，立交桥的面积也就更大，附属空间自然也就更多。大面积的附属空间所具有的功能属性多了，就能满足多种多样的使用需求。

分离式立交桥仅有两条匝道和边坡绿带，规模较小。由于土建关系，一般只能在匝道两侧各种植一排常绿树或其他乔木，配以花灌木即可。互通式立交桥比较集中的绿地是主线和匝道之间围合而成的中央隔离带（即绿岛区），它是立体交叉面积比较大的绿化地段，也是比较容易创造出景观特色的区域。其次，互通式立交桥纵横主道间有多条环形匝道和右转匝道，匝道下的桥下空间是立交桥绿化的另一个较大的区域。相比分离式立交桥，互通式立交桥绿化面积大，景观更为丰富，运用的植物种类更多，尤其是形成大量的桥下隐蔽空间。

四、城市立交桥环境特征分析

1. 交通污染

交通污染的主要污染物是车辆在交通运输过程中排放的尾气和汽车行驶产生的扬尘。汽车排放的尾气含有 CO_2、氮氧化合物、碳氢化合物和铅（含铅汽油），柴油车尾气含有氮氧化合物、PM（细微颗粒）、CO 和 CO_2 等。有研究表明各大城市空气中 90% 以上的 CO 和 20% 的 CO_2 是由汽车尾气排放的。车流还会带动空气的流动，从而使周边绿化植物蒸发量加大。

2. 桥体因素

桥下会因桥面对阳光的遮挡产生大面积的阴影，造成光照不足，会影响植物的正常生长。此外，立交桥下气温由于桥面对光的遮挡，会明显低于桥体外的温度。同样由于桥梁的遮挡，桥下常年得不到雨水的冲刷也会对植物的生长产生影响。因为大部分植物是依靠其叶片表面的褶皱、绒毛和叶片表面腺体分泌出的液体或油脂来吸附并阻挡空气中的有害物质的，植物叶片若得不到雨水的冲洗，加之通风不良，就会生长不良甚至生病、死亡。

3. 桥柱桥墩

桥柱所处的环境大多为交通忙碌，汽车废气及扬尘污染严重，土壤稀薄。桥面和周围建筑物遮挡光线，立交桥大部分柱状桥墩光照严重不足，白天以散射光为主，偶尔有直射光。桥柱桥墩钢模板浇注一次成型，表面光滑，加上车速快引起桥面的震动，受周围建筑和车辆的影响，桥柱桥墩和桥下墙面附近的风向复杂且风力较大，比如上旋风、下旋风和剥离风等。这些方向不定且有力的气流和光滑的桥柱表面使得攀援植物很难依附桥柱生长，并且桥下土壤中建筑垃圾多，土壤十分贫瘠且理化性质发生改变。

4. 桥体防护栏

桥体防护栏位于桥体两侧，不受桥体遮光影响，因没有其他遮挡物，光照率可达到 100 %。但由于其处于桥面两侧，受汽车尾气及汽车扬尘影响较大，且由于其靠近路面、光照率高，夏日时防护栏位置温度较高。

5. 桥体墙面

桥体墙面的光照受桥体走向影响明显：东西走向桥体，其南向墙面光照情况较好，而北向墙面则光照严重不足；

南北走向桥体，其东向和西向墙面光照程度差不多。一般桥体墙面临近道路，所以墙下绿化带较窄，且土壤贫瘠。此外，由于墙面光滑，并有车流影响，不利于攀援植物攀爬。

6. 立交桥边坡

立交桥边坡是施工的产物，坡面原有的自然土壤结构因施工活动而被彻底破坏，加上立交桥边坡的坡度通常较大，被破坏的土壤渗透性较差，边坡土壤对降水截流较小，易因水土流失而导致土壤贫瘠，不利于植物生长。且由于桥体占地面积大，周围建筑物少，土地空旷，边坡风速比林地大，导致边坡风蚀情况严重，不利于水分保持。

7. 立交桥桥周及匝道间绿岛

随着一天中光照的偏移，桥周及匝道间绿岛也会受到部分桥体遮阴的影响。桥周及匝道间绿岛绿化既受桥体上车流扬尘及污染物沉降的影响，又受道路车流的影响，且绿化土壤贫瘠，不利于植物生长。

8. 周边附属绿地

附属绿地受桥体遮光影响较小，且面积开阔，是立交桥区域环境最好，最利于绿化的部分。

9. 人为因素

城市立交桥区一般人为活动频繁，立交桥绿地存在人为践踏与破坏的现象。

五、立交桥桥下的绿地环境设计原则及注意事项

随着现代化立交桥在我国逐渐普及，人们开始不断地探索桥下空间的利用以及立交桥的景观设计与美化问题。在进行绿化设计时要秉承以下两个原则：

（1）由于立交桥的功能受其所处地域及环境的制约，因而造型有别，线条或流畅或弯曲，有的结构较为复杂，因而立交桥下的空间也有较大差异。

（2）无论是哪种类型的立交桥，在进行桥下的绿化设计时，都要服从整体的绿化要求，根据立交桥所处的文化背景，根据整个城市的特点及主导思想来表现所需呈现的主题，在设计中尽量做到多景观、多层次、兼具多功能、多用途。

在进行桥下的绿地处理时还要注意以下两个方面：

（1）在进行地形的营造时要注意，坡度不宜超过30°，稍有坡度即可，不宜过高，这样一方面解决了立交桥的排水问题，另一方面又能够以较好的视角，欣赏到植被的层次感。如果坡度过高，会造成浇灌时水源的浪费。

（2）要将桥下遗留的垃圾土壤清除干净，之后还可以混合炭土、复合化肥等，能够更好地促进植物的生长。

六、城市立交桥的绿化设计

绿化是立交桥节点景观中非常重要的景观元素。在城市中，绿化的重要性除了平衡生态、改善局部气候、美化环境外，更重要的是能让人们心灵得到慰藉。许多人认为绿化只是建筑物或构筑物周围的园艺附属物，是与之脱离的独立存在。事实上，植物景观在很大程度上奠定了场地的特色，它们保持水土、调节气候、防御风沙、净化空气；

除了这些实用功能之外，多姿多彩、形态各异的植物还可带来视觉甚至心灵上的愉悦。优秀的绿化设计同样是系统化的，它表达和强调了场地的布局，界定了空间，提供视觉过渡，可以充当背景、荫盖、屏风等。

1. 立交桥绿化的基本规划手法

立交桥因其结构特点占地面积大，其绿化是城市绿化中重要的一部分。立交桥绿化的层次、种类、色彩搭配都可以突出立交桥本身的美感，同时营造桥体下宜人的空间。城市立交桥绿化应遵从以下几点：

（1）城市立交桥绿化应在保证交通安全的条件下设计，不能影响驾驶员视线，并要有良好的视觉感受。

（2）环形交叉口中心岛的绿化，应在保证视距的前提下进行引导视线的种植，中心岛可结合园林小品、图案式花坛、水池喷泉等布置，以增加景观特色。

（3）互通式立体交叉可根据各组成部分的不同功能进行绿化设计。

（4）对中心岛上的绿化，一般考虑层次多变化、平面图案鲜明的花坛式绿化，选择草坪、低矮灌木和花卉组成的动态立体图案。

（5）对立交桥的边角空地，要"见缝插针"，尽可能做到"黄土不见天"。

（6）由于车流量大，为节省空间，通常不宜将绿化设于桥上。一般要考虑造价和经济的问题，但从长远和美化环境等要求考虑，适当的绿化还是可取的，比如在栏杆外设置悬挂花池等。

绿化的主要目的在于美化环境和保持生态。规则化能带来特殊的美感，但缺少变化，过于生硬。立交桥的绿化除了提供在行车过程中的观赏效果外，已经越来越多地成为城市绿地和市民休闲空间的有效补充。

图5-30 藤蔓类植物用于柱体的绿化

2. 立交桥绿化的植物配置方式

（1）以树木为基础，布置和选择理想的树木位置以强化场地的构架。

（2）群植以模拟自然状态为主。

（3）冠荫树用以统一场地，它们通常构成最引人注目的标识，遮阴蔽阳的同时还可以柔化构筑物线条。

（4）种植中层树充当低空屏障，既可挡风，又可增加视觉趣味。

（5）灌木丛作为补充的低层植物可以起保护和屏障作用。

（6）藤蔓植物作为网状物和帘幕，多用于桥柱美化（见图5-30）。

立交桥所有的绿化种植，需尽量采用当地植物以突出地方特色且降低成本，保证生长和维护的便利。配置技巧可弥补地形缺陷，突出主题，强化可达性和视觉乐趣。

七、立体交叉绿岛绿化植物设计

立体交叉绿岛应以种植开阔的草坪等地被植物为主，同时可在草坪上布置宿根花卉、球根花卉及观赏价值高的常绿树丛及灌木，使整个绿地布局开朗，简洁明快，色彩斑斓。不要种植阻挡驾驶员视线的高篱和大量乔木，特别是在道路汇合的车辆顺行交叉处。

桥下宜种植耐阴地被植物，墙面宜进行垂直绿化。立体交叉绿岛的绿化布置，要以利于发挥交通功能为前提，使驾驶员有开阔的视野，保证安全视距（0.65~0.7 m）；出入口可以种植具有指示性的标志植物，使驾驶员看清入口；在弯道外侧，最好种植成行的乔木，以便引导驾驶员的行车方向，同时使驾驶员有安全感；在匝道和主次干道汇合的顺行交叉处，不宜种植遮挡视线的树木，若种植绿篱和灌木，则不能超过驾驶员的视高。

八、桥下植物种类的选择

由于立交桥受到桥梁高度的限制，因而在植物的选择上应以灌木为主，采用大面积的造型对其进行装点。好的设计要既不影响交通，又使驾驶员有安全感，并且对车道起到分隔的作用。大型的绿色树冠也为过往车辆提供了绿荫。除此之外，由于立交桥下的环境大多是阴凉的，光照强度较弱，植被的种植条件和植物的生长形态受到该条件的制约。如通过实验可以发现，适合立交桥下种植的耐阴植物主要有：鸢尾（见图5-31）、八角金盘（见图5-32）、麦冬、葱兰、金盏菊、万寿菊、海桐、四季秋海棠、石竹、紫叶小檗、锦带花（见图5-33）、玉簪（见图5-34）、桃叶珊瑚（见图5-35）、小叶女贞、丝兰（见图5-36）、佛甲草、丰花月季等。

图 5-31 鸢尾　　　　　　　　　　图 5-32 八角金盘　　　　　　　　图 5-33 锦带花

图 5-34 玉簪　　　　　　　　　　图 5-35 桃叶珊瑚　　　　　　　　图 5-36 丝兰

第七节　站前广场绿化设计

一、概述

站前广场作为城市主要人流和车流集散点，在功能上属于城市交通型公共空间。从用地性质角度来分析，站前

图 5-37　西宁市火车站站前广场效果图

广场属于城市广场中的集散广场这一类型，主要作用是给人流、车流的集散提供足够的空间，并满足旅客室外休息等候的需求，向旅客提供相应的导向或商业服务。它对社会大众开放，并与公众的交通生活密切相关，满足作为城市公共空间的基本特性。站前广场的绿地也是交通空间的组成部分之一，除了装饰和点缀广场建筑外，还为行人提供必要的阴凉。图 5-37 所示为西宁市火车站站前广场效果图。

二、设计原则

（1）广场绿化应根据各类广场的功能、规模和周边环境进行设计。

（2）广场绿化应利于人流、车流集散。

（3）公共活动广场周边宜种植高大乔木。集中成片绿地不应小于广场总面积的 25%，并宜设计成开放式绿地，植物配置宜疏朗通透。

三、站前广场绿化设计的重要性

站前广场绿化与城市绿化的关系跟广场的使用性质有关。一些大型的站前广场除了自身所具备的交通集散功能外还兼有城市市政广场的使用功能，其绿地率要计入城市绿地指标，成为城市绿地系统的一部分；而大多较为独立的长途汽车客运站站前广场绿化只满足站内景观环境要求，就不能作为城市绿地系统的组成部分。但它与城市绿化并不是毫无关系的。

站前广场的绿化通常由集中绿地、分散绿地、地面绿化和空中绿化组成，在较大型的站前广场的绿化中，还包括静态水体和动态水体。各组成部分通过点面关系、动静形态和空间维度的有机结合，与城市绿化相辅相成，形成完整的绿化体系。一方面，站前广场绿化与城市绿化系统相互渗透——城市绿化可以成为广场的一个重要补充。例

如，广州芳村客运站站前广场进深不大，广场内绿化面积较少，城市绿化多少弥补了这一不足，经过清淤疏导后的城市绿化带给广场绿色生机的同时也改善了广场的整体空间尺度。另一方面，广场的绿化景观也可能是城市整体景观的节点或高潮。比如，成都金沙客运站站前广场边缘的线状绿化带和人行道点状行道树绿化通过点线面的结合，共同构成了有机协调的城市街道景观。因此，站前广场的绿化与城市整体绿化环境是连成一体的，保持着较高的连续性。

四、站前广场环境特征

依据城市意象理论的阐述，站前广场景观作为城市景观意象要素中的节点而存在，并与其他城市意象要素相关联。首先，它是城市外道路（特别是高速公路）与城市内道路的连接点，能够在旅客进城与出城行程中产生强烈的城市门户的印象。其次，在客运站所处的城市区域当中，站前广场也因其功能的重要性，成为区域的集结中心，需要能从周边城市环境中轻易识别出来。因此，它具有两种城市景观特征。

1. 形成城市门户景观特征

站前广场是旅客下车后进入城市的必经之地，给予了旅客对该城市的第一印象，站前广场景观提供的视觉、触觉、听觉等方面的信息，能让旅客在一定程度上对该城市有初步体验和了解。人们常常把站前广场比做城市的"门户"，是因为它具有城市门户所具备的地域性、标志性等景观特性。这一属性在位于城市对外交通出入口的主要干道与快速环道相交叉形成的站前广场中表现更为突出，它作为城市入口的标志提醒人们已经从城市外进入到城市内。

2. 形成区域景观特征

客运站有一定的服务半径，大中城市要设置多个客运站才能满足旅客就近乘车的需要，因此客运站分散于城市的各个区域当中，站前广场功能全面的交通服务设施和良好的绿化环境，能够起到引导交通和成为视觉中心的作用，成为该区域当中交通聚集点与视线的焦点，具有明显的区域景观特征。

城市景观节点需要具有与其功能重要性相称的空间形态与物质形式，其带给人们的印象才能更加深刻难忘，甚至成为城市的一个重要的意象特征。所以对站前广场的景观研究首先应该了解其所承载的基本功能和基本空间形态。

五、植物景观设计

1. 用于空间划分的绿化设计

（1）在客车出入站口处和道路分叉处的植物不能妨碍通行视线，可以适当种植一些低矮的树丛、树球或作观赏用的小乔木，以增强标志性和导向性。

（2）在站前广场与客运站之间应设置较宽的隔离带，宜选用1.2~1.5 m高的中等灌木，消除广场的行人看到车辆运行产生的紧张感。

（3）设置植物屏障来遮挡停车场和其他不雅景致。绿化形式应采用高低乔木、花灌木、地被植物或爬藤、垂吊植物等多层次的绿化组合。由于这种遮蔽需求是持续存在的，因此植物不可选用落叶树种，否则秋冬季节的隔离效果就会大大降低。

（4）人流集散区内可种植高分枝的行道树来限定通行空间，应成排设置，引导通行方向。

（5）绿化休闲区内划分亚空间的植物可采用低矮的花灌木、地被植物以及高分支点乔木，避免在人的视线高度构成遮挡。植物应在外形和色彩上均有所选择，能够反映季相变化，并搭配常绿树木。

（6）站前广场边界的植物种植应连续，既可以采用人工形态，也可以采用自然形态，但要与其周边的城市环境协调统一。

2.用于改善环境的绿化设计

（1）在靠近城市道路的广场边缘密植大树，利用树木屏障防尘减噪。

（2）利用植物调节休闲区空间小气候。提供阴凉的植物应具有较大冠径和较高分支点，以保证树下有足够的活动空间。

（3）大面积的停车场应结合车位种植树木，解决车辆的遮阴问题。可以使用嵌草地坪砖作为停车场的铺地材料，减少硬质铺装面积。

（4）水体也是改善空间环境的要素。可设置水池或喷泉，利用水声降低交通产生的噪声，同时水体能够调节空气温度和湿度，创造活泼和幽静的空间氛围。

第八节　城市街道植物景观设计原则总结

从城市街道景观设计角度来说，街道植物景观就是街道和与街道接触的活动场所的周围植物。随着人们对环境质量的要求不断提高，景观设计开始成为中国现代城市规划发展的热点，逐渐被人们接受和重视。街道景观作为街道空间的重要组成部分，可以说是整个城市景观的框架，它影响着一个城市的生态环境、自身形象、文化内涵等各个方面。一个富有特色的城市街道植物景观，会使整个城市景观随之增色。

园林植物景观是城市街景中的重要环节，它涉及城市规划、环境景观设计、园林、园艺等相关理论。而对于植物本身来说，其色彩、形态、生态条件、栽培要求都千差万别，如何在植物选择与应用上既能创造出良好的植物景观效果，又能科学合理地进行设计，并减轻维护力度，节约人力、物力及资金的投入，这些都是在进行园林植物景观设计时应仔细研究分析的，在进行街道园林植物景观设计时，应遵循以下几个原则。

一、因地、因时、因材制宜原则

每个城市街道的模式、功能、地理位置、所处的环境条件都有所不同，而这又是园林植物景观设计的限制因素。所以，在进行街道园林植物景观设计时，要根据各种街道的特点、自然条件，并结合现有的物质基础、技术能力去选择适当的植物景观形式及合适的植物材料，做到将配置的艺术性、功能的综合性、生态的科学性、经济的合理性、风格的地方性等完美地结合起来，切不可盲目抄袭、生搬硬套。如日本的街景，符号清晰，处处都体现出日本的文化气息与民族特征。其景观注重细节的处理，多强调装饰性的景观内容，尤其在小景上见长。

二、环境体验原则

城市街道空间在功能上是供人们生活、工作、休息、相互往来与货物流通的通道，在此空间中有不同出行目的的人群；在形式上又是城市景观环境的主要缔造者。城市街道空间的功能决定形式还是形式决定功能，都需要使用者的现场体验才可确定。可见，不论强调哪种先决条件，都应建立在使用者的可见、可用、可达的体验中，这是"以人为本"的设计核心。

三、行为规律

人们不同的出行方式和目的带来不同的行为特点。上班、上学等的行人往往没有闲暇时间在路上逗留，思想集中在"行"上，他们主要关注的是街道的拥挤状况、整洁、安全等问题，看重的是功能环境，其次才是周围的景观环境。而购物者、休闲散步者或是观光旅游者则有较多时间来观察街道周边的环境，因此也就对街道环境有更高的景观要求。在以步行为主的街道空间，人们则希望植物景观整洁雅致，并能提供一个可供休憩、交流的绿荫场所。

四、视觉特性

一般行人俯视要比仰视自然而容易，站立者的视线俯角约为10°，端坐者的视线俯角为15°。如在高处对街道眺望，8°~10°是最舒适的俯视角度。车在高速行驶时，驾驶员的视线集中在较小的范围内，注视点也被固定；且车速越大，驾驶员前面不容易注视到的区域范围越大。现代交通中干道车速的提高，带来了环境尺度的扩大，使得街道与周围的环境产生新的比例关系。因此，在各种不同性质的街道空间中，要以其主要的视觉特性为依据来对街道植物景观进行设计。

五、自然生态原则

目前我国行道树种植普遍采用单一品种，英国生态学家查理·爱尔登指出：一个群落健康的关键是"保持多样性"。这表明系统的种群越复杂，其稳定性越高。我国城市建设普遍存在建筑密度高，绿化量不足的现象。所以现在街道景观的建设重点放在绿化上，强调乔灌"当家"，草坪"少上"，注重群落种植，而且以植物的色彩、形态、果实、香味、文化象征来体现绿化与美化的要求。然而，大量的硬铺装、硬设施过多拥入街道开敞空间，会造成绿化量不足，与植物绿化成了矛盾的双方。这要求设计师审时度势，将生态和谐作为首要目标，巧妙地配置活动场地与设施，对其进行美化，切不可片面追求视觉效果而忽略了生态的重要性。

六、科学与艺术相结合的原则

"优秀的植物景观设计是科学与艺术的结合。"街道景观植物除了其美化作用以外，还需考虑其功能的科学性，应当有定量化的标准来进行统一。如行道树的种植宽度、路口的行车视距、行车净空要求、路侧分车绿带与建筑的距离、分车绿带的眩光防护等，在国家相关的行业规范中都有明确的规定。

七、个性特色原则

每个城市都有自己的个性与特色，除地域等自然因素形成城市特色外，随着城市规划、风景园林学、景观设计学等学科的发展，城市街道园林植物景观同样可以塑造城市的个性与特色。具体是指在整体性设计的基础上，通过不同的植物配置、地方特色树种、绿化形式，以及区域的历史文化等特色塑造个性化的城市街道园林植物景观。

八、法制手段原则

城市街道植物景观环境的形成、创新不是一蹴而就的事情，它的特色形成是个长期的过程，它不是通过几个工程、几项建设就可以完成的，在这方面，上海、深圳等城市已经走到了前面。要使人意识到这是一项长远的，需要通盘考虑的景观设计，政府的有关职能部门应制定出具有法律约束力的城市街道景观规划、营建法和景观维护管理法，以法制手段来保证城市景观的连续性。

九、主动原则

街道景观设计通常都由所在城市的市政设计部门完成。在设计中，对街道功能性设计的偏重使得设计者往往会忽视街道园林植物景观配置的艺术性设计。这种现象的产生，如上述所说，与没有一个明确的、具有约束力的法规法案有关。因此，想要从根本上改变这种被动性的修补设计，就要积极地、主动地将街道园林植物景观纳入最初的对街道的设计中，使街道园林植物景观成为街道建设内容实施中的一个标准指标，从而创造出一个优美的、宜人的、统一的城市街道景观。

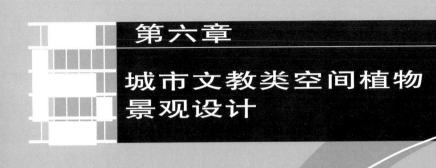

第六章

城市文教类空间植物
景观设计

　　城市，是人类的一个聚居地。它是人类在一定地域范围内营造的一个生存空间，包括居住区、公共建筑、以居住为基础的社区组织，等等。城市也可以说是人类创造的一种物质文化形态。城市往往是各种文化创新的发源地，为满足文化创新的多样性需求，城市首先要成为一个充满人情味的生产、生活空间，这就要求城市建设不单单以生产型城市、消费型城市为目标，而是以塑造人性化、高质量的生活空间为重心，关注居民的心理感受，营造良好的工作生活环境。文教不仅是个名词，也是一个动词，"以文教化"。城市文教空间的第二层内涵是一种城市的发展方法和理念——"以文化城"，即用文化这种手段来提升居民素质、促进城市发展。文化的多样性决定文化城市发展的多维性。城市文教空间就是文化形态表现出来的存在形式，城市没有文化，就会千城一面；城市没有文化，就会产生特色危机；城市没有文化，就会遭到批判；城市没有文化，就无法实现成为世界名牌城市的目标。

　　本章从城市文教类空间植物景观设计角度来尝试分析城市文化的内涵，分别对纪念性园林、文化广场、遗址公园、寺观园林、校园的植物和景观设计进行具体阐述。图6-1所示为柬埔寨金边大屠杀纪念馆。

图6-1　柬埔寨金边大屠杀纪念馆

第一节　城市文教类空间的类型与环境特征

一、城市文教类空间的类型

城市文教类空间是指城市公共空间中承担文化和教育功能的场所，包含文化类空间和教育类空间两类。城市文化类空间的典型代表包括纪念性园林、文化广场、遗址公园、寺观园林等，教育类空间包括中小学校园和大学校园等。

1. 纪念性园林

纪念性园林是以纪念人和事为目的建造的，以供人们瞻仰、纪念或铭记为主要特征的，具有历史意义和文化价值的自然环境和游憩区域。纪念性园林主要包括名人故居、陵园（见图6-2）、墓园、纪念碑、纪念塔、纪念雕塑、牌坊、纪念馆、祠庙、纪念性公园等。人类自古以来就有为所崇拜的偶像、英雄、神灵、建立丰功伟绩的帝王以及某件重要的事件等建造纪念物的观念和习惯。刘滨谊、李开然等认为："纪念性景观的营造是人类纪念行为的主要途径，并通过观赏者、事件景观和物质景观的反复组合表达或传承纪念的意义。"

2. 文化广场

城市广场是人们进行公共活动的场所，在一定程度上，它反映了城市市民生存的特点，是市民的生活环境的重要组成部分。文化广场是城市广场的一种，属于市民广场，是市民广场中体现更多文化特征的广场，也可以说是有着更多文化内涵的广场，如西安市的南门广场、大雁塔南北广场（见图6-3），呼和浩特市的成吉思汗广场等。从狭义上理解，文化广场是指富有特色文化氛围的城市广场，包含具有美学趣味的广场建筑、雕塑以及配套设施，一般属于政府公益性设施。它是公共文化生活集中的城市空间，为专业或民间组织在此进行艺术性表演或展示提供场

图6-2　纪念性园林：中山陵

图6-3　文化广场：大雁塔广场

地，也是群众性的各种娱乐、体育、休闲等的活动场地；从广义上理解，文化广场泛指多功能、多结构、多样性的城市空间，它不仅指物理空间的开阔，也代指精神的、形态的空间深厚与广阔。

3. 遗址公园

遗址公园即考古遗址公园，是指以考古遗址及其背景环境为主体，具有科研、教育、游憩等功能的特定公共空间，其目的是促进考古遗址的保护、展示与利用，并有效发挥文化遗产保护在经济社会发展中的作用。遗址承载着一个

图6-4 遗址公园：大明宫国家遗址公园

国家、一个地区历史文化发展的记忆，是人类文明的共同财富，随着人们对遗址价值认识的不断加深，遗址保护得到了广泛的重视。考古遗址公园是现阶段大遗址保护的一种新模式，在众多的遗址保护方式之中，遗址公园这种集遗址保护、休闲娱乐、美化环境于一体的保护模式得到了广泛的关注和青睐。然而区别于其他公园，遗址公园具有遗址保护、历史文化教育、生态环境保护的特殊职能，因此在景观规划上具有自身的独特性。图6-4所示为大明宫国家遗址公园。

4. 寺观园林

寺观园林（见图6-5）作为中国三大园林之一，除与其他园林一样注重对意境的营造外，还有一个特殊的方面，即对宗教文化和氛围（宗教意境）的体现。园林中表达意境的元素很多，植物是其中重要的一类。随着汉民族地区宗教的世俗化，寺观建筑也跟着世俗化。寺观园林也一样，并不直接表现很浓的宗教特点，因此，寺观园林的宗教氛围很大程度上就依赖于植物的营造。寺观园林植物作为体现宗教文化和氛围的载体，也常常成为人们歌咏赞美的对象并以诗词绘画等艺术形式被记载下来，成为宗教历史文化的一部分。

图6-5 寺观园林：白马寺

5.校园

校园一般是指用围墙划出来某学校可供使用的范围（包括教学活动，课余运动，学生和某些与学校相关人员日常生活）内的区域，如图6-6所示。它包括了建筑、景观等多方面的内容，它的使用人群是师生，它的环境必须体现学校精神，并能够潜移默化地影响人。由于植物景观的主要素材是植物，植物具有生命力，不断成长变化，景观随着季节而变化，不同的植物又有自己的特色，因此，综合校园与植物景观的特点，可将校园植物景观定义为：校园植物景观是为了满足校园师生的各种需求，结合学校办学特色及校园文化，根据植物本身的特性，

图6-6　校园：北京大学

运用艺术手段，利用乔木、灌木、藤本、草本植物来创造的景观。校园植物景观用以营造出一个具有意境美，具有教育意义及某种物质用途的空间。

二、城市文化类空间环境特征

城市文化类空间环境特征表现在以下方面。

（1）区位性。其表现就是城市社区的地理位置、空间结构、经济环境与地方文化特色等。不同城市的地域位置构成了不同的地域文化，也构成了一座城市独特的人文精神和文明传统，铺设了城市文化的基础底色。城市的区位优势使城市成为文化聚集和文化辐射的焦点，通过文化交流与融合促进城市文化更快发展。

（2）人文性。城市文化空间完全是人为化环境空间，是人对自然的加工和创造。从这一点来说，城市表达了人文精神。城市的人文景观凸现了城市文化空间的文化内涵和文化特色。城市风景、园林、雕塑、高层建筑、旅游名胜及城市广场、文化街市、大道，都是一座城市文化精神的表达。从某种意义来说，城市人文景观是一座城市的艺术创作，塑造了一座城市的艺术形象，显示了一座城市的艺术特色。城市文化空间所遗存的文化资源是宝贵的财富，历史愈久，价值愈高。

（3）符号性。城市是人类创造的一种"文化语言"，文化形式就是符号。从这个意义来说，城市文化空间就是人类自己所创建的城市符号空间。景观是城市符号的一种，如高层建筑、城市雕塑、园林景点、城市风情、城市广场，等等。作为一种形式符号，它是一种城市图像，或者说形象，给人以赏心悦目的感受。因此，城市代表性景观是城市的象征，或者说城市的文化标志。

从城市文化类空间的环境特征我们可以看出，城市的发展是经济、社会、文化、生态等的综合、协调、持续发展，它以经济为基础，以城市外貌为代表，以社会为基体，以文化为环境，以人和人格精神为主体，从而构成了城市生态机制。从这一点出发，也就可以从结构功能的转换上，揭示城市发展的规律。

1.纪念性园林空间环境特征

1）尺度

尺度不等于尺寸，它是人们对景观大小的认知和感受，因此尺度是一种相对的概念。以前的纪念性景观大都崇尚巨大的体量和夸张的尺寸，然而夸张的尺寸不一定能够给人带来相应的尺度感。人们对于尺度的感知存在于对比之中。

尺度是相对的，总的来说，人们对尺度的相对性感受来源于三个方面。第一个方面来源于景观与人体尺寸的比较，这也是尺度最根本的意义。第二个方面来源于景观与周围环境的比较。第三个方面是景观中局部与整体的对比关系。巨大的尺度总是能给人一种强烈的震撼感，这是由于人对于巨大的体量有本能的敬畏感。传统的有代表性的纪念性景观几乎都采用大尺度的造型或空间，如图6-7所示。

蕴含纪念性主题的空间应该是一个可以回忆往事，进行哀悼、沉思和集会的地方。作为一个集思考、情感、精神和社会功能为一体的场所，纪念性园林必须一方面具有公共性与开放性，另一方面又有半私密、私密的层次，供人们驻足停留、安坐交谈，为人们提供领域感和安全感。这就需要采用大中有小的处理方式，可以运用侧界面的限定、高度的变化、雕塑小品的设置等手法在主要纪念场所周围环境中规划出小空间，并通过色彩、材质的处理和细部的刻画来创造出亲切宜人的小尺度空间，如图6-8所示的阿倍仲麻吕纪念碑，其周围的小尺度空间给人亲切感。在纪念性主题的表达中，大尺度的运用往往结合小的空间尺度运用。例如，在表现英雄人物的设计中，既需要大尺度来产生高大感和力量感，又需要小尺度使它具有真实感和亲切感。这种"双尺度"运用是经常看到的方式。同样，重叠、遮挡等中国园林中使用的手法也是改变尺度感的好方法。"隔则深，敞则浅"，人对空间大小的认识是相对的，对空间进行合理的分隔处理，促使观者产生心理感受的转换，才能促进观者和景观之间的互动。

园林中纪念性主题在尺度的处理上通常考虑以下基本原则。

（1）尺度的处理应反映出真实体量的大小：根据不同的纪念性空间的设计目的，应力求通过与人的对比或人所熟悉的构件的对比显示出空间的尺度感，且与它的真实尺寸相符。

图6-7 中山陵牌坊及入口广场的大尺度

图6-8 阿倍仲麻吕纪念碑

（2）尺度的处理应与人体相协调：尺度经常是与人体的比例和人的心理感受相比较而言的，当人们观察一个要素的大小时，往往用人的要素当作度量标准，这就要求庭院空间中的元素为人们所经常接触和使用的，如台阶、栏杆、矮墙、座椅等构件的尺度应与人体尺度相适宜，这也是人性化设计的具体表现之一；现代纪念性景观与人的关系越来越紧密，因此要调整设计手法，尽量能让人在纪念氛围中获得一种亲切感。

（3）各构成元素的尺度应统一：正确的尺度处理应把纪念性空间各个要素联系成一个统一的整体，每个局部及它们同整体之间的关系都应给人尺度统一的感觉，以求整体尺度统一协调。

2）向度

空间在长、宽、高三个方位上尺度或量度关系形成空间的比例，空间比例有两种表现形式，一是各个方位相对平衡，二是一种方位在各方位中占主导地位。不论在古典还是现代的空间中，以一种方位占主导地位的情况居多，这就是所说的这种空间具有"向度"。不同向度的空间有不同的特征和象征意义。

3）分隔和围合

空间的分隔或围合可以采用以下手法：利用高度差变化进行分隔；利用地面铺装进行分隔；利用墙体、绿篱、水体、山石、树丛、廊架、小品等景观进行分隔或围合。在空间中，通过转换地坪标高，即将水平地面抬高或降低，往往能构成生动活泼的空间，引起观者的兴趣。要形成特有的氛围，墙或绿篱的围合与分隔是不可缺少的。它是一种限定的"界"，一种从无序中创造出有序的空间引导，是创造空间氛围的特定手段。用墙体、绿篱分隔空间时，其高度不同分隔的效果也不同，如当高度下降，封闭感降低，反之封闭感升高。可见，隔断了视线、地面的连续性，封闭性就产生了。

2.文化广场空间环境特征

文化广场空间的环境构成要素可分为自然和人工两大要素，也可根据人们的感知分为软质景观和硬质景观。软质景观包括绿化、水体、夜间照明等给人们以柔性感觉的景观，硬质景观则包括道路、铺地、建筑、环境小品、构筑设施等一些质感坚硬的景观，其中照明归类于软质景观是因为此分类主要针对其光学效应给人的感觉，而不是从灯具的角度来分的。

3.遗址公园空间环境特征

遗址自身往往具有一定遗址景观格局或具有完成一项活动的景观序列。遗址景观格局和序列是指遗址景观在空间上的结构表现，这种格局和序列有时反映在大尺度空间中，有时集中体现于某一点尺度小的空间。遗址往往是人类某一时期某项或多项活动的物质载体，既然其作为活动的物质载体，则其在内容上表现活动的开展序列，在形式上表现活动的形式和级别，因此在空间上必然体现人为规划或自然形成的景观格局和序列，如在大尺度空间内自然环境背景及风水格局，在小尺度空间内构筑物的功能分区和组织安排。无论是单体遗址或遗址群，遗址各部分或各遗址在空间格局中都承担一定功能，遗址空间在功能上的联系性，同样反映在景观序列和景观类型上具有联系性，如城门遗址往往是遗址景观序列的起景，与城内主要建筑遗址景观相互呼应；道路遗址往往在景观序列中承担引导功能，为主要景观的展现起铺垫作用。

空间格局是遗址各部分潜在的结构关系，是人们总体把握各部分组成关系的桥梁，空间格局由于其不如遗址本体自身景观性强而往往受到忽视。遗址格局的景观保护和再现一方面是遗址保护的客观要求，另一方面由于遗址空间格局是遗址整体意向的集中表现，遗址本体只有在其空间格局中才能更加丰富，才能明确地反映出其所蕴含的历史信息，从而以一种联系的方式表达景观形象和文化内涵。

4.寺观园林空间环境特征

寺观园林包括寺庙内的附属园林，寺庙建筑围合出的空间中所造的园林景观，寺庙外的园林环境。我国的寺庙主要表现儒家、道家、佛家三家思想互相渗透。从宋代开始寺观园林更多地追求观赏功能，寺观园林为人们带来恬静美好的园林环境，在寺观园林中可以赏园踏春。寺观园林内庭院部分的绿化，大多由一些古树名木构成，这样有绿树成荫、古树参天的氛围，能更好地衬托寺庙给人的虔诚感，如图6-9所示。

园林植物与宗教的关系非常密切，寺观园林在植物景观营造上，注重用一草一木去反映宗教文化。佛、道两教的教义都包含崇尚自然的思想，又受到魏晋南北朝以来形成的传统美学思潮的影响，郊野的寺观把植树列为僧道的一项公益劳动，有利于风景区的环境保护。因此，郊野的寺观往往内部花叶繁茂，外围古树参天，如图6-10所示。

寺观中的香道、甬道以及正殿通常栽植树型高大、树冠浓荫、姿态遒劲的植物，以起到体现庄严肃穆、烘托宗教气氛的作用。这些植物通常选用长寿的树种，如松柏、银杏、香樟等。一些树木历经千百年仍然郁郁葱葱，成为我国自然文化遗产中的瑰宝。一些寺观也由于古树名木的存在而闻名于世。一些植物与宗教教义及神话传说联系紧密，继而成为宗教的象征。

寺观园林的空间格局应是虚实结合、模糊而流动的，与宗教所追求的思想境界一致。在寺观园林中，植物可以起到模糊空间边界的作用，从而给人以高深莫测的感觉。寺观园林在运用植物组织空间上，与其他造园要素手法类似，也主要运用障景、借景、框景等不同的手法。

寺观及寺观园林表达了人们对宗教中描述的仙境及美好生活的想象与向往，因此对寺观中植物的选择也要考虑到宗教的色彩和文化象征。应选择以适应小气候的乡土树种为主，在考虑寺观园林的统一性的基础上，应尽量选择

图6-9 观音禅寺的千年银杏

图6-10 天台山古方广寺外围树木繁茂

与宗教文化相关的园林植物。常见的与宗教文化相关的植物有被称为佛教四大吉花的优昙华、莲花、曼陀罗花和山玉兰；有谓之佛教四圣树的菩提树、娑罗树、阎浮树、芯刍树。佛教规定的"五树六花"在傣族寺院中必不可少，"五树"指菩提树、高榕、贝叶棕、槟榔和唐棕，"六花"指荷花、文殊兰、黄姜花、黄缅桂、鸡蛋花和地涌金莲。

5.校园景观空间环境特征

校园植物造景根据学校类型和所处地理位置等条件不同而有多种不同的方法，按照植物配置的平面可以分为自然式、规则式和混合式。

自然式园林植物种植方式以模仿自然为主，结合地形地貌、水体和道路的特征，灵活搭配植物，尽量保持自然的野趣。树木种植以丛植、孤植、群植为主，以树林、树带对空间进行划分。花卉布局以花丛和花群为主，不设模纹花坛。

规则式园林植物种植方式就是保持植物种植的几何形状，其特点是整体统一，一般都中轴对称。树木种植以行列式和对称式为主，花卉布局以模纹花坛和花境为主。一般在校园的道路两侧采用规则式种植手法，能够起到引导视觉的作用，同时增强气势和庄严感。

混合式园林种植方式即将自然式和规则式园林种植方式互相交错。混合式园林植物种植方式对地理环境的适应性较大，既能表现庄严规则的格局，又能表现活泼生动的线条，取自然式和规则式园林植物种植方式的优点，并使它们相得益彰。此类种植方式多在校园内的公共绿地和小庭院空间采用。

三、城市文教类空间功能

功能是系统所产生的功效或对环境所产生的作用，它是系统性质的一种表现。系统的结构决定系统的功能，系统有何种结构，就有与之对应的功能，与之对应的整体性质。城市文教类空间的内部系统结构关系不同，该结构对城市所产生的作用则不同。

城市文教类空间具有整合社会的功能。城市是由许多具有不同的文化背景、政治诉求、经济利益，处于不同的群体中的个体组成的。由于不同个体在思维方式、价值观念、生活和行为方式上存在差异性，而城市文教类空间是个体的共同利益和价值取向的代表，因此城市文教类空间必须协调城市内不同个体所处的组织群体之间的关系，使之最终符合城市发展的共同需要。

城市文教类空间具有规范社会的功能。城市的另一个特征就是交往与协作。城市是一个复杂整体，众多的不同组织机构、实体存在其中。城市中人和人之间互相依赖，因此城市需要一些共同遵守的规章、法规来规范人们的行为。城市文教类空间必须体现目标一致的行为方式，使得存在于城市中的各个有差异性的组织机构能够和谐共处、更好地发展。

城市文教类空间具有传承教化的功能。构建城市文教类空间能够使得城市文化代代相传，更好地利用和有效发挥良好城市特色资源，使城市资源得到持续的发展和进步，使得城市文化能够更好被下一代接受和传承，城市的新成员通过认识和接受城市文化能够更好地融入到群体组织当中去。在这一过程中，不单单是城市特色和文化得到传承，同时个体也社会化。

城市文教类空间具有发展社会的功能。城市主题文化对城市发展具有至关重要的作用。城市文教类空间集中体现了一个城市的核心竞争力。

第二节　纪念性园林植物景观设计

纪念性园林是人类文明进程的标记和记忆的再现，有些是人类为了群体记忆而营建的，有些是由重大历史事件和某一时期人们生活方式的遗迹形成的以便后世认知历史的景观。纪念性园林的种类非常丰富，涉及社会、政治、民族、历史、文化、艺术等方面，因此要求设计者有勇于探索的精神、高超的艺术技巧及特有的创作激情。

纪念性园林从纪念对象上分，无外乎纪念人、纪念事、纪念物以及它们所象征的精神；从功能类型上分，有庆祝性的、墓葬性的，也有标志性的、历史文化性的，等等。纪念性园林从纪念性形成过程来看，可分为主动和被动两类，主动和被动的主要区别在于事物在形成之前和定型之初是否具有对未来功用的预期性，具有预期性的事物是主动的，而不具有预期性的事物则是被动的。主动型纪念性园林在物质载体营建之初就具有纪念性的用意，如陵墓、纪念碑、纪念塔、纪念性雕塑、纪念门、牌坊、纪念馆、祠庙等，它们建成之初就不是为了纯粹的使用功能，而是有明确的纪念目的，是为了留住或唤起人们对人和事的特定记忆，而且那时，它们就已经具有了一定的精神和文化的抽象内容。被动型纪念性园林在营建成型之初不具有纪念功能，只是通过长时间的演变形成公认的纪念性园林景观或获得纪念意义，如名人故居、文化遗址等。在建成之初，这一类园林在结构和功能上与其他建筑或场所空间没什么两样，但当在那曾经居住过的人成为某一时代杰出性的代表，或是那里发生了一些有划时代意义的重要事件时，它们的功能和性质就发生了变化，就在原有的使用功能之外被赋予历程见证者的角色和深厚的纪念意义，它的存在可以承载一些抽象的信息、精神、内容与文化，因此就成为纪念性园林了。还有一些纪念性园林是综合以上两者而成的，它们是指一些纪念价值、历史意义、纪念形式感不够强烈的纪念资源在后期的开发设计中，形成具有比较完整纪念意义的园林景观，如美国的战争纪念公园，就是利用战争发生的真实场地，把少量残碎的纪念物等加以拼接、还原，成为今天的战争纪念地。

植物景观设计在纪念性园林构景中起烘托的作用。不同植物被特定环境的文化属性赋予不同的文化品质。植物的文化品质能使观者对特定情境产生感悟，与所在场所产生精神共鸣。纪念性园林常用的植物有龙柏、圆柏、侧柏、桧柏、雪松、油松、白皮松、云杉、黄杨以及罗汉松、黑松等常绿植物，寓意精神"万青"。同时还可使用玉兰、碧桃、桂花等开花乔木，玉兰高洁，象征高尚的道德情操；碧桃艳红，犹如革命先烈热血；桂花飘香，喻示革命精神永放光芒，先烈业绩流芳百世，等等。

一、纪念性园林植物景观设计原则与要点

1.规划设计原则

现代纪念性园林越来越注重"以人为本""天人合一"，以建筑、水体、植物、道路等元素综合设计出符合人们纪念感受的景观，并且满足大众休闲休憩、娱乐活动的需求。纪念性园林规划设计首先要在实现其"纪念性"意义的基础上，满足城市功能规划的需求，充分考虑到周边环境的各种要素，在设计中注重人的活动与感受，"以人为本"，"天人合一"，从人文关怀出发，提高园林便利性和安全性。其次，要增加植物造景，增加纪念性园林的动态柔性景观。造景植物不仅能够供游人观赏、遮阴降暑，提供私密空间，减少噪声等，满足园林景观的空间构成、艺术构图需要，而且是园林生态系统的初级生产者，是大多数生物种类的栖息地，是园林景观的生命象征。在纪念性园林的景观设计中，要有机地将植物、建筑、水体、铺装等造景元素结合在一起，营造出符合纪念的需求，同时满足现代社会对现代园林的现实需要。纪念性园林的植物造景的规划设计应遵循以下原则。

1）生态原则

我国古典园林中的植物造景要根据植物不同的生活习性，在园林配置时使植物各得其所，满足各个造景植物各自的生理、生态需求。清代的陈扶瑶在《花镜》中提出："花之喜阳者，引东旭而纳西阵；花之喜阴者，值北圃而领南薰。"我们的先辈们非常重视乔木、灌木、花草、攀援植物和地被植物的应用，使构成的植物群落具有多样性，发挥最大的生态效应。1997年，徐永荣对植物造景的生态学原则进行了阐述，认为应利用生态学原理，合理选择植物种类，精心配置，从而大大提高植物的成活率，形成高质量的绿化景观，适地种树，保证群落多样性、稳定性和经济性。生态性原则是纪念性园林植物造景首先必须遵守的基本原则，违背它，必将导致植物生病、死亡或者景观效果极差，达不到植物造景目的。

2）季相原则

纪念性园林中，建筑、园林小品、园路、地形基本都是静态的，一旦建设完毕，几乎不会发生很大变化，但是为了吸引游客，留住参观者脚步，吸引人们再次光临，就需要不断给观赏者带来新意。纪念性园林中造景植物在不断生长，随着季节变化，其叶形叶色、枝干等相应地发生变化，有的植物还有开花、结果过程，这就是植物的季相演变。植物的色彩是植物造景的重要因素，不同的色彩会使人的生理和心理产生截然不同的反应。在古代的纪念性园林中，松、柏等色彩深暗的树种往往被用于表达庄严肃穆的纪念效果；而在现代纪念性园林中，不仅延续了古代的松柏配置，而且为了表现特殊的纪念效果，还会使用一些色彩鲜艳的树种来烘托纪念之情，比如红枫、紫叶李、紫樱等植物。

3）美学原则

依据植物的季相变化，设计师在进行园林植物造景规划时，巧妙充分地利用植物的形貌、色彩、线条和质感来进行构图，然后经过一定的组合，将园林设计成一幅活的动态山水图。"爱美之心，人皆有之"，园林设计师应充分利用艺术构图原理，将植物个体和群体的形态美、色彩美、意境美完美地组合起来，为观者带来视觉盛宴，提高纪念性园林的美学价值。在植物造景中，广泛应用到的艺术构图规则有"协调与对比""多样统一""对称与平衡"

"韵律、节奏与均衡"等。

4）空间原则

我国古典园林善用"步移景异"来表达空间的概念；现代园林空间根据植物的构成大体分为封闭空间、覆盖空间、开敞空间、半开敞空间和垂直空间。

植物景观的空间营造主要包含植物景观的种植形式，植物景观的空间围合，植物景观的空间结构三个方面。针对不同类型的纪念空间，设计师采用与之相适应的植物景观，以强调或是烘托植物景观所形成的空间序列感。植物的不同种植形式（规则式、自然式和混合式），空间的开敞或者封闭程度，均会极大地影响人的纪念心理。植物景观的点、线和面状结构，形成了纪念空间植物景观的骨架，带给人各个层次上不同的纪念感受。

5）其他原则

植物造景原则也包括相关学科、领域的基本原则，如心理学、行为学等。这些学科的研究方法一般尝试用其他学科的理论来佐证一些公认的结果，从而探寻更理性、更深层次的解释，去丰富、扩展传统的设计理论，并为新理论的创立提供依据。如视觉心理学上的"形状重力"理论，行为学上的"人看人"等理论，都对园林植物造景规划设计大有裨益。

2.规划设计要点

在很多纪念性园林观中，造景植物被作为背景或衬景来体现或烘托纪念气氛，或者很多树木本身有独特的含义，保留了许多独特历史印记。因此我们在对纪念性园林植物配置的规划进行设计时，除了需要遵循本书中所述原则外，尤其需要注意以下几个要点。

1）符合植物生理生态特性

城市绿地不是实验基地，是公共场所，需要通过一系列工序，密集施工，耗费相当大的财力和物力，才能达到良好的景观效果。因此设计师在选择各植物品种时应该慎之又慎，在进行植物造景规划设计时，应该大量走访当地科研院所和当地植物园，详细调查当地自然植物群落，规划设计能够适应当地气候、环境的乡土植物和新、优品种。也只有这样，才能有效增加植物多样性，营造多样景观；才能利用植物形态、质地和色彩等固有特征与环境的关系，强调或烘托出纪念性主题精神。

2）突出植物象征意义

纪念性园林，第一要旨是需要突出主题"纪念"。纪念场除了用文字、图片、雕塑、实物、多媒体全方位展示外，还需要周边环境氛围的营造，让人们一旦进入纪念场所，就自然而然产生景观设计师需要的情绪。植物不同的文化属性赋予其不同的品质，能使观者对特定情境产生感悟，产生精神共鸣。比如渲染革命的烈士纪念园林可以采用以下植物造景：雪松、黑松、罗汉松、白皮松、五针松；龙柏、圆柏、桧柏、竹柏、竹类、开白花植物等，用以表现烈士的坚贞不屈的大无畏精神，表达后人的尊敬、怀念、悼念之情。

3）注意植物造景形式

现代园林景观中，植物造景方式多种多样，大致可以分为规则式、自然式和混合式三种。规则式植物造景主要应用在纪念性园林中，集中于景区入口或轴线周围，如宫殿、陵园（见图6-11）两侧等，以彰显其庄严性，植物种植的方法有对植、列植和环植；自然式植物造景也可应用于纪念园（见图6-12）、遗址公园、墓园等，营造出自然亲切的环境空间，在满足纪念性的同时，也为观者提供休憩空间，植物种植的方法有孤植、丛植、群植和林植；混合式植物造景是规则式和自然式相结合的一种形式，在实际应用当中最为广泛，也是纪念性景观中运用较多的方式（见图6-13）。纪念性园林中应该综合利用以上三种植物造景方式，营造出多样的植物景观。

图6-11　广州起义烈士陵园中规则式种植

图6-12　宋庆龄纪念馆自然式种植

图6-13　张骞墓园混合式种植

4）利用植物造景营造多样空间

芦原义信在《外部空间设计》中提出："外部空间的设计从某种意义上说就是把大空间划分为小空间，通过各种手法对室外空间加以限定，使空间更加充实，更接近人体尺度，更富人情味。"

利用植物要素，对空间进行分割和围合，可以使空间层次感增加，富于变化，营造出适宜人体的景观空间。如用绿篱分隔空间时，其高度不同，分隔的效果也不同，当界面高度下降时，封闭感减弱；反之，封闭感增强。纪念性园林为了满足纪念需要，植物造景往往营造开敞大尺度的空间；但是，也应该营造一些相对较小较私密的空间，供观者休息静养。动静有度，才是一个合格的纪念性园林。

二、纪念性园林植物景观设计方法

1. 植物与其他景观要素的融合

纪念空间的景观要素包括植物、构筑物、地形、道路、园林小品、水景等。构筑物又包括一般性构筑物和纪念性构筑物，由于一般性构筑物没有纪念的含义，因而在此不作单独探讨；纪念性构筑物包括纪念馆、纪念碑、纪念雕塑等。植物在环境中不是孤立存在的，通过与各类景观要素的搭配，能有效地营造出纪念氛围。如植物与纪念性构筑物、纪念性小品、纪念性水景搭配，不仅能缓和这些景观要素外观的生硬线条，还能有效地烘托其主体地位，突显纪念性；植物与地形和道路搭配，不仅能丰富景观，形成步移景异的效果，还能强化纪念空间的轴线感，起到引导游览路线的作用，使人产生特定的纪念情感。

1）植物与纪念性构筑物的搭配

在纪念空间中，植物与纪念性构筑物搭配具有多方面的作用。首先是柔化、美化作用。在纪念空间中，纪念馆、纪念碑等人工硬质构筑物具有固定、一成不变的外形，线条也比较生硬，而通过植物配置可以有效缓和缺少生气的建筑轮廓线。作为一种具有生命力的软质景观，植物拥有柔和的线条、丰富的色彩以及优美的姿态，可以起到柔化建筑线条、增添建筑美感的作用。其次是协调作用。单独存在于环境中的纪念性构筑物，虽然能形成庄严肃穆的氛围，但难免显得单调和孤立，与环境不和谐，带给人不够舒适的纪念性体验。运用植物可使人工化的纪念性构筑物与环境更和谐，使之与该地的历史文化、人文环境相协调。例如在青砖墙材质的遗址建筑物前种植景烈白兰，建筑墙面由小尺寸的青砖贴面而成，墨绿色的景烈白兰叶片同样细小，两者均为冷色调，风格相一致，同时景烈白兰的色泽和体量也与古色古香的遗址纪念地格调一致。植物的配置不仅与总体环境相协调，同时也拉近了遗址建筑与环境的关系。在细腻质感建筑的背景下，选用细纹理的植物，使其显得亲切，让观者想近距离欣赏，使得空间富有感情。再次，营造纪念氛围的作用。将植物对称布置在纪念性构筑物正前方，能强化建筑物的轴线感，形成庄严肃穆的纪念情感；将植物布置在纪念建筑的正后方，能衬托出纪念建筑在环境中的主体地位，并使其与环境较好融合。

2）植物与道路的搭配

在纪念空间中，植物与道路的结合很大程度上决定了环境氛围和游人的切身感受，其意义重大。道路作为游人的引导线，串联起了纪念空间的每一处景观画面。设计师能否营造出与纪念地密切联系的环境景观，与道路的灵活布置和曲折幽深密不可分。在纪念空间中，道路是体现纪念性格局的重要一环，同时它也需要起到交通集散的作用。对于面积较大的纪念空间，道路大致可分为纪念区道路和一般性园路。不同类型的道路与植物搭配，具有不同的景观效果。

（1）纪念区道路与植物的搭配：纪念区道路一般较为规整，又可以分为轴线上的道路和非轴线上的道路。对于轴线上的道路，设计师可通过在道路两旁对植、列植垂直向上型植物，强化道路的景深。对于道路终点的纪念构筑物，设计师可通过植物配置形成显著的指引性。规则的序列能形成一种庄严肃穆的氛围，唤起崇敬缅怀之情，并引导着人们向纪念目的地靠近。对于非轴线上的道路，通过在道路两侧以自然式或者规则式的形式种植数种常绿型、落叶型乔灌木，既能构建良好的道路空间，又能构造宜人的观赏性景观。

（2）一般性园路与植物的搭配：对于人行道、车行道等一般性园路，植物配置要做到因路而异，形成既各具特色又和谐统一的道路景观。如在车行道旁宜选用生命力较强、生长速度快的植物，步行道两侧则可以布置低矮灌木丛、花卉等以构建层次丰富的植物景观。规则式道路方便构成统一的植物景观，可与庄严肃穆的氛围相协调，但如果配置手法过于单一或者采用的植物类型较少（如仅采用常绿的松柏类植物），也容易陷入单调与乏味中。因此，设计师可以选用多种类型的植物，灵活运用不同的布局方式，构建节奏感强、富于变化的植物景观。

3）植物与地形的搭配

在纪念空间中，植物与地形的搭配，一方面可以改善场地的条件限制和观赏效果较差的空间，另一方面可以通过与纪念区主轴线上的道路结合，起到视线引导的作用。就地形的利用而言，凸地形与植物搭配的运用较多。将纪念物置于凸地形道路的轴线末端，是许多烈士陵园或者战斗战役类纪念空间常用的手法。这种手法多以高大的植物为主，烘托垂直方向上升感，强调空间末端高点处纪念性标志物的核心地位，严肃悲壮的氛围在靠近端点时愈发强烈，能够很好地调动人的纪念性情感。

4）植物与水景的搭配

纪念空间中水景的运用非常多，常以静水面、细流、瀑布、喷泉等形式出现，水景被人们赋予了广泛和深刻的涵义。水景具有很强的可塑性，如用缓缓细流可以表达沉思和平静，而充满生机的涌泉则有气势磅礴之感。纪念水景中的植物不仅可以较好地装饰水面，对于纪念氛围的烘托也能起到很好的作用。

在水景边缘种植一些观花地被或者低矮的灌木等，能较好地柔化生硬的边界，使从水面到硬质场地的过渡更为自然，同时也不会对人的视线产生阻挡，使观者获得较好的观赏体验。对于面积较大的水景，水面通常视野开阔，周围的植物就往往以大型的乔木为主，形成较为丰富的植物景观轮廓，并通过对植、列植各类挺拔自立的植物，使植物与水景融为一体，起到烘托纪念氛围、柔化水体边界的作用。

5）植物与园林小品的搭配

根据不同功能分类，纪念空间中的园林小品大致可分为实用性和装饰性两种。实用性小品包括园灯、桌椅、垃圾桶、指示牌、遮阳伞等。其基本功能是为游客提供服务，材质风格一般与纪念空间包含的历史文化内涵统一，主要成规则式布置，植物配置在保证小品功能正常实现的情况下，没有特殊要求。装饰性小品包括景窗、雕塑、景墙等，这种小品可以作为纪念地特殊历史或者文化的象征，所以，应该尽量展现其观赏面，植物配置通常以背景或点缀的形式处理，植物类型和体量应该与景观小品的体量相宜。在美国五角大楼纪

图6-14　美国五角大楼纪念园

念园（见图6-14）内，有184张悬臂式不锈钢长凳，一排排花岗石凳面的长凳是按死难者的年龄安排的，每张长凳下面有一个清澈的小水池，在附近血皮槭的婆娑树影下发出潺潺的流水声。长凳之间种植的血皮槭体量并不大，与低矮的坐凳尺度相宜。每一张长凳代表一位遇难者，注满生命之水、波光粼粼的水池则寄托着人们永久的铭记和哀思，血皮槭深红的树皮和秋天鲜红的叶色给人极强的震撼，代表着遇难者的生命之树将永远长存。

2.植物景观种植形式

植物景观的种植形式主要有规则式、自然式及混合式。在纪念空间中,不同的种植形式会给人们不同的纪念心理感受。

1)规则式

规则式种植体现严肃的氛围,如对植、列植和行植。在纪念碑广场两侧整齐地种植四排高大的法国梧桐,修剪成五指形的法国梧桐特有的长椭圆形树冠延绵而成两道绿墙,表现出庄严、肃穆的气氛,与园外热闹的气氛相对比,引导瞻仰者融入到陵园神圣的氛围中。在广场两侧可布置花灌木,以克服法桐的单调,起到丰富景观的作用。

图6-15 纪念空间对植景观

(1)对植:对植是以纪念主体(如纪念馆、纪念碑等)为中轴线,在两旁对称种植同一类植物或者树形相似的植物的方式。此外,在纪念空间的入口处,对植也有较多应用。对植对纪念性建筑和纪念空间的轴线能起到较好的强调和标识作用,如图6-15所示。

(2)列植:列植和对植具有一定的相似性,都是在中轴线两侧对称种植植物,但列植的植物数量更多,而且多采用尖塔形植物植于轴线两旁,来形成垂直型的植物空间,因而其空间的轴线感更强。对植的应用范围也适用于列植,列植还适用于纪念空间中的道路两旁,大量的栽植强烈地引导着人的视线,形成一种威严气势,如图6-16所示。

(3)行植:行植和列植具有一定的相似性,都可以在轴线两旁大量种植植物,但行植常常是多行植物成片栽植,这样的种植形式可作为纪念主体的背景,形成较好的封闭空间,烘托出纪念地庄重的气氛,不过行植有时不受纪念空间轴线的影响,这样的布局手法更灵活和适于人的活动,如图6-17所示的美国9·11纪念公园行植景观。

图6-16 纪念空间列植景观

图6-17 美国9·11纪念公园行植景观

2）自然式

自然式种植体现活泼的氛围。陵园内除纪念碑广场和南北轴线外，其他区域占地多，绿化主要采用自然式种植，或混合式以自然式种植为主。疏林草地，自然地形，乔、灌、草、花相结合，季相变化丰富，构成了陵园的基调。

（1）孤植：纪念空间中的孤植树通常由一株历史悠久的古树或者由二三株古树紧密地种于一处，形成一个单元，这些孤植树不仅具有较好的观赏价值，更是纪念地内历史的见证；此外，运用一些色彩艳丽的植物，与周围的绿色形成强烈的反差，给人以强烈的震撼感，如冬日里红岩革命纪念馆外盛开的梅花。

（2）群植：在纪念空间中，成片群植的手法能成为纪念馆、纪念碑的良好背景，烘托出具有自然气息而富有感染力的纪念氛围，如北京西山无名英雄纪念广场内的纪念浮雕，置于一片坡地背景林中（见图6-18），营造出崇敬之感；群植同时也可以作为构成整个纪念空间的配置手法，如在美国93号航班纪念园（见图6-19）中，整个场地以1600棵红橡树为主体，每到秋天，火红的树阵和金属、混凝土形成了强烈的对比，且园中的植物种类大都选用原生草和野花，这些植物、建筑等融合在一起，使得整个场所纯粹而富有感染力。

图6-18　北京无名英雄纪念广场浮雕墙背景种植

图6-19　美国93航班纪念园中的植物景观

3）混合式

混合式种植方式是自然式和规则式两者的混合使用。在纪念空间的植物景观的种植中，混合式种植不仅有效地提高了总体景观的丰富性，同时，由于融合了自然式与规则式方法的优点，能带给人们多样的纪念感受。混合式种植方式常常用于面积较大的纪念空间，如日本广岛和平纪念公园（见图6-20），其总体布局就是以广岛和平纪念碑（原子弹爆炸圆顶屋）为中心，纪念碑中轴线上和中轴线两侧的植物都采用了规则式的手法，对称布置在轴线两旁的草坪、中轴线上的方形草坪和主轴

图6-20　日本广岛和平纪念公园的植物景观

线两旁行植的树木,引导人们径直走向纪念主体;公园内的许多地方同时也采用了自然式种植形式和混合式种植形式,提供给人们休闲活动和静静沉思的场所,同时也引发人们对原子弹爆炸受害者的哀思和对和平的向往。

3.植物景观的空间围合

在纪念空间中,由于对植物类型、种植形式的选择不同,设计师可以营造出不同的植物空间,其中开敞植物空间、半开敞植物空间和垂直植物空间会对纪念氛围的营造产生较大的影响。

1)植物空间的围合程度对纪念氛围的影响

对于空间围合的程度,日本学者芦原义信提出了一些参考数据,对指导纪念性植物景观设计很有价值:纪念性构筑物的高度(H)与间距(D)的关系以$D/H=1$为界限,随着$D/H>1$时产生远离感,随着$D/H<1$时产生紧迫感,空间变封闭、压抑。D/H值为1,2,3使用较多,当其值大于4时,构筑物对环境氛围的影响就非常弱了,即D/H的值越大空间越开敞,其值小于1时,空间中会有一种压抑感。用w代表植物之间的间距,h代表植物的高度,可以用w/h来代表植物空间的围合程度(见图6-21)。根据围合程度的不同可以将植物空间划分成开敞型、半开敞型、垂直型等空间类型。

2)不同类型的植物空间对纪念氛围的影响

(1)开敞型植物空间。

开敞空间由低矮植物(草本花卉、地被和灌木等)作为限定空间的要素。在开阔的草坪和大面积铺装场地中点缀数株高大的乔木并种植低矮的植物,可使人的视线不受阻隔,也能形成开敞空间;在小尺度纪念空间中,由于视距较短,四周的边界高于人的视线,因此设计师即使使用稀疏的植物或低矮植物种植也不能形成开敞空间。在纪念馆等纪念性建筑物前布置开敞空间,可以起到突出纪念主体的作用。

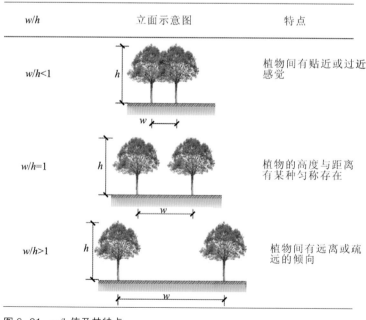

w/h	立面示意图	特点
$w/h<1$		植物间有贴近或过近感觉
$w/h=1$		植物的高度与距离有某种匀称存在
$w/h>1$		植物间有远离或疏远的倾向

图6-21 w/h 值及其特点

（2）半开敞型植物空间。

半开敞空间利用植物与地形、构筑物等景观要素结合实现围合。半开敞植物空间有两种形式：一种是稀疏栽植的植物部分遮挡视线，人的视线透过枝干可以看到远处的空间；还有一种是一面封闭的空间，其开敞尺度比较小，常常用在一面可以观景另外一面需隐蔽的环境中。在纪念空间中，半开敞植物空间类型中封闭的一面可以作为主体景观的背景，起到烘托纪念主体的作用，营造出一种宁静、安详的纪念氛围。同时，其封闭面通过限制视线起到障景的作用，从而引导空间的走向。

（3）垂直型植物空间。

垂直空间由植物作为封闭的垂直面，其顶平面开敞。树冠紧凑且分支点低的乔木树列、整形修剪的高树树列是构成垂直植物空间的良好材料。在纪念空间中，垂直植物空间类型常通过运用高而细的松柏类植物来围合出左右高耸林立、顶面开敞、方向明确的空间。垂直型植物空间将视线导向空中，给人强烈的方向感；两面视线的封闭，可以起到突出轴线顶端纪念主体的作用。这种空间既能指引观者前行，又可以掩盖空间端点景物的不足，增加空间感，使其看起来更美。

三、纪念性园林植物配置案例解析

1. 罗斯福纪念公园

二十世纪后半叶，为纪念美国总统罗斯福，设计纪念性园林（见图6-22），其设计当时轰动全美。它是第一个从本质上打破了以建筑物为主导地位的纪念性园林，整个纪念公园没有庄严肃穆的构筑物、高大雄伟的殿堂，只

图6-22　罗斯福纪念公园平面图

1—空间序列1（1933—1936年）；2—空间序列2（1937—1940年）；3—空间序列3（1941—1944年）；4—空间序列4（1945年）；A—纪念品售货亭；B—海豹徽章及小叠水池；C—就职瀑布；D—第一次就职雕像；E—信任之泉；F—火炉旁谈话雕像；G—等待面包圈的队伍雕像；H—乡村夫妇雕像；I—浮雕柱；J—田纳西河谷流域水利工程；K—民主自由之泉；L—战争叠水瀑布；M—总统与爱犬法拉雕像；N—送葬者的队伍浮雕；O—倒影池；P—总统夫人雕像；Q—四种自由叠水瀑布

有丰富的空间组织形式，轻松写意的构图，丰富的视觉景观，呈现给观者的是一种景观式的纪念空间，观者完全是在一种轻松自由的环境中来感知历史、了解伟人的风华。罗斯福纪念公园真正称得上是一个民主、自由的纪念园。

在罗斯福纪念公园的设计中，设计师劳伦斯·哈普林（Lawrence Halprin）通过石墙、雕塑、树木、灌丛等现代要素组合出相似的空间特色（见图6-23）。整座纪念园分为四个区域，按罗斯福总统在任期间所经历的四个时期为顺序。第一区，岩石顶端倾泻而下的水瀑，急速有力，象征罗斯福在任时所表现的那种乐观向上、振奋人心的活力；第二区所表现的是当时全球经济大萧条所带来的失业、贫穷、无助与金融危机等种种亟待解决的问题，墙面与柱面上的图像反映了当时的情景；第三区所表现的是第二次世界大战，崩乱的花岗石零乱地置于路旁，象征第二次世界大战带给人民的痛苦；第四区以舒适的弧形广场空间呈现开放辽阔的效果，对角端景是动态有序的水景，衬以日本黑松，产生一种和谐太平的景致，象征经历了经济大萧条与第二次世界大战的浩劫之后的全面复苏，一片欣欣向荣的景象。

整个设计，在狭长的地段，利用多变的空间组织为观者提供不同的视觉冲击，完美地呈现了纪念性功能空间的布局、交通流线与视线的安排。设计师巧妙地将曲折有致的铺装步道结合树木、绿篱、树篱作为空间过渡，把人们带入一个个不同的纪念空间。整个公园植物遵循空间分类，乔木与低矮灌木高低搭配。植物多选用模糊形状，与公园的流水声相呼应，更显自然。树木多采用树群的形式，在有雕塑等观赏场地少种植，或者采用背后种植以形成掩映的效果。同时在观赏雕塑的另一侧搭配种植树群、草本和灌木，来达到烘托景致的效果。

2.华盛顿的三座战争纪念碑

在华盛顿国家广场区域分布着三座美国最有代表性的战争纪念碑，它们分别是美国国家二战纪念碑、朝鲜战争纪念碑、越战纪念碑。华盛顿国家广场以华盛顿纪念碑为中心，东侧为国会大厦，南侧为杰斐逊纪念馆，西侧是林肯纪念馆，北侧是白宫；华盛顿纪念碑与林肯纪念馆之间是美国国家二战纪念碑和倒影池，倒影池的南侧是朝鲜战

图6-23　罗斯福纪念公园植物与其他景观元素的搭配

争纪念碑，北侧是越战纪念碑。

美籍华人林璎设计的越南阵亡将士纪念碑（Vietnam Veterans Memorial）与美国国父华盛顿纪念碑高耸入云、给人震撼的形象恰好相反，它是一个下沉式的呈倒"V"字形的磨光花岗岩黑墙，长约80 m，如图6-24所示。花岗岩黑墙镌刻着将士的名字，当阵亡者的家属亲友从冰冷的墙体上搜寻到阵亡者的名字时，无意发现黑色墙体上自己的倒影和亲人的名字在一起，顿时复杂情绪涌上心头，这正是纪念碑设计的纪念性情感高潮所在。设计师林璎解释她的构想：下沉的纪念碑"代表着大地上的一道裂痕"，"一条长而黑的墙从地表冒出来又陷到地下去"。

图6-24　"V"字形黑色花岗岩纪念墙

越战纪念碑周边植物造景（见图6-25）主要采用规则式，修剪整齐的低矮灌木配植成规则花纹，构成纪念符号，可以更好宣扬纪念主题。该造景采用雪松、罗汉松、红枫、乌桕作为背景植物，利用植物群落营造多变化层次。越战纪念碑两端栽植大面积的草坪（见图6-26），突出主题建筑，与越战纪念碑形成对比，构成多样的植物造景景观，减少人们的视觉疲劳。

美国国家二战纪念碑是在2004年由美国国会负责建设的纪念园区，占地面积约3 hm²。园区的中心为一个椭圆形广场（见图6-27），广场中间是大型喷泉水池。四周环绕着56根花岗岩石柱，分别代表二战时期美国的州和属地。石柱前的"自由墙"南北两端各建一座约14 m高的拱形塔楼，分别代表太平洋和大西洋两大战场。广场的东面两侧花岗岩石壁上，刻有24幅全民英勇参战的浮雕。纪念碑广场喷泉水池一侧是草地台阶，广场周边用高大的乔木做背景烘托，植物景观在这里仅作为背景和软化硬质铺装的点缀使用，使整个空间显得开敞、整洁、庄严。

朝鲜战争纪念碑（见图6-28）也是一个纪念园区，其东侧是一组刻有阵亡的美军和联合国军人数，以及刻有碑文的方座，碑文大意是："我们的国家以它的儿女为荣，他们响应召唤，去保卫一个他们从未见过的国家，去保卫他们素不相识的人民。"南侧是一面刻有各兵种士兵脸部的黑色花岗岩墙体，尽头刻有"自由总是要付出代价的"

图6-25　越战纪念碑周边植物造景

图6-26　草坪与乔木群对比

图6-27　华盛顿二战纪念碑广场

图6-28　朝鲜战争纪念碑园区植物景观

文字。北侧设计了在一块绿色地被上分散站立着19座仿真美军的不锈钢雕塑，仿佛再现了美军在野外战斗的场景。朝鲜战争纪念碑园区植物景观同样以高大的乔木为主，形成茂密的树冠和变化丰富的林冠线；雕塑群一带的常绿地被与浅色不锈钢形成对比，柔化了不锈钢的冰冷。

3. 莱克伍德公墓陵园

莱克伍德公墓始建于1871年，是一个典型的美国式的草坪墓地。在这里，大片宽阔的草坪上点缀着一些精致的纪念碑，碑的四周被树木和大而宁静的湖泊所围绕。这种风格是19世纪50年代由辛辛那提的春天的树林陵园首创的，而莱克伍德公墓正是这一经典墓地类型现存的最具代表性的范例。

莱克伍德公墓的托管人于2002年委托一个以景观建筑师为首的团队制作了一份全面的"景观总体规划"。通过与客户紧密沟通合作，景观建筑师对建筑师的选择过程给予建议，并作为设计团队的成员参与，从前期设计一直到项目完工。这一过程的结果是产生了一个有深远意义的整体建筑和景观设计方案，这个方案融合了新陵园和现存的陵园的特征，创造出拥有一座具有象征意义的教堂的中心风景区（见图6-29），景观建筑师以一种无缝的方式解决了容纳新的项目空间的难题，彻底改变了一个恶化的、"沉没"的空间，从而创造出了一个充满诗意的现代化景观，在一个充满意义的环境中为人们提供了慰藉和美丽。陵园景观涵盖了朝南斜坡上三分之二的建筑，建筑风格展现了一幅空旷的、和平的风景，伴着静静的倒影池、本地树木构成的小树林以及沉思的壁龛——鲜明的当代设计与它的历史环境和谐地融为一体。在墓地的入口附近，环绕着巨大的老树林，新址是一块比较大的凹陷的区域，从1967年以来一直是一个四层楼高的陵园、骨灰安置处建筑的前院。新的陵园和接待中心被融进了空间中现存的斜坡上，从远处望去，建筑大面积地掩映在原有树种——橡树（见图6-30）之间，且沿着街道渐渐淡出视线，只有约511 m^{2}的花岗岩亭子保存完好。陵园中的大型中央草坪（见图6-31）可以容纳350人，周边还设计了舒适的、便于沉思的私人集会空间，遥望远处可见莱克伍德公墓的小教堂，风景十分壮观。由"花园地下墓室"构成的高高的整体石墙矗立在不朽的楼道的两侧，墓室顶部采用绿屋顶形式（见图6-32），与花园草坪及地被在平面上形成一个连续的景观。新的陵园周边是一排排的长凳，枫树和山楂树组成的庄严的丛林，还有一个重新设计的零边缘的倒影池（见图6-33），不仅为大型团体在阵亡将士纪念日举行户外集会活动提供了空间，而且还为安静的沉思、

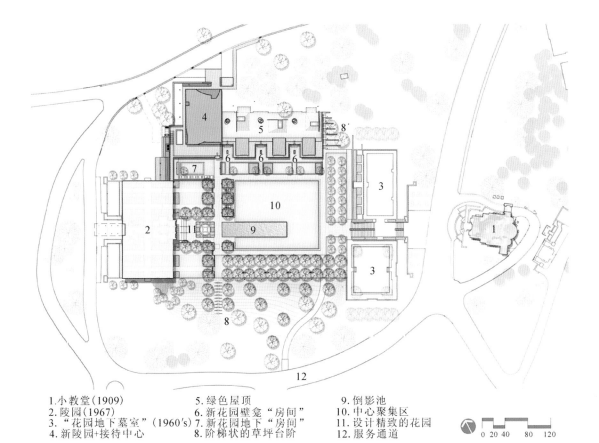

1.小教堂（1909）　　　　5.绿色屋顶　　　　　　9.倒影池
2.陵园（1967）　　　　　6.新花园壁龛"房间"　　10.中心聚集区
3."花园地下墓室"（1960's）7.新花园地下"房间"　11.设计精致的花园
4.新陵园+接待中心　　　　8.阶梯状的草坪台阶　　12.服务通道

图6-29　莱克伍德公墓陵园平面图

图6-30　橡树与陵园建筑

图6-31　中央大草坪

图6-32　墓室屋顶绿化

图6-33　倒影池

图6-34　石头水渠与花楸树

慰藉和疗伤开辟出一块空间。整个项目都采用了可持续性设计的原则，从绿色的屋顶到创新的暴雨排水策略，再到建筑废料的转移和本地植物的大量种植等，如图6-34所示的石头水渠与花楸树。设计师们力图打造一个不管是视觉上还是功能上都对环境产生最低影响的工程项目。

莱克伍德公墓陵园的植物景观总体上以草坪为基底，以乔木列植勾勒出陵园空间的轮廓线，搭配本土灌木及彩色叶植物，形成一个布局规整但风格活泼的陵园景观。

四、纪念性园林常用植物种类

纪念性园林植物景观有其独特的色彩象征。以我国北方城市为例，春季，白色花的植物以玉兰、广玉兰花为主，黄色花的植物以迎春花、连翘为主；夏季，白色花的植物以金银木、丝兰、珍珠梅、玉簪为主；秋季，黄色花的植物以桂花、孔雀草、万寿菊、金盏菊为主，黄叶以银杏、刺槐、栾树为主。此外，为烘托特殊氛围国内也运用开蓝紫花和红花的植物。开蓝紫花的植物有紫藤、麦冬、二月兰、三色堇、矮牵牛等；有红枫、五角枫、棉树、鸡爪槭、红瑞木等红叶树木，还有碧桃、榆叶梅、海棠、紫薇、月季、串红鸡冠花等花灌木和应时花卉。植物的形态特征也具有纪念性的象征意义，比如直立型造景植物，强调空间的高度感，烘托庄严、肃穆的气氛，如雪松、龙柏、蜀桧、圆柏等；水平型植物，强调空间的宽广度，适宜营造舒展、平静的气氛，如红花檵木、金叶女贞、紫叶小檗等组合而成的绿篱；曲线型植物，体现空间的柔和性，能够营造柔美、平和的气氛，表达哀悼和悲痛之意，如龙爪槐、垂柳、海桐、丝棉木等。

第三节　文化广场的植物景观设计

一、文化广场的作用

城市广场可以满足人们越来越多的对社会交往和户外休闲场所的需求。此外，城市广场还可以增加城市绿地，改善和重塑城市形象和空间品质，提升城市环境的识别性，带动城市土地发展，促进商业零售的机会。因此，随着市民对城市广场需求的提高，文化类广场的吸引力也越来越大。将文化的元素放入现代城市广场景观中，通过对文化的艺术展示，在美化城市空间的同时，让市民感受到城市的历史文化；在休闲娱乐的同时，将城市的历史文化的内容通过耳濡目染的方式，传递给人们，从而能够提高居民自身的文化内涵和素养。文化通过景观方式展现，更好地传递和延续着历史的脉络，对城市的建设者和使用者而言无疑是一笔宝贵的精神财富。文化广场的植物景观也可以体现城市的地域特征，加强人们对城市的印象。

二、文化广场植物景观设计原则

　　根据不同的环境因素（如气候，土壤等），绿化植物能够表现出不同的生长状况，植物对不同地域的分布有着差别性，因地域不同，不同的城市具有不同的绿化植被，如杨树、胡杨林等构成了北国风景，榕树、南洋杉、棕榈类等植物营造出浓郁的南国风情。因此，在不同的文化广场中应选用适宜的植物来营造具有特色的植物景观。

　　设计师在对文化广场的植物景观进行设计时应注重广场的多层次绿化，实现人与绿色植物的对话。经过细致种植规划所创造出的纹理、色彩、密度、声音和芳香效果的多样性和品质能够极大地促进广场的使用。园林绿化建设中的植物是绿化的主体，用生态学的观点和美学法则，营造植物景观，是环境景观设计的核心，也是现代城市广场建设中必不可少的组成部分，植物配置成功与否，直接影响广场的环境质量和艺术水平。

　　植物景观布局既是一门科学，又是一门艺术，完美的植物景观设计，既要考虑其生态习性，又要熟悉它的观赏性能。第一，城市广场的植物景观设计，要根据广场总体布局、景观立意进行植物配置，使植物景观与总体环境协调一致，既有统一性，又有一定的节奏与韵律的变化。第二，设计要注意做到主次分明，并满足植物景观群落的要求。第三，植物与水体、建筑、道路、铺装场地及景观小品等其他景观要素相得益彰。第四，与地形地貌等因素结合，利用植物材料进行空间组织与划分，形成疏密相间、曲折有致、色彩相宜的植物景观空间。

三、文化广场植物景观设计方法与要点

　　1. 文化广场植物景观的类型与选择依据

　　（1）义化广场景观植物在树种的选择上，以乔、灌木为主，组合搭配其他植物，增加绿化复层种植结构，使植物不同类型间优缺点互补，达到相对稳定的园林覆盖层，创造丰富植物群落，最大限度地增加绿量，如将同期开花的三四种花木，依树形组合配置，在一个季节或一段时日中显示它们的绚丽色彩，再加以常绿树与红叶树配置，形成对比景观（见图6-35）；或以乔木散置于花草地被形成广场附属绿地，与广场的硬质景观产生呼应，形成生态与艺术结合的园林景观（见图6-36）。在植物布局时，设计师不仅要注意其自然生态，还要考虑场地的特殊生态，保证植物生长健壮，达到预期的景观效果。

图6-35　上海人民广场色叶与常绿叶搭配

图6-36　西安大雁塔广场附属绿地

（2）不同冠形植物间的搭配。植物树形有圆形、圆柱形、垂枝形、尖塔形、卵形等，设计师在布局群体景观时，应注意形态间的对比、调和以及轮廓线、天际线的变化，通过各种类型植物间的合理搭配，创造出整体的美感效果。设计师在对植物景观布局时，既要考虑统一性，又要考虑一定的变化、节奏与韵律，使人们在观赏风景时，随着视觉的移动，达到步移景异的效果，增加景观趣味性；另外，在布局上，要有疏密之分，在体量上要有大小之别，垂直方向上要有高低之差，在层次上既要有上下考虑，又要有左右的配合，如图6-37所示。

（3）广场主景树丛的配置。孤植树作为主景树多配置在广场的显著位置或地势的最高处，孤植树附近应避免有与之体量相似或颜色相近的树而造成主景不够突出。主景树应选择观赏效果好、特征突出、观赏期长的种类，如以观赏效果好的乔木或灌木丛为主景，以深色调的乔木群为背景，以花卉及地被植物为前景，这样的搭配使植物景观丰富多彩。若孤植作主景体量欠丰满，则丛植更能充分体现其观赏特性，如水杉和圆柏等单株观赏时树体较为单薄，可用自然配置的树丛作为主景。为了防止主景杂乱无章，主景树丛一般只选择一个树种，几株丛植，各株间距、体量都要有一定的差异。这样，树丛就会疏密有致，空间统一而灵活。

（4）广场背景树丛的配置。背景树的选择应注意树种尽量单纯，如选不同的树种，则要求不同树种的树冠形状、高度及风格大体趋于一致，结构紧密。背景树要形成完整的绿面，以衬托前景，如图6-38所示的青岛五四广场背景树就将前景大草坪衬托得更广阔。背景树呈带状配置时，其株距间隔宜略小，或采用双行交叉种植。高干前景树宜选择常绿树种，分支点宜略低，绿色度深或对比强烈，树冠浓密，枝叶繁茂。如珊瑚树、广玉兰、垂柳等开花不明显的乔灌木，红枫、三角枫、银杏等秋色叶树，都能给草坪锦上添花。

（5）广场附属林地的配置。要在面积相对较小的草坪上创造广阔的大自然的意境，让游人领略到大自然的风光，设计师必须在创造特殊的小地形的基础上选择合适的树种，且各树种之间的配置要体现艺术性。在地形起伏的自然式草坪上自由种植一片单一的高大的树种，可以增强树丛的气氛，树种宜选择高大干直、形态优美的大乔木，一般只用两三个树种，自由散植，尽量借助周围的自然地形，如山坡和溪流等，营造自然的山林草地，如图6-39所示。

（6）广场隔离树丛的配置。设计师可以通过结构紧密的树丛来划分草坪空间，创造开放空间、半开放空间以及私密空间，如图6-40所示的合肥和平广场用绿带分隔空间。隔离树丛的树种常选用分支点低的常绿乔木或枝叶发达

图6-37　临潼芷阳广场植物配置

图6-38　青岛五四广场背景树与前景大草坪

图 6-39　临潼芷阳广场附属园林景观

图 6-40　合肥和平广场用绿带分隔空间

并且浓密，枝条开展度小的灌木类，在草坪与灌木之间由地被植物作为过渡，灌木的后面为不同高度的树丛，树种以大乔木为主，如椿树、合欢、银杏等，也可配置一些小乔木，如紫叶李、鸡爪槭等。空间的隔离要疏朗有致，特别是为游人开辟的透景线，可以配置疏散栽植的高干乔木、低矮的灌木或草花；局部范围为了绝对隔离或隐蔽，可以设置障景，利用植物阻挡人们的视线，对一定区域进行围合，如用珊瑚树密植，再对其进行修剪，形成密实的绿墙。

（7）广场庇荫树的配置。为了让草坪在夏季炎热天气能容纳较多的游人纳凉休息，设计师应在草坪上适当种植庇荫树（见图6-41）。庇荫树一般要求树冠大、枝叶浓密、病虫害少。树形与庇荫效果关系较大，因此对庇荫树的树形有一定的要求，伞形、圆球形的树冠庇荫效果较好，可选用鹅掌楸、香樟、悬铃木、槐树、杨树、榆树等；圆柱形、圆锥形树冠庇荫效果较差，一般少用作庇荫树。庇荫树下最好少配置灌木与花草，以避免庇荫的面积减少。

（8）广场草坪边缘植物的配置。边界景观是城市的印象之一，广场边缘不仅是界线标志，同时也是一种装饰，自然式草坪由于其边缘是自然曲折的，其边缘的乔木、灌木或花草也应该是自然式配置的，既要曲折有致，又要疏密相间，高低错落。草坪最好与路面自然相接，避免使用水泥镶边或用金属栅栏等把草坪与路面截然分开。草坪的边缘较通直时，可在离边缘不等距离处点缀山石或利用植物组成曲折的林冠线，使其边缘富有变化而不呆板，如图6-42所示的西班牙Milenio广场草坪边界处理。

图 6-41　上海文化广场上的庇荫树

图 6-42　西班牙 Milenio 广场草坪边界处理

（9）广场植物配置的季相变化。利用植物的季相变化来创造不同的四季景观，可以说是园林独特的一种造景手法。在设计中将春花，夏叶，秋实，冬干，通过合理的配置，达到四季有景。春暖花开，许多乔灌木、花卉纷纷绽放花蕾，迎春花、桃花、白玉兰、樱花、榆叶梅、绣线菊、海棠等，姹紫嫣红地装扮着缤纷的春季。到了夏季，绿荫片片，叶片色彩有嫩绿、浅绿、黄绿、灰绿、深绿、墨绿等，既给人们带来阵阵凉爽，又展现出不同的个性；夏季开花的植物有荷花、合欢、紫薇、木槿、凤凰木等。秋季硕果累累，不仅增添了城市的色彩美，还增添了丰收的喜悦，观果植物如冬青、石楠、红豆杉、天南星，其红色或黄色的果实如宝石般挂满枝头；色叶树对美化秋天亦起到了很重要的作用，秋叶如火如荼，红色的有枫树、漆树、元宝枫、三角枫、茶条槭、鸡爪槭等，紫红色的有四照花、栗树、紫叶李、天目琼花等，黄色的有棣棠、银杏、黄栌、五角枫等。冬季对植物的观赏焦点可以转移到植物的枝干，如干皮为红色或红褐色的红檵木、马尾松、山桃；干皮为白色的白桦、白皮松、毛白杨等；干皮为绿色的竹、梧桐等。

（10）广场花坛设计。由于花坛布局灵活、占地面积小、装饰性强，因此在广场空间中出现得比较频繁，既有以平面图案和肌理形式表现的花池，也有与台阶等构筑物相结合的花台，还有各种形式的种植容器。设计师在设计中不仅要注重花坛单体造型或独特的排列、组合方式，还应考虑其与喷泉、水池、雕塑、休息座椅等结合的一体化设计，如图6-43所示。植物是具有生命的设计要素，设计师必须了解广场场地的环境条件，选择适合在此环境生长的植物，特别应该选择乡土树种，不但成活率高，而且体现地方特色。

2.文化广场植物配置形式

文化广场的植物配置主要包括两个方面：一是各种植物相互之间的配置，根据植物种类选择树丛的组合、平面和立体的构图；二是城市广场植物与城市广场中其他要素如广场硬地、水景、道路等相互间的整体关系。据此，可将城市广场的植物配置大致分为以下几种基本形式。

1）城市广场规则式植物配置

这种形式属于整形式，主要用于广场围合地带或者长条形地带，用于间隔、遮挡或作背景。其特点是整齐庄重，富有秩序感，宜用于规则形的广场（见图6-44）。规则式植物配置可用乔木、灌木、花草等植物，并进行适宜的

图6-43　青岛五四广场的花坛布置

图6-44　大连星海广场规则式种植

搭配，获得形式丰富的植物景观，但株间要有适当的距离，以保证各株植物有充足的光照和土壤，以便获得生长所需的各种营养物质。规则式种植的主要方法有对植和列植。广场对植中最常见的就是在广场道路两侧，与广场入口中轴线等距栽植两株大小相同的树种。列植是将树木按一定的株行距，成行成列配置，广场列植中最常见的就是道路树和绿篱围合。道路列植树主要栽植在道路的两侧，具有遮阴降温、减少噪声、组织交通、装饰广场景观的功能，宜选用树干通直、树冠规整、枝叶茂密、树形

图6-45　德州三国文化广场对称布置绿篱

美观的树种。绿篱围合一般是用枝叶密生的灌木，按照规则式的株行距进行密集栽植。广场中常用绿篱围合镶边、烘托雕塑小品、组成模纹花坛等，如图6-45所示。

2）城市广场组合式植物配置

组合式配置是为了避免成排种植的单调感，把几种树组成一个树丛，有规律地排列在一定的区域上。这种形式有丰富、浑厚的效果，排列整齐时远看很壮观，近看又很细腻，可用花卉和灌木组成树丛，也可用不同的乔木或灌木组成树层。广场绿地也可以用片植形式进行配置，形成树木规整的群体景观，多用于林带和林地。片植的横向与纵向设计要规则等距、高低一致，特别是林下广场的栽植，要求树种、规格大体一致，这样给人以整齐和大气之感。树种可选择树干通直、树冠规整的银杏、国槐、刺槐、臭椿、白桦、油松、华山松等。在大面积的片植中，可以按四季景色配置成春花、夏荫、秋果、冬色等画意浓厚的景观。

3）城市广场自然式植物配置

自然式植物配置是利用人工模拟自然的配置形式。和规则式配置不同的是，自然式配置在一个区域内，花木的种植没有受到统一的间距限制，而是稀疏有序地布置，在不同角度有不同的景致，生动而活泼。这样的布置不受地块的面积和形状的束缚，可以巧妙地解决植物与地下管线的矛盾。它能寄托人们对大自然的怀念，是人们追求返璞归真、重归自然的表达，也是在人造空间中维持生态平衡的有效途径。在城市广场绿地中，自然式种植的方法主要有孤植和丛植。孤植植物往往是景观植物构图中的主景，一般多布置在开阔的大草坪或广场空地的构图重心上，与周围景观取得均衡和呼应并留出一定的观赏视距。丛植中的两株植物相配合，树种通常为同种或形态、生态习性相似，树木的大小不一定要完全相同，其姿态、动势要有变化和对比，植株间距不宜过远，在广场上与绿地共同组成和谐景观。不同功能的树丛，其树种配置要求不同，树丛设计要在统一中求变化，差异中求和谐。庇荫树丛，最好采用统一树种，然后用草坪覆盖地面，并设天然山石为坐石或安置石桌、石凳。观赏树丛可用2种以上乔、灌木组成。在传统配置中，树丛常与山石、宿根花卉组合，有的还以粉墙为背景，或以洞门为景框，组成活泼的画面式景观。

第四节　遗址公园植物景观设计要点

一、遗址公园概述

本节从遗址公园的分类和遗址公园的分区两个方面介绍遗址公园，只有了解和掌握了遗址公园的分类和分区，才能针对性地对不同类型的遗址公园以及遗址公园不同区域的植物景观进行规划和设计。

1. 遗址公园的分类

本书所提的遗址公园是指考古遗址公园，不包括地质类遗址公园及现代灾难类遗址公园等。按照考古遗址的地理分布情况可将考古遗址公园分为如下四大类。

（1）城市型考古遗址公园。此类遗址公园是依托位于城市中的大型考古遗址而建的城市居民日常休闲生活及旅游参观、学习的重要场所，往往具有资源丰富、交通便利、人流量大、资金投入量大等特点；与此同时，此类遗址公园还存在一定的不利条件，如遗址保护与城市发展矛盾突出、遗址公园肩负的环境压力日益增加等。城市型遗址公园的代表有圆明园考古遗址公园、大明宫国家遗址公园、郑州商城考古遗址公园、汉长安城考古遗址公园、隋唐洛阳城考古遗址公园等。

（2）城郊型考古遗址公园。此类遗址公园是依托位于城乡结合带的考古遗址而建的，往往表现为区域环境条件较差，居民生活水平及整体素质不高，考古遗址的保存与保护难度较大。此类遗址公园对于城郊型考古遗址区域环境的改善、经济发展及居民素质的提高有积极的作用。城郊型考古遗址公园的代表有阿房宫考古遗址公园、楚纪南城考古遗址公园、殷墟世界考古遗址公园等。

（3）村落型考古遗址公园。此类遗址公园是依托位于村落的考古遗址而建的，往往表现为：考古遗址在不断进行的农业生产活动及民宅建筑等活动中遭受严重的损毁或转移，加之乡村居民的保护意识淡薄和文化遗产保护宣传力度不够，给此类遗址的保护与展示带来许多困难和麻烦。此类遗址公园的建设不仅对考古遗址的保护和挽救极为重要，而且对其所处村落的知名度、旅游业发展具有一定的积极作用，有些村落的文化、历史及风俗习惯甚至成为遗址公园展示和表现的主题。村落型考古遗址公园的代表有良渚国家考古遗址公园、三星堆考古遗址公园、三杨庄考古遗址公园等。

（4）郊野型考古遗址公园。此类遗址公园是依托位于城乡以外的自然山谷地、荒地、风景区及自然保护区的考古遗址而建的。除一些受交通及水利设施建设影响和破坏严重的考古遗址外，相对于城市型和城郊型遗址公园而言，此类考古遗址公园在自然条件或遗址保存的完好程度上占据明显优势，但是在交通便捷性和各项服务配套设施方面略显不足。此类遗址公园是发展生态旅游、文化旅游、历史教育的重要场所。郊野型考古遗址公园的代表有周口店考古遗址公园、秦始皇陵国家考古遗址公园等。

依据考古遗址的使用功能，可将遗址公园分为以下五大类。

（1）城市类考古遗址公园。此类遗址公园是以保护和展示城市的整体格局以及著名建筑遗址为核心，包括城垣、城壁、宫殿、民宅、街道、纪念性建筑遗址等在内的考古遗址公园，涉及的遗址面积、保护与展示的难度往往较大。城市类考古遗址公园包括都城、王城、古城等。例如：隋唐洛阳城考古遗址公园、大明宫考古遗址公园、晋阳古城考古遗址公园、渤海中京考古遗址公园、扬州城考古遗址公园、曲阜鲁国故城考古遗址公园、汉魏洛阳故城考古遗址公园、郑州商城考古遗址公园、三杨庄考古遗址公园、楚纪南城（含八岭山、熊家冢）考古遗址公园、里耶古城考古遗址公园、老司城考古遗址公园、汉长安城考古遗址公园、秦咸阳城考古遗址公园、锁阳城考古遗址公园、北庭故城考古遗址公园、钓鱼城考古遗址公园、圆明园考古遗址公园等。

（2）陵寝墓葬类考古遗址公园。此类遗址公园是以保护和展示古代帝王、贵族的陵墓及具有重要考古价值的古代墓冢群为依托的一类考古遗址公园。中国历史上陵墓的出现始于春秋战国时期，由于受到封建等级制度和封建礼教观念的影响，一般人死后的土堆被称为"墓"，其中平民的墓葬叫"坟"，士大夫等人的墓葬称为"冢"，只有帝王死后的高大的坟墓才称之为"陵"，而帝王陵中的寝庙则称之为"寝"。陵墓考古是我国考古的一个大类别，它是我们了解、认识、考证古代历史和文化的重要依据，同时，由于陵墓类遗址蕴藏大量珍贵的文物，也是历来盗墓贼的主要目标，因此，保护此类考古遗址的意义重大、任务艰巨。在众多古代陵墓遗址中尤以陵寝遗址最为世界瞩目，它是历史进程中特定的产物，与皇家宫殿、御苑、行宫等一起构成了中国皇家园林体系，承载了许多重要的历史信息和文化内涵。陕西、河南、北京、四川、湖北等地是我国重大墓葬类遗址的主要集中地，例如关中一带的汉唐陵寝、北京地区的明清陵寝、河南一带的商周时期的陵墓及湖北随州春秋战国时期的墓葬群。目前已列入国家考古遗址公园的有：鸿山考古遗址公园、汉阳陵国家考古遗址公园、秦始皇陵国家考古遗址公园、汉长沙国王陵考古遗址公园、可乐考古遗址公园等。

（3）史前文化类考古遗址公园。此类遗址公园主要是以史前遗址的保护、考古发掘及展示为主，包括祭祀、墓葬、房屋、洞穴等文化遗存。例如：周口店考古遗址公园、良渚国家考古遗址公园、牛河梁考古遗址公园、大汶口考古遗址公园、甑皮岩考古遗址公园。史前遗址为我们了解古人类形态特征、生存状况、生活环境、生产活动打开了一扇重要窗口。

（4）工程、作坊类考古遗址公园。此类考古遗址公园以古代各类工程及手工业作坊为主，工程类遗址包含水利、交通、军事等工程。例如：御窑厂考古遗址公园、南旺枢纽考古遗址公园、长沙铜官窑考古遗址公园等。

（5）综合类考古遗址公园。综合类考古遗址是指具有前述两种类型以上的遗址，往往集城池、城郭、民宅、墓群、作坊等为一体。例如：集安高句丽考古遗址公园、殷墟世界考古遗址公园、三星堆考古遗址公园、金沙考古遗址公园、靖江王府及王陵考古遗址公园等。

2.遗址公园的分区

依据《中华人民共和国文物保护法》《中华人民共和国文物保护法实施条例》《全国重点文物保护单位保护规

划编制要求》《文物保护工程管理办法》等，遗址公园的总体保护区划分为重点遗址保护区、一般遗址保护区和建设控制地带三级，但是为了保护遗址本体与其环境的完整性以及其与周边区域的协调性，规划者要在遗址公园与城镇建设区之间划出一定范围的过渡区作为两者的环境协调区。因此，国家考古遗址公园保护区划分为保护区（包括重点保护区和一般保护区）、建设控制地带和环境协调区三个层次。另根据《国家考古遗址公园规划编制要求（试行）》，遗址公园的功能分区一般应该包括遗址展示区、管理服务区、预留区等，并可酌情细化。其中，遗址展示区是以遗址展示为主要功能的区域，仅限于空间位置、形式和内涵基本明确的遗迹分布区域；管理服务区是集中建设管理运营、公共服务等设施为主的区域，一般应置于遗址保护范围之外；预留区是考古工作不充分或暂不具备展示条件的区域。预留区内以原状保护为主，不得开展干扰遗址本体及景观环境的建设项目。

结合上述两方面的分区，可以认为，遗址公园的保护区划分中的重点遗址保护区和一般遗址保护区均属于遗址区，建设控制地带和环境协调区属于非遗址区；功能分区中的遗址展示区属于遗址区，管理服务区和预留区属于非遗址区。相应地，这里将遗址公园的绿化分区宏观上分为遗址绿化和非遗址绿化区，其中，遗址绿化区又可分为重点遗址保护绿化区和一般遗址保护绿化区两部分。此外，由于遗址公园的非遗址区包含的范围及功能类型复杂多样，不同类型的遗址公园可能对非遗址区的具体分区存在差异，所以非遗址绿化区设计的内容也就各不相同。一般来说，遗址公园的非遗址区是发挥大遗址利用价值的主要区域，与城市建设和人民生活密切相关，是体现大遗址作为"公园"一面的主要区域，因此非遗址绿化区既要考虑到遗址环境风貌的协调性，又应该兼顾城市建设和民众需求。如以城市型遗址公园为例，其非遗址绿化区应该包括景观协调区、生态保护区、休闲活动区等。

二、遗址公园植物景观设计的基本原则

保护文化遗产及其环境是当今世界文化遗产保护的共识，这其中的环境既包括文化遗产周边的现状环境，又包含其历史文化环境。对于作为大遗址保护新模式的遗址公园，除了要对其现状环境加以保护外，还要对其历史文化环境加以保护。尤其是我国遗留下来的大量宫殿、陵寝、园林等文化古迹，其价值往往与其历史文化环境密不可分。例如，我国遗留下来的众多古典园林，其原有的空间格局、山水地貌、园林文化就是文化遗产保护的重点，另外作为园林造景要素之一的植物也是要保护和展示的对象。对于其他类型的大遗址，保护其环境也包含了对其周边环境及历史环境的保护，另外，植被或绿化是不可或缺的环境要素之一。一些遗址丰富的城市，例如北京、西安、洛阳、杭州等地，在权衡遗址保护及城市绿地建设两方面的需求下，开始建设遗址公园，围绕遗址进行园林绿化及环境设施的配套建设，在某种程度上改善了遗址环境，发挥了遗址价值。

遗址公园的植物景观规划是城市绿化的组成部分，与其他类型的绿地共同组成了庞大的城市绿地生态系统，尤其是对于大遗址分布较多、面积较大的城市或地区，遗址公园的绿化可能是构成该城市绿地生态系统的重要组成部分。遗址公园的绿化不仅要考虑到绿化对遗址本体的安全影响，保证不破坏遗址本体和遗址环境等，还要能够满足遗址公园作为城市公共活动空间的休闲、生态、美化等功能。考古遗址公园的植物景观规划原则不能照搬或参照一般城市绿化或城市公园植物景观的规划原则，主要原因是遗址公园区别于一般的城市绿地或公园，其植物景观相应

地具有不同的意义和作用。主要表现为以下几方面。

（1）遗址公园的植物景观以保护和展示遗址的完整性与真实性为首要目标，在保护的基础上考虑植物景观的生态效果，即遗址保护先于环境建设；如果植物对遗址不利，要避免进行绿化种植。

（2）遗址公园的植物景观要符合和体现遗址的性质和文化内涵，在此基础上考虑植物景观的观赏效果和实用价值，即文化建设重于景观建设。

（3）遗址公园的植物景观要以历史为依据，以现状为出发点，慎重选择绿化植物并确定绿化风貌，不以游人或民众的需求为主要考虑因素，即尊重历史、尊重遗址大于尊重人的需求。

因此，考古遗址公园的植物景观规划需要适合其自身的绿化原则予以指导。

1. 真实性与完整性原则

尊重遗址的真实性、完整性是遗址公园植物景观规划设计要遵循的首要原则，当然也要尊重遗址环境的原貌，营造真实的遗址空间。真实性和完整性是《保护世界文化和自然遗产公约》中两个非常重要的概念，也是世界文化遗产保护所遵循的重要原则。规划设计者在遗址公园的植物景观规划设计中坚持真实性原则，尊重遗址及其坏境的历史原貌，要把握好保护与利用之间的平衡关系，尤其要谨慎地对待遗址的复建与重建，避免出现不协调的甚至是破坏性的复原与建设。遗址的完整性包括范围上的完整性和文化上的完整性。前者是有形的，指遗址应尽可能地保持其本体结构和组分的完整，以及其与所在环境的和谐与完整；后者是无形的，指遗址所表达的文化概念上的完整性。规划设计者在城市遗址公园规划设计中坚持完整性原则，要从多个方面入手，对遗址进行保护与利用：不仅要对遗址本体的结构和外观进行合理的保护，也要考虑对遗址周边环境的保护与管理；不仅要对遗址本体及环境的物质形式进行保护，也要考虑把握其人文、历史、情感等文化形式。植被覆盖手段是遗址保护的方法之一，也是遗址公园植物景观规划设计的一部分。因此这一原则是遗址公园植物景观规划的首要原则。遗址公园的绿化要保护遗址及其周边环境的真实性和完整性，正如对遗址公园绿化特殊性的分析，绿化的风格、选种及手法应尊重遗址，符合展示要求，避免破坏性的绿化活动。此外，遗址公园的植物景观规划原则应服从遗址公园整体保护规划的原则，可以在总体原则的基础上进行针对性的细化、深化及增加，但不得违背总体规划原则。

2. 最小干预原则

最小干预也叫最少干预，是文化遗产保护和文物修复以及城市生态景观设计所遵守的基本原则之一。最小干预原则是指通过最少的外界干预手段达到最佳促进的效果，反映在文化遗产领域是指尽可能减少对遗址本体的扰动以及原有景观的改变。遗址公园的植物景观规划设计主要是为遗址保护与展示以及遗址公园的环境改善服务的，没有绿化可能不利于遗址公园的环境治理和景观营建，但过分绿化可能对遗址本体及其背景环境造成破坏或产生矛盾，所以遗址的绿化也应遵守最小干预原则。遗址公园植物景观规划的最小干预原则可以通过以下若干途径体现：

（1）在保证生态和文化安全的前提下，尽可能保留和利用原有植被；

（2）尽可能减少遗址区新增绿化；

（3）遗址区绿化应坚持宜少不宜多、宜简不宜繁；

（4）绿化风貌尽可能隐于环境、融入环境，与遗址风貌保持一致或相协调；

（5）尽可能利用本土植物，减少维护管理，提倡节约式绿化；

（6）杜绝一切为了绿化而绿化的措施，绿化必须根据需要，符合客观条件。

3. 可逆性原则

遗址公园植物景观规划还应遵循可逆性原则，主要是指植物绿化种植的可逆性，即绿化植物可以在特殊状况下或根据具体的需要恢复到遗址公园绿化前的状态或遗址原来的面貌，这种恢复，不是指绿化植物恢复到生长初期，而是指绿化的整体风貌或绿化单体恢复到一种便于或利于遗址公园各种活动的最佳效果，并且这种恢复不对遗址本体及其地下文化层（考古学术语，指古代遗址中，古代人类活动留下来的痕迹、遗物和有机物所形成的堆积层）产生破坏作用。

遗址公园绿化植物的可逆性主要是通过对植物的移除、移植及反复利用实现的。一般情况下，除城市苗圃、用材林、果园等外，城市园林绿地中栽种的植物，尤其是乔灌木在定植以后生长状况比较稳定，不存在移植或移除等情况，只有一二年生草本植物会随着季节或观赏效果的改变而重新栽种或移除。但是，在遗址公园中，会有许多不可预见的区域，例如未探明的遗址区，在各种技术及条件达不到发掘条件时，需要对这些区域采取绿化手段以达到暂时的保护和展示，如果条件成熟，这些绿化设施就要让步于考古科研，随时能够被移植或清除；在探明后，根据需要再进行绿化恢复，所有的这些绿化措施都不能破坏遗址本体，或对地下文化层产生破坏影响。

遗址公园绿化的可逆性种植设计主要是通过种植浅根系的灌木、铺设草皮、容器栽植、抬高种植层等手段完成，在需要考古科研的时候可以很容易地转移这些绿化植被，对遗址本体及地下文化层没有实质性的损坏，在考古科研结束后，还可以恢复绿化景观。绿化的可逆性原则也是大遗址保护与遗址公园建设中"考古先行"理念的贯彻，考古先行重视考古科研在遗址公园中的地位，通过发掘历史真相，获取可靠的资料，为遗址公园的规划和设计提供必要的前提和基础数据。

4. 可持续的生态保护原则

生态保护是指对人类赖以生存的生态系统进行保护，使之免遭破坏，使生态功能得以正常发挥的各种措施。城镇建设是生态保护的重要领域之一，生态保护是建立良好人居环境，协调大自然与人类活动相互关系的重要途径。生态保护理念是现代城市规划与建设提倡的普遍理念。城市生态保护理念除了包括对各种自然环境（水、大气、土壤、生物）的保护以外，还应该包括对各类人文环境（遗址遗迹、建筑、风景名胜区）的保护。不管哪一种类型的遗址公园，或位于郊区、城市区、乡村，或位于自然风景区，都是城市资源、环境的重要组成部分。遗址公园的生态保护包含了对遗址公园自然环境的保护，例如空气、水体、土壤、动物、植物等；也包含了对遗址公园人文环境的保护，例如遗址本体的外观、遗址上的植被、遗址文化等。

绿化是实现遗址公园生态保护的一种手段。生态保护理念在遗址公园绿化上的体现主要可以从以下两方面加以阐释。

（1）绿化对于遗址及其环境的保护：我国大多土遗址环境条件恶化，无序耕种、盲目开发造成的如土壤退化、水土流失等恶劣现象破坏了遗址风貌，也影响了遗址地的景观环境，为了保护遗址不受自然、人为的破坏，合理的绿化可以防止遗址地水土流失、土壤退化、水源污染、物种入侵等一系列问题；提高遗址地生态系统稳定性及物种多样性，必要的退耕还林、还草也是一种有效手段。

（2）绿化对于城市环境、市民及动物活动空间的营造：遗址公园作为城市绿地系统的组成部分，也应发挥城市"绿肺"的作用，一定数量和面积的绿地，能够有效发挥绿化的生态功能，调节遗址公园局部小气候环境，营造适合居民游憩、锻炼的公共空间，同时也为城市中的动物（包括昆虫、鸟类、宠物等）提供一定的生存、繁衍、庇护场所。这也是遗址公园作为城市生态环境设施的一部分，发挥着生态保护与改善的作用。例如在北美洲危地马拉北部以玛雅遗迹著称的蒂卡尔国家公园（Tikal National Park），除了散布的遗址遗迹和优美的自然环境外，遗址公园里还生活着眼斑吐绶鸡、南浣熊、貘、懒吼猴等野生动物，增加了遗址公园的景观丰富度和游园乐趣，同时，遗址公园为当地野生动物提供了安乐的栖息地，如图6-46所示。

遗址公园以生态保护理念为原则的植物景观规划主要通过以下具体实施途径得以实现。

（1）对考古遗址地原有植被的保护，尤其是对古树、大树、珍贵树种的保护。

（2）对考古遗址本体生态环境的保护，尤其是在治理水土流失方面。

（3）对遗址公园生态环境的保护与营建，尤其是在改善局部小气候环境及动植物生境和谐共生等方面；遗址公园与其他类型的绿地共同构成了一个城市绿地生态系统，发挥着维护和改善城市生态环境的作用。

（4）对物种多样性的保护，尤其是在本土树种的利用上，通过增加有利于遗址环境生态平衡及符合遗址文化的乡土树种的数量和种类，稳定植物群落，提高绿化植物抵抗病害和自然灾害的能力，减少绿化后期的养护成本。

5. 功能多样化原则

功能多样化原则是指植物景观在遗址公园中承担的作用应该多元化、多角色，通俗地讲就是"一物多用"。遗址公园植物景观规划设计所遵循的功能多样化原则指的是具体到某一部分或某一类型的植物景观的形式，其功能要多样化，可以是同时具备多种功能，也可以是具备由一种功能向其他功能转变的能力。

以遗址保护和展示中的植物标识为例，讨论植物景观的功能多样化原则。植物标识是指用植被覆盖遗址本体，是对遗址本体的覆盖性保护，这种标识性的种植也是遗址示意性展示的手段之一。植物标识采用低矮的且根系浅的

图6-46　危地马拉北部蒂卡尔国家公园（玛雅文明遗址）及生活其中的野生动物

植物对遗址进行表层绿化覆盖，其绿化的边缘或轮廓往往以遗址本体或遗址建筑的边界为边界，这样做一方面可以防止遗址受到自然和人为的破坏，同时在需要考古发掘的时候方便移除（绿化的可逆性），另一方面也是对遗址的外形、规模进行标识以便于展示。此外，这些标识性绿化在色彩、高度、密度、种植形式上有别于其他绿化形式，也是遗址公园的景观组成部分，结合植物说明标识牌，给游人提供认识植物、了解遗址展示方式的机会，起到了科学教育的作用。再以绿化游憩空间的营造为例，遗址公园作为城市公共活动空间，除了考古与展示等科研、科普教育活动外，还应满足公众活动的要求，景观绿化除了为遗址保护与展示服务，发挥其本来的生态功能及较高的观赏价值外，还要能够为市民或游人提供多种多样的活动空间。因此，遗址公园中的草地或草坪，不仅要提供观赏价值、提高绿量，还要提供野餐、阳光浴、聚会交流等适宜在草坪上进行的活动场地；遗址公园的林地，除了提供必要的遮阴、四季的风景、鸟类的栖息地外，还应该有适合不同人群的植物疗养区、安静休闲区、活动锻炼区等，比如林间步道、拉设吊床、秋千等，这些都是市民真正需要的，绝非摆设型绿地，必要时也可作为特殊时期的防灾绿地使用。

危地马拉共和国西部高地 Iximché 玛雅遗址公园（见图6-47），除了对一座金字塔进行了修复外，其余的广场及其周边建筑、墙体等在发掘后又恢复了遗址原状，包括遗址上的树木，均覆盖了草坪用以保护遗址和营造遗址气氛，并向当地土著居民及外来游客开放。孩子们可以在遗址的绿地上踢球，年轻人可以在这里约会，附近城镇的学校还可以在这里举行足球锦标赛等，Iximché 遗址显然已经成为当地居民一个重要的社交场所。

三、遗址公园植物景观设计的选种方法

1.遗址区的植物选择

在对遗址公园植物景观进行设计之前，设计师们首先要探讨遗址公园的遗址区需不需要植物绿化或植物造景的问题，可以从考古遗址历史上的景观研究的结果和考古遗址现状植被评估的结果两方面来确定遗址区是否有植物景观设计的必要性。如果考古遗址历史上不存在植物景观，那么遗址公园的景观设计应尊重历史，不必刻意营造植物景观；如果考古遗址历史上存在植物景观，但遗址现状评估不适合有植物种植，就应该避免营造植物景观；如果考古遗址历史上存在植物景观，且遗址现状评估适合有植物种植，则可以进行植物景观的设计和营造。

其次，设计师们要讨论遗址公园遗址区应该选择什么样的植物进行绿化的问题。如果确定了遗址区可以营造植物景观，那么植物种类选择可以从以下几个角度考虑，即考古遗址历史上存在的植物种类，遗址现状植被有哪些种

图6-47　危地马拉 Iximché 玛雅遗址公园

类，有利于遗址生态保护和安全的浅根系植物有哪些。植物根系在土壤中分布的深度和广度常因植物的种类、生长发育的好坏、土壤条件以及人为因素的影响而异。根系在土壤中的分布分为深根系和浅根系两类。主根发达，向下垂直生长，深入土壤达 2~5 m，甚至 10 m 以上，这种向深处分布的根系，称深根系；而主根不发达，侧根或不定根较主根发达，以水平方向朝四周扩展，并占有较大的面积，常分布在土壤的浅层（1~2 m）的根系，称浅根系。遗址区的植物景观设计提倡选择浅根系植物，尤其是在重点遗址保护区。浅根系植物根系多为须根系，根系的向外伸展能力强，分布广，保水固土能力强，因此除了不破坏地下遗存、保护遗址完整性以外，还能改善遗址生态环境，防止水土流失。一般来说，同属于浅根系类的植物，乔木的根系比灌木、草本植物的根系深许多，且对地下遗存具有一定的破坏性，利用植物标识法对遗址本体进行保护或展示时，应避免使用过多的乔木，可选择浅根系的灌木，以草本植物最为有效和安全。

2.非遗址区植物选择

非遗址区是遗址公园中不可缺少的重要组成，它是遗址与城市的过渡区，也是遗址和城市的环境协调区，是遗址服务于城市的体验区。非遗址区承担着遗址公园概念中"公园"的功能，因此，非遗址区绿化的整体定性首选是"绿化是必要的要素"；其次，非遗址区植物景观树种选择应该在原有的现状植被保留与整改基础上，对未来景观绿化植物进行合理选择。非遗址区植物景观设计选种可以参照以下建议。

1）适宜选择的植物

非遗址区植物优先考虑遗址现状植物以及与遗址历史有联系的植物。现状植物属于遗址环境的一部分，它可以是组成遗址生态环境及景观风貌的有利因素，也可能对遗址本体及其环境有一定的破坏作用。在对那些对遗址没有破坏作用的现状植物予以保留的同时，主景植物和地被植物的选种应考虑多选用这类现状植物，这对于协调、保存、营造遗址环境，突出遗址特色具有重要意义。选择配置遗址上原有的现状植物要以那些在遗址上广泛出现的种类为主，被遗址地居民熟知，且病害少、株型美观、枝叶茂密。非遗址区植物另一个重要来源就是能够反映遗址历史内涵的植物，主要是从遗址考古发现、文献记载、民间传说中得来，这类植物往往是比较确定的，在遗址历史上曾经出现的植物，选择这类植物有利于游人认识遗址过去的景观，有利于遗址地环境的保护与文化传承。例如大明宫国家遗址公园的绿化即是通过考古研究发现及文献考证所得出的历史绿化结论，种植了国槐、竹子、梧桐、荷花等与历史有关的植物。

其次，非遗址区植物选种要考虑符合遗址地本土气候和文化的植物种类。植物的生长与自然环境密切相关，什么样的自然地理环境就孕育适应这种环境的树木花草，古人有"欲知地道，物其树"的说法，明代王象晋在《群芳谱》中，对此认识更有所发展："在北者耐寒，在南者喜暖。高山者宜燥，下地者宜湿……诚能顺其天，以致其性，斯得种植之法矣。"也就是说地方特征与地方植物密切相关。我国现代在园林绿化事业上提倡适地适树的原则，就是这个道理。遗址公园的绿化基调树的选种，应从本土植物中选择，在传承地方特色的同时，为公园在绿化苗木的获取、后期养护管理等方面节约成本，适应现代景观设计的理念。以陕西省的大遗址及遗址公园的绿化为例，其常用的遗址绿化本土植物有国槐、榆树、杨树、椿树、泡桐、楸树、梓树、柳树、核桃树、柿树、合欢、油松、刺柏、圆柏、石榴、卫矛等，它们的共同特征是分布广、抗逆性强、乡土特色浓厚、种植历史悠久、深受群众喜爱等。

最后，非遗址区植物选种还要考虑选择有利于遗址公园观赏展示和生态保护的草本植物。遗址公园非遗址区的植物景观风格、风貌总体上要与遗址性质和特征相协调，能够利于遗址的观赏和遗址环境氛围的营造，除此以外，遗址公园的绿化还应该体现节约型、生态型园林的理念，在植物选择上要以适应遗址地生态环境或有利于遗址地生态环境恢复的植物为主，以草本植物为佳。此外，遗址公园选择草本植物进行绿化时还需要注意两个方面的内容。首先，尽可能选择抗逆性强、病虫害少的草本植物，尤其是在耐寒、耐旱、耐贫瘠方面表现好的草本植物；其次，尽可能选择多年生草本植物，因其可连年生长，绿化美化作用时间长。另外，需要强调的是，野生草本植物在营造遗址公园本土特色、维护本地生物多样性、节约成本方面更具优势。野生植物具有较强的适应能力、成熟的繁殖方式、稳定的群落关系以及较少的养护干预，十分适合城市中生态脆弱区的绿化，例如废弃的工业用地、建筑垃圾场地、水土流失严重的坡地以及分布在城市中的各大遗址、遗迹保护区。

2）不宜选择的植物

首先，非遗址区植物选种不能使用仿生植物。仿生植物又称仿真植物，主要是利用现代科技及材料制作的，与天然植物在外形及质感上相近或相似的植物，具有以假乱真的效果，满足一些特殊场合绿化困难或不便绿化的需要，是一种速效的"绿化"手段。仿生植物主要用于宾馆中庭、城市广场及公园，作为景观观赏的对象。有些人认为遗址上不能种植大乔木，可以使用仿生植物，既能绿化美化遗址又能杜绝根系对遗址的破坏。但是，仿生植物表面上的绿化美化并不能起到真正绿化的作用，除了不具备生态功能外，仿生植物采用的材料为不可降解物质，终究会给环境造成污染。此外在景观风貌上没有季相变化及空间变化，而且再逼真的植物也没有真的植物给人的感受亲切自然，遗址公园是重要的文化遗产保护与展示的地方，其价值及景观的品质营造不容"虚假和低劣"。所以，大遗址是真实的遗址，留给后人的是真实的文化遗产，遗址公园展示的是遗址的真实，不能使用仿生植物来降低国家考古遗址公园的景观品质。

其次，非遗址区植物选种不应进行大树移植。面对全国大遗址保护的热情及遗址公园建设的高潮，许多遗址公园为了迅速成景，满足公众视觉要求，大量使用了"大树移植"的方法来迅速营造遗址公园的景观，这样一来，遗址公园的景观得到了改善和提高，可是移植大树的来源地的生态环境却受到破坏。这样的做法不符合环境保护理念，也不符合建立国家遗址公园提倡的生态理念。大树移植另一弊端就是大大增加了公园的成本，不论是前期大树的购买、运输、种植，还是后期的养护、管理，都要付出大量的人力、财力和物力，而且不能保证较高的成活率，无疑是对国家财产的浪费。

最后，非遗址区植物选种不宜选用地方差异大的植物。物以稀为贵，好奇心和赏异心是人们的天性，看惯了熟悉的事物就想追求新颖奇特的事物，许多城市公园就大量引种外来植物，尤其是南北差异大的奇花异木，来提高公园的吸引力和观赏性，这样做确实满足了市民的心理，在景观上也充实了不少。因而，许多遗址公园也采用了城市公园的这种做法，大量种植外来植物，不惜花费更多精力和财力使之在公园里成活并正常生长。这样做，不仅华而不实，使遗址公园与普通的城市公园的景观没什么差异，而且遗址公园的性质、特色、景观风貌就会变得不伦不类，使得大遗址的特色和价值不能得到真正体现。

四、遗址公园的植物景观风格与主题的确定

1.风格的确定

遗址公园植物景观风格的确定不能简单地从构图、功能及选种角度出发，应考虑到遗址公园景观规划的总体风格、植物在遗址公园中所承担的角色、遗址的属性和特征以及遗址环境与周边区域环境等因素。从以上要素综合考虑出发，参照目前我国在建或已建成的遗址公园植物景观营建情况，可将遗址公园植物景观的风格分为以下三大类：

（1）生态、自然与遗址环境相协调的风格。此类型的植物景观风格多应用在遗址面积较大，遗址边界形态自然，生态环境条件优越，遗存丰富的考古遗址，尤其是处于城郊、风景区或山坡地等自然环境，人为干扰较轻的遗址地。植物茎干风格应接近遗址地原有环境风貌，不宜凸显，明确绿化植物充当的是遗址、建筑的背景。

（2）人工化、区分明显的风格。此类型的植物景观风格多应用在位于城市区的大遗址，地上遗存不多，遗址环境与城市环境矛盾突出，遗址边界形态规则，尤其是宫殿、城墙、陵寝等遗址。人工化是指景观绿化形式偏向于规则式、几何式、图案化种植，或需要修建成特定的形状，尤其是在绿化展示和遗址生态保护中应用较多。区分明显是指绿化风格与遗址地环境及周边环境有明显区别，甚至形成对比，用以明确遗址保护区和城市区的界限。

（3）园林化的风格。此类型的植物景观风格多应用在园林类考古遗址公园，园林植物是建设遗址公园的主要元素，通过恢复历史园林景观或营造凸显遗址风貌的园林景观来营造此类考古遗址公园的氛围。例如，圆明园考古遗址公园就是园林化的植物景观风格，其不仅植物种类繁多，造景元素丰富，而且还利用了野生植物营造出圆明园历史上没有的而圆明园遗址特有的极富野趣、自然的意境，增添了遗址公园的游园乐趣。

2.主题的确定

遗址公园的植物景观要有一定的主题来统一和贯穿整个遗址公园，主题是植物景观的灵魂，是增加植物景观内涵和品质的手段之一。遗址公园的植物景观主题可以从遗址的历史文化、生态文化、社会文化等多方面挖掘，其主题的实现往往需要借助于除植物以外的景观设施，例如题匾、石刻、文字标识、雕塑、解说系统等，它们与植物一起完成对遗址公园植物景观主题的诠释。例如圆明园遗址公园多以历史记载和景点题名为依据，以恢复历史景观和点题为绿化主题。如杏花春馆，在乾隆九年成四十景图时，是"矮屋疏篱，环植文杏，前辟小圃"的一番田园美景，是皇帝饮酒赏杏花的地方。除杏花以外，在一些诗文记载中还有油松、侧柏、柳树、玉兰、山桃等植物。因此此处景致的绿化以恢复历史景观为主题，在山体的南坡、东坡种植了上百株杏花，同时点缀侧柏，北坡则保留现状长势良好的元宝枫，山顶配置油松等，整个景区就完全再现出当年的庭院景色。

五、遗址公园植物景观的营造方法

植物景观的营造方法主要包括植物的种植形式、风格样式和组景方式。适合遗址公园绿化的形式与手法主要有以下几种。

1.自然的地被式种植

自然的地被式种植是利用地被植物以自然式风格种植，所营造的地被景观在可进入性和亲近性方面较其他绿化

形式较差，但其生态景观效益较佳。因此，此类型的绿化形式适合遗址本体及遗址公园生态区的植物景观营造。自然的地被式种植可分为两种形式，即原有植被的地被式种植和新规划植物的地被式种植。其中，原有植被的地被式种植又分为对原有植被的保护性利用和模拟原有植被的地被式种植两种。原有植被即遗址地本来存在的植被，或是野生状态，或是非人工种植的绿化植物。根据对国内许多遗址的绿化现状调研来看，土遗址植被表现出物种本土化、多样化的特点，由于物种间的竞争和完全依赖自然降水条件的影响，土遗址上原有植被以灌木、草本植物为主，表现出来的景观趋于灌木丛、草地等风貌，很少出现大树、树林的植被风貌。新规划植物是指利用遗址地或本土具有一定代表性或利于凸显遗址氛围，利于保护遗址生态环境的新植被类型。新规划植物的地被式种植通过合理的规划设计，模拟自然地被的特征，进行人工地被式绿化。以下将详细讨论自然的地被式种植的三种绿化形式的含义、适用范围和应用价值，可参看图6-48。

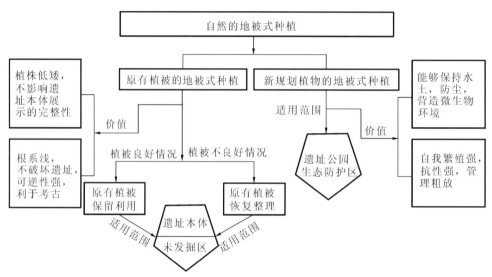

图6-48　自然的地被式种植的类型及其适用范围、应用价值

1）对原有植被的保护性利用

对原有植被的保护性利用是指对遗址原有植被进行保留，维持原有的植被状况，包括原有的物种、生境环境、风貌特征、生态系统等，与遗址本体一并较为完好地保护起来，呈现一种原生、自然、沧桑的遗址风貌。原有植被与遗址本体共同组成了一个遗址单元，遗址本体为植被提供了生存基础，植被为遗址本体营造了良好的生态环境和景观氛围，对于遗址公园来说，两者都是被保护和展示的对象。此种形式在遗址本体原有植被群落的成熟性、丰富性且景观价值较高，对遗址保护不形成负面影响的情况下适用。由此可见，遗址本体能够达到这种自然式原生植被化的绿化模式所需要的遗址本体的自然生境及植被条件很高，不仅要植被状况良好还要不损害遗址本体的保护与展示，但绿化投入的人力、物力、财力及后期的维护养护费用很节省。利用遗址本体的原有植被营造自然的地被式种植是尊重环境、尊重生态及对遗址最小干预的一种有效绿化形式，在保护和展示遗址本体的外观，以及诠释遗址本体风貌在不断演变进程中所呈现出的遗址新的文化内涵方面具有重要作用，是尊重遗址原真性和完整性的表现。同

时，原生植被是应遗址环境而生，最自然的绿化景观，也是遗址绿化的本土化、特色化的表现，在生态环境与物种保护方面具有一定的积极作用。

2）模拟原有植被的地被式种植

模拟原有植被的地被式种植是指模拟原有植被的植物种类、生长方式及群落形态进行地被式种植的绿化方式，是对原有植被进行恢复或整理的绿化措施。此种形式在遗址本体原有植被群落生长不良或景观状况不良，或对遗址保护形成一定的负面影响的情况下适用。它是对遗址本体原有植被的重新利用，是对遗址原生植被状况不良，对遗址氛围的体现不突出或形成的景观风貌不佳的一种改良型植被恢复设计。模拟原有植被的地被式种植是对遗址的保护性展示手段之一，是一种可逆性强的绿化种植形式，同时，也体现了绿化的本土化、特色化、自然化的特点。遗址本体历史发生着细微的改变，但在短时间看来，它是伫立于遗址公园不变的实体，遗址上的植被就像遗址本体的灵魂，在四季变化和风霜雨雪中呈现出不一样的景观，倘若脱离了绿色生命的附庸，遗址本体虽然拥有"故事"，但略显单调。反之，没有遗址本体的厚重感和历史感，植被仅仅是大地的外衣，遗址公园的景致也很难让游人瞻仰，引起遐思。

3）新规划植物的地被式种植

新规划植物的地被式种植是指利用原有植被以外的种类进行地被式的绿化种植。新规划的地被植物的选择要考虑遗址的保护与展示、遗址的历史文化、遗址的生态环境等因素。新规划植物的地被式种植利用模拟自然植物群落状态的绿化风格，凸显自然美，并发挥植物的生态作用，植物种类包括低矮灌木、草本植物等地被植物种群。此类型的地被式种植有一定的局限性，它需要一定面积的绿地用地作为营造遗址公园的生态景观的用地，充分发挥地被的生态作用。此类型适合遗址公园生态景观区的绿化，是对公园环境的美化和改善，是城市绿地的重要组成部分。

2. 规则的草坪式绿化

规则的草坪式绿化是指利用修剪整齐的草坪覆盖遗址用地的绿化方式。在遗址公园的重点遗址保护区内，由于对遗址及其环境保护的需要，不得进行任何有害于、有碍于遗址保护的建设工程。绿化往往成为保护遗址的重要手段之一，而草坪式绿化在保护和展示遗址方面更具明显的优势，尤其是对于轮廓明确、方正的遗址，规则的草坪式绿化更加适合。此类型的绿化形式适合重点遗址保护区，在保护遗址生态环境、遗址原貌、遗址展示及突出遗址空间方面具有优势。例如未发掘的地下遗址的地上标识展示、遗址本体的边缘界限标识及已发掘探明的城墙、街道、护城河、建筑遗址等规则式遗迹的标识展示，如图 6-49 所示。

规则的草坪式绿化通常选用的植物以禾本科草本为主，此类型植物在遗址保护与展示方面具有明显的优势，主要表现为三点：其一，

图 6-49　汉阳陵遗址的草坪式绿化展示

禾本科草本植物大多根系浅，不会影响到地下遗址，而且根系的固土能力很强，有效减少或阻止遗址的水土流失；其二，植株低矮且耐修剪，地面覆盖率高，不会影响遗址本体的外形及视线的开敞度；其三，不同草种混播时更具优势，不仅延长草坪的绿色期，减缓草坪退化，而且禾本科植物色彩相似，形成的草坪景观整体性强。

重点遗址保护区采用规则的草坪式绿化，除了具有上述保护与展示的作用外，其绿化形式也决定了重点遗址保护区绿化的主要功能，即绿化所形成的空间以观赏型为主导或主要地位，而休闲与生态功能位于次要地位。与自然的草地相比，规则的草坪式绿化决定了游人行为被限定在草坪以外，起到警示作用。这里所需要强调和说明的是，遗址公园的重点遗址保护区以保护、展示和科研为主，游人的休闲、娱乐等活动受到限制或禁止，因此采用规则的草坪式绿化是顺应而生，并非故意限制游人的活动，而许多城市公园中大面积的"禁止踩踏"的草坪则是从草坪的维护以及观赏性的角度考虑，从某种意义上限制了游人对草坪活动的实际需要，这两种限制性是根本不同的。

3. 自然的草地式绿化

草地一词本不属于园林术语，它是一个接近口语化的大众用语，泛指长草的地方。这里引用草地一词，是将其作为遗址公园绿化的一种方式，为了区别于修剪整齐的草坪，特将不做修剪的、模拟自然建植的、具有活泼野趣的草本地被特征的草坪，用"草地"来定义，与草坪的词义相近。也就是说，草地也是草坪，但是不加修剪，保持植物自然的生长状态，呈现一种天然的草原风貌（见图6-50）。草地在植物种类的选择上以禾本科草本为主，但不局限于常用的草坪植物，亦可选用耐踩踏、群体景观效果佳的禾本科野生草本植物（如狼尾草、狗尾草、白茅、细叶针茅等），所形成的景致以体现植物色彩和群体美为主，亦可间杂种植一些观花草本作为点缀。

图6-50　元上都遗址保护区的草原风貌

草地除了具有观赏作用外，还可供游人在其上活动，也可用于生态环境的恢复。草地式绿化适合遗址公园的一般遗址保护区和非遗址区的公共活动区域。一般遗址保护区利用草地式绿化，不仅能够绿化和保护遗址环境以及展示遗址的轮廓及风貌，而且可以让游人亲近遗址，进入到遗址保护区内进行简单的游览活动（见图6-51）。非遗址保护区的绿化也可采用草地式绿化，结合更多的环境设施，让游人活动与景观绿化更好地融合起来。

草地式绿化灵感源于郊外的野草滩或天然的牧场草原，具有极高的观赏价值和意境美。观赏价值较高表现为特有的、少见的野生植物，有别于城市中的草坪及各种观赏花草；意境美表现为自然的群落状态和由于草地的季相变化带给游人的不同感受，或是春季深浅绿叶之中点缀白黄小花，或是夏季浓浓翠翠之中凸显几块斑斓花色，或是秋季风扫茅蒿呈现苍凉悲壮之景，或是冬季枯草残花应对白雪皑皑，不同的景致带给游人不同的感悟和想象。

草地式绿化在满足观赏之余，另一个比规则的草坪式绿化更具优势的特点就是可以为游人提供许多参与性活动，也就是通过草地式绿化营造遗址公园的可进入性、亲近性景观空间。通过各

图6-51　汉未央宫前殿遗址上的草地

种环境设施（如汀步、砾石小道、木栈道、亭廊、座椅等）与草地相结合，游人可进入其中参与各种活动。例如儿童可在草地中追逐、放风筝、捉虫捕蝶，摄影爱好者们可在草地间采风拍照、踏花而行，姑娘们还可以采撷一支野花、收集几处花香……这些活动都是人们童年或过去经常进行的活动，却在越来越城市化、现代化的繁杂城市生活中渐渐消失。遗址公园让游人感怀遗址的同时也能够唤起城市居民感怀逝去的生活乐趣；草地式绿化在体现遗址公园野趣沧桑的同时，也为游人提供了合适的活动空间。这些是城市公园及其他绿地不能满足的，也是遗址公园草地式绿化理念的特色所在。

从城市物种多样性保护角度出发，草地式绿化重视本土野生植物的应用，带动野生植物的培育，对其物种的延续和发展，对城市物种的丰富具有一定的积极意义。我们的城市公园越来越园林化、趋同化，一些珍贵的野生植物在城市的夹缝中不被重视，艰难生存，因此，遗址公园为它们提供了生存发展和展示其独特魅力的空间。

4.疏林式绿化

疏林式绿化是指利用乔木散植在一定的区域内，密度不宜大，形成视野较为通透、开敞的林地，并留有相对开阔的活动空间。疏林式绿化选用的乔木应以落叶树为主，树干端直，树枝开展，遮阴效果好。疏林式绿化可以与草地、硬质铺装相结合，其与草坪相结合时风格趋向于自然式（见图6-52），树木的间距可大可小，植株的高度可以有高差变化，组合方式也比较自由，可以单株散植，也可以几株一丛；其与硬质铺装相结合时称作树阵，风格往

图 6-52　良渚遗址公园的疏林式草地

往趋向规则、严整，树木间距保持一致，植株高度应统一，可与座椅、花池等设施相结合。疏林式绿化适合在非遗址保护区，可作为游人活动区及遗址公园出入口的广场林地。疏林草地可以为公众提供休息、锻炼、休闲活动的场地，最具吸引力的就是游人可在林地中自己动手搭设秋千、吊椅等休闲设施。树阵式疏林可以营造庄严肃穆的遗址氛围，同时辅以休息设施，可为游人提供休息场地。这些绿化空间最能体现遗址公园作为城市公共活动空间的功能，也最能表现遗址公园与其他公园游憩活动内容的不同。以疏林式绿化作为遗址公园入口广场，这样的处理手法打破传统公园大门及入口广场的形象，打破公众对市区大遗址荒凉杂乱的印象，以疏林广场为门的形态，既可组织交通，又可形成一道植物景观，作为由一般城市区进入遗址保护区的缓冲，让游客体会不一样的公园和不一样的遗址。

又如，大明宫国家遗址公园中多处运用了疏林式的绿化方式，在丹凤门入口广场和北夹城广场上均采用的是规则的树阵（见图 6-53（a）、（c）），引导游人进入遗址空间；在遗址公园一般保护区多采用疏林草地式绿化（见图 6-53（b）、（d）），营造出一派视野开敞、风格自然的植物景观，同时游人也可进入其中活动。

5.隔离带式绿化

隔离带式绿化顾名思义，是指具有隔离作用的绿化带，多呈带状种植，起到围墙、屏风的作用，但是较之围墙与屏风，用植物做隔离带具有生命力和变化性，又依据植物种类及种植密度的不同，可以使隔离带隔而不离，分而不开，通过视线可将隔离开的不同区域联系起来，如图 6-54 所示。

规则的疏林树阵　　　　　　　　　　　　　　自然的疏林草地

图 6-53　大明宫遗址公园里的疏林式种植

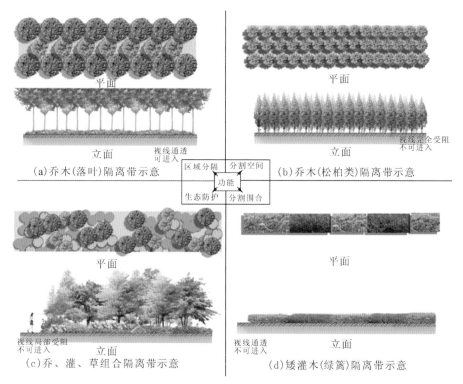

图6-54 不同植物组成的隔离带式绿化及其空间特征、功能

作为隔离带的植物可以是乔木也可以是灌木，以乔木多层密植为主的林带，其下层（树干部分）空间往往是通透的，视线不受阻挡，隔离带内外景观及游人视线可以相互渗透；而上部空间（树冠部分）则相对封闭，形成屏障，起到空间上的隔离作用，即形成覆盖空间，遮阴效果较好。此类隔离带适合在遗址公园与城市建设区的交接处进行景观营造，形成分隔而又相互渗透的空间。

以乔木、灌木及草本植物的立体密植形成的林带，其上层、中层与下层空间分别充满了树冠、树干、枝叶，形成了较为封闭的生态屏障，植物种类的多样化为小动物及微生物的生存创造了良好的栖息环境，也能改善遗址公园的小气候环境，但是游人的可进入性及视觉的通透性较低，因此，此类隔离带适用于遗址公园非遗址保护区的生态环境的恢复区及生态景观区，用以防风、防沙、防火，以保护遗址公园内部环境，也可用于美化、遮挡不良景观。

此外，灌木型隔离带绿化常用枝叶繁密的落叶灌木、常绿灌木及松柏类做绿篱式种植，其高度不及乔木型隔离带，但在封闭度和观赏性上高于乔木型隔离带。灌木型隔离带依据植物高度的不同可以是完全封闭起到隔离作用，也可以是低于视线，起到空间隔离而视线不隔的作用。前者用作遗址公园的障景，遮挡不雅景观；后者用于对展示区、重点遗址及文物起必要的保护性隔离作用，但不影响参观。

6.特殊的绿化手法

针对一些由于场地性质、土壤条件、考古需要而不容易实施绿化或暂时不能实施绿化的区域，设计师可以采用特殊形式的绿化方法。

1）植草皮

草坪植物由于其须根系发达，相互交织连成一片，甚至与土壤也联系在一起，故将草坪及主要根系连成一片的泥土铲下来，形成草皮，用来铺设地面、边坡及河岸，成景迅速，绿化效果佳，便于转移，可多次使用（见图6-55）。草皮可用于遗址公园已探明但未发掘的重要遗址区的绿化，防止遗址受风雨的侵蚀，且方便展示，抗逆性强，有利于今后考古。

2）容器栽植

容器栽植是指利用木箱、陶盆、瓷缸、金属钵等各类容器栽植花卉、灌木及小乔木的方式，它可以装饰遗址公园的特定场所，方便自由移动和摆放，如图6-56所示，也可以与垃圾箱、指示牌、座椅、园灯相结合，形成一个多功能的景观小品。

3）立体绿化

立体绿化最早称垂直绿化，是早期城市垂直空间的绿化形式，主要是指建筑物外墙的立面绿化；后来随着垂直绿化的范围不断扩大，除了墙面，城市中一切可以利用的非地面空间都可以成为绿化美化的对象，比如立交桥、屋顶、阳台、柱廊、栏杆、坡面等。为了更加全面地概括这一绿化形式，垂直绿化被立体绿化这一更加科学的定义逐渐代替。根据立体绿化植物材料和种植方式的不同，立体绿化可分为乔灌木及草本露地或盆栽种植绿化、藤本植物吸盘式攀爬绿化、藤蔓植物独立式攀援绿化、藤蔓植物牵引式攀援绿化、草本植物特殊施工工艺绿化等。乔灌木及草本露地或盆栽种植绿化是进行屋顶花园、露台、挑台、阳台等绿化的基本形式，它和普通的地面绿化基本一样，所不同的是在植物选择上要以低矮、浅根系、耐阴、耐旱的植物为主，不能选择过大的乔灌木。藤本植物吸盘式攀爬绿化是最常见的墙面绿化方式，它主要是指爬山虎属的植物利用特有的吸盘吸附抓紧墙面，自由地向上或向四周扩展，形成优美的墙面植物景观。藤蔓类植物独立式攀援绿化也是柱廊、树干、栏杆等柱状界面最常见的绿化方式，它主要是指具有缠绕茎的一类植物通过缠绕柱体等达到向上或向四周生长的形式。藤蔓植物牵引式攀援绿化也是利用了植物的缠绕茎攀援生长的特点，与独立式所不同的是，其绿化界面没有可利用的缠绕媒介，而是通过人工牵引铁丝、网格等附着于建筑物或构筑物墙面或某一限定的空间，再利用植物的攀援性缠绕上去。草本植物特殊施工工

图6-55 植草皮

图6-56 容器栽植

艺绿化是指没有任何吸附、缠绕等能力的草本植物，需要借助于一定的营养基质、种植槽、浇灌系统等特殊的工艺，使其固定、安放在墙面、坡面的垂直空间上，以达到绿化美化的作用。这些特殊的工艺包括悬挂槽、通水管、护网、栽培介质、供水管、绿化砖、斜孔模块、基槽和基质块、布液管、集液槽、溢流槽、水泵及上液管等。草本植物在立体绿化中占据重要的地位，尤其是近年来新兴的生态墙绿化形式，深受国际社会的欢迎。常见的用于立体绿化的草本植物种类繁多，涉及的科属也举不胜举，几乎所有适应能力强、抗逆性好的草本花卉都可以当作立体绿化的花材。

根据遗址公园的特殊需要，在不能进行露地种植的区域或场所可以进行立体绿化。利用藤本、蔓生、攀援型、缠绕型植物和草本植物等攀附在遗址公园的建筑物或构筑物的立面及顶面进行绿化，能够补充公园绿量，提高绿视率及空间的利用率，美化建筑物和构筑物，降低建筑室内温度。

六、土遗址类遗址公园的植物的应用对象与选种

根据遗址公园植物景观选种原则，再结合我国目前已有的遗址公园主要绿化植物的选种，现总结出适合我国土遗址类的遗址公园造景的植物选择条件及代表种类。

1. 用于遗址本体展示的植物

（1）选择条件：浅根系，植株低矮且整齐，耐旱，耐修剪的草本植物。

（2）利用价值：不影响遗址本体的外观，不破坏遗址地下遗存，绿化效果整体性佳，能够表现遗址本体外观的完整性。

（3）代表种类：禾本科常用草坪植物，如狗牙根、结缕草、地毯草、假俭草、香根草、匍匐剪股颖、草地早熟禾、黑麦草等，此外还有像白车轴草、酢浆草、金叶反曲景天、佛甲草、金叶过路黄、矮麦冬、菲白竹、吉祥草等地被植物。

2. 用于遗址本体生态保护的植物

（1）选择条件：根系浅，保水固土能力强，耐旱，枝叶茂密，低矮的灌木；藤本及草本植物；以常绿为最佳。

（2）利用价值：不破坏遗址地下遗存，防止遗址本体的水土流失，防止风沙，能够阻止人进入活动以减少对遗址的破坏。

（3）代表种类：沙地柏、铺地柏、平枝枸子、小檗、紫穗槐、常春藤、地锦、络石、蔓长春花、狗牙根、早熟禾、针茅、荻草、黑心金光菊等。

3. 用于遗址边界标识的植物

（1）选择条件：常绿、耐修剪、枝叶茂密的乔木或灌木。

（2）利用价值：容易形成整齐统一的带状绿化。

（3）代表种类：松柏类、黄杨类等。

4. 用于遗址待发掘区标识的植物

（1）选择条件：浅根性，自播能力强，生长旺盛，抗逆性强的草本植物。

（2）利用价值：管理粗放，抗逆性强，便于今后考古发掘。

（3）代表种类：野生草本最佳，以分布较广的禾本科、菊科植物为代表，如荻草、芦苇、蒲苇、狗尾草、狼尾草、高羊茅、菊蒿、艾蒿、一年蓬、野菊、波斯菊及紫菀属、蓟属植物等。

5.用于营造遗址氛围的观赏型植物

（1）选择条件：形态优美，色相变化丰富，具有悠久的种植历史，体现地域特色的乔木；灌木及草本植物。

（2）利用价值：增加非遗址区的景观丰富度，提高景观观赏性。

（3）代表种类：松柏类、竹类、玉兰、五角枫、元宝枫、香樟、桂花、银杏、梧桐、水杉、垂柳、白蜡、枫杨、榔榆、白桦、合欢、樱花、女贞、碧桃、梅、杏、紫丁香、花石榴、紫薇、黄栌、连翘、迎春花、红花檵木、山茶、芦苇、黄菖蒲、荷花、水竹芋、雨久花、梭鱼草、水葱等。

6.用于营造遗址公园公共活动空间的绿化植物

（1）选择条件：树形高大，冠密荫浓，病虫害少，污染少的乔木或耐踩踏、耐修剪的草本植物。

（2）利用价值：遮阴、提供活动场地。

（3）代表种类：悬铃木、槐树、香樟、皂荚、银杏、七叶树、楸树、鹅掌楸以及常用的草坪植物。

7.用于营造遗址公园生态型绿地的绿化植物

（1）选择条件：乔木、灌木、草本相结合，以乡土植物为主。

（2）利用价值：体现物种多样化，维护小气候环境的生态平衡。

（3）代表种类：各地分布广泛、代表性强，观赏价值高的乡土植物或野生植物。

8.用于诠释遗址历史、文化的景观植物

（1）选择条件：考古研究确定的遗址历史植物或遗址历史文化相关的植物。

（2）利用价值：营造绿化景观的文化氛围，具有一定的诠释、教育功能。

（3）代表种类：因具体的遗址历史、文化属性而选择的植物类型不同，可以是园林植物，也可以是果木类、农业作物类植物。

第五节　寺观园林植物景观设计

一、寺观园林的类型

寺观园林按所处位置可以分为三种，即山水型寺观园林、城市型寺观园林和综合型寺观园林。

山水型寺观园林是运用自然风景特色因地制宜，借用山川本身具有的优美景色来修建的寺观园林，这种寺观园林往往根据地形特色借用自然景色中的水、山、植被进行造景。山水型寺观园林通常依山傍水而建，风景秀丽，寺庙的布局往往采用自然式布局。

城市型寺观园林建于繁华城镇中，占地面积一般不大，但是在建造园林时僧人或道士建造了很多模仿自然的小景，如假山、园池、流水等。有一些城市型寺观园林还有单独的院落，这样的院落典雅别致，有的可以与私家园林媲美，有曲桥、廊、假山等景色。

综合型寺观园林是结合了城市型和山水型两种形式的寺观园林，这种园林一般建于郊区，既离城市不太远方便出行又有美丽的自然景观，在这样的园林中既有人工的造景又有自然的风景。这样的园林布局不一定全是自然式布局，也不一定全是轴线式布局，而是根据山的地理形势，依山而建，有的符合汉传佛教的轴线布局。

二、寺观园林的审美特征

《世说新语》所述："会心处不必在远，翳然林水，便自有濠濮见想也，觉鸟兽禽鱼自来亲人。"所谓翳然，即隐隐约约之间，就是说园景不必一览无余，要若隐若现，可以引起观者对自然美景的联想，得到如置身在宽广的自然间的感受。"千尺为势，百尺为形"决定了园林空间的总体布局，但是千尺与百尺、形与势之间的自然转换至为关键，尤其是在园林空间中，若处理不当，很容易使建筑、山石等形体或重叠堆砌，或变换过多，产生混乱无序之感。在寺观园林中，植物是寺观园林最重要的造园要素之一，可利用植物景观产生的空间效果来实现远、中、近空间尺度的转换。寺观园林景观空间尺度对远、中、近的景观空间构成的调控，产生了平面上的曲折，立面上的起伏和质感，使景象产生层次和自然的节奏。在视觉意义上，景物所表现出来的形体分别以远、中、近三种不同的距离来衡量其效果。寺观园林空间的远景、中景、近景的划分如前所述，也是由"千尺为势"（230~350 m）的远观距离和"百尺为形"（23~35 m）的近观距离来对其欣赏空间尺度定性的。以"千尺为势，百尺为形"的空间尺度原则来衡量寺观园林空间的植物景观，就是要在"千尺"的远观距离中，以植物的群体或其与寺庙建筑、山石等组织景观，形成群体的植物景观轮廓的空间之"势"，而在"百尺"的近观距离中，突出植物自身的形、色、姿，及其与其他寺观园林造园要素的配合，形成个体或局部的植物景观细节性的空间之"形"。

远为势，势言其大者，居乎粗，可远观。远观时，植物的景观空间构图融合成一个剪影，看到的只是它的外轮廓线，即植物的"林冠线"，以天空为背景，就成为了所谓的"天际线"。远观的植物应该注重以高低错落、色彩各异的植物景观群落构成丰富的"林冠线"和季相色彩，如栖霞山每逢深秋时节，枫叶如丹、层林尽染，栖霞寺掩映在枫海霞蔚之中，大片的色叶树种充当了背景作用，构成以远观其势为主的植物群落景观空间，如图6-57所示。植物的林冠线多以高大的乔木与富于叶色变化的植物的群植为主体构成，本身不仅能构成优美的"天际线"，更能衬托远景焦点的寺庙建筑或其他景物，重在突出宏大的景观尺度与气势。如牛首山南祖堂上的宏觉寺，左右群山环抱，地理位置绝佳，祖堂山松柏深深，竹海茫茫，禅宇隐现，在"林冠线"的衬托下寺庙建筑的黄墙红瓦才能得以凸显（见图6-58）。在视觉上，只有在远处才能体会到此类植物景观空间布局的大气魄，到了近处感受效果反而减弱了。

近为形，形言其小者，在乎细，须近察。近观时，寺观园林植物景观的空间细节——呈现在观者眼前，观者

图6-57　掩映在色叶树群落中的栖霞寺

图6-58　林冠线衬托出宏觉寺的黄墙红瓦

图6-59　日本寺院中的红枫

看到的不仅是它的形态，更有其枝叶的婆娑、叶色的青翠。近观的植物景观应注重植物个体的形、枝叶的色泽、姿态，注重其与山石、水体等近观景物的配合，如寺庙墙角、院落、空廊的转角处的单株孤植的红枫、鸡爪槭或三五丛植的竹石小景，就是以近观其形为主的植物景观构成的，如图6-59所示。近观类植物景观多以整株姿态、叶色、叶形优美的植物的孤植或丛植构成。

中观介于远近观两者之间，是寺观园林最富于变化的观赏距离。中国古典建筑在中距离的观赏视线中是以一个个"体量"来呈现出外观的，不能在中距离中充分显示出建筑全貌，尤其是受"庭院式"形式的限制，建筑主体封闭于院墙和大门之内。因此，一般认为，中国古典建筑有远观的宏大端庄，近观构造和装饰的细致精巧，但缺乏中观的观赏效果。寺观园林却有着丰富的中距离观赏效果。寺观园林通过植物景观的空间构图作用，对中距离的空间观感进行了科学的补充和构造，依靠高大的乔木、扶疏的枝叶掩映等处理手法，使寺庙建筑立面形成丰富的光影变化和凹凸感，这样不仅弥补了建筑观赏效果的缺陷，而且形成了寺观园林中独特的中距离空间观赏效果。

三、寺观园林植物景观设计的方法与要点

1.植物与寺观园林各造园因素的景观空间构成

建筑、园路、山石、水体、植物是寺观园林的基本景观构成要素。植物往往通过与建筑、山石、水体等要素的有机结合体现其生态及艺术等方面的功能。植物艺术作用主要表现为植物景观空间形式及意境的营造等，直接影响寺观园林的外貌，体现寺观文化，是其他造园要素无法替代的。园林植物景观是以植物为主营造的景观，在视野感觉上应以植物为主，但是并不排斥其他园林要素。与植物天然的特性所不同的是，建筑、山石、水体、园路及小品

的色彩、线条可以人为塑造，且形式十分丰富，选择余地很大，可与植物一起创造出协调的景观，是创造园林植物景观形式美的重要手段。

1）植物与寺观建筑的景观空间构成

在寺观园林的景观空间构成中，寺观建筑占了相当大的比例，寺观建筑周围的植物配置成为丰富寺观园林景观的重要手段，植物与寺观建筑相得益彰，形成对照、渗透、过渡、互衬等关系，可体现人工美和自然美的结合。植物是融汇寺观自然景观和建筑空间最为灵活、生动的材料。植物配置对于寺观建筑的景观空间构成的作用主要表现在以下几个方面。

（1）调和建筑，渲染季相色彩。

寺观园林建筑风格独特，如钟楼、鼓楼、大雄宝殿、法堂、藏经楼等，不仅建筑形式多样，而且建筑体量庞大、色彩浓重、布局规整，多选用银杏、柳杉、侧柏等树姿雄伟、苍劲延年的树种作为基调去调和建筑。例如南京寺庙建筑多以黄墙红瓦为主，色彩浓重，适于反衬植物的苍、翠、青、碧诸般绿色。在寺观丛林中，寺观建筑多掩映于深山密林之中，南京典型植被常为常绿落叶阔叶混交林。落叶树春发嫩绿，夏被浓荫，秋叶胜似春花，冬育枯木寒林；常绿树则可以保持四时景象的浓郁，远观殿宇，黄墙红瓦、色彩浓重的寺观建筑宛如绿色画布上的亮点，如图6-60所示。

（2）画龙点睛，突出建筑主体。

寺观园林中常以植物造景突出建筑命题的手法，使植物与建筑情景交融，丰富了建筑景观空间的情趣意境，使香客有探幽赏化之趣，起到画龙点睛的作用。如南京灵谷塔（见图6-61）周边的天然次生林，茫茫一片的密林，犹如一张绿色的画布，凸显了灵谷塔这一主体建筑。

（3）隐蔽园墙，拓展建筑空间。

寺观园林中的园墙多用藤本植物、花灌木或经整形的灌木，甚至极少数的高大乔木来美化，辅以各种球根、宿

图6-60　北京碧云寺

图6-61　南京灵谷塔

根花卉作基础栽植，以植物的自然体态装饰砖、瓦构筑的建筑背景，形成自然之趣，如净觉寺园墙上的紫藤、鹫峰寺园墙上的爬山虎等。寺庙中建筑多以黄墙为主，墙在寺观园林中起限定和分割空间作用，可通过罗汉松、山茶、木香、杜鹃、南天竹、美人蕉、孝顺竹等色姿俱佳的植物来调配墙面空间的质地和色彩。如在黄墙的背景之下，山茶的绿叶、红花明快地跳跃出来，起到了丰富空间景观的作用。为拓展景深，设计师亦可在寺观园墙周围对地形稍做调整，使墙面若隐若现，形成远近层次延伸的视觉空间，这样不仅增加了自然气氛，且高低掩映的植物更可造成景深幻觉，扩大景观空间感。

（4）完善功能，丰富建筑构图。

植物有延续并完善建筑物构图的功能。植物的色彩，不但是调和建筑色彩的中间色，也能起到丰富画面色彩和构图的作用。在植物的层次上，乔、灌木配置于建筑物的周边以形成局部重叠，可以遮掩建筑、丰富景观空间构图。在寺观园林中，建筑指引还常借助于植物构筑的空间引导；植物的掩映，可作建筑的自然屏障；体量高大的乔木，可为寺庙遮阴；密集的树丛、树篱，可营造肃静的寺观环境，等等。如图6-62所示的大理崇圣寺园林中，植物对建筑的烘托作用明显。

（5）协调统一，渗透内外空间。

在寺观园林中，斜倚栏、门、窗的花木可连通寺观建筑与自然空间。室外花木枝叶从门、窗框处探入室内或攀援植物蜿蜒穿透漏窗等，能让人们领略到外部空间的自然景物到室内的延伸；而且斜倚门窗栏廊的花木，如反复错落于建筑空间中，可以使空间产生流动感。

2）植物与寺庙水体的景观空间构成

寺观园林中设置的水体，以"放生池"为主兼有其他水体形式。"放生"善举源远流长，《列子·说服篇》载："邯郸民正旦献鸠于赵简子。简子曰：'正旦放生，示有恩也。'"园林中的各类水体，无论是作为主景、配景或小景，都借助植物来丰富水体景观空间，使之更富自然情趣，构筑园林水体景观幽静含蓄的空间基调。

（1）水边植物景观空间配置。

水边的植物是水面空间景观的重要组成部分，它与寺观园林中建筑、山石、园路等造园要素组合的艺术构图对

图6-62 大理崇圣寺：植物对建筑的烘托

水面空间景观构造起着举足轻重的作用。寺观水体水边植物景观设计的关键是选择具有观赏性的耐水湿植物。水边植物的配置，宜以较大的落叶树为主干，配以各种较低矮的花木和少数常绿树，使它们的层次疏朗，既能与整体环境融为一体，又对水面空间的景观起着主导作用，引导水景观赏视线。从色彩上看，植物映衬着淡绿透明的水色，可以调和水体的底色。

　　水边植物有以下三种配置类型：水边的孤植树、列植的乔木和水边的花草。水边的孤植树大多是为了遮阴、观景或构图需要，或者是为了突出某一树种而设。如鹫峰寺前白鹭湖边的一株临水孤植的古枫杨，横枝远伸水面、姿态优美。水边列植的乔木可以由同一种密植的乔木组成，也可以由不同种的乔灌木多行组合，它既是水体空间垂直面上的分隔屏障，又是水边低矮花木的背景和衬托物，也是组成幽静水面空间的主要配置植物。

　　（2）水面植物景观空间配置。

　　在寺观园林水体中，无论是湖面还是河面的景观，因其低于人的视线，与水边景观呼应，加上水中倒影，最宜游人观赏。水面似一块平洁明镜，四周景物在水面形成倒影，上下交映，景深增加，空间扩大，犹如一幅清丽的山水画，其植物配置以保持必要的湖光山色、倒影鲛宫的观赏为原则。在岸边若有殿、楼、阁、塔等寺庙建筑，或种植有优美树姿、色彩艳丽的观花、观叶树种时，则在水面的配置植物应予以控制，留出空旷的水面来展示倒影，如图6-63所示。"以花取胜的荷花、睡莲等水生植物，应团散不一，无碍水面倒影；蒲草、芦苇高低参差，自成野趣，宜随地形布置于较大的湖池溪流；渊潭之处，则需竹木浓荫的笼罩；瀑布石崖，则宜配置松、枫、藤蔓之类；水中藻萍，可收幽深静谧之效。"

图6-63　日本金阁寺建筑与植物倒映于池湖中

　　3）植物与园路的景观空间构成

　　路径是园林景观中的脉络，是联系各景区的纽带，起着交通、导游和构景的作用。依靠园路的引导，游人才能体验到"步移景异"的感受。园路的布局不同，园路旁的植物种类不同，配置方法各异，因而产生许多各具特色的植物景观，使园路景观丰富多彩。植物与园路的景观空间可归纳为以下几种类型。

　　（1）乔、灌木规整植于路边，形成寺观园林内规则式园路景观空间。此类路径多起到联系各寺观建筑的功能，自身多为规则式布局，由于其特定的定位和功能需求，因而栽培多为规整式，如图6-64所示。

　　（2）乔、灌、草多层次结合，与山石配置，构成具有一定野趣的景观空间。此类园路多设置在园中，布局较自由。

图6-64　云南静德寺道路两侧植物景观

图6-65 京都化野念佛寺竹林幽径

（3）林径：树木自然栽植于园路两旁，形成"林中穿路"的景观空间。

（4）竹径："竹径通幽处，禅房花木深"，清秀挺拔的竹子，能营造出寺观园林幽静深邃的寺径环境，如图6-65所示。

（5）花径：以花的形、色观赏为主的路径称为花径，花径大多以花的姿态和色彩来营造一种浓郁的氛围。

2.寺观园林植物景观空间的配置手法

植物景观空间的创造，要有丰富的空间配置手法。从植物搭配来看，植物的干、叶、花、果在不同的空间和时间中，会产生形态、色彩的变化，呈现出千变万化的植物景观。

寺观园林的植物配置，是传统宗教文化和植物栽植技术结合的产物。寺观园林植物景观空间的种植形式多与其功能及布局有关，大致可以分为规整式和自然式两种，形成风格迥异的植物景观空间。种植方式又可分为孤植、对植、列植、丛植和群植等，它们各有其景观特点，适合不同的空间位置，对景观空间发挥不同的作用。

1）孤植

在寺观园林中，孤植树的位置灵活，多一树一景，运用广泛。某些树形优美、姿态扶疏的树木，单株配置于寺庙水体旁边，如湖边、池畔等，不仅树形与水体、驳岸形成很好的空间构图，而且也增加了水面的倒影。孤植也适合较小空间近距离观赏。一些树形、枝叶优美的，栽植位置突出的观花、观叶植物，有时亦可作寺院内的主景或焦点。如果树形较大则可置于寺院的角落，留出观赏距离，孤植树还常栽植于寺庙入口、漏窗前、门洞内、园路、游廊的前方尽端处、转折点，以作对景。

2）对植

寺观园林建筑多为规整式对称布局，寺院内植物种植也多属于规整格局，常在中轴线两侧对称地布置庭荫树、观赏花木及树丛花台。对植的植物在树形大小、高矮、姿态、色彩等方面应与寺观园林主景和环境一致。在植物配置构图中，设计师常把植物对称栽植于轴线两侧，起到互相呼应的作用，它们可以是两株植物、三株植物或是两个群体的植物，但在数量、体量、种类方面要对等。这样的配置方法常在植物配景中用到，包含两种方式：非对称种植和对称种植。非对称种植要做到树的种类、姿态、大小相同，在数量上可以稍有不同，常用于假山、自然式园林入口、桥头等处。对称种植是将树种相同、大小相同的乔木和灌木栽植于轴线两侧，一般在建筑大门两侧、重要入口处常用到。

3）列植

寺观入口前的香道、园路的两侧以及寺观建筑的外墙或墙脚下的植物常常以列植的形式出现。它们在寺观园林空间中可起到分割空间、引导视线、丰富空间景观等作用。

4）丛植

丛植，指植物三五成丛或十余株成丛种植，起划分空间、隔开视线、增加景深的作用，可表现植物的个体组合，其整体造型、轮廓、色彩变化比孤植更丰富，是植物空间造景的主要形式。丛植常运用于寺院或道观，根据布局和视线条件布置，使之成为寺观园林的主景。有两株或是两株以上的同一种树形紧密的植物种植在一起，树冠总体形成一个外轮廓线，在艺术视觉上形成整体美。

5）群植

寺观园林空间中，无论是以植物为主景，或是植物与其他园林要素共同构成主景，在植物种类、数量和位置的安排上，都非常注重个体与群体、周边环境、时令季相、寺观文化等的协调，即十分重视空间景观意境的形成和特色。寺观园林的植物配置与现代园林有许多不同之处，但从根本上说，植物与周边环境、山水建筑、区域文化等协调统一，又有其共同之处，这些都需要设计师不断调查、总结，才能真正将寺观园林的植物配置全面掌握，从而有利于现代植物景观配置的继承和发展。

3. 寺观园林植物意境营造

1）植物意境的表征

寺观园林意境的来源是园林景观，寺观园林中的景观有天然景观和人工景观。天然景观也就是自然景观，寺观园林通常都建在山林间，有很多自然景观，利用其本身就有的特点造景，在造景中把寺观清幽雅致的意境表现出来。人工造景主要选择与宗教思想有关的植物、匾额、绘画等园林景观要素，塑造寺观园林的宗教意义，以虚实两种造园方式来体现佛家思想的意境。寺观园林的植物意境要满足游览者的赏园要求，还要满足朝拜、祈福、还愿等宗教活动的要求。因此，设计师在园林造景时要选择具有宗教内涵的植物，以营造出寺观园林中的宗教意境，同时达到景观效果，供游人休憩和欣赏。

2）植物意境的审美

通常对植物的欣赏是从植物的外形开始的，植物的姿态、色彩、气味都是判断的标准。寺观园林中的植物有的是人工培育的，有的是自然生成的。山林型寺观园林中最常见的植物就是青松、翠柏、竹林等，大多是当地的乡土树种，符合生态环境的要求，生长自然茂盛。如：云南武定正续寺中有很多武定狮子山固有的乡土树种，即在修建寺庙时沿用了狮子山的树木。

在寺观园林的植物意境构造中，常用到以下三种树木。松树的外形从古至今深受中国人喜爱，它具有姿态优美、树干端直、常绿、树龄长等特点，这些特点使它成为名胜古迹园林植物配置中的常见树种。竹类植物生长速度快，姿态挺拔笔直，叶色四季常绿且深绿、浅绿、黄绿变化不同，丛植群植搭配时十分协调。玉兰是春季观花植物，花先于叶开放，繁茂且洁白美丽，花香清淡，花形很大，也容易种植，深受人们喜爱。

在寺观园林景观设计中，不仅要求植物的外形美观，还要求其寓意好有宗教意义，与寺院或道观意境相结合。松柏、竹类这些树种可以丛植于山林之间，风吹山林，动静结合，绿色的"海洋"泛起点点波涛，再加上山间鸟类的鸣叫，涓涓溪流的水声，就是一幅动态的山水画，显得寺庙宁静空灵，与寺庙的氛围相合。梅花，其树姿优美，粉、白、红的颜色在萧索寒冷的冬日特别显眼，而且它是花中"四君子"之一，清丽脱俗。将梅花与兰、菊、竹配合栽植，花中"四君子"志气高洁，具有很浓的文化氛围。植物的色彩在园林植物配置中起到协调的作用，花、果、叶的结合也同样营造出一番有趣的景致。观者从小景中体会到无限的境界，这是植物意境审美的另一个境界。

3）植物景观时间性和季相性的运用

寺观园林植物的选择要以树龄长的树木为主，为的是在今后寺庙的发展中留下一些古树名木，寺观园林植物配置中要注意植物的季相性变化，植物在每一个季节，每一年都不同，这个季相的变化为不变的寺观建筑增添了不一样的风景，也为游园者提供了嗅觉和听觉上的不同。寺观园林植物可以观花、观叶、观果，使游园者在每个季节可以欣赏到植物不同的变化。

4）植物景观艺术性的运用

寺观植物景观要与寺庙中的建筑相结合，营造出统一协调的气氛。云南汉传佛寺主要的寺庙建筑如天王殿、观音阁、大雄宝殿等旁植物都采用对植，树种都会选择古树名木，树冠冠幅很大，高大的树木对植在大型殿堂两侧。若选择小的树木配置在殿堂两侧，会显得植物与建筑不相称。寺庙中单独的院落中植物的选择要精而少，小空间植物配置要精细，注重点景。

4.寺观园林的植物选择

（1）姿态优美的植物。姿态优美的植物可以用孤植的方式种植在寺庙中，一般大部分寺庙中都会有至少一株古树，以增加寺庙的年代感。

（2）选择容易成活的、树龄长的树。乡土树种在种植上很方便，不用特殊的护理和种植方式，成活率高，符合当地的生态环境要求，既美化了园林环境又为生态保护做了贡献。

（3）寓意好的植物。寺观园林中的植物要与宗教思想有一定联系，要种植一些寓意高雅吉祥的植物。设计师有时候也会根据古代的诗词歌赋选择植物种类，让人看到这种植物就会想起诗中描述的意境。

四、寺观园林植物景观典型案例分析

1.青龙寺植物景观分析

青龙寺，别名石佛寺，是中国佛教众多教派分支密宗的重要祖庭，并被日本佛教教派之一真言宗奉为祖庭。青龙寺初创于隋文帝开皇二年（582年），当时称灵感寺，几经更名。青龙寺极盛于唐代中期，是唐代密宗大师惠果长期驻锡之地。当时有不少外国僧人来此学习，因此，青龙寺盛名远播海外。

寺址选在东西向的高岗坡地"乐游原"上，其作为长安城北自大明宫龙首原，向南依次有六条东西向高坡地，其中的第五条是最高、最长的。隋朝建筑家宇文恺在规划大兴城时，将其比拟为乾卦六爻，第五坡（乐游原）为"九五贵位，不欲常人居之"。地貌抬升景色秀丽的乐游原，于盛唐时达到兴盛的顶峰。现存佛寺位于西安新昌坊十字街东南隅，南北向长 120 m 左右，东西向宽 140 m 左右，总占地面积为23亩（15000 m²）左右。按照布局来看，寺院可划分为东、西两院，包括碑记长廊、云峯阁、竹月轩、陈列馆（纪念空海大师和惠果大师）及空海纪念碑等。

西安政府为保护和开发青龙寺周边建筑遗址和园林特色，于 1973 年开始进行保护性发掘，直到 2012 年建成并开放乐游原公园。如今，展现给人们的是一个集寺院遗址保护、寺庙宗教活动、市民休闲娱乐、文物保护展示、盛唐文化体验等于一体的公共性城市园林。

青龙寺内建筑庄严雅致，植被葱绿成荫，环境幽静深远，如图 6-66 所示。每逢花季，寺内樱花、牡丹等竞相盛开，国内外的众多游客慕名而来、络绎不绝。青龙寺遗址博物馆（古原楼）东侧专门开辟的牡丹园（见图 6-67）内，整体以自然式格局布置，牡丹列植其中，周边配置大叶女贞、侧柏、龙柏、大叶黄杨、海桐、紫叶李、银杏、白玉兰、樱花、紫薇、青竹、南天竹等植物，并放置拙石、古亭等，以增强园林观赏效果；此外，云峯阁周边的绿地中也散植牡丹，并配置白皮松、龙柏、樱花、石榴、小叶黄杨、棣棠、连翘、青竹、麦冬等植物。

另外，樱花的大量栽植和自然式的布置郁郁成林，成为青龙寺重要景观之一。1986 年，青龙寺从日本引进数百株樱花树植于寺院，每年三四月间，樱花盛开，游人如织，青龙寺已成为西安最著名的樱花观赏地（见图 6-68），如今青龙寺樱花品种共有十多种 500 多株，在 个月的樱花季里，以开放顺序早期的有八重红枝垂樱、染井吉野、江户彼岸樱、野山樱等；中期的有杨贵妃、一叶、郁金、关山、松月等；晚期的有普贤象等。因牡丹与樱花的花期相近，这也使得观者在景观垂直方向效果上，可以既欣赏了樱花的灿烂浪漫，又感受到牡丹的端庄华贵，而樱花和牡丹的这种搭配种植也再现了盛唐佛寺园林景观。

图 6-66 青龙寺植物景观一角

图 6-67 青龙寺牡丹园

图 6-68 春季青龙寺的各类樱花竞相开放

2.北京白云观植物景观案例分析

白云观位于北京西便门外白云路,自元以来,就为道教全真"第一丛林",龙门祖庭。1957年中国道教协会成立后,白云观又是其所在地。全观占地约六万平方米,是北京地区现存最大最完整的全真道观。由于白云观地处城市之中,为了保证道士们静修的需要,道观里多种植花木,尤其是高大的乔木,营造遮天蔽日、清净的环境;封闭式院落的布局,使环境更加清幽。白云观现存殿堂屋室均系明清两代所建,布局紧凑,其整体建筑布局为院落式,分为中、东、西三路和后园。其中后园名曰云集园,又叫小蓬莱,园内北有云集山房、南有戒台,以行廊相连。东、西小院各有假山,东山中有友鹤亭,西山中有妙香亭。云集园的植物造景充分体现了"天人合一"的理念,分别建造了三座假山,模仿蓬莱仙山。假山上种植乔灌木,模仿仙山植物的自然生长状态,这也正体现了"天人合一"思想中的"人化自然"思想,而且植物所表现出来的美景是源于自然,高于自然的。假山上植物种植是全园中最丰富的,上层有高大的榆树、银杏、白皮松,下层有开花结果的丁香、白碧桃、山桃、枸杞和榆叶梅,它们都为假山带来了野趣。

殿堂是白云观建筑最重要的组成部分,是香客膜拜和接触最多的地方,而殿堂也是观内最严肃最具宗教特色的部分,所以这部分的植物配置主要采用规则式对称种植的方式,以显示宗教的神圣和威严,植物配置上以松柏类为主。如图6-69所示,观前牌楼的两侧就已经种植油松了,可提前给香客一个"铺垫"。到了灵官殿,在其前面对植两棵白皮松,其属性端庄、枝叶浓密,像一对站岗的士兵护卫着殿堂,如图6-70所示。白云观内这样的配置方式有多处,如玉皇殿前两棵桧柏,邱祖殿前两棵油松,钟楼前对植侧柏(见图6-71)等;也有使用两棵不同的树种种植在观前的配置方式,如真武殿前分别种植一棵柿子树和龙爪槐。

图6-69 观前牌楼旁的油松

图6-70 灵官殿前的白皮松

图6-71 钟楼前对植侧柏

院落是观内植物种植最多的地方，既保证夏季遮阴，又能增添宗教气氛。从牌楼穿过径直走入观内，到达第一进院落，院里遍植国槐，穿过山门、经过窝风桥，种植有两排油松，每排油松后面又配置一排玉兰。第二进院落，在院中心对称种植两棵国槐，其年代久远，树体高大，满院树荫。观内中路院落多数采用这种种植方式，如四御殿院内的两棵大国槐，东路慈航殿前院对称的四块绿地，靠近慈航殿一边的一块种植紫薇，一块种植丁香；靠近三星殿的一边，分别种植油松和银杏。四块地皆为规则式种植。在云集园的院落内，高大乔木核桃、榆树、楸树和银杏均采用自然式种植，还有榆叶梅、紫荆、丁香、白碧桃来增添春色。

总体来说，白云观的植物景观总体布局主要分为四部分：前导空间、宗教空间、生活空间、园林空间。前导空间主要采用国槐的规则式种植，一方面体现宗教的威严和秩序性，同时落叶树的使用又体现了宗教与世俗的融合；宗教空间主要采用规则式种植，主要选用常绿的松柏等树种，塑造严肃、静谧的环境，使香客顿时产生一种对宗教的无限崇敬；生活空间是指道士生活的地方，隐于这样僻静地方的植物栽植要体现自然、静谧的生活气息；园林空间主要采用自然式种植，植物景观层次丰富，积极应用彩色植物，营造出人间仙境的感觉，为香客轻松游览提供了绝佳的环境。

第六节　校园植物景观设计

校园植物景观是不同时期的校园规划思想与植物景观风格的结合。

西方早期方院式庭院校园带着浓厚的宗教气息，植物配置讲究对称，追求气派。17、18 世纪开敞型大学校园里开始出现大片草坪；18 世纪后，受英国自然风格的影响及自由布局校园规划思想的影响，校园植物景观崇尚自然，模拟自然界森林、草原、沼泽等景观并结合地形、水体、道路来组织植物景观。如牛津大学的校园植物景观就是以自然配置为主，体现自然风貌。

中国古代书院可以说是中国古典园林的缩小版，依山傍水，因地制宜，植物景观以自然式为主，表现一定的意境美。如湖南的岳麓书院，需山则山，需水则水，植物景观与建筑、水体、道路高度协调，极富诗情画意。近代的校园植物景观主要采取规则式与自然式相结合。如清华大学早期规划，原有的校园沿袭早期古典风格，植物景观采取自然式配置；新建的校园与现代化建筑风格相适应，植物配置方式以草坪和其他非植物的景观元素为主，强调轴线，气势宏伟。现代的校园植物景观主要是作为建筑的附属，毫无规划可言，植物种类贫乏，植物应用频率高，不同高校的植物景观相似，缺乏新意。

优美的环境景观是校园建设的精神保障，高等院校的校园景观应该具备四个主要功能，即满足师生的学习、工作及生活需要，通过良好的环境陶冶人的精神情操（"人创造环境，环境培育人"），给校园里的师生、来访者提供文明幽雅的愉悦环境，为城市大环境增光添彩。

一、高校校园植物景观设计原则

1. 文化原则

景观不仅能反映人们所处时代的审美特征和技术水平，也反映了同一时期内的文化特点。景观环境是对传统文化一种极为生动的信息传承，深具文化内涵的景观能够对观赏者的空间意识、审美观念及人生情趣和艺术修养起到潜移默化的作用。不同时期的景观反映不同时期的文化特征，可以说景观是文化的外在物质承载，而文化真正揭示了景观的内涵和精髓。高校校园作为人类知识的汇集地，其植物景观不仅要满足功能性的物质层面需要，更重要的是要满足校园对意境、文化底蕴等深层次的追求。高校校园植物景观的文化表现体现在以下两个方面。

（1）植物本身的文化属性。植物本身的文化属性是指在人类历史发展的长河中，人们根据植物的生长特性赋予其的人格化的特征，文人、学者常用植物的文化特性来明志，表达心境。在进行校园植物配置时，设计师将反映某种人文内涵、象征某种精神品格的植物科学合理地进行配置，可使校园向充满人文内涵的高品位方向发展，形成特色的校园植物景观。

（2）将校园文化融入植物景观中。每一所高校在长期的历史发展中都会积累丰富的文化，可以从地域文化和校园发展历史两方面来追溯。我国地大物博，每个地域都有其独特的自然环境和历史文化，各个地域的文化又影响着该地域社会成员的思想和行为，使他们在进行植物景观规划时挖掘学校所处地域的文化特征。植物景观的配置除了挖掘地域文化，还可以挖掘学校的历史文脉。历史文脉能够使学生产生心理归属感，通过植物景观的展现，使学生能够更深刻地领悟到学校的精神内涵。具有深刻文化内涵的植物景观能够引起师生的认同感、归属感、自豪感。

2. 特色原则

伦敦大学副校长斯图尔特·薛瑟兰曾说："全世界的大学，分守着它们各自对真理、学术和科研所做出的贡献。"言外之意是，即使是世界一流的研究型大学也不可能面面一流，只能通过各自有优势的方面保持其竞争优势。要在强手如林的大学竞争中找到自己的立足之地，大学必须具有自己的特色，特别是地方院校。地方院校承担着为地方区域经济建设和社会发展服务，并为之提供充足人才资源的重任。地方院校的竞争优势表现为差异化或个性化，即所谓的特色。任何一所大学，不仅要在办学特色、专业特色上体现学校的个性，作为学生的生活学习场所的校园景观更应表现出自己的特色，与学校的办学特色相呼应。校园植物景观不能千校一面，景观多样性是校园活力的标志之一。

校园植物景观具有共性和个性，共性方面表现在植物景观的功能都是满足师生的物质需求；个性表现在不同学校，具有不同的办学理念、学科特色、校园文化、学生的教学需求等。因此，相对应的植物景观应能够体现出这些个性，营造出独特的校园环境。如清华大学和北京大学，它们的共性表现在都是综合性大学，个性表现在它们学科上的差别，从而形成有别于其他院校的文化气质———一个像严谨求学的学者，一个像潇洒不羁的诗人。因此地方高校在进行植物景观规划时，应合理定位，分阶段实施，突出特色，而特色应着重表现在融入办学特色、学科特色、校园文脉。如理科院校有着严谨、理性的学科特点，其植物景观可通过规则式的配置形式来表现；文学院崇尚民主、自由、开放的精神，学生思想活跃，自发性的行为比较多，则其植物景观应丰富多变，活泼奔放。

3. 艺术原则

完美的植物景观设计必须具有较高的欣赏价值和生态效益，既满足植物与环境在生态适应上的统一，又要通过艺术构图原理体现出植物个体及群体的形式美，及人们欣赏时所产生的意境美。植物景观中艺术性的创造极为细腻复杂，诗情画意的体现需借鉴绘画艺术原理及古典美学，以自然美为基础，结合社会生活，按照美的规律进行植物景观创作，可称之为园林艺术。植物的观赏特征有形态、色彩、质感、气味、意境。设计师在进行植物景观设计时首先需要了解植物的这些观赏特征，然后巧妙运用各种艺术手法进行构图。艺术原则主要包括以下三条。

（1）统一法则。设计师应将景观作为一个有机的整体加以考虑，统筹安排。统一法则以完形理论为基础，通过了解植物的观赏特征，运用调和与对比、过渡与呼应、主景与配景以及节奏与韵律等手法，使景观在形、色、质地等方面产生统一而又富于变化的效果。

（2）时空法则。植物是具有生命力的构成要素，随着时间的变化，植物的形态、色彩、质感等也会发生改变，从而引起园林景观的季相变化。因此时空法则要求设计师将造景因素根据师生的心理感觉、视觉认知，针对师生的景观需求进行适当的配置，使景观产生自然流畅的时间和空间转换，做到四季有花，终年有景。

（3）数的法则。数的法则源于西方，古希腊数学家普洛克拉斯指出，"哪里有数，哪里就有美"。西方人认为，凡是符合数的关系的物体就是美的。在校园植物景观设计过程中，如植物模纹、植物造型等都可适当应用一些数学关系，来满足人们的审美需求。数的法则可以通过比例、尺度、模数三个方面来表达。

4. 尊重和继承历史原则

校园植物景观是保持和塑造校园文脉、特色的重要方面。文化与文脉属于体与魂的关系，每个历史时期都有不同的文化发生和发展，但是不同历史时期的文化不是单一孤立存在的，它们通过文脉紧紧联系在一起。植物景观设计首先应理清历史文脉的主流，重视景观资源的保护、利用、继承。大学的发展在于继承过去，开创未来。尊重和继承历史，有助于悠久的历史传统的延续。设计师应对大学的历史演变、校园文化、师生心理、价值取向进行分析，取其精华，去其糟粕，并融入校园植物景观的营造中，构造独具特色的植物景观，使之具有差异性和识别性。高校校园景观如火如荼的建设，出现了千校一面的现象。地方院校的植物景观更是缺乏特色，学生的校园活动只在宿舍、教室、食堂三点，很多人大学四年，都没有将一个学校走遍，校园景观的无趣大大降低了学生活动的激情。究其原因，景观设计没有挖掘校园的历史文脉，没有融入学校的办学特色。因此，植物景观营造必须以自然生态条件和地带性植被为基础，融入地域特色、校园文化、学科特色，尊重和继承历史，使植物景观具有明显的文化性特征，产生可识别性。

5. 科学性及多样性

植物根据自身的习性都有其特定的生活环境，因此在植物配置时既要满足植物特有的生境，又要注重植物与生态的统一。我们在进行植物造景时，首先要了解植物的生态习性，掌握当地常用的植物品种，将植物进行科学的分类，分析周围环境与光照等自然条件对植物的影响，然后根据植物的生态习性进行合理的配置。同时为了稳定高校植物生态系统的平衡，应增加物种的多样性，使高校景观丰富多彩，不再单调乏味。例如，据不完全统计，武汉大学校园内有种子植物 120 科、558 属、800 多种，其中属于珍稀濒危的植物有 11 科 17 种。丰富的植物体系和珍稀植物使武大校园成为一个天然的植物园，图 6-72 所示为武汉大学校园植物景观。

图 6-72　武汉大学校园植物景观

高校校园植物景观设计在植物品种选择上也要讲究安全性，例如在宿舍区要少用有刺激性气味和易引起过敏的植物品种，减少对人体的伤害。在主干道上少用飘絮的植物，多种植吸附粉尘的高大乔木，增加校园空气的净化。同时在河边和相对隐蔽的地方，要处理好灯光与植物对人的视觉和心理的影响。

6. 可识别性

高校植物的可识别性主要指植物本身的差异性和植物空间围合的可识别性。环境心理学家指出，当校园某种植物景观类型作为某种环境类型被人们所感知之后，就会以环境意向的形式留在人们脑海中并形成回忆。校园内可利用植物的不同特性来增加每个区域的可识别性，每个学院和宿舍楼前种植不同的植物品种，形成不同的植物特色，增加师生的归属感和认同感。

7. 参与性及可持续性

校园不仅是师生学习和生活的场所，同时也是他们之间进行相互交流的地方。植物作为校园景观的重要组成部分，不仅具有观赏的价值，而且也是每个区域空间的组成部分，一个良好的空间氛围，能够使得师生在课堂之外得到更好的交流，使他们的思想得到升华。

此外，一些高校在效果上为了追求短期的树木林荫，在有限的空间种植丰富的植物品种，狭小的生存空间阻碍了植物的生长，长此以往，植物会逐渐枯萎和消亡，造成不必要的浪费。因此在种植时应合理安排植物的种植密度，在科学的前提下适当地增加植物的密度，使得高校的植物景观朝着健康的可持续的方向发展。

二、小学校园植物景观设计原则

小学生与中学生、大学生相比较，具有年龄小，活泼好动，对户外环境具有好奇心、探索心、玩味心等特征，而小学生辨识能力和自我保护能力有限，要求我们进行小学校园植物景观设计时，以科学合理的方式进行植物配置，在创造物种丰富性和观赏性的同时更应注重安全性，保障学生在观赏、游玩、休闲之余不受植物的伤害。

在进行植物选种与植物配置时应选用无毒、无刺、少飞絮、不易产生过敏的植物，避免因植物的生长特征给学生带来身心健康的伤害。例如，夹竹桃、南天竹、虞美人、光棍树、一品红、花叶万年青等枝叶、花、果等具有毒性的植物，学生接触或误食可能会产生中毒的现象；枸骨、十大功劳、皂荚、刺槐、紫叶小檗等枝叶带刺的植物容易让学生在玩耍时产生伤害；柳树、杨树、悬铃木等植物春天会产生飞絮，容易使学生皮肤过敏甚至呼吸道感染。这些植物都应该避免种植，以降低因植物选种配置不当给学生带来伤害的概率。

1.文化性原则

每个学校都有自己独特的文化内涵，包括教学理念、校训及发展策略等。文化这种内在的、根深蒂固的、隐藏在校园内的无形的特性，不仅仅要基于校园所在的地域文化，更应注重与学校自身的定位、发展相结合，文化应该百花争艳，百家争鸣，而不应该千篇一律。校园文化往往都经过长时间的历史沉淀、提炼，最终孕育出自己独特的人文气息和办学理念，形成其文化独到之处。校园植物景观设计应该与学校自身的文化特性相结合，要体现学校自身的文化特色，做到尊重历史、正视现实、面对未来。

景观环境是一种对历史文化形象的传承表达，被植入文化内涵的景观能够对观者的人生观、价值观、世界观以及审美情趣产生潜移默化的作用。一个良好的景观环境，能对学生，特别是心智正在发育的学龄儿童产生积极的影响，使他们在接受文化熏陶的同时，提高自身修养，加强他们的归属感和认同感。

2.功能性原则

"形式服从于功能"是小学校园植物景观设计的基本立足点之一。植物景观作为校园体系中的一个重要部分，其功能应是全面、多元的。这要求我们在进行校园植物景观设计时需要同时考虑场地特征和功能两个因素。小学校园除了应当具备基本的教学、运动、休闲、办公、管理功能之外，还应致力于培养学生的认知感、审美情趣、世界观、人生观和价值观，促进他们德、智、体、美、劳全面健康发展。对于植物景观而言，其设计就应该从整体出发、全面考虑、有机结合，发挥其功能性，创造出一个环境舒适、功能全面的多层次的植物景观空间。所以，小学校园植物景观设计要从功能性原则考虑。

从小学校园植物景观设计的角度来讲，功能性原则主要从物质功能和精神功能两个方面来体现。物质功能是指通过营造使用场地划分的各功能分区的植物景观，发挥其分割空间、引导视线、遮阴防寒、防尘降噪、美化环境、净化空气等基本功能，为使用者提供一个功能全面的学习和工作空间。如果说物质功能是固有的、直观的功能，那么精神功能则是内在的、隐含的功能，是功能性原则的本质所在。精神功能通过植物景观的营造，将其隐含的历史传统、文化美德、人文精神等内涵精神潜移默化地传递到使用者，陶冶学生情趣，提升学生思想品质，寓学于乐。我们在进行植物景观设计的同时不应把功能性看成是现实与园林艺术加工创造的制约性因素，而应该把功能性看成是最基本的需求，设计出适合使用者需求发展、创新实践的综合型植物景观空间。

3.趣味性原则

小学生的心理特征有别于中学生，小学生天真活泼，对外界具有好奇心，针对这一性格特征，小学校园植物景观设计应该注重趣味性，利用植物景观充分调动学生的趣味心，使其与环境形成良好的互动。趣味性是人们所产生的一种兴奋、惊讶、好奇的情绪反应，作为一种情绪，它不是园林设计的基本原则，但从小学校园植物景观设计的角度来说却是必须要考虑的因素，园林景观营造得成功与否也在于此。植物配置时可选用一些外形具有观赏特性、独特和具有丰富文化内涵的植物来增加植物景观的趣味性。具体来说可通过植物的形、色、味、质四个方面来营造植物景观的趣味性。

植物的外形有自然式和人工式之分，自然式有圆形、塔形、伞形等，而人工式则可通过植物造型修剪成各种形状，自然式和人工式的外形对儿童来说都具有极强的趣味性。另外，园林植物的枝干也千奇百态，或蜿蜒曲折，或挺拔遒劲，如梅花造型夸张的枝干往往能引起孩子丰富的想象力。其次，形状各异的叶形和花形也能激起儿童的趣味性，如银杏、鹅掌楸、枫树、雪松等。具有特色的植物果形对儿童也有巨大的吸引力，如果实形似铜钱的铜钱树，满株红果的火棘，果实巨大的柚子树等。

颜色独特的植物树干能为整个植物景观增加趣味性，如白色树干的白桦、斑块分布的悬铃木；叶片颜色的季节性变化和本身固有的颜色也有极强的趣味性，如秋季叶片变红的榉树和红枫、色彩斑驳的洒金东瀛珊瑚、金边大叶黄杨等；植物的花色就像一块调色板，丰富的色彩给人以愉悦的视觉感受，进而增加观赏的趣味性；具有趣味颜色的植物果实，可以极大地吸引孩子的视线，发挥其趣味性。

不同植物会散发出不同的气味，或清香，或浓郁，或幽香，故植物景观设计可通过栽种具有特色香味的植物培养孩子认识不同的植物，培养趣味性，如桂花、茉莉等。

植物质感的不同，能让学生在触摸时亲身感受到其触感，调动其趣味性。如有革质叶片的山茶与广玉兰，带毛叶片的银杏等，均给学生奇特的体验；枝条的质感有柔软与硬朗之分，如细如绦、柔软下垂的柳树和迎春，给人以动态美的趣味性。

总之，植物配置通过对具有观赏特性的植株选择能激发学生的趣味性，激发他们对大自然的热爱与向往，培养他们的想象力。

4.科普性原则

正处于学龄儿童的小学生，他们的心理、行为和性格都处于形成发展阶段，其性格天真活泼、热情好动，对大自然的未知世界具有好奇心、探索心以及玩味心。植物的品种、根、枝、叶、果实、气味对他们都有很大的吸引力。

图6-73　植物介绍牌

针对这些特性，设计师在进行校园植物景观配置时要考虑配置个性突出、赋有人文精神和文化内涵的植物。对于小学生来说，植物景观的营造，植物景观科普性的发挥，可以使他们了解植物的多样性，丰富生物知识，培养他们对大自然的热爱，提升他们的综合素质。

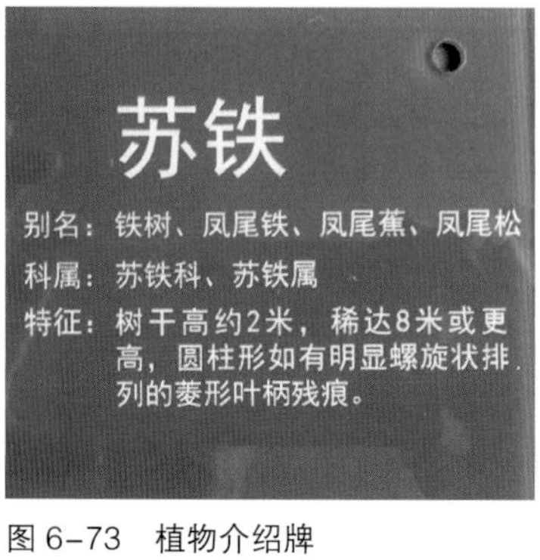

在进行校园植物景观建设时，设计师可以在植物显眼位置上挂上植物介绍牌，介绍牌上可标注植物的名称、生长属性、观赏特性及植物所赋有的人文精神，如图6-73所示。学生在与植物环境空间进行互动时，可对各种植物的种类、分类知识有初步了解，知道植物的科、属、种知识，植物的花期和它相应的功能，了

解它的观赏特性。通过对植物的实际接触和了解，获得大量的感性材料，学生可对书本知识和课外知识有更直观的理解。同时，这种接触也可以增进他对生物多样性知识的了解，使他们明白植物与人类的密切关系，激发他们对大自然、对生物世界的探索，培养他们的好学心和好问心，为以后学习好各学科知识做好前期铺垫。此外，还可通过植物造景，把植物塑造成各种形象化的人物、动物和具有文化内涵的植物雕塑，使他们生动形象地了解到植物所代表的人文精神，让他们对校园文化的灵魂有直观感受，正确培养他们的道德情操、审美情趣和价值观。

三、高校校园植物景观设计

1.景观植物选择

高校校园绿化植物的选择要从生态要求和造景需要两方面加以考虑，并发挥植物在改善生态环境、符合教学要求以及满足实际使用功能等方面的作用。

学校文化气息浓厚，尤其是历史悠久的学校，有着长期积累下来的深厚文化底蕴，应表现出强烈的景观个性和特色。校园绿化植物的选择，应考虑到这些特点，充分表现校园文化特色，比如用松、竹、梅象征岁寒三友；用竹林表达学生虚心好学，品格高尚；还可以建设桃李园一类的专类园，寓意学校成就辉煌，桃李满天下。

高校植物造景中也要充分体现植物的寓意，彰显校园的文化内涵，使得师生受到潜移默化的影响，不仅能领略到校园如今的风貌，也能体会到学校发展的历史；从植物的荣枯变化和由幼到老的生命进程中领悟到时间的流逝和历史演变的自然规律；从千姿百态、欣欣向荣的树木花草领悟到大千世界的神奇广袤和个人功名利禄的微不足道；从自然景观的雄奇深远、纤巧妍艳体会人类性格中的开朗豪放与细腻温柔。

植物根据自身的习性都有其特有的生活环境，因此在植物配置时既要满足植物特有的生境，又要满足植物与生态的统一。我们在植物造景时，首先要了解植物的生态习性，掌握当地常用的植物品种，将植物进行科学的分类，分析周围环境与光照等自然条件对植物的影响，然后根据植物的生态习性进行合理的配置。同时为了稳定高校植物生态系统的平衡，应增加物种的多样性，使高校景观丰富多彩，不再单调乏味。

高校植物种植不仅要满足科学性和乡土性的原则，同时植物配置也要讲究艺术性。合理利用植物的形态、季相、叶色、花果等来创造出有生命的校园环境。

2.植物景观营造需考虑的要素

景观是指土地及土地上的空间和物质所构成的综合体。它是复杂的自然过程和人类活动在大地上的烙印。校园景观正是人类在一定的政治、经济、文化的基础上，对自然环境进行改造的结果。因此，校园植物景观需要考虑的要素包括自然、人文和社会，这些因素相互影响、相互制约，最终决定了校园的景观形态。

1）自然要素

园林景观中最亲近人的要素是自然要素。影响校园植物景观的自然要素一般有地形地貌、气候条件、植被、水温、地质等，自然要素具有各自的特性和存在方式，在不同的环境中，经过设计者的巧妙构思，形成不同的景观特色。芬兰著名建筑师伊利尔·沙里宁曾经说过："我们对自然形式研究得越多，就越觉得自然形式语言具有丰富的创造性、细腻感和流动性。我们越来越深刻地认识到，在自然王国，表达是最基本的。"因此，充分利用自然条件，借用自然景观将会使校园景观更加丰富，更加充满生气。

高校校园景观设计的首要目的就是为师生创造一个舒适、实用、怡人的生活和学习环境。在营造特色景观的诸多因素中，最重要的是充分利用自然条件。对景观设计师来说，自然环境是景观建设的一个先决条件，只有充分了解建筑及其环境、地形地貌、地质、水文、气候条件、土壤特征等和植物之间的关系，才能创造出一个"天人合一"的校园环境。在诸多的自然因素中，首先应考虑地形地貌。《园冶》有语，"园基不拘方向，地势自有高低；涉门成趣，得景随形，或傍山林，欲通河沼"，指出了古人利用地形地貌来营造景观，不同的地形造就不同的景观，植物景观随着地形的变化，营造出不同的空间，平坦地区的植物景观具有连续性和统一性，山体地区的植物景观给人隔离感，水体植物景观具有亲和性。其次应该考虑生态环境，同一个城市中大的环境基本一致，但不同的场地由于光照的不同、土壤的区别、水分含量的多少及温度、空气质量不均匀等形成微气候，导致同一个城市产生不同的生境区别，而产生不同的植物景观效果。再者校园内原有的植被和水系也是非常重要的自然因素，应当尽量予以保留和利用。不同气候条件下的植物材料有着自己的生态习性和观赏特征，这一点对于设计师而言也是创造风格各异的校园环境景观形态的一大要素。例如，沈阳建筑大学以当地的农作物（如水稻等）和乡土野生植物等最经济的元素作为景观的基底，营造了经济而高产的稻田景观，不仅为学生提供了一个自然安静的学习空间，还为学生提供了一个劳动实践的机会，让学生感受到自然的演变。

2）人文要素

人文要素是影响植物景观的另一重要因素。人文要素是相对自然要素而言的，自然要素是客观存在的，而人文要素则是通过人的活动参与形成的，校园植物景观正是在人的规划与影响下形成的。景观是基础，是人文的载体；人文是景观的内涵。人文因素可以从两方面探讨，一方面是植物景观的规划设计者，一方面是植物景观的使用者。

3）社会要素

学校作为社会的一份子，无可避免地受到社会的影响，而社会是由政治、经济、科技等组成的。因此，植物景观设计应考虑政治、经济、科技水平等因素。从古代书院到现代大学校园的建设，无不掺杂着政治因素，在不同的政治背景下，学校呈现出不同的景观形态。中华人民共和国成立初期，大学校园建设受政治影响很大，校园规划、单体建筑、环境设计都有着清晰的时代烙印。先是模仿苏联的高校建设，后是在国家倡导教育的时代，争先对历史名校的模仿。随着高校自主权益的增大，地方院校在地方政府的领导下，迅猛发展，学科建设以满足社会需要为宗旨，发展的最终目的是促进地方经济的发展。经济的发展反过来为校园建设的逐渐完善提供物质基础，它对校园景观形态的发展更新起到了推动作用。在科技的支持下，营造植物景观的方法、材料呈现多样化，屋顶花园、室内花园成为可能，植物造型丰富多变。由此可见，科技促进校园景观由单一向多元化转变。

3.植物配置方法与特色景观营造

1）校园出入口植物景观营建

高校校园的主要出入口内外广场区域，需要有与大门及入口建筑相协调的植物景观，或者衬托建筑的宏伟，或者软化和装饰建筑的边线和角隅，或者用于引导、限定视线、空间。

（1）主景树孤植或对植。

通常，主景树选用体量较大、姿态优美的乔木，对植在大门两侧或孤植在一侧，辅助少量常绿灌木或宿根花卉配植在大门或标识物旁边（见图6-74）。

（2）草坪或地被景观。

一些高校主入口大门建筑体量较大，内外交通占地面积较大，可以在入口前广场或入口与内广场

图6-74　江苏某高校入口植物景观

用草本植物营造规则式的草坪或地被景观，用以衬托大门气势，营造整洁、安静的入口环境（见图6-75）。此外，在图书馆、行政楼、教学楼等建筑四周，也可以营造草坪或地被景观，用于烘托建筑和营造开放、安静的环境。

（3）花坛或花境。

对于体量较小的入口空间，可以用花坛或花境来营造入口氛围。花坛可以是临时性花坛也可以是永久性花坛，以永久性花坛为佳。临时性花坛选用一二年生或多年生花卉组成色彩艳丽的色块和造型（见图6-76）；永久性花坛通常以常绿灌木或花灌木为主，搭配宿根花卉，可以是规则式也可以是自然式。花境则是沿着墙体一侧或道路两侧以种植宿根花卉、多年生花卉为主，可搭配灌木，模拟自然植物群落状态，形成大小不一、高低错落、季相变化丰富的植物色块。

2）校园道路绿化景观

高校的占地面积比较大，尤其是新校区，其道路面积可占据校园用地面积的10%以上。因此，道路绿化是组成校园景观的重要元素。良好的道路绿化景观可以形成优美的风景大道或林荫路（见图6-77），为师生提供道路遮阴，增加校园绿化覆盖率，其线性绿色廊道空间特征能够连接或缝合校园不同功能碎片化景观。校园较宽的主要

图6-75　清华大学入口内广场草坪

图6-76　杭州师范大学入口花坛

石河子大学　　　　　　　　　　　辽宁工业大学

图6-77　校园林荫道景观

干道的绿化可以选择两侧各单列式或各双列式种植,较窄的次干道绿化可以是单侧单列种植也可以双侧单列种植。我国很多高校选择法桐、银杏、国槐、樱花等用于校园道路绿化,用行道树的名字作为道路名字的现象也十分普遍。

3)主要建筑周边的植物景观

(1)树阵景观和疏林景观。

图6-78　哈佛大学校园疏林景观

树阵是指用一种乔木按照一定的行间距重复种植,形成一个矩形方阵的种植形式。通常在人流量较多的地方设置树阵,不仅可以营造景观林,还可以为师生提供遮阴、休息、交流及户外授课的场所。树阵景观在北方通常选用分支点较高的落叶乔木,可以满足师生夏季遮阴、冬季沐浴阳光、树下休息和交流的需求。疏林景观是用单一或多种乔木自然随机地种植成片状林地,树的密度不宜过小,林下可种植地被植物或草坪,林中设置汀步或栈道,师生可进入活动,例如哈佛大学校园建筑周边常用疏林景观营造静谧、休闲的校园氛围(见图6-78)。此外,高校校园里通常利用树阵景观或疏林景观打造成纪念林或专类园来烘托和强调校园的特色文化氛围,例如南京理工大学的水杉园、竹园、紫园等10余处植物主题园,武汉大学以绿化植物命名的樱园、桂园、枫园、梅园等主题园,特别是樱花代表了特别的含义。另外,在一些高校还有富有纪念意义的"入学纪念林""毕业纪念林""校友捐赠纪念林"和"青年林",等等。

(2)树木园。

设计师可将多种植物种类混合种植成片,使它们形成乔、灌、草多层结构,春、夏、秋、冬四季有景可赏,空间形式变化丰富,景观元素多样化的树木园。树木园既是高校的"绿肺",也是自然知识的科教园。树木园适合设置在运动场、宿舍区的四周,起到隔离噪声的作用;也可以设置在校园的外围,使校园与周边嘈杂环境隔离开来。

4)建筑庭院空间的植物景观

由几组建筑或围墙组合形成的庭院空间,往往是视线的焦点。对于校园多层建筑而言,其形成的院落空间在尺度上十分宜人,适合学生或老师在其中休息、交谈。庭院空间的造景以植物为主,主要有以下几种形式。

（1）中央花坛。

院落空间的中央花坛宜做成永久性花坛，不建议做成临时性花坛。永久性花坛即在庭院的中心部分设置圆形、矩形等简洁图案的花池，花池里栽种花灌木及一些宿根花卉或多年生花卉，形成一组以观花为主的植物景观。植物配置时，应考虑花期和花色的搭配，随着季节变化，花坛要呈现不同的季相。在北方冬季萧条的环境里，一些低矮的耐修剪的常绿灌木是花坛中较为理想的素材，例如黄杨、海桐、桂花、石楠等。春夏两季花坛植物可选择的种类较多，在校园这种以读书和学习为主的环境空间里，可以配置一些色调淡雅、清新的花卉，例如淡蓝色、蓝色、蓝紫色、白色等，比较有代表性的有八仙花、六月雪、糯米条、鸢尾、马蔺、紫露草、大花葱、鼠尾草等。秋冬季节开花植物较少，可以考虑配置一些观果、观叶的灌木，例如南天竹、火棘、朱砂根、变叶木、朱蕉等。

（2）绿篱迷宫。

绿篱迷宫（植物迷宫，见图6-79）是西方园林文化的代表，在法国比较盛行。绿篱迷宫通常利用常绿乔灌木通过密植的方式形成一堵墙，绿篱高度可高于人的视线也可低于人的视线，但人是不可跨越的。绿篱组成的图案错综复杂、各种各样。当然，校园环境中的绿篱迷宫不是真正意义上的迷宫，只是仿照迷宫的意境，用整齐的常绿灌木通过横竖交错的布局，形成一个有趣的空间，这些绿篱起到分隔和围合空间的作用，再搭配一些椅凳，可以为学生提供一个相对私密的交流或休息场所。如果建筑庭院光照不足或处于庇荫环境，利用常绿耐阴灌木营造绿篱迷宫是再适合不过的选择，它既能给建筑中庭增加绿意，又能使空间活泼有趣。常见的绿篱植物有刺柏、圆柏、黄杨、法国冬青、蚊母、石楠、枸骨、冬青等。

图6-79　绿篱迷宫示意图

（3）立体绿化。

立体绿化可以充分利用建筑庭院的有限空间，达到增加绿量、提高绿视率的目的；同时也可有效软化建筑线条及填充灰空间，如图6-80所示。通过采用多维的绿化形式，包括底界面、侧界面及顶界面，营造一个欣欣向荣的生态景观氛围，立体绿化将是未来校园绿化的一个重要主题。

（4）移动花箱组合。

建筑庭院空间可以利用多组移动花箱进行组合或分散

图6-80　亚洲大学管理大楼中庭空间的立体绿化

式布局，再结合座椅，营造一个温馨简洁的花园。花箱的材质、体量及数量由建筑庭院空间的大小及环境氛围决定。目前，市场上常见的花箱材质有实木箱、木塑箱、PVC箱、不锈钢箱、铝合金箱等，不同材质表现出不同的质感和色彩，也应选择与之相配的花箱植物种植。例如，常见的实木花箱，如果是实木原色，可以搭配一些质朴的乔灌木或色彩明快的花卉，惯用的搭配有松柏类造型树、柑橘类小乔木、八角金盘等耐阴灌木以及三色堇、鸡冠花、矮牵牛、百日菊、千日红等。如果是PVC或不锈钢等现代材质的花箱，适合配置造型简单、修剪整齐的常绿灌木，色调统一的竹类或宿根花卉，营造现代简约风格的环境。

（5）写意式园林。

写意园林是中国园林发展成熟期的产物，受东晋至唐宋文人山水画及诗歌、游记的影响，园林题材由以建筑为主体转向以自然山水为主体，是一种意境式造园风格，不追求自然山水的体量和形态，只取其神态和气魄，在有限的园林空间里营造出无限的园林意境，十分注重自然山水特征的凝练和欣赏者超脱实体景物的体悟和想象，所谓"一石则太华千寻，一勺则江湖万里"，即是写意园林的绝妙之处。现代写意式景观不再局限于从自然山水中抽离，任何代表美好、具有审美价值的事物都可成为写意的主题，例如江南雨中的水巷和石拱桥、皖南水乡中一道道粉墙黛瓦的风火墙以及优秀古典诗词中描绘的美好生活情景，诸如"采菊东篱下，悠然见南山""荷风送香气，竹露滴清响""青门弄烟柳，紫阁舞云松""榆柳荫后檐，桃李罗堂前""为爱芭蕉绿叶浓，栽时傍竹引清风"，等等。受现代极简主义风格的影响，当代写意式园林布局更加简洁，追求元素精简到极致，颜色不超过三种。例如，常见的三种十分适合建筑庭院景观的写意园林，其一是中式景墙搭配若干丛竹子，白绿分明、简洁明快，营造出江南园林或皖南民居的意境；其二是若干株造型树搭配浅色砾石做地被，颇具枯山水之韵；其三是在高低起伏的微地形上种植草坪，营造山峦丘陵地貌的意境。

四、中小学校园植物景观设计要点

中小学校园植物景观的营造，不仅仅需要满足环境的功能需求和人们对景观的审美需求，更应该从中小学生这一特殊群体出发，满足他们本身固有的对环境的好奇性、认知性、探索性、趣味性等需求，积极引导中小学生多方位全面成长。传统的校园植物景观往往千篇一律，在设计中容易忽视从中小学生这一特殊使用主体出发进行考虑，所以，深入校园实地对其调研，在当今中小学校园植物景观设计研究中是尤为重要的一步。

校园内的植物是生物教学的活标本，并为实验教学提供足够的材料。它也为中小学生开展课外生物科技活动提供了条件，它是课堂教学的延伸和补充，是对生物学课本知识的扩展和加深。植物景观设计应考虑这种需要，选择具有典型特征的不同科属的代表性植物，并尽量使植物品种丰富多样，满足学生学习过程中理论与实践相结合的需要。另外，从植物造景的角度考虑，也应选择多样的植物，植物的多品种搭配可创造出丰富的景观。但要注意在学生活动的区域内不宜选用有毒多刺和易引起过敏的树种，多用开花及芳香植物。

乔木在改善生态环境方面的功能比灌木和草本植物更强，校园绿化植物选择应尽量发挥乔木的作用，中小学校园植物景观设计采用乔、草结合的方式最为合理。

第七章

城市商业类空间植物
景观设计

城市商业类空间的景观设计已成为完善城市职能和塑造城市形象的重要手段。适应现代城市景观设计发展的趋势，营造出反映城市独特风貌的商业空间景观是城市可持续发展的必然要求。城市商业类空间是城市的公共活动区域，是人们步行活动和商业活动的统一体。自城市出现以来，商业空间就是城市结构的重要构成要素，也是大众生活独具活力的关键所在。现代社会，随着经济技术的发展，人们生活方式的转变，商业空间的形式与规模也发生了全新的变化，并形成了多功能的复合城市空间。商业空间的植物配置，要考虑空间使用性和人流活动性，一般以规则式配置为主，尤其是线形结构的商业步行街，往往采取线形绿带结合空间节点的林荫设计成整齐划一的规整绿化系统，而在商业广场等局部面积较大的区域则采用自然式的配置方法以达到较好的生态效果。图7-1所示为某商业综合体景观效果图。

图7-1 某商业综合体景观效果图

第一节　城市商业类空间的类型与环境特征

一、城市商业类空间的类型

商业就是指商品之间的等价交换，而商业空间即商品之间等价交换的场所。随着社会的不断进步，生产力的不断发展，各种商业活动也由偶发转变为频发，由流动的空间转变为特定的场所。商业空间也随着这种活动的展开，逐渐形成满足各种需求的复杂空间系统。

商业空间是所有活动空间中功能最复杂、形式最多变的空间之一。它的构成要素包括人、物品和场地。人与物之间的关系是空间形成的基础；空间要满足人的各种需求，如日常物质的供应，心理需求的满足，知识的获得等；物则需要空间为其提供安置的场所，物的不同组合又会形成不同的空间，各种各样的空间组合又形成了具有更多可能的空间系统。流动的人群与相对固定的场地就会形成多元化的商业空间。商业空间植物景观往往是商业环境景观中的配角和点缀，在景观中扮演着一定的生态和审美功能，植物景观的良好营造是推动商业中心环境景观的高质量创造。

1. 中央商务区

中央商务区（CBD）是指在一个大城市内，集中了大量的商务、金融、文化、服务机构和商务办公酒店、公寓等配套设施，具备完善便捷的交通、通信等现代化基础设施和良好的环境，便于开展大规模商务活动的核心区域。这个概念最早产生于 20 世纪 20 年代的美国，意为"商业汇聚之处"。它是城市发展到一定规模和社会经济高度发展的产物。一般而言，CBD 大多设于一个国家或地区的主要核心区，区内有各种一流的建筑和完善的公共设施；高度集中了城市中金融、贸易、服务、展览、咨询等多种功能，并配以完善的市政交通与通信条件。因此，它是城市中最核心最具活力的部分，不仅代表着城市的形象以及经济发展水平，也是这个城市能否跻身国际大都市的重要标志。世界上比较出名的城市 CBD 有纽约曼哈顿（见图 7-2）、伦敦金融城、巴黎拉德方斯、东京新宿、香港中环，等等。

图 7-2　纽约曼哈顿城市 CBD 夜景

图7-3　成都宽窄巷子

2.商业步行街

商业步行街是指具有舒适且富有魅力的步行者空间的商业区域，是以人为主体的道路建设。由于汽车的普及，商业用地内的生活环境日益恶化，出现了诸多功能障碍，导致商业不振，为了能更好地处理车辆与行人的关系，就要创建舒适、方便的购物环境。商业步行街是为了迎合人们的行为心理和消费习惯，而逐步建立起的购物活动与城市交通相分离，融购物、休闲、娱乐、街道景观展示，强调文化和地域性特色为一体的城市生活性街道类型，如图7-3所示的成都宽窄巷子。

3.度假酒店

英国的弗雷德·劳森对酒店做出了如下定义："在多数国家，'酒店'被定义为向游客和临时的观光顾客提供两种基本的有偿服务——住宿和就餐——的公共设施。"

度假酒店是旅客生活和居住的高品质场所，应当在满足旅客住宿、餐饮、娱乐等基本生活需求的基础上，在一定空间范围的局限下，尽可能多地融入当地的历史文化、宗教文化、民族文化等多方面的内容，充分展现地域文化特征。植物在展现地域文化特征的过程中有着重要作用。人类文化的发展离不开植物。经过漫长的历史文化积累和沉淀，一草一木在人们心中有了特定的象征意义和文化内涵。不同地域的民族文化对植物有着特殊的认识和理解。设计师在进行植物设计时应充分考虑植物的文化色彩，选择适当的植物材料营造独特的文化氛围。同时，每个度假酒店都有一定的主题和特色，这是度假酒店个性化的主要特征之一，也是度假酒店文化的重要体现。植物景观可以结合特定的建筑物和构筑物，来突出和增强度假酒店的主题和特色。比如，三亚凯莱仙人掌度假酒店为突出"仙人掌"的主题和特色，在植物景观设计方面，以海南西部的热带旱生植物群落景观为参照，配植仙人掌科、大戟科、番杏科等多种热带旱生植物，塑造出与众不同的植物景观，成为了酒店的亮点之一，如图7-4所示。

图7-4　三亚凯莱仙人掌度假酒店

二、城市商业类空间环境特征

1. 城市 CBD 空间环境特征

1）区位特征

城市 CBD 公园植物景观的特征是由其所在的特殊区位所决定的。因此，要研究它的特征首先要了解其公园所在的区位特征。第一，城市 CBD 公园往往位于城市的黄金区位，区域内用地紧张，且地价高昂，开发和使用强度高。第二，CBD 公园周边的建筑形态往往呈垂直发展状态，建筑密度高，配套建筑类型多样、设施完善。第三，区域内交通发达，可达性高，交通流量巨大，昼夜人流量差别悬殊。第四，活动人群主要以上班群体、办事人员、游客、周边住区的市民为主，人口密度相对较大。第五，城市 CBD 公园周边各种服务设施及机构的服务等级在城市内都属于最高档次，现代化水平高。

城市商业中心地价昂贵，迫使建筑向空中发展，以求在单位土地面积上获得最大的建筑面积，楼宇一座比一座建得高。又因利益驱动，开发商见缝插针，使城市商业中心建筑密度和人口密度急剧上升。大量的旧城改造，使原有成形树木遭到砍伐，绿量减少，新栽树木难以承担生态调节功能。大量自然植被被水泥和瓷砖地面覆盖。尤其在炎热的夏季，人们为了舒服地办公，商家为了留下顾客选购商品，大量安装、开动机械制冷设备，使户外温度大幅上升。由于高楼密集，热量淤积，水泥地面聚热难放，致使路上行人犹如火烤热蒸般，匆忙躲避。此时，人们多么渴望在街头能有几棵大树出现，在树荫的庇护下，稍作歇息。

2）城市 CBD 与人和城市的关系

城市 CBD 集中了城市区域内最高密度的建筑群和交通流量以及人流量，由此带来了风、光、热等各种污染，导致区域内的小气候及环境空气质量变差。城市 CBD 公园中的植物景观作为城市 CBD 中难得的"绿洲"，对提高区域环境质量起到至关重要的作用。

商业中心一般是城市商业活动的主要载体，同时也是聚集城市中形形色色人群之处。商业中心植物景观往往是商业环境景观中最惹人注目的群体，在景观中扮演着重要的生态和社会角色，植物景观的良好营造是推动商业中心环境景观的高质量创造。随着科技的进步，时代的发展，人们从单纯追求植物景观视觉效果，演变成倡导绿色的、低碳的生活理念。与此同时，可持续发展理论的广泛应用，景观可持续内容的不断丰富完善，设计理念和植物景观相结合也是必然趋势。

CBD 公园植物景观首先是城市 CBD 景观的有机组成部分，是 CBD 中不可或缺的城市景观缓冲带，能够延续城市文脉，改善城市环境，满足城市居民的多种生活需求与防灾减灾的需要。城市 CBD 与 CBD 公园植物景观的关系是相互影响相互制约的。一方面，CBD 的规划建设直接决定 CBD 公园植物景观的风格、体量、配置方式、空间布局等。另一方面，CBD 公园植物景观作为城市 CBD 重要的景观元素，除它本身发挥着美学、生态、社会作用外，还能为周边的地块带来巨大商业价值，成为 CBD 区域文化的代表及城市"名片"，聚集人气，提升城市形象，从而更加促进 CBD 的经济繁荣乃至整个城市的发展。

3）文化与禁忌

城市商业空间依照其独有的文化传播体系、得天独厚的区位优势及数目庞大的人流量，造就了独一无二的大众信息交流与服务中心。而如何实现时尚前沿的流行元素，不同地域的城市风貌，丰富多彩的生态景观，独具特色的传统文化等各种信息在商业空间中的融合与完善，促进信息间的交流与传播；使商业空间能更快更好地满足人们生理、心理的双重需求，吸引更多的人群；使商业空间在满足人们生活需要的同时，更充分地展现其价值，使其向着正确、健康的方向发展，成为一个集交流、娱乐、休闲、集散等多种功能于一体的公共活动空间；已成为当今社会亟须探讨的课题。商业空间作为市民日常生活中不可或缺、必须进入的场所，应保证人们进入之后能保持舒适愉悦的心情。为此，良好的绿化景观必不可少，但商业空间用地寸土寸金，可用于绿化的地面区域严重不足。因而，亟须立体绿化发挥出更重要的实际作用，通过充分利用立体空间，扩大绿色区域，改善地面绿化景观的不足，丰富景观层次，从而改善商业空间硬质铺装过多造成的压抑氛围，提高商业空间的生态层次和整体环境质量。

2.商业步行街空间环境特征

1）形态划分

由于地区经济或街道所在场所的不同，商业步行街存在不同的类型，根据交通形式分为全步行街和半步行街，根据空间形态分为开放式步行街、半封闭式步行街和封闭式步行街，等等。

2）游人特征

随着现代城市商业步行街功能的演变，在步行街穿梭活动的人群结构也随之发生变化。有购物休闲的，有观光兼购物的，有忙于商务活动的……由于人们收入水平的不断提高，购物休闲已作为城市人业余生活的重要组成部分。由于旅游业的发展，作为最能反映城市特征的城市商业窗口——步行街，理所当然地被旅游观光者首选为了解该座城市的理想去处。由于现代城市商业步行街逐渐发展为商务中心，因此来自全国乃至世界的大量商务人员也来往穿梭于步行街中。

3）商业步行街的文化特征

商业景观的魅力在于其可以展示地方文化的多元性，所以商业空间的景观设计是凸显自身特色的重要载体，怎样发掘自身的特色和以何种方式来表现自身的特色，无疑是体验式商业空间景观研究的重要课题和方向。植物配置从来都是景观中必不可少的部分，体验式商业空间景观亦是如此。富有内涵的植物配置一方面可作为硬质景观，如石头、景墙的配景衬托；另一方面也能够独立成景，如花境、花坛、花橱等。在体验式商业空间植物配置中，植物材料多与硬质材料相配成景，但也存在创意十足的纯植物景观。

3.度假酒店空间环境特征

1）建筑空间环境特征

随着人类文明的发展和物质文化水平的提高，人们生活品质逐步提高到了新的层次。人们不仅需要更加精致的室内装潢及舒适便捷的室内环境来满足高品质室内生活的需要，更需要足够的室外空间来满足更多行为需求。室内活动仅仅成为人的行为活动的一部分。尤其在热带地区，宜人的气候条件大大增加了人们室外活动的机会和可能性，人们的行为空间不仅仅局限在建筑内部，而是更向往亲近自然，在室外环境中享受大自然恩赐的阳光、空气、植被和自然景观。由于服务对象主要是以度假休闲放松身心为主要目的的人群，度假酒店的概念已由"酒店"最初单一的建筑层面逐渐向复合型的园林层面进展。建筑逐渐退居为度假酒店中为了满足人们住宿、用餐等室内活动的一种服务设施，它位于度假酒店整座场地内部，虽然其重要性不言而喻，但不再意味着酒店的全部。室外环境成为更为重要的方面。充足的场地和合理的规划设计使得人们得以将更多的行为活动安排在室外进行，如餐饮、娱乐、休憩、运动等。不同于商业区、公园、居住区等任何一种室外空间形式，度假酒店因其特殊的服务功能具有独特的空间性质——公共性与私密性相结合的空间性质。

2）度假酒店的文化特征

度假酒店是旅客生活和居住的高品质场所，应当在满足旅客住宿、餐饮、娱乐等基本生活需求的基础上，在一定空间范围的局限下，尽可能多地融入当地的历史文化、宗教文化、民族文化等多方面的内容，充分展现地域文化特征。植物在展现地域文化特征的过程中有着重要作用。人类文化的发展离不开植物。经过漫长的历史文化积累和沉淀，一草一木在人们心中有了特定的象征意义和文化内涵。不同地域的民族文化对植物有着特殊的认识和理解。设计师在进行植物设计时应充分考虑植物的文化色彩，选择适当的植物材料营造独特的文化氛围。同时，每个度假酒店都有一定的主题和特色，这是度假酒店个性化的主要特征之一，也是度假酒店文化的重要体现。植物景观可以结合特定的建筑物和构筑物，来突出和增强度假酒店的主题和特色。比如，三亚凯莱仙人掌度假酒店为突出"仙人掌"的主题和特色，在植物景观设计方面，以海南西部的热带旱生植物群落景观为参照，配植仙人掌科、大戟科、番杏科等多种热带旱生植物，塑造出与众不同的植物景观，成为了酒店的亮点之一。

第二节　城市 CBD 植物景观设计要点

一、城市 CBD 植物景观的设计原则

1.本土化的原则

植物配置应注意在对树种进行选择时，要遵循适地适树的原则，要充分考虑当地的气候和生态条件是否利于树种的成活，选择的树种要符合当地的历史文化传统，突出当地的地方特色。乡土树种的选择要尽量保留原有的大树，生长在原地的大树都历经了时间和年代的沧桑积淀，每一棵大树都是当地历史的见证，令人产生敬仰之情。新栽植的树木尽量选用阔叶、绿量大、树冠大、遮阴效果好的本土化品种，它们具有易于存活，生长速度快的特点，维护费用也相对较低，可以在最短时间形成一定规模的绿量，改善生态环境差的总体状况，这一原则对于新规划的商业综合体植物景观十分重要。

在对乔木的品种进行选择时，要充分考虑生长环境条件是否能够达到其要求，乔木只有长势好时，才能枝繁叶

茂，发挥其遮阴和美化环境的功能，而且乔木的生长周期长，一般需要数十年才能达到期望的效果。不能仅仅为了追求名贵的树种，提高园林设计的品位和档次，不惜重金进行"大树、古树的移植"，从偏远的深山老林移植来的古树，往往不易成活，即使能成活，也难以恢复原有的生长姿态，难以重新达到枝叶繁茂、绿树成荫的效果，更难起生态调节的作用。

2. 以人为本的原则

商业 CBD 外部空间植物造景，要真正做到体现"以人为本"的设计思想。设计师要充分考虑植物景观的实用功能，不能仅仅强调其美化功能。植物景观是为游人服务的，植物种类的选择和植物造景的设计，要能很好地起到绿色植物所能带给人们便利的作用，如乔木的遮阴作用，以及植物群落对温度和空气湿度的调节作用等。

商业 CBD 街道空间的植物要与行人建立亲密的联系，植物不仅仅是用来观赏的，更是为行人提供便利的。商业街道的植物种植，不能太过于机械呆板，也不能像公园的树林般纷繁复杂，要在统一中寻求变化，将美化功能与使用功能相结合。商业步行街客流量较大，空间面积比较有限，在道路中央区域种植体量高大的乔木，不仅可以遮阴，为整条街带来清凉，也可以将多个树种搭配种植，形成特色景观。树木的种植不宜过密，要给树木留出足够的生长空间，形成优美的姿态，大乔木周围也可以结合树池的设计，为行人提供休息的空间，掩映在树荫下的座椅，会更加受到行人的喜爱。在步行街高大乔木沿街方向的植株之间，或靠近街边店面处的两侧，可设置花台，花台的面积和长度不能妨碍游人行走或进出商店，尺度不宜过大。花台可用砖石砌成，也可以使用木料制成精美的工艺花台，花台中栽植艳丽花草，随季节更替。

总而言之，商业 CBD 外部空间的植物景观的设计，要遵循"以人为本"原则，坚持"人性化"的理念，创造出更加适合人类休憩与使用的生态化景观环境。

3. 合理配置的原则

商业 CBD 外部空间要合理地进行植物景观的配置。与乔木相比，花草、灌木的生态调节作用相对较低，为避免绿量不足，应该多栽植大型乔木，适当搭配灌木、地被、花草，营造出层次感丰富的景观。树种在选择上尽量选用当地树种，适当引进外来的优良树种，丰富植物群落种类。设计师应将乔木、灌木和地被植物搭配种植，不同叶色树种搭配种植，常绿与落叶植物、速生和慢生植物搭配种植，形成良好的生态环境。此外，设计师应该增加植物种类和季相的变化，让植物景观在春夏秋冬不同的季节中，显现出特有的、与众不同的美感，令商业 CBD 外部环境更加丰富多彩。

4. 合理布局的原则

商业 CBD 外部空间的植物种植设计要求合理地进行布局，合理调配各种景观的比例，植物景观与其他景观的比例关系要协调。有时植物景观是为了烘托和陪衬其他景观而存在的，此时就要注意所选植物的质感和体量，植物景观的设计既要丰富，又不能喧宾夺主，要很好地烘托主题。植物景观本身的布局也要突出主题，在植物种类的选择搭配和造景设计上要主次分明，避免凌乱，同时，也要尽可能增加绿化量。

乔木尽量靠近路边，种植在游人容易亲近的位置，让人们可以充分享受树荫的清凉，体现真正的人性关怀，同时应避免被低矮灌木栅栏或砖石护栏大面积圈住，使人难以靠近。商业 CBD 外部空间比较有限，其种植设计的布局方式应该以"点"和"线"为主，不宜过多的大面积种植，以免占用过多空间，影响人的使用；应注重人的参与性，使人与植物可以进行亲密的接触，享受植物带来的乐趣。

二、城市 CBD 植物景观设计方法与要点

不同区域的城市商业景观设计，可以有效利用植物的生态性和季节性来进行特色景观的营造：植物不仅可以调节城市生态环境，而且可以在炎热夏季形成树荫供人乘凉，在寒冷的季节通过落叶乔木给人以缕缕阳光，播撒太阳的温暖；在设计中可以引入绿色中庭、屋顶花园、绿色停车场等技术，使得一草一木均充满蓬勃的生命力。

在进行植物配置时，一要考虑植物造景的科学性和艺术性，根据不同地区的气候特色，进行相应的配置，如北方地区春季比南方晚，秋季比南方早，常绿品种较少，但气候特征相对较明显，商业空间植物景观要尽量做到四季有景，三季有花。二要考虑常绿的配比，既不可过少使得冬季无景，也不可太多使北方失去季节特色。

1. 适地适树

优化植物配置固然重要，但前提是保证植物的存活率，应尽量引入适合本地域生长的优良园林树种。在植物材料的选择方面，应该优先考虑当地的乡土树种，根据当地的气候条件、当地的小气候和地下环境条件选择适合于该地生长的树木，有利于植物的正常发育、抵御自然灾害以及保持稳定的绿化成果。适当选用经过驯化的外来树种也非常重要。不少外来树种已证明基本能适应非其本土的自然环境，外来园林植物的选用对促进当地物种多样性、丰富园林景观起到了重要的作用。一个区域内植物的丰富多样，能模拟再现自然，使道路绿化景观富于变化，同时也增加了道路的可识别性。

2. 植物景观应追求整体及宏观效果

商业街区的植物景观要和现代道路的景观空间结合起来考虑，特别是商业街区的外围空间，要充分考虑到车行的因素。也就是说，商业街区的景观尺度要随之扩大，绿化方式需要改变，应用大尺度来考虑时间、空间变化，以突出气势，同时也需要有吸引人的特殊景观。规划应从大处着眼，在统一中求变化，主次分明，重点突出，使各商业街道绿化各有特色而又相互和谐，过渡自然，变而不乱，达到整体的统一。

3. 模拟自然群落营造生态园林

除了某些特定要求之外，商业街外围的空间最好以生态园林为基础，利用植物是最生态也是最有效的方法。乔木足园林绿化的骨架，构建出整个绿化体系的轮廓，灌木、藤本及地被植物贯穿其中，丰富绿化的层次与空间感。不同植物搭配模拟出有层次、有结构的生态植物群落，不仅仅起到了良好的改善环境、保护环境、美化环境的作用，还丰富了景观中的绿化景色，增添了自然美感，对于增加城市绿化覆盖面积也作出了贡献，如图 7-5 所示的安徽合肥"城市之光"商业项目。

图 7-5 安徽合肥"城市之光"商业项目

图7-6　常绿树种和落叶树种互补关系

4.常绿、落叶树相结合

常绿树种和落叶树种在一定程度上是一种互补的关系。落叶乔木越古朴，其枝干、树形越迷人，最具备树木的色彩美、形态美、季相美、风韵美，因此其最能体现园林的季相变化，使城市景观一年四季各不同；而常绿乔木可以给人四季如春的意境。城市道路绿化设计应该根据设计意图合理安排选择，当落叶树种进入到落叶阶段，其枝干、树形成为景观的时候，常绿树种就可以带来具有反差感的美，如图7-6所示。

5.加强景观效果

在人类的五大感官中，视觉和听觉最为重要，其信息的摄取量达到了五官总体摄取量的90%以上。除去植物外形上的变化，植物色彩上大胆创新的应用更能引起视觉的触动和唤起人们对美的强烈渴望。我们发现不同的颜色会引起消费者不同的情绪，商业空间的色彩搭配要鉴于各种方面和因素综合考虑。

（1）要根据营业内容的不同而变化。商业街有不同的功能分区，餐饮、衣物饰品、娱乐休闲、运动等有不一样的消费群，为了给消费者营造一个舒适的购物环境，植物色彩搭配的好坏很关键，要注意是否和特定的环境和环境中的人的心情相呼应。例如，一般餐饮区域，可以大面积使用绿色，来营造出舒适放松的环境氛围。因为当大自然中的绿色在人们视野中占了75%以上时，会使人感到精神舒适。所以，在商业区，绿色植物占总数的1/3或1/4时，是最好的，可以再配以彩色的花卉点缀。

（2）要随着季节的转变来选择植物。好的配置效果应是三季有花、四季有绿，即遵循"春意早临花争艳，夏季浓荫好乘凉，秋季多变看叶果，冬季苍翠不萧条"的设计原则，视觉色彩应能引起人们对冷暖变化的心理感受。设计师应根据植物的配置原则和颜色的冷暖倾向，选择四季不同的植物配置。从整体上看，植物群落的色彩变化能加强景观的视觉效果，突出植物季相、层次、天际线、林缘线变化，也能够加强景观效果。采用不同色彩的花木和不同绿色度的大、小乔灌木，分层配置或混植，也能创造瑰丽多姿的景观。组成的林缘线为流畅的流线型，而局部又富于变化。从纵立面上看植物层次为乔、灌、地被相结合，天际线具有高低起伏、弧形及塔形等多种变化。

三、城市CBD植物景观经典案例解析

图7-7　杭州CBD公园与钱江新城CBD核心区

杭州CBD公园位于杭州钱江新城CBD核心区（见图7-7），总面积26万平方米，总长2160米，是沿江的带状公园绿地，也是城市主阳台向南北两侧的景观延伸，主要体现的是钱塘江的"波浪"文化，集休闲、观潮、游览、放松心情等多种功能为一体。

杭州 CBD 公园体现了钱江新城现代、大气、开阔、生态的主题，其设计融合了东西方景观设计思想。从某种意义上说，钱江新城 CBD 公园无论从设计还是施工中都借鉴和汲取了杭州近十几年城市公园建设的精华与经验，代表着杭州公园建设的较高成就与水准。但是 CBD 公园绿地的植物景观规划设计对于杭州来说还是一个新课题。通过对杭州 CBD 公园植物景观的现场考察，我们认为其植物景观大体上满足公园各个功能区块对植物景观的要求，主要具有如下可取点与不足之处。

1. 植物景观设计的可取点

（1）在延续城市文脉，展现城市景观特色方面，该 CBD 公园选用香樟、桂花作为基调树种。众所周知，杭州的市树是香樟，市花是桂花。运用这两种植物作为基调树种，能够最好地展现杭州城市的植物景观文化。

（2）在植物景观特色方面，该 CBD 公园采用了枇杷、香橼、胡柚、杨梅、橘树、桃、梨等果树作为骨干树种，形成特色的同时，也给市民带来城市生活的亲切感。

（3）在植物景观空间营造方面，也有处理得比较好的地方。比如空间与空间的衔接，在 CBD 公园与旁边的森林公园相对的入口通道上，列植了大规格的香樟，形成一条颇具气势的林荫大道，作为由原有开阔空间到森林公园郁闭空间的过渡，效果极佳。另外，在沿江步道的植物景观空间上，面江一侧疏朗为主，偶尔点缀树阵，形成林下休息空间；另一侧则采用多层次的植物密植方式，作为背景，形成一个较为舒适，有安全感的观景空间。

（4）在乡土树种的应用方面，该 CBD 公园基本上都应用的是本地适生树种。

（5）植物设计中已注意到植物材料色彩的搭配。比如在基调树种是桂花和香樟这种常绿树的情况下，该 CBD 公园考虑到了采用鸡爪槭、红枫间种的形式。

2. 植物景观设计的不足之处

（1）硬质景观与植物景观相互脱节。比如该 CBD 公园内有一处特色长廊，长廊的一侧是野生花草水池，对硬质景观的软化有一定作用，但是在植物景观的处理上，长廊的背侧留出了一定面积的草坪空间，整体也显得较为单薄、空旷；而另一侧与水景相联系的绿地中却种植了桂花及灌木球，观者视线受到遮挡，且没有对硬质景观起到应有的衬托作用，反而影响了整体的景观效果。

（2）植物品种不够丰富，缺乏新优品种的应用。比如，野生花草水池中的水景植物品种只有黄花鸢尾、菖蒲、千屈菜 3 个种类；灌木球的种类也不多，只有红檵木球、红叶石楠球、无刺枸骨球、海桐球、含笑球等几个常规种类。

（3）植物景观空间形式比较少，呆板乏味。尤其是自行车道旁边的植物景观设计，自行车道平直，而植物景观也形式单一，未与地形有效结合，植物造景和空间划分也不能达到步移景异。另外，草坪空间布置随意，大小平均，没有体现大开大合、错落有致的景观效果，也不能给游人提供一定的活动空间。

（4）季相特征不明显。植物的色彩搭配不够灵活。除了植物枝叶色相的不同外，还可以增加植物叶绿色度不同的搭配。

（5）植物种植有些没有尊重植物的生长特性。比如在密林下种植了不耐阴的灌木，导致植物长势不佳。

四、城市综合体景观中的植物特色与文化

中国传统文化历史悠久，植物常被赋予很多文化内涵，也承载着人们的感情寄托。比如种植玉兰、海棠和牡丹，寓意"玉棠富贵"；比如将松、竹、梅配置在一起，谓之"岁寒三友"，等等。植物还常常被赋予了人的特征，比如竹之高风亮节，梅之清高雅韵，兰之幽谷品逸，菊之傲骨凌霜，荷之出淤泥而不染，红豆相思，松柏常青等。植物可以记载一个城市的历史，见证城市发展的历程，甚至成为一个城市的主要特征，比如荷兰的郁金香，日本东京的樱花，河南洛阳的牡丹，北京香山的黄栌。因此，植物景观也是文化的重要载体。在城市 CBD 公园的植物景观规划设计中，应充分考虑植物的文化特性，将其完美地融入到它们所处的城市文脉之中，尊重地方特色与当地的人文环境，体现明显的地域性和文化特性，产生可识别性和特色性，并能够与周围的地域形成统一的整体，又保留自身的特点。

第三节　商业步行街植物景观设计要点

一、商业步行街植物景观的设计原则

商业步行街在设计之初就应根据街道情况和周围的环境特点进行总体设计，预留出绿地的空间。如果在街道建成之后才考虑绿地的建设，势必会引起绿化布局不合理、耗费人力物力等麻烦。植物的配置应该以简洁为主，层次也要适当，以两三层为主。这样做首先是为了呼应场所的整洁；其次，方便管理，因为商业步行街空间狭小，种类过多难免影响植物生长。此外，由于场所的其他景观较为精致，因此植物的配置要异常考究。

1. 生态性原则

目前我国商业步行街的设计大多注重室内环境和建筑立面的美观设计，以求为消费群体带来愉悦，而对于室外环境的设计却存在缺陷，往往形成夏日室外烈日炎炎、室内凉气十足的对比，使步入商业步行街的人们总是面对"一个天堂，一个地狱"的尴尬局面。因此，在商业步行街的整体设计中，设计师应当更加关注植物景观在步行街中的角色。植物景观设计应注意丰富植物层次，注重利用植物的生态效益，充分发挥植物的制氧、杀菌、遮阳、降温功能，除了布置最常见的行道树外，还需合理设置步行街中的休闲绿地，从而为行人提供一个良好的购物、休闲、观光的环境，让市民在购物、休闲过程中感受自然、亲近自然。

2. 植物配置原则

一是注意植物的季节性和多样性，尤其是植物在不同季节所带来的不同视觉效果。二是植物种植的高度和密度。商业空间植物种植高度原则是以不遮挡顾客的视线为准。乔木多选择树干笔直、分枝少或无分枝的棕榈科植物。三是充分运用当地植物，塑造符合地域特色的景观，并有意识地使其成为城市绿化系统的延续和渗透。四是植物色彩和芳香的重要性。植物色彩是商业景观使用者获得乐趣的重要因素，而植物香味可以令人心情愉悦、消除疲劳、增

加购物欲望。

3. 以人为本原则

步行街是以人为主体的环境，一个良好的步行系统应体现"以人为本"的宗旨，充分满足人们的各种需求，为人们提供安全舒适的购物环境，延长行人滞留时间，从而也提高商家的经营效益。步行街的设计应该使人们更好地融入到绿化景观中，从而营造出行人不受阻碍和推搡，能够舒适自在地行走的步行空间。在植物景观设计上，设计师要从人的角度出发，尽量满足行人各方面的需求，将美观和实用相结合，这样才能使植物景观较长时间地保留下来。例如，在人流量大的地方，不宜布置大面积绿地，以免影响行人通行，可设置方形、条形花坛或树坛以分隔人流。在空间开阔，人群集中停留之处，可尽量扩大绿地面积，种植乔木，设置花坛、花架、花廊、花柱、花球等多种绿化形式，创造一个色彩缤纷的植物空间，满足人们休息、观景的需求。

二、商业步行街植物景观设计方法与要点

商业景观绿化设计主要包括绿地、花坛、树木等。由于商业空间尺度不同，因此其树木在高度、树型、种植方式上也有所不同。绿化设计应该利用建筑之间的空隙或小型广场形成连续的绿化景观，努力创造环境宜人的生态空间。对于传统商业街原有的树木应该尽量保留，并更新老化的树种，对于不适合种植乔木的街道，应该通过花坛等种植容器种植灌木或鲜花，有条件的还可以通过屋顶花园、垂直绿化、阳台绿化等形式丰富街景，营造环境宜人的商业景观。对受保护的建筑和对视线有特殊要求的地段，还应该控制绿化高度和遮挡关系，以免阻碍景观视线。此外，商业步行街绿化结构应形成点、线、面交织的绿化系统，多层次塑造植物景观，体现多样化和个性化结合的美学思想，在实际设计中还需通过行列式种植、点植、片植等方式增加绿化面积。

步行街上的植物选择需要考虑街道种植土层厚度（地下管道的位置通常布置在街道中央，土层一般较浅），土地生境类型，街道的宽度，楼层的高低、位置等造成的场所生态环境因素的综合影响。除此之外，步行街的树种还需要表现出步行街景观独有的观赏特性，要使用那些随岁月的增长不但不会失去初时的优点，反而更加有意味的植物材料，并尽量保留步行街原有特色树木，注意更新老化树种。因此，步行街植物种类的选择应有较高的要求。

首先考虑植物的地域性特征：遵循适地适树的原则，选择适合当地地理气候环境生长的树种，优先选用乡土树种，这样可以保证植物的存活率和景观效果，降低成本和后期维护费用，不可随便应用一些未经在当地试验或驯化的不能满足当地生存条件的树种，如图7-8所示。

图7-8　南北城市商业街的不同乡土植物

其次，步行街上的植物配置应遵循简洁的原则，层次以两三层为主，以呼应整体场地的整洁和精致，植物种类不宜过多，避免影响植物生长，方便管理。选择的树种应有基调树种、主要树种之分，以乔木（枝下高 3~5 m）为主，灌木和花卉为辅；当地树种为主，适当配以外来优良树种。另外，设计师要注意不同叶色树种的搭配；利用大、中、小乔木、灌木和花卉巧妙结合，体现多样化和个性化结合的美学思想，丰富层次感，增加色彩，赋予动感和变化；同时考虑植物的气味搭配。

商业步行街是消费者能舒适游逛，富有魅力的步行空间。在这方面注重景观设计是为了能增添商业区的活力。每个商业区都会有特定的消费主题，如上海美罗城的五番街就是以"日式时尚地标"吸引着众多的年轻人，不仅仅汇聚了许多日本潮流人气品牌，日本药妆、日式美食一应俱全，甚至还有日本家具连锁品牌。打着"日系"的标签，五番街不管是室内的植物配置，还是小品铺装，都很用心地遵循着日本"禅"的思想，让消费者可以在上海就感受到日本的潮流。景观设计与购物相结合，将商业步行街的环境氛围烘托得更加到位。

三、商业步行街植物景观经典案例解析

近年来体验式商业渐渐兴起，而这种集中且综合的商业场所不仅仅满足人们购物需求，它还努力创造一种自然舒适的活动空间，满足人们除购物之外的餐饮、休闲、游憩、聚会等要求。在这样一种融文化、娱乐、休闲等为一体的互动体验式的综合性街区的商业模式下，景观环境的营造尤为重要。由于商业圈寸土寸金的空间限制，其景观植物配置所能利用的空间一般面积不大，且多为垂直或多层次空间，因此多用容器种植，但也有一些体验式商业区域在项目规划之初就让景观设计师充分考虑景观效果，进行植物配置的设计，与规划、建筑全方面协同合作，创造出新颖的体验式商业空间景观。如图 7-9 和图 7-10 所示，比较有代表性的体验式步行街有德国慕尼黑考芬格尔大街、奥地利维也纳 Graben 步行街与上海七宝步行街等。

慕尼黑的考芬格尔大街，设计师将连同其周围的区域改造成了步行区，在步行走廊和庭院的巧妙组合下，创造出了一个空气新鲜、环境清新的体验式商业步行街区域；其中用彩色卵石、灰色条石和马赛克铺装的步行街路面，在红、黄、灰三种颜色的遮光灯照射下，构成了一组和谐优雅的环境空间。另外，花卉在其中的应用更是让这条街充满了朝气，设计师用各种鲜艳的花卉如牵牛花、郁金香等与那些五颜六色的石头相互辉映，颇有趣味。

图 7-9 德国慕尼黑考芬格尔大街

图 7-10 奥地利维也纳 Graben 步行街

奥地利首都维也纳的 Graben 步行街，也是非常著名的体验式商业步行街。维也纳 Graben 步行街的设计宗旨是为休息散步的游人提供一个舒适自在的场所。在城市绿化管理部门的建议下，设计师在街上种了 20 棵酸橙树，体现当地风情，同时配上了一些草本花卉。通过流线型的设计，用长凳围合分割开的 20 家咖啡馆，让每个人感觉到舒适。每家咖啡馆用高高的绿色植物进行虚实的遮隔，如法国珊瑚或藤本月季等，使得商店的顾主们不得不遵从建筑师们的设计意图，根据设计师营造的景观空间序列漫游街区。

位于上海闵行区七萃路上的七宝步行街以大石块作为步行街上道路的材料，给人一种落落大方之感，同时与七宝古镇的地面铺装相一致。设计师在七宝古镇的东入口处，设计了一处小型花坛，这也是这个步行街里的一个亮点。随着季节的改变，花坛中的植物也有相应的变化，如春季的矮牵牛、夏季的半枝莲、秋季的秋海棠、冬季的吉祥草等均可体现其季相美。在其西入口处有一座七宝古塔，这个古塔甚传已有百年之久，是七宝古镇的标志之一，古塔周围也设置了一些花坛，来烘托主景。但总体来看，七宝步行街里的花卉品种和配置方式还不是太多也不够新颖，当然也没能够非常好地体现七宝古镇步行街的文化内涵和场所精神，这也是国内体验式商业步行街植物配置普遍存在的问题。

相比之下，国内的步行街在花卉上的运用还远不如国外的步行街。国外商业步行街的花卉运用已经相当之多，他们用"花"作为店与店之间的墙、门与门之间的柱子等，甚至以花卉来讲述小店的故事，创作手法也多种多样，并能够恰当地体现出其特有的当地文化特色和场所精神。我国的步行街起步较晚，步行街的植物配置大多也都千篇一律，如移动的树箱、挂蓝的灯柱等。

四、商业建筑的屋顶绿化

商业建筑屋顶花园植物造景的目的是利用植物改造和修饰环境以弱化建筑物本身所带来的坚硬质感。种植设计的首要任务是要根据商业建筑屋顶花园的性质及开放程度来决定种植区面积，一般来说，公共开放型的屋顶花园（见图 7-11）如餐厅、泳池、剧场等必须拥有足够大的硬质活动区域供人流活动，但植物种植面积不能小于 50%。仅供建筑物内部人员开放的以休闲为主要活动内容的屋顶花园应有 70% 左右的种植区域，而生态类或生产科研类的屋顶种植绿化面积应达到 90% 以上。由此可知，不管屋顶花园的功能性质如何，其主要景观要素依旧是植物，因此在种植设计时应运用多种植物的搭配以体现植物自身组合形态的美感及色彩感，通过各种种植设计手法有机配置、组合，整个环境呈现出一种艺术美，令人仿佛置身于真正的自然环境中。

伯恩利公共屋顶花园

洛杉矶 Cedars-Sinai 医疗中心屋顶花园

图 7-11　屋顶花园

1.孤赏树的运用

孤赏树又被称作园景树，一般作为整个空间的主基调植物。孤赏树多以大型乔木为主，但因屋顶自身荷载限制等问题，乔木成为了屋顶花园中运用最少的植物类别，其种植位置应在承重柱和主墙所在位置，以点种植为主。但又由于乔木在整个花园中能起到骨架和支柱的作用，因此在植物配置时也应当根据实际情况选择体量较小，根系穿透力稍弱，花期较长且花色俱佳的乔木。

2.乔灌木丛植搭配

植株较小的乔灌木是屋顶花园人体视线范围内的主要对象，也是整个环境中植物的骨骼框架。小型乔灌木的种植搭配形式多采用丛植方式，丛植是一种自然式的种植方式，通过树种不同及形态高低的搭配组合创造出富于变化的植物景观，产生立体轮廓的视觉效果，如紫薇和金叶女贞的搭配或海棠与八角金盘的搭配等。乔灌木的丛植除了能明确表达意境美之外，还可以作为绿篱用来分隔空间，进行路线导向或为了提高安全性沿屋顶边缘种植。

3.地被及攀援植物的应用

地被植物特指那些形态密集、植株低矮，无须特别护理即可用于替代草坪种植于地表面，防止水土流失、土壤松动，还能吸附粉尘、净化空气、减少污染并具有一定观赏作用和经济价值的植物，多为"多年生低矮草本植物及一些具有较强适应性的藤本植物和低矮、匍匐型的灌木等"。地被植物可以用来为主景植物或灌木丛起装饰点缀作用，运用在花槽、绿篱、乔灌木之下，使景观效果更加完美。除此之外，地被植物还可以用来增加商业步行街的绿化面积，将其运用在各种功能单一粗放型的屋顶花园上以改善生态环境，提升视觉效果。

4.花池及花境的应用

在屋顶花园中可以采用独立或组合的形式布置花池，组合形式可连续带状或成群组合，花坛的平面轮廓多为规则式种植的几何形，植物种类多选择植株低矮、开花繁茂、花期较长的品种，可利用花朵色彩丰富的特点布置模纹花坛，使植物景观效果更为别致。花境的运用可以为整体设计起到很好的渲染作用，在设计的时候需要特别注意其观赏角度，需要注意立面效果和景象变化，同时选择对水土要求较少的植物，如杜鹃、月季等。

第四节　度假酒店植物景观设计要点

一、度假酒店植物景观的设计原则

1.以人为本的功能性原则

度假酒店是人们短期居住及商业活动的场所。所以，为人们提供舒适、宜人的环境，让旅游者、居住者宾至如归、流连忘返，为谈话及商业洽谈营造一种轻松、幽静、和谐的气氛和文化氛围应该成为度假酒店植物景观设计的首要原则。

2. 艺术性原则

度假酒店，特别是星级酒店的植物景观设计一定要有品位、有艺术美，要能代表酒店企业的形象。植物景观设计的美术设计，首先要在总体风格上考虑植物景观与整个建筑以及室内硬质装饰的风格相协调，要根据建筑特点和硬质装饰风格考虑植物景观的配置；其次是要坚持变化与统一的原则，力求做到突出主色调，同时又能体现出植物的多姿多彩以及其质地、色度的变化；再次要有季相变化，要根据不同季节合理选择植物，适当调配植物种类。总之，度假酒店的植物景观设计要能让人们置身其中感觉到心情愉悦。

3. 科学性原则

植物是具有生命的园林景观元素，因此植物景观设计必须遵循生态学的原理，这主要包括以下几个方面：一要充分考虑室内环境特点和植物的生态习性，要坚持适地适树原则，这是保证植物成活、充分展示植物景观美的必要条件，同时也是降低植物景观养护成本的关键措施；二要充分考虑植物的生物学特性，尽量选用能有效吸收有毒有害气体、对人类有保健作用的植物，避免选用会释放有毒有害气体或引起人体过敏的植物，如夹竹桃、水仙花鳞茎有毒，紫茉莉的香味让人感到不舒服等，这些植物尽量不要用于植物景观的营造；三要根据生物的相生相克原理、生态位原理等生态学的理论进行植物搭配，以期充分利用空间和环境资源，减少植物种间竞争。

二、度假酒店植物景观设计方法与要点

酒店植物景观设计能够烘托环境气氛，为顾客提供轻松、宁静的环境。植物各种各样的形态，通过合理的搭配可以为顾客带来视觉美，酒店设计师利用植物造景可以构建富有诗情画意的意境美，给顾客提供和谐、宁静、舒适、轻松的环境。另外，植物的香味会为人们带来嗅觉美，不同植物的香味对人体起到不同的刺激，例如，茉莉的幽香可增强肌体应付复杂环境的能力，消除引起精神和身体方面缺陷的综合征；熏衣草的香味是失眠症患者的"良药"，并能够改善抑郁症状和歇斯底里症，消除紧张情绪，平息肝火。酒店设计师根据不同香味的不同作用进行设计，使植物不同的香味给顾客带去不同的美好体验。

酒店植物景观设计可以改善室内环境，促进人们身心健康。植物是景观设计要素中改善气候作用最强的要素，也是环保效果最好的。酒店室内空气中一般都含有一些有害物质，尤其是新装修的酒店，会含甲醛等有害气体，而植物可以吸尘滞尘，有效地杀灭病菌，吸附空气中甲醛等有害物质。

植物景观设计可以使整个酒店设计更有空间感，充满活力。植物装饰可以让整个酒店空间看起来不那么僵硬，且与酒店色彩设计等其他设计的搭配使整个酒店充满生机和活力。正确的植物选择是植物景观设计及营造的基础，良好的酒店造景植物应具有耐阴、适应性强、环保效果好、无毒无害、便于养护管理等特点。从目前度假酒店植物景观的应用情况来看，适合度假酒店景观造景的植物主要包括观花植物、观叶植物和观果植物。

图 7-12　宝明城酒店

三、度假酒店植物景观案例解析

宝明城酒店（见图 7-12）位于深洲市宝安区光明新区公明街道建设路，是一所综合性高档酒店。它上方的屋顶花园面对的人群主要为顾客，是为顾客提供的休憩地，同时也改善了酒店的景观风貌。花园采用现代图形组合的总体规划布局，风景构图结合景观立意，表现出现代园林的造型美和环境美。其设计结合实际需求，旨在给酒店顾客营造一个舒适、娱乐、休息的场所。

考虑顾客的实际需求，该酒店的花园设计采用现代图形组合方式，线条曲直相互组合来体现抽象的景观设计风格和现代流行的景观元素。曲化直，直固曲，两部分屋顶的高差被巧妙利用，分成两个区域，低点的屋顶部分包括入口区，绿化为主要内容，弯弯曲曲的道路拓展绿地面积；高点的屋顶则满足顾客休闲娱乐健身的需求，两个水池成为该区域的主要设计对象，四周配置各种类型绿地和曲直相间的道路。园林小品及其周围组成的小型空间环境满足顾客沉思、遐想、休憩的需求。西方现代园林元素及中国传统园林造园手法，在这个花园里都能看到，满足了不同的欣赏角度。

酒店屋顶花园的设计充分考虑面向人群的需求，巧妙地把功能需求融合到花园景观设计中，在满足休息娱乐的同时改善城市景观。该花园运用南方特有的树种，如桂花、鸡蛋花、散尾葵等打造四季花开的效果。不同的颜色组成的区域，规则式种植和自然式种植相互结合，融合西方造园手法及中国园林风格，使树种在小空间花园里营造丰富多彩的景观氛围，发挥最大的需求价值。

四、度假酒店景观中常用的植物种类

优秀的自然风光类度假酒店的绿化率一般较高，因此度假酒店外环境景观的整体效果，很大程度上取决于其植物景观的质量。正如陈从周先生所说，苏州园林里的树木，"重姿态，不讲品种，和盆栽一样能入画。拙政园的枫杨，网师园的古柏，都是一园之胜，左右大局。如果把这些饶有画意的古木去了，一园景色顿减"。

度假酒店可以借鉴古典园林的植物设计特点。在江南园林中，植物是景观中最重要的造景元素，它以多样的形态、丰富的色彩形成园林的主体景观，也构成不同地区的典型植物景观特色。在江南园林之中，树木的布置有两个原则：第一，用同一树种种植成林，如怡园听涛处植松，留园西部植枫，闻木樨香前植桂，但同时也必须考虑到树木高低疏密与环境的关系；第二，用多种树同植，其配置如作画构图一样，更要注意树的方向及地势的高低是否适宜多种树形，树叶色彩的调和对比，常绿树与落叶树的多少，开花季节的先后，树叶形态，树的姿势，树与石的关系，等等，必须把两者看作一个有机的整体。为营造自然舒适的度假环境，度假酒店的绿化面积要求较高，最好能在 40 % 以上。植物品种的选择要在统一的基础上寻求丰富多样，为适应气候、土壤条件和自然植被分布特点，较为适宜的植物配置为常绿大乔木、色叶或花期较长的灌木以及耐寒的草本或草坪，在遵循正常常绿落叶比的基础上，可适当增加色叶植物的比例。

植物配置方面，考虑将常绿与落叶，速生与慢生，不同观花期、观果期等相结合的方法，构成多层次的复合生态结构，使得人工配置的植物群落自然而又和谐。如江南特色观花类的海棠、紫薇，因其姿态花色之美可种植于度假酒店中的滨水处、庭院内或是地形的高处；蜡梅色美花香，可种植于休息区的庭院中。观果类植物如南天竹，冬季果实鲜红，可群植于主体建筑周围，丰富冬季景观。同时，竹的姿态挺拔，经冬不凋是不可或缺的植物元素。在度假酒店中，箬竹可群植于地势较高处或石景边；紫竹则群植于墙荫屋隅，以软化建筑线条、遮挡视线。

不同的度假功能区，可运用不同的植物配置模式，如规则式或自然式、简约或丰富、开阔或围合等配置形式。设计师可以选择部分乡土植物景观与水体进行搭配，体现自然野趣；也可以从听觉上考虑对植物的认知和景观意境的感知，如雨打芭蕉、棕树叶迎风的沙沙声等，可以让度假者感受到大自然的韵味。

植物景观的设计离不开植物，植物本身的种类、姿态、色彩、香味都是植物景观设计中的重要内容。如图7-13所示，三亚喜来登度假酒店的植物品种丰富，形态各异，有柱形、球形、半球形、匍匐形，以及具有热带特色的棕榈形、芭蕉形。植物的色彩应用也非常丰富，以绿色为基调，还有各种鲜艳的颜色，如红色的红花夹竹桃、小叶龙船花、扶桑、凤凰木，白色的蜘蛛兰、鸡蛋花，黄色的蟛蜞菊、绣球花、洋金凤、黄蝉，紫色的朱蕉、牵牛、橡皮榕，银色的银边沿阶草、花叶假连翘等。该酒店庭院的植物主要采用的是自然式配置，从垂直结构上看，有乔木、灌木和地被，层次分明，达到自然美、视觉美、造型美的效果。设计师将花卉、灌木、草坪配置成立体的植物群落，富有层次感，获得优美、自然的景观效果，如用花叶假连翘作为地被植物，接着是虎尾兰、蜘蛛兰、三角梅，然后是比较高大的荷兰铁和蒲葵。植物与植物的配置还构成各种空间，有开敞空间、半开敞空间、林下空间与封闭空间，不同的空间带给人不同的感受，具有不同的功能。该酒店植物景观设计还注意了色彩上的对比应用，如红色的朱蕉与周围绿色的植物在色彩上产生了对比，一明一暗，一冷一热，呈现跳跃鲜明的效果。红草、虎尾兰与黄蝉在形态与色彩上对比强烈，形成兴奋、热烈和奔放的感受。

图7-13 三亚喜来登度假酒店植物搭配

第八章

城市滨河空间植物
景观设计

　　滨河空间是一个城市中的重要景观资源，好的滨河景观设计不仅可以满足人们对美好自然景观的需求，还可以使城市河道景色更加优美，从而改善城市的生态环境。我国城市滨河空间的开发前景十分广阔，融合了城市文化和旅游发展等综合因素的滨河空间综合开发，正逐渐受到各城市的高度重视。在经济快速发展的今天，城市中的滨河空间如何才能更好地结合自己的特点，创造出符合城市经济、生态和文化各方面需要的景观，也是现在和将来城市发展过程中一直要进行探索的重要问题。位于城市河流、水系两侧空间的绿地，不但对河流、水系的生态环境有良好的作用，它和城市内部的绿地系统也是密不可分的一个整体，多注意它们之间的联系和完整性是很有必要的。一个城市的滨河绿带是构成城市陆域和水域的连通网络。对滨河绿带的设计要结合植物的运用，尤其是植物的搭配和种类的选择。植物是滨河空间景观塑造的重要因素，又是水景的重要依托，植物的优美姿态和丰富的季相变化，能把水的美体现得淋漓尽致，可显示出河流的自然生态美和亲切感。在绿化植物树种的选择上，应以栽培带有地域特征的耐水植物或适宜水生的植物为主，它们对河岸生态系统的平衡、水土保护特别重要。图8-1所示为上海市政工程设计研究总院设计的衡阳蒸水风光带方案鸟瞰图。

图8-1　衡阳蒸水风光带方案鸟瞰图（上海市政工程设计研究总院）

第一节　城市滨河空间的构成与功能

城市滨河空间景观是城市景观的组成部分，包含两方面的含义：一方面是协调河流与城市、河流与滨河绿地、河流与人这三部分内容之间的关系，在城市中营造出良好的亲水环境；另一方面就是充分结合和利用城市河道的防洪设施，以达到为人们创造安全、舒适的亲水设施的目的。

一、滨河空间景观构成要素

滨河空间按其实体的性质不同，可以划分为陆域和水域两部分，本书所论述的滨河空间景观主要是指陆域部分，又将其详细划分为城市滨河绿带和滨河硬质景观两部分。下面将从城市河道蓝带（水域部分）、城市滨河绿带和滨河硬质景观三方面进行介绍。

1. 城市河道蓝带

若对城市河道蓝带进行较为详细的区分，则可分为水域和水际线两部分。其中，水域是指那些有一定含义或者特别用途的水体所占的区域，一般多指河流、湖泊、海洋等，是一个区域的总称。水际线位于城市滨河地带（即陆域）的最前沿，人们要想接触到水必须得通过水际线。"水际线"一词借鉴了天际线的用法，即水的岸线，它代表了一种特殊的规划语言，水际线设计的好坏可以决定滨河区能否成为人们喜欢的空间。故在设计时要注意它的治水性、亲水性、安全性。护岸是水域和陆域的景观边界线，是在特定的空间尺度衡量作用下，水、陆分布比例相对均匀的景观之间存在差异的景观。河岸的形态和构造特征直接决定了河岸两侧空间的景观环境。护岸形式有曲有直，其中大多都以代表了自然、生命和变化的曲岸为主，因此设计护岸时应注意何处平淡、何处精彩。在护岸的建设中，护岸景观的创造应依照生态规律和美学原则，进行护岸的平面纵向规划和横向断面规划，结合其他景观元素创造出护岸的美感，强化水系的个性和特色。研究和分析大众行为心理就不难发现，对不同人群在水边的行为进行整合研究后，再对行为发生的合理地区进行设计，以此来满足人们想在水边进行各种亲水活动的需求。伴随着与水相关建筑的不断增多，建筑的边界处理程度也应该进行相应的加深，在某些特殊情况下甚至会被当成是护岸来进行建设。对不同形式的河岸处理要因地制宜、就地取材，在条件允许的情况下尽量选择生态型的材料，如石块、植物等。由此看来，河岸的设计直接影响到人们在滨河空间观水、戏水、亲水的行为，对城市形象改变和提升具有重要的意义。

2. 滨河绿带

位于城市河流、水系两侧空间的绿地，不但对河流、水系的生态环境有良好的作用，它和城市内部的绿地系统也是密不可分的，多注意它们之间的联系和完整性是很有必要的。一个城市的滨河绿带是构成城市陆域和水域的连通网络。对滨河绿带的设计要结合植物的运用，尤其是植物的搭配和种类的选择。在城市滨河带状绿地的规划设计中应立足于滨河自然资源的保护，坚持可持续的发展观，综合运用生态学、景观学、游憩学等基本理论，科学处理保护与发展的辩证关系，通过新颖、独特的构思和科学合理的布局，来努力创造生态系统稳定、生态功能与城市功能融洽、旅游特色鲜明、人与自然和谐共处的滨河绿地空间。

3.滨河硬质景观

滨河硬质景观包括滨河空间道路、广场及铺装、公共设施和坏境小品等。一般滨河空间景观的硬质环境应比其他公共场所的硬质环境的种类要多，且更能体现人文关怀。城市滨河空间的道路一般都是以河岸两侧的道路与河流位置的关系进行区分，分为与河岸平行的道路和与河岸垂直的道路。滨河广场作为城市滨河空间中重要的空间节点形式，在滨河空间中充当不一样的角色就有不同的功能，对其按功能的不同可以分为：带有商业性质的城市综合性滨河广场和用以满足休憩娱乐的滨河广场。城市滨河空间景观是由许多元素共同构成的，滨河设施是其中很重要的一部分，主要有围护设施、公共设施、休憩设施、环境小品设施、夜间照明设施等。在进行设置时，要充分考虑到这些设施自身的使用功能、美化功能以及引导和划分作用。

二、滨河空间的功能

水是人类生命之源，人们择水而居，在漫长的岁月中经过不断的繁衍，最后形成了大大小小的城市，水则是城市生存发展的生命线。城市建设初期，水系主要起到水源、灌溉、交通的基本功能。工业时代前，随着运河的建设，水上运输业的快速发展带动了沿岸一大批城市的繁荣，对城市发展产生深远的影响，城市滨河空间也成为商贾酒肆云集之地，其商贸功能得以发展，城市因水而兴。随着工业革命的发展，城市滨河景观空间逐步被工厂、仓库等产业空间所侵蚀，城市河道成为工业排污的主要通道。为了防止河流进一步污染土壤环境，河道两侧建造了混凝土固化的立式护岸，但这些护岸使得陆地植被和水生植物遭到严重破坏，城市滨河空间的生活功能也因此受到影响，城市滨河空间开始呈现衰败的景象。后工业化时代的今天，人们的生态保护意识逐步增强，将污染的工业区搬离滨河地带，人们开始致力于城市滨河空间的复兴，恢复其生态、游憩等功能，使城市滨河园林成为传承城市文化，塑造城市形象的重要地区。

总结来说，水体、城市以及滨河空间在城市中是相互交织、紧密联系的，水和城市的生存与发展息息相关。人们喜欢并一直倾向在水附近建城镇，这样就更便于对水体的直接开发和利用。在城市中，水是促进贸易发展的运输媒介，也是居住者生活美好的保障条件，它履行着文化、建筑和社会等方面的重要功能。

第二节　国内外优秀滨河空间植物景观案例

一、美国得克萨斯州：布法罗河道散步道植物景观设计

布法罗河道（Buffalo Bayou）在美国得克萨斯州休斯敦的城市发展中起到关键的作用。然而，随着城市毫无

节制的扩张与对河道生态环境的破坏，布法罗河道的重要性逐渐被人遗忘，它甚至成为人们极力躲避的区域。作为布法罗河道整治项目中起到关键作用的布法罗河道散步道项目，SWA 景观公司对其进行了改造设计并获得了 2009 年 ASLA 优秀设计奖。该项目沿河总长 1.9 km，总面积约 9.3 hm²，于 2006 年竣工，项目设计平面如图 8-2 所示。将布法罗河道看做宝贵的城市景观基础设施，该设计结合了排洪、生态修复、线性公园等用途，使河道重新焕发活力，并成为城市公共空间系统的重要组成部分。

优化植物配置是这个项目的一大课题。在保留场地中那些本土的、健康的植被以及树种的同时，蔓延于两岸的许多外来入侵植物，如双花草、日本忍冬、乌蔹莓等被替换成了多种本土的、耐洪涝的河滨植物。为涵养水土，设计中引进了深根系的植物，如翠芦莉。多样性的植物配置（见图 8-3）一方面实现了生态修复的功能，另一方面创造了软质的护岸，使得高架桥下的空间重获生机，使得布法罗河道再次成为鸭、鹭、龟、鱼等动物的栖息地。此外，大量种植的树木软化了建筑环境，减少了噪声且降低了高速公路的影响。

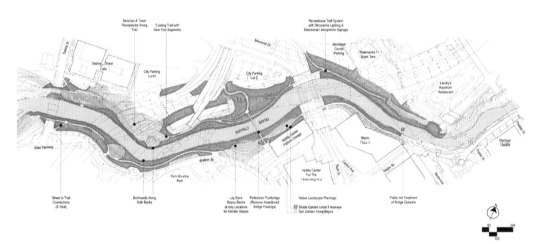

图 8-2　布法罗河道改造项目设计平面

图 8-3　河道绿地植物景观

二、美国纽约曼哈顿：哈德逊滨河公园第五段植物景观设计

哈德逊滨河公园从曼哈顿第59街延伸至第72街，这座占地面积为 11.7 hm² 的公园与新住宅区发展规划紧密相连。该公园设计方案涉及城市设计与环境之间的相互协调、公路的改道以及社区的大范围扩建，极富创意又不失

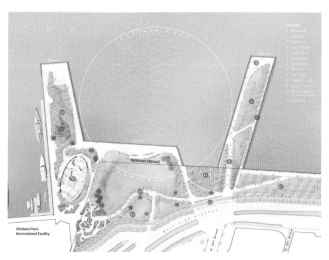

图 8-4　第五段景观总平面图

高效地解决了公路沿线的景致问题,并使客户和民众满意。在往日公园绿地空间甚少的切尔西,哈德逊滨河公园第五段景观便成了极受公众欢迎的公园场所。哈德逊滨河公园横贯 8 km 的区域,其核心区外延区域本身是一个在公众心目中维持了30年的奇迹,在周边民众需求呼声下,第五段景观区（见图8-4）应运而生,它是一处真正意义上的具有丰富的绿化资源的城市公共空间。该景观区将创新性工程技术与多样化的用途和景观类型整合于一体,可以有效抵御飓风灾害和适应气候变化,在飓风"桑迪"肆虐期间,哈德逊滨河公园第五段景观区被淹没,但基本未被损坏,可以说它是公共景观设施的一个典范。

哈德逊滨河公园中占地 1.2 hm² 的中央草坪是人们理想的运动场所或大型户外瑜伽训练场所,也是人们日常散步的好去处。一处引人注目且地貌独特的草坡有效隔离了喧杂的西区高速公路,并从视觉上限定出毗邻的一系列小型公共活动区域,包括自行车专用车道、雕塑花园、旋转体游乐空间及一个顶级滑板公园。除了为切尔西居住区提供必要的绿地空间,第五段景观区还对这一滨河公园区域的持久性及可持续性进行了相应考量,并针对这两方面进行了高标准化设计,彻底解决了海平面上升和极端气候事件等现实性问题与隐患。景观设计师与海洋工程师们进行通力协作,共同对长达 76 m 的古旧海堤进行相应拆除、修复和加固,并对码头靠船墩设施进行了相应的结构改造。全新的靠船墩在坚固的挡泥板设计系统的保护下,可有效防御失控船只、浮冰及水生残片的撞击所造成的不良影响。EPS 环保泡沫及轻质砂石填埋材料在一系列场地地形中的使用,最大限度地缓解了码头甲板的载荷,同时应用适当重量的表层土稳固了埋藏于地下的各种材料,有效防止了位置偏移情况的发生。这一创造性工程设计确保了在类似飓风"桑迪"的洪灾突发情况中,轻质泡沫材料不易冲破和侵袭相应的景观空间,而类似的事件则在其他景观项目场地上频频发生。值得注意的是,这些设计策略的出台早于飓风"桑迪"的来临近十年,因而有力地证明了纽约基础设施建设对于微咸水灾应变能力的重要性。哈德逊滨河公园第五段景观区的有效改造,着实又为当地民众提供了一处愉悦身心、舒适惬意的滨河公共空间,且其特色草坡区在同类项目中实属罕见,其创新意义影响深远。在广阔的哈德逊河水域映衬中,草坡景观区更显闲适,人们在这里或嬉戏玩耍,或悠闲赏景,如图8-5所示。草坡景观区边缘地带的缓坡区域,不仅为曼哈顿民众提供了理想的季节性娱乐活动场所,也在视觉和听觉上为草坡景观区有效屏蔽了来自于毗邻的六车道高速公路上的喧杂,同时还降低了树木遭遇洪水侵袭的风险。

图 8-5 草坡景观

三、澳大利亚布里斯班：内河码头南岸公园的植物景观设计

内河码头南岸公园位于布里斯班河南岸，是一个带状的亲水公园，沿河而建，由维多利亚桥等与布里斯班北部城区相连，曾是 1988 年澳大利亚举办世博会的地址，占地 16 hm²。现经重建后被誉为澳大利亚最好的市内公园，在此可一览整个布里斯班市。南岸公园是游客到布里斯班的最佳去处之一，公园里水质清澈、绿树与草地成荫，移步换景，美不胜收。景色优美的克莱姆琼斯步行道（Clem Jones Promenade）是公园的一大亮点，人们可以在这里骑车，或慢跑，或在河滨散散步，去树荫下乘凉，尽情享受璀璨阳光。南岸公园有一个引人注目的大藤架（The Grand Arbour）游步道（见图 8-6），距离摩天轮非常近，绵延共 1 km 长。大藤架两边蜷曲的钢架上缠绕着四季常开的九重葛花，色彩艳丽，将公园点缀得充满活力。南岸公园的中心有一处美食花园（Epicurious Garden），一年四季种植着可食用的新鲜蔬菜、水果和草本植物，人们来这里会发现不同的植物，同时还可以学习不同蔬菜的制作方法。

图 8-6 南岸公园里的大藤架游步道

图 8-7 莲花池及植物配置

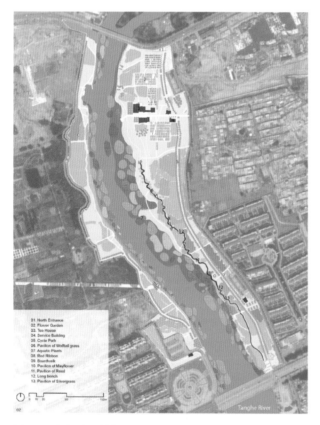

图 8-8 汤河公园总平面图

四、新加坡：榜鹅滨水步道植物景观设计

榜鹅位于新加坡东北部，是新加坡政府规划中最新的"滨水而立"的滨水市镇。榜鹅滨水步道则位于大片城市景观之中，游客置身于此，可以感受时空交错、诗情画意般的美景。逝去的时光在景观之中重现，而现实又在这一怀想过去的过程中被赋予了新的含义。人们在这里可完全沉浸于个人空间之中，与自然和谐共生。

设计团队花了四五年时间打造榜鹅滨水步道，尤其在步道的选材和巨型莲花池的设计上都下了一番苦功，务求在保留榜鹅昔日纯朴风情的同时，也给人耳目一新的感觉。在这条长约 4.9 km 的滨水步道上，多种材质的混搭使得这里宛若调色板一般多彩，更是像极了旧时的榜鹅——田园般的"Kampong（小村庄）"错落有致，随处可见农庄与种植园。设计团队也继承过去榜鹅乡间积水莲花婀娜生长的风貌，特别在衔接步道的榜鹅尾公园（Punggol Point Park）里设置两个巨型莲花池（见图 8-7）。榜鹅滨水步道将人工设计与大自然巧妙融为一体，不论是海边的莲花池还是悬臂式的观景平台，都实现了景观与自然的灵活连接。

五、中国秦皇岛：汤河公园植物景观设计

汤河位于秦皇岛市区西部，因其上游有汤泉而得名。汤河公园项目位于海港区西北，汤河的下游河段两岸，北起北环路海阳桥，南至黄河道港城大街桥，该段长约 1 km，设计范围总面积约 20 hm² （见图 8-8）。该区域具有城乡接合部的典型特征，多处地段已成为垃圾场，污水流向河中，威胁水源卫生；残破的建筑和构筑物，包括一些堆料场地和厂房、农用民房、皮划艇服务用房、汤河苗圃用房、水塔、提灌泵房、防洪丁坝、提灌渠等，大部分遗留构筑物外立面陈旧或有破损，有些已废弃不用，部分河岸坍塌严重。汤河属于冀东独流入海河流系，为典型的山溪性河流，源短流急。在完全保留原有河流生态廊道的绿色基底上，引入一条以钢

为材料的红色飘带。它整合了包括漫步、环境解释系统、乡土植物标本种植、灯光等功能和设施需要，用最少的干预，获得都市人对绿色环境的最大需求。以保护展现汤河两岸原生态植被景观为主，对滨水资源进行保护性的开发，将自然教育融入其间，最终成为独具特色的滨河公园。在具体植物景观设计上，设计团队一方面严格保护原有水域和湿地，严格保护现有植被；设计要求工程中不砍一棵树；避免河道的硬化，保持原河道的自然形态，对局部塌方河岸，采用生物护堤措施；在此基础上丰富乡土物种，包括增加水生和湿生植物，形成一个

图 8-9　野态化的植物景观

乡土植被的绿色基地。另一方面，设计师利用大量乡土植物营造自然、野趣、生态的滨河植物景观带（见图 8-9），例如沿"红飘带"分布五个节点，分别以五种草为主题。乡土的狼尾草、须芒草、大油芒、芦苇、白茅是每个节点的主导植物。每个节点都有一个如"云"的天棚，五个节点分五种颜色。网架上局部遮挡，有虚实变化，具有遮阴、挡雨的功能，随着光线的变化，地上的投影也随之改变。夜间整个棚架发出点点星光，斜柱如林木，创造出一种温馨的童话氛围；地上铺装呼应天棚的投影；在这"天"与"地"之间是供人活动和休息，以及展示专类植物的空间。

第三节　滨河绿地植物景观设计要点

滨河植物景观具有保持水土，组织景观，隐蔽杂景，拓展水域，笼罩景色，成荫投影，分隔大面积水域，联系两岸景色，渲染色彩，表现风雨，装点水色的功能，可谓水借树为衣，树借水为骨。

一、关于生态驳岸的种植设计

生态驳岸的种植设计注重亲水游憩或是恢复自然驳岸可透性，保证河岸和水体间水的交换，提高河流自身的抗洪力。主要有以下三种类型。

1. 自然原型驳岸

自然原型驳岸主要采用植被保护河堤，以保持自然堤岸特性，如种植柳树、水杨、白杨以及芦苇、菖蒲等具有亲水特性的植物。由它们生长舒展的发达根系来固稳堤岸，且柳枝柔韧，顺应水流，可增加驳岸抗洪、保护河堤的能力。图 8-10 所示为自然原型驳岸景观。

图 8-10　自然原型驳岸景观

图 8-11　人工自然型驳岸

2. 人工自然型驳岸

人工自然型驳岸不仅种植植被，还采用天然石材、木材护底，以增强堤岸抗洪能力，如在坡脚采用石笼、木桩或浆砌石块等护底，其上筑有一定坡度的土堤，斜坡种植植被，实行乔灌草相结合，固堤护岸。这种驳岸类型在我国传统园林中有着许多优秀范例，如图 8-11 所示。

3. 复合型人工自然型驳岸

复合型人工自然型驳岸是在自然型护堤的基础上，再使用钢筋混凝土等材料，以确保驳岸大的抗洪能力，如将

图 8-12　复合型人工自然型驳岸

钢筋混凝土柱或耐水圆木制成梯形箱状横架，并向其中投入大的石块，或插入不同直径的混凝土管，形成很深的鱼巢，再在箱状框架内埋入大柳枝、水杨枝等；临水侧种植芦苇、菖蒲等水生植物，使其在缝中生长出繁茂、葱绿的草木。此外，俞孔坚提出了水位多变情况下的亲水护岸脚设计，主要从生态和大众行为心理角度出发，在最高与最低水位之间修梯田式种植台，植混生、水生植物；种植台上，空挑临水步栈桥，接近水面和植物，栈桥采用钢筋混凝土结构（见图 8-12）。

二、关于滨河绿地的植物景观设计

河道的线形空间造就了滨河绿地的带状分布特征，滨河水域蓝带与绿地绿带的相互呼应形成了一座城市重要的生态廊道。同时，城市滨河带状绿地也是一座城市的形象和人文精神的代表，记录和保存着城市各种历史文化印痕，记录着人类文明发展的脉络。

1. 滨河绿地植物选择与配置

城市河滨植物配置要坚持"适地适树"原则，运用乡土树种，恰当表现河流风格。如日本许多城市河边常密植垂柳、樱花，与日本许多古代绘画风貌一致，颇具浪漫味道，如图8-13所示。现代城市滨河绿地更加注重绿地的生态效益，从城市生态、景观生态学角度设计，满足"生态平衡"原则、植物"互惠互生"协调原则和"物种多样性"原则。城市中"蓝道"构成的"廊道"相互联系成"网络"，它的分布应均匀。此外，滨河绿地的植物配置应体现连续性和整体性，行道树应在城市河岸线上反复有序地出现，勾画出强烈的连续韵律图案，能够加深在人们脑中的印象，提高景观的可识别度，例如连续性的行道树景观和地被植物景观使得城市河流景观显得大方、有气势（见图8-14）。另外，滨河绿带中还应配置若干色叶树、花灌木及草本花卉，用不同叶色、花色与绿色基调的行道树及灌木丛进行对比，一方面令滨河景观更加引人注目、环境氛围更加生动活泼，另一方面可以创造春夏秋冬不同景致，使城市河流景观能够随四季变化而不同。

图8-13　日本名古屋某河道旁的樱花景观

2. 保留大树，留住历史

城市河流象征悠久的历史，河岸边的大树作为该地的"记忆"有着重要的意义。保留河岸边的大树，既能减少种植成本，又能形成具有城市烙印的独特景致。所谓大树是指具有一定植株高度和体量或树龄较大的乔木或灌木，而且它具有一定的观赏价值。河流两岸的大树是人们对城市河流历史记忆的见证。

图8-14　滨河绿地连续性植物景观

3. 植物与地形、休息设施的巧妙结合

在滨河带状绿地中，可根据地形设置形式多样又别具风格的休息设施，例如沿河岸、绿地、路边间断式布置与其走向相一致的曲线形或直线形休闲长椅，也可利用绿地的种植池台面或地形台阶作为座椅（见图8-15），座椅旁配植能够遮阴的高大乔木，使其能随时为人们观水提供舒适条件，也不妨碍岸边游人的观水。此外，还可根据滨河绿地的节点和空间的尺度随机非线性设置座椅，座椅间距及摆放位置灵活，有远有近，座椅旁搭配观花植物及遮

图8-15　滨河绿地休息座椅、植物、地形

阴乔木，这种布局方式有利于游人在滨河绿地休息时相互交流，增加滨河空间中人与人之间的交谈机会。需要注意的是，座椅旁的遮阴乔木要与座椅形成一个科学合理的"投影"关系，保证座椅位置有树荫。

第四节　城市滨河空间的常见景观植物

本小节在结合我国城市滨河空间植物配置的实际案例和若干文献资料的基础上，总结出我国城市主要滨河空间绿地常见的景观植物种类，以下按照植物在滨河空间中与水的关系，以北方和南方主要代表区域为例分别列出景观植物的中文学名。

一、北方城市（以西北、东北、华北为代表）滨河空间常见植物总结

1. 岸边陆生植物或湿生植物

（1）乔木类：油松、樟子松、白皮松、雪松、云杉、侧柏、刺柏、圆柏、女贞、枇杷、白蜡、栾树、七叶树、臭椿、千头椿、毛白杨、钻天杨、加拿大杨、河北杨、小叶杨、胡杨、垂柳、旱柳、水曲柳、白皮柳、金叶榆、金丝柳、柽柳、榆树、垂枝榆、大果榆、国槐、刺槐、香花槐、龙爪槐、金枝槐、合欢、五角枫、三角枫、元宝枫、枫杨、梧桐、银杏、桃树、火炬树、紫叶李、山桃、皂荚、楸树、桑、核桃、稠李、复叶槭、山楂、紫叶矮樱、紫薇、梓树等。

（2）灌木类：铺地柏、雀舌黄杨、小叶黄杨、黄杨、锦熟黄杨、石楠、海桐、十大功劳、桃叶卫矛、扶芳藤、金叶女贞、小叶女贞、紫叶小檗、连翘、金钟连翘、迎春、黄刺玫、棣棠、紫丁香、暴马丁香、紫穗槐、金丝桃、忍冬、南天竹、珍珠梅、蜡梅、榆叶梅、牡丹、芍药、野蔷薇、月季、玫瑰、丰花月季、紫叶桃、碧桃、山杏、毛樱桃、西府海棠、平枝枸子、木槿、红瑞木、金山绣线菊、粉花绣线菊、红王子锦带、锦带花、紫荆、鸡爪槭、石

榴、黄栌、荆条、六道木、蝟实、金银木、文冠果、沙棘、接骨木、八仙花、锦鸡儿等。

（3）地被类：五叶地锦、阔叶麦冬、牛鞭草、佛子茅、獐茅、狗尾草、草地早熟禾、飞蓬、黄花蒿、艾草、车前、野胡萝卜、罗布麻、红蓼、荷兰菊、万寿菊、一串红、矮牵牛、滨菊、草茉莉、地锦、凌霄、野荞麦、白花车轴草、萱草、八宝、金娃娃萱草、德国景天、无毛紫露草、大丽花、紫菀、鸡冠花、紫萼、马蔺、鸢尾、玉簪、土麦冬、宿根福禄考、酢浆草、金银忍冬、多花黑麦草、早熟禾等。

2.驳岸植物、亲水植物

香蒲、东方香蒲、长苞香蒲、达香蒲、普香蒲、芦苇、荻、盐地碱蓬、角碱蓬、千屈菜、菖蒲、鸢尾、荷花、睡莲、水葱、常绿水生鸢尾、莕菜、沼委陵菜、黑三棱、毛水苏等。

3.浮水植物、沉水植物

浮萍、泽泻、慈姑、槐叶苹、金鱼藻、黑藻、三裂狐尾藻、穗状狐尾藻、轮叶狐尾藻、茶菱、两栖蓼、萍蓬草、丘角菱、水鳖、眼子菜、雨久花等。

二、南方城市（以西南、华南为代表）滨河空间常见植物总结

1.岸边陆生植物或湿生植物

（1）乔木类：油松、白皮松、华山松、雪松、湿地松、白扦、沙地柏、圆柏、龙柏、刺柏、塔柏、云杉、刺槐、落羽杉、水杉、女贞、桂花、棕榈、垂叶榕、蓝桉、印度榕、香樟、广玉兰、二乔玉兰、银杏、榉、榔榆、榆、糙叶树、国槐、龙爪槐、合欢、红花羊蹄甲、构树、桑树、栾树、无患子、滇朴、枫香、枫杨、楝树、乌桕、重阳木、垂柳、旱柳、馒头柳、绦柳、钻天杨、毛白杨、银白杨、梧桐、柿树、樱花、桃、杏、紫叶李、鸡爪槭、紫薇、火炬树、五角枫、悬铃木等。

（2）灌木类：苏铁、黄杨、龟甲冬青、黄金榕、铺地柏、洒金柏、云南黄馨、十大功劳、茶梅、栀子花、杜鹃、海桐、尖叶木犀榄、枸骨、桃叶珊瑚、鹅掌柴、山茶、八角金盘、石楠、红花檵木、南天竹、毛叶丁香、八仙花、火棘、木芙蓉、棣棠、木槿、石榴、假连翘、叶子花。

（3）地被类：吉祥草、多花兰、黑麦草、麦冬、地涌金莲、常春藤、万年青、肾蕨、美人蕉、扁竹兰、石竹、马缨丹、水麻、枸杞、刺莓、繁缕、狗牙根、活血丹、马鞭草、铁线莲、山药、问荆、三叶草、蛇莓、糯米藤、南牡蒿、薄荷、葛藤、鸡屎藤、高羊茅、苦荬菜、马兰花、空心莲子草、艾草、车前草、蛤蟆草、火炭母、苣荬、火草、打碗花、黄花草木樨、颠茄、酢浆草、木贼、毛茛、白茅、土荆芥、窃衣、香薷、野胡萝卜、挖耳子草、薏苡、牛耳大黄、竹叶草、鳞毛蕨、稗子、狗尾草、苍耳、鬼针草、鳢肠、市藜、凉粉草、水蓼、马唐、菟丝子、马齿苋、龙葵、油草、铁苋菜、牛筋草、荩草、蕺菜、青蒿、石蒜、沿阶草、紫藤、络石、爬山虎、蔓长春花等。

2.驳岸植物、亲水植物

再力花、雨久花、梭鱼草、莎草、纸莎草、水竹、花叶芦竹、芦竹、芦苇、莲、睡莲、千屈菜、黄菖蒲、菖蒲、香蒲、鸢尾、水芹草、粉美人蕉、王莲、菰、萍蓬草等。

3.浮水植物、沉水植物

浮萍、槐叶苹、满江红、金鱼藻、黑藻、慈姑、凤眼莲、莼菜、大藻、芡实、水鳖、芜萍等。

三、若干滨河景观植物图解

1.岸边陆生及湿地植物

垂柳 *Salix babylonica*

　　落叶乔木。柳树的姿态婀娜、柔美。生态幅广，对环境的适应性很广，喜光、喜湿、耐寒，属中生偏湿树种。生长迅速，一般寿命为20~30年。我国南北均有广泛种植。多用于岸边及湿地绿化，也常用作公园行道树。

水杉 *Metasequoia glyptostroboides* Hu et Cheng

　　落叶乔木。水杉笔直高挺、端庄秀丽，秋季叶变黄，观赏性佳。喜光，不耐贫瘠和干旱，耐寒、耐水湿能力强，生长缓慢，在轻盐碱地可以生长，根系发达，移栽容易成活。多生于海拔750~1500 m的山谷或山麓附近地势平缓、土层深厚、湿润或稍有积水的地方。

红花羊蹄甲 *Bauhinia blakeana* Dunn

　　常绿乔木。红花羊蹄甲是著名的观赏树，花大、芳香，开花期整株看起来异常美丽。原产亚热带地区，性喜温暖湿润、多雨、阳光充足的环境，喜土层深厚、肥沃、排水良好的偏酸性砂质壤土，有一定耐寒能力，在我国北回归线以南的广大地区均可以越冬。

乌桕

Sapium sebiferum (L.) Roxb.

　　落叶乔木。乌桕是一种色叶树种，春秋季叶色红艳夺目。中国特有的经济树种，抗盐性强的乔木树种之一。喜光，不耐阴。喜温暖环境，不耐寒。主要分布于中国黄河以南各省区，北达陕西、甘肃。

木麻黄 *Casuarina equisetifolia* Forst.

常绿乔木。木麻黄树干通直，树冠塔形，姿态优雅。强阳性，喜炎热气候，耐干旱、贫瘠，抗盐渍，也耐潮湿，不耐寒。生长迅速，萌芽力强。原产澳大利亚、太平洋诸岛，我国广西、广东、福建、台湾沿海地区普遍栽植。

樟 *Cinnamomum camphora* (L.) Presl.

常绿乔木。樟树树形高大、枝叶茂密。喜光，稍耐阴；喜温暖湿润气候，耐寒性不强，适于生长在砂质壤土，较耐水湿，不耐干旱、瘠薄和盐碱土。深根性，能抗风。我国南方及西南地区均有栽培，常用于道路、湿地及滨河两岸的绿化。

2. 驳岸及亲水植物

香蒲

Typha orientalis

　　多年生水生或沼生植物。叶片条形，长 40~70 cm。花序长，呈棒状，极具观赏价值。适于水边野趣景观的营造。

梭鱼草

Pontederia cordata L.

　　多年生挺水植物。叶片较大、深绿色，花亭直立高出水面，穗状花序顶生，蓝紫色带黄斑点。适合群植或片植于驳岸或近水缘区域。

再力花

Thalia dealbata Fraser.

　　多年生挺水植物。植株高大，叶卵状披针形，花亭直立高出水面，紫色。适合群植或片植于驳岸或近水缘区域。

水葱

Scirpus validus Vahl

　　多年生挺水植物。植株高大，叶片线形，观叶为主。适于驳岸、水边、湿地丛植、片植，野趣效果佳。

变叶芦竹

Arundo donax var. *versicolor* Stokes

　　多年生挺水植物。植株高大，叶片具有黄色或白色条纹，圆锥花序极大。适于河边、池边、湖边大面积绿化。

黄菖蒲

Iris pseudacorus

　　多年生挺水植物。植株高大，叶基生，长剑形，长 60~100 cm。花茎高出叶，花黄色，具有褐色斑纹或无。适于驳岸、水边、湿地丛植、片植。

雨久花

Monochoria korsakowii

多年生挺水植物。茎直立，基生叶宽卵状心形，茎生叶叶柄渐短，基部增大成鞘，抱茎。总状花序顶生，花蓝色。适合群植或片植于驳岸或近水缘区域。

粉美人蕉

Canna glauca L.

多年生水生植物。叶大，披针形，长达 50 cm，宽 10~15 cm，总状花序，稍高出叶片，花色多，有黄、粉、橙红等。适于河边、池湖边、湿地等片植或丛植，点缀水景。

千屈菜

Lythrum salicaria L.

多年生水生植物。茎直立多分枝，叶对生或三叶轮生，聚伞花序，簇生，花呈红紫色或淡紫色。适于河边、池湖边、湿地等片植或丛植，点缀水景。

第九章

城市公园植物景观设计

　　城市公园化是全社会的一项环境建设工程，这是社会生产力发展的需要，也是人类生存的需要。在现代城市中，公园是居民日常工作与生活环境的有机组成部分。在我国，随着城市的更新改造和进一步扩展，以往的公园形态将被开放的城市绿地所取代，孤立、有边界的公园正在"溶解"，而成为城市内各种性质用地之间以及内部的基质，以简洁、生态化和开放的绿地形态，渗透到城市的各个区域。未来的公园景观应该是更生态的、健康的、可持续发展的，有利于全人类和各种生物、环境的协调发展。

　　建设城市公园具有重要意义。首先，公园植物能丰富整个城市的景观面貌，塑造城市形象，具有景观属性。其次，公园植物有生命、能生长，一年四季呈现不同的变化，具有自然属性。另外，公园植物能满足人们休闲游憩和享受文化艺术的需求，具有社会属性。因此，城市公园植物具有独特的景观意义、生态意义和社会意义。城市公园植物景观是指运用乔木、灌木、藤本、竹类、花卉、草本等植物，充分发挥植物本身的形体、线条、色彩等方面的美感，通过艺术手法及生态因子的作用，创造与周围环境相适应、相协调的景观，追求植物形成的空间尺度，反映当地自然条件和地域景观特征，展示植物群落的自然分布特点和整体景观效果。公园植物景观对城市形象的塑造，突出城市特色，打造绿色城市，改善人们生活条件，提升城市环境品质等，均有十分重要的意义。图9-1所示为上海徐家汇体育公园规划方案。

图9-1　上海徐家汇体育公园规划方案

第一节 城市公园的类型

根据《城市绿地分类标准（附条文说明）》（CJJ/T 85—2002），城市绿地可分为五大类，包括公园绿地、生产绿地、防护绿地、附属绿地和其他绿地。其中公园绿地又可分为五类（见表9-1），包括综合公园、社区公园、专类公园、带状公园和街旁绿地。

表 9-1　城市公园绿地的分类

类型	小类	内容与范围
综合公园	全市性公园	为全市人民服务，活动内容丰富、设施完善的绿地
	区域性公园	为市区内一定区域的居民服务，具有较丰富的活动内容和设施完善的绿地
社区公园	居住区公园	服务于一个居住区的居民，具有一定活动内容和设施，为居民区配套建设的集中绿地
	小区游园	为一个居住小区的居民服务、配套建设的集中绿地
专类公园	儿童公园	单独设置，为少年儿童提供游戏及开展科普、文体活动，有安全、完善设施的绿地
	动物园	在人工饲养条件下，移地保护野生动物，供观赏、普及科学知识，进行科学研究和动物繁育，并具有良好设施的绿地
	植物园	进行植物科学研究和引种驯化，并供观赏、游憩及开展科普活动的绿地
	历史名园	历史悠久，知名度高，体现传统造园艺术并被审定为文物保护单位的园林
	风景名胜园	位于城市建设用地范围内，以文物古迹、风景名胜点（区）为主的具有城市公园功能的绿地
	游乐公园	具有大型游乐设施，单独设置，生态较好的绿地
	其他类型专类园	除以上各种专类公园以外，具有特定主题内容的绿地，包括雕塑园、盆景园、体育公园、纪念性公园等
带状公园		沿城市道路、城墙、水滨等，有一定游憩设施的狭长形绿地
街旁绿地		位于城市道路用地之外，相对独立成片的绿地，包括街道广场绿地、小型沿街绿化用地等

一、综合公园

综合公园是指拥有大面积绿地，能够丰富人们户外游憩活动内容、功能全面，且可供半日以上游览的城市公共性绿地公园。综合公园是城市居民文化生活中不可缺少的重要因素，具有丰富的户外游憩活动内容，适合于各种年龄和职业的城市居民进行游赏活动。它是群众性的文化教育、娱乐、休息的场所，并对城市面貌、环境保护、社会生活起着重要的作用。如北京的紫竹院、玉渊潭、陶然亭等。

　　综合公园根据服务范围和对象不同又可分为全市性公园和区域性公园两类。全市性公园又称市级公园，服务对象是全市居民，是全市公园绿地中面积较大，活动内容丰富和设施最完善的园地。其用地面积随全市居民总人数的不同而不同，在中、小城市设一到两处，其服务半径为 2~3 km，步行 30~50 min 可达，乘坐公共交通工具 10~20 min 可达。区域性公园又称区级公园，服务对象是一个行政区的居民，其用地属全市性公园绿地的一部分。区级公园的面积根据该区居民的人数而定，园内应有较丰富的内容和设施。其服务半径为 1~1.5 km，步行 10~15 min 可达，乘坐公共交通工具 10~15 min 可达。

二、社区公园

　　社区公园是指为一定居住用地范围内的居民服务，具有一定活动内容和设施的集中绿地，不包括居住组团绿地。社区的基本要素为"①有一定的地域；②有一定的人群；③有一定的组织形式，共同的价值观念、行为规范及相应的管理机构；④有满足成员的物质和精神需求的各种生活服务设施"。（摘自《辞海》）社区公园又分为居住区公园和小区游园两小类，其中居住区公园的服务半径在 0.5~1.0 km，小区游园的服务半径在 0.3~0.5 km。社区公园在缝合城市景观碎片，供社区居民健身娱乐，促进土地增值等方面具有重要作用。

三、专类公园

　　专类公园是指具有特定内容、主题或形式，或以某种使用功能为主的公园绿地，是城市公园的一种。专类公园类型丰富，依据不同的内容或主题，又划分为动物园、植物园、儿童公园、体育公园、历史名园、风景名胜园、游乐公园、雕塑园、盆景园等。

四、带状公园

　　带状公园是指沿城市道路、城墙、水滨等，有一定休憩设施的狭长绿地。带状公园常常结合城市道路、水系、城墙而建设，是绿地系统中颇具特色的构成要素，承担着城市生态廊道的职能。带状公园的宽度受用地条件的影响，一般呈狭长形，以绿化为主，辅以简单的设施。如元大都城垣遗址公园、西安唐城墙遗址公园、西安环城公园等。

五、街旁绿地

　　街旁绿地是指位于城市道路用地之外，相对独立成片的绿地，包括街道广场绿地、小型沿街绿化用地等（绿化占地比例应大于等于 65 %）。街旁绿地又名街头绿地。街旁绿地有两个含义：一是指属于公园性质的沿街绿地；二是指该绿地必须不属于城市道路广场用地。街旁绿地是散布于城市中的中小型开放式绿地，虽然有的街旁绿地面积较小，但具备游憩和美化城市景观的功能，是城市中量大面广的一种公园绿地类型。

第二节　城市公园植物景观设计基本原则

城市公园植物景观设计已成为现代园林景观设计中最重要的设计内容。现代植物景观设计的发展趋势，在于充分地认识地域性自然景观中植物景观的形成过程和演变规律，并顺应这一规律进行植物配置。设计师不但要重视植物景观的视觉效果，还要营造适应当地自然条件、具有自我更新能力、体现当地自然景观风貌的植物类型，使植物景观成为一个公园的景观作品，乃至一个地区的主要特色。因此，城市公园植物景观的设计应遵循以下基本原则。

一、植物种植乡土化原则

植物景观设计应与原有地域地形、水系相结合，科学地选择与地域景观类型相适应的植物群落，体现地方文脉，地域精神。植物造景的核心是师法自然，我国自然环境复杂，植物种类丰富多彩，植被群落结构多样，不同地区有不同的群落种类，只有掌握了当地植被分布的自然规律，根据自然界中每种植物在其原生境中的生态状况，掌握其生态习性，再结合园林立地实际环境，才能设计出具有优美外貌和适应当地生长的植物景观。乡土植物品种是城市公园良好的植物资源，乡土植物的使用，是体现地域文脉及设计生态化的一个重要环节。根据植物生态习性的不同及各地气候条件的差异，设计师可通过植物配植，如用林地取代草坪，用本土树种取代外来品种，大大节约能源和资源耗费；对资源采用循环再生的利用方式，例如恢复城市湿地、恢复被填的水系，等等。公园植物应更加强调植物群落的自然适宜性，力求公园植物在养护管理上的经济性和简便性，尽量避免养护管理费时费工、水分和肥力消耗过高、人工性过强的植物景观设计手法。因此，公园植物配置应该采用叶面积系数最高的自然植被群落为原型的自然式复层混交林形式。修剪费工的大草坪、树木造型园、刺绣花坛、盆花花坛等，除特殊场合最好不用。设计多采用病虫害少、耗水少的树种。在 2003 年上海国际园林论坛上，加拿大风景园林协会主席 Vincent Asselin 提出了植物造景和配置的可持续问题——"最好是自我维持（self-maintaining），在发达国家，植物的养护费是异常昂贵的"。景观设计师要时刻记住所有绿地将来都需要养护，设计或建设中的任何瑕疵，都将意味着更多的养护费。师法自然的人工造景最理想的维护是能够回归自然，加强植物群落自身更新、恢复的能力，靠自然之力自我维持平衡。创造一个可持续的、具有丰富物种的自我维持的园林绿地系统，是未来城市设计者所要追求的。

二、生态效益最大化原则

现代园林强调重视园林的生态效益，利用园林改善城市生态环境。城市公园要以植物为主要材料模拟再现自然植物群落，提倡自然景观的创造。当今对公园植物景观的再认识，不仅要达到"风景如画"，还要从更深、更广的层面去理解和把握，特别是要从景观生态学的角度去分析。城市公园除了要满足人们游憩、观赏的需要，还要维持和调节生态平衡、保护生物多样性、再现自然、净化与提高城市的环境质量。公园是城市生态效益巨大的生产基地，是城市环境质量改善的重要依托。城市公园一般面积较大，拥有足够的绿地面积和绿量，是生态效益的前提；在植物品种的选择上，除要突出乡土树种外，还要突出生态效益高的树种。以天津地区为例，单位叶面积年吸收 CO_2 高于 2000 g 的乔、灌木有刺槐、柿树、合欢、泡桐、栾树、西府海棠等，单位叶面积年蒸腾水量大于 300 kg 的乔、灌木有白蜡、刺槐、国槐、垂柳、柿树、合欢、珍珠梅、黄刺玫等，单位叶面积年滞尘量大于 10 g 的树木有桑树、构树、国槐、白榆、核桃、紫穗槐、丁香等。因此，科学地、合理地设计植物生态群落，充分准确地依不同树种的习性、体形、物候期、生长速度设计园林绿地的种植类型，不但要从美学和造景来考虑，还要从发挥生态效益与适地适树的生态学和栽培学角度来考虑，使公园植物最大限度地发挥其生态效益。

三、生物多样化原则

自然系统包含了丰富多样的生物。为生物多样性而设计，是人类自我生存所必需的。我国被西方誉为"世界园林之母"，具有丰富的植物资源，据查我国有种子植物 30000 余种，仅次于巴西和哥伦比亚，居世界第三位。但在我国城市绿化中，生物多样性却没有被充分体现。我国目前大多数公园中的植物不超过 200 种，常见的园林树种仅有雪松、悬铃木、香樟、龙柏、大叶黄杨、海桐等十几种，草本观赏植物更为贫乏，全国各地几乎千篇一律，如一串红、三色堇、金盏菊、鸡冠花、万寿菊、百日草等十几种，且大多数的园林植物从国外引种。我国特有的观赏植物栽培不多，丰富的植物种类与城市植物应用贫乏形成了一个极大的反差。在城市公园中植物景观设计应充分体现当地植物品种的丰富性和植物群落的多样性特征，强调为各种植物群落营造更加适宜的生态环境，以提高城市绿地生态系统功能，维持城市的平衡发展；加强地带性植物生态性和变种的筛选、驯化，构筑具有区域特色和城市个性的绿色景观；同时，慎重而节制地引进国外特色物种，重点选择原产我国、经过培育改良的优良品种，以体现城市公园丰富多样的植物景观。例如在天津地区，一个又一个的园林作品在装扮着这座城市；但令人遗憾的是，所配置的植物品种仍然十分单调。红色系的品种老是月季、红叶李、红叶小檗"唱主调"，黄色系仅是金叶女贞"独领风骚"，绿色系则是大叶黄杨、桧柏等"老调重弹"，品种的单调最终造成了城市公园色彩层次上了无生气。

四、养护管理减量化原则

公园植物景观应树立自然、大气、简朴、节约的城市绿化理念，最大限度地节约资金、节约资源，使资金资源投入和良好环境产出之间的比值最大化。比如，以乔木为主的绿地和以草坪为主的绿地对水资源的消耗相差几倍，而且以草坪为主的绿地的综合效益远不如以乔木为主的绿地。设计师在对植物景观进行设计时，必须考虑这些因素，用最少的资金投入和资源消耗，最大限度地实现城市绿化在吸收二氧化碳和有毒气体、产生氧气、遮阴、防风、滞尘、降温、增湿、减噪、防灾避险、美化景观环境、提供游憩场所等方面的综合效益。植物景观设计不可追求标新立异，盲目引进不适应当地气候条件、土壤条件的树种，以免得不偿失。

第三节　城市公园植物景观设计的主要内容

现代景观设计使我们无论在观念上、创作方法上还是思维方式上都在发生变化，这里从设计思维方式和使用功能的角度将城市公园植物景观设计划分为区域植物景观设计、界面植物景观设计、路线植物景观设计、节点植物景观设计、特色植物景观设计五个层面。

一、区域植物景观设计

从城市绿地系统的角度出发，公园是城市绿地系统重要的组成部分，设计城市公园植物景观，设计师首先必须站在城市的角度去审视公园，去分析公园与城市的关系、公园与周边区域的关联。城市公园多位于城市重要的位置，准确解剖场地的内外特征，充分协调场地周边绿地，才能把设计融入到城市的脉搏中。 目前，城市公园已经成为居民日常生产与生活环境的有机组成部分，随着城市的更新改造和进一步拓展，孤立、有边界的公园正在"溶解"，而成为城市内部的基质，以简洁、生态和开放的绿地形态渗透城市之中，与城市的自然景观基质相融合。如西湖是杭州城市肌理重要的组成部分，西湖将湖水、绿丘、水岛、长堤向城市渗透并溶解在城市景观中，成为城市绿色的有机整体并作为城市文脉象征，形成城市空间序列的绿色中枢（见图9-2）。

图9-2　杭州西湖绿地俯瞰

当设计师从某个公园单一的具体的角度，进行公园植物景观设计时，首先要进行的依然是公园内区域植物景观规划设计。在这个阶段，一般不考虑需使用何种植物，或各单株植物的具体分布和配置，而是根据功能要求，对不同区域进行植物空间设计、色彩设计等。如图9-3所示，设计师可以选择将种植带内某一区域标上高落叶灌木，在另一区域标上矮针叶常绿灌木，再一区域为一组观赏乔木。此外在这一阶段，也应分析植物色彩和质地间的关系。不过，此时无须费力去安排单株植物或确定植物的种类。在分析一个区域高度关系时，还应做出立面组合图，如图9-4所示。其目的是用概括的方法分析各种不同植物区域的相对高度，这种立面组合图能使设计师看出植物实际高度，并判断出它们的关系。考虑到植物景观的不同方向和视点，应尽可能地画出更多的立面组合图。这样，由于有了一个全面的、可从各个角度进行观察的立体布置，这个种植设计才会达到效果。

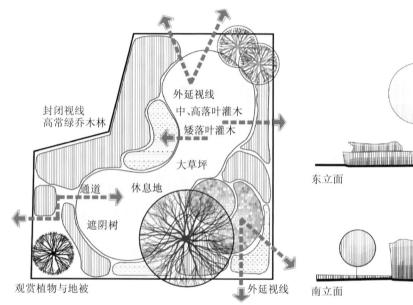

图 9-3　区域植物景观规划设计

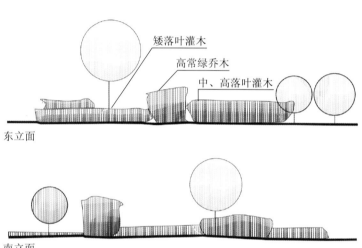

图 9-4　区域植物景观设计立面

二、界面植物景观设计

界面是指公园与城市的交界面地带，设计师在对其进行植物景观设计时，既要考虑从城市的角度观赏公园，又要考虑从公园的角度欣赏城市。当今"溶解"公园的理念已成为公园景观设计热点，城市生活及人们的需要对公园界面设计又提出了新的要求。以运城北郊森林公园设计为例，在公园的西南界面处，设计师设计了外置水景，并配置菖蒲、千屈菜、水葱等湿生植物点缀水景。水是植物的命脉，人工水景一方面作为公园的灌溉用水，另一方面利用挖方进行地形处理，多样化的生境产生多样化的植物；把生态的基质放在边界，结合丰富的湿地植物景观为城市所享受。公园东侧界面靠近城市道路，除连续的亲水开放空间外，重点布置了林下休闲广场，与人行道衔接，使公园与城市融合在一起，使公园"溶解"在城市之中。公园界面设计还常常根据具体场地现状而定，有时在城市交通干道一侧，利用起伏的地形和密植的植被来限制游人通过；或在公园界面地带，种植复式林带，以隔开城市噪声，使公园闹中取静。

三、路线植物景观设计

路线植物景观包括公园道路和线性水系周边布置的绿地植物景观，以此形成公园的生态绿廊和水系廊道。公园道路系统应是公园的绿色通道，通过贯穿全园的道路两侧的植物景观形成绿道网络。公园道路一般分主路、次路、小路。在自然式园路中，其植物景观设计应打破一般行道树的栽植格局，两侧不一定栽植同一树种，但必须取得均衡效果。株行距应与路旁景物结合，留出透景线，为"步移景异"创造条件。路口可种植色彩鲜明的孤植树或树丛，或作对景，或作标志，起导游作用。在次要园路或小路路面，可镶嵌草皮，丰富园路景观。规则式的园路，亦宜有二至三种乔木或灌木相间搭配，形成起伏节奏感。公园中常常利用呈带状分布的水系作为公园的景观生态廊道，利用水体的优势和独特的景色，以植物造景为主，适当配置游憩设施和有独特风格的建筑小品，构成有韵律、连续性的优美彩带，使人们漫步在林荫下，临河垂钓，水中泛舟，充分享受大自然的气息。图 9-5 所示为公园滨水植物带景观。

图 9-5　公园滨水植物带景观

四、节点植物景观设计

城市公园在统一规划的基础上，根据不同的使用功能要求，将公园分为若干景观节点。节点与廊道的互通，使之成为廊道的重点，也是公园形象表达的重点，分别有出入口节点、活动广场节点、文化娱乐节点、安静休息节点、儿童活动节点等中心景观。各个节点应与绿色植物合理搭配，节点植物景观设计要精致并富有特色，这样才能创造出优美的公园环境。

1. 出入口节点

公园入口是城市空间向公园空间转换的首序空间。设计时应注意丰富城市街景，并与公园大门建筑相协调。公园门前常布置集散广场，形成一个开阔的序幕空间。大门前的停车场，四周可用乔、灌木绿化，以便夏季遮阴及隔离周围环境；在大门内部可用花池、花坛、灌木与雕塑或导游图相配合，也可铺设草坪、种植花灌木，需便利交通和游人集散。这是公园入口的起始空间，是全园景观的引导区域，其植物景观应创造视觉的冲击力和景观的识别性。

上海中山公园入口通过植物打造"春花秋叶"的植物景观广场。"樱花烂漫"位于入口大道两侧，以日本早樱为主景，辅以少量垂丝海棠、扶芳藤、杜鹃，营造烂漫多彩的春季景象，同时起到强化入口大道的展示性作用；"玉兰争春"位于地铁入口处，为来来往往的上班族提供一片视觉的休憩地；"秋日风情"景区以规整的枫树树阵为主，位于入口广场南侧，简洁规整的枫树树阵在空间上将行人集散区与休憩活动区隔离开，枫树树叶在秋季变为红色的特性为入口景观增添浓浓秋意。又如内蒙古赤峰锦绣山庄入口节点，广场上种植高大的遮阴乔木，入口对景布置花坛雕塑的组合景观，营造出简洁、大气的入口环境。

2. 活动广场节点

活动广场是公园环境中最具公共性、最富艺术魅力的开放空间。公园的活动广场多为休闲、游憩广场，形式活泼、景观元素丰富。在北方公园里的活动广场应有良好的遮阴防晒、通风功能，冬天要有较好的阳光。在活动广场的绿地设计中，往往通过铺地与绿化的交融，以体现不同景观。

3. 文化娱乐节点

文化娱乐节点是公园的重点，常结合公园主题进行布置，如水上赏荷、荡舟、垂钓、观月等活动，开阔的水域水波激荡，沿岸或杨柳依依，追风拂面；或桃依水笑，分外妖娆；或层林尽染，如火如荼；桥、堤、亭、榭错落有致，相映成趣。在地形平坦开阔的地方，植物以花坛、花境、草坪为主，便于游人集散，适当点缀几株常绿大乔木，绿地采用自然式种植形式，如用栾树、合欢等高大乔木作为庭荫树，为游人创造休憩条件。用低矮落叶灌木和常绿植物，如丁香、海棠、紫薇、冬青等丛植或群植，组成不同层次、形态各异并具观赏性的植物景观。在被建筑物遮挡的背阴处及水边，配置玉簪、杜鹃、鸢尾、美人蕉等观色花卉等，再配以适量规模的三季草花作为衬托，形成花团锦簇、异彩纷呈的植物景观，创造格局自然、生机勃勃的景观效果。公园缓坡地带，是供人们行走、观赏水景的主要区域，缓坡植物配置以草坪为基调，采用紫薇、木槿、海棠等组成季相变化的景观，并配以少量银杏、雪松等观赏树作为点缀，增加立体感及植物层次，形成简洁、开阔、活泼、明快的景观节点。

深圳市洪湖公园通过植物打造丰富的水上文化娱乐活动。荷花是洪湖公园的主题花卉，每逢盛夏，百亩湖塘，荷花怒放，蔚为壮观，如图 9-6 所示。洪湖公园的园林绿化以植物造景为主，运用了丰富的园林素材和众多的植物品种，采用我国传统的造园手法，创造了许多优美的植物景观，如屏障式雄浑壮阔的落羽杉水体景观、莲香湖的荷花夏景、静逸湖的睡莲冬景、映日潭的王莲以及堤岸、岛屿，按不同季相，配置春、夏、秋、冬的植物景观：春去秋来花不断，酷暑严冬有景观。春赞桃花杨柳风，夏逢雨雾美芙蓉。秋怜落羽杉衫薄，冬赏睡莲点点红。人们徜徉在洪湖的碧水绿树之间，陶醉于洪

图 9-6 洪湖公园的盛夏荷塘

湖的湖光岛色，倍感景色迷人。

4. 安静休息节点

安静休息节点是专供人们休息、散步、欣赏自然风景的好地方。安静休息节点多选择面积较大，游人密度较小，树木较多，与喧闹的文化娱乐环境有一定距离的地方。安静休息节点常结合坡地、林地、溪流水域等环境布置，可用密林植物与其他环境分隔。植物配置根据地形高低起伏和天际线的变化，采用自然式配置树木。在林间空地中可设置草坪、亭、廊、花架、座椅等。在溪流水域结合水景植物，搭配亭廊、水榭、观水平台等景观建筑形成一个临水的休息空间，如图 9-7 所示。

5.儿童活动节点

儿童活动节点是指供儿童游玩、运动、休息、开展课余活动、学习知识、开阔眼界的场所。其周围多用密林或绿篱、树墙与其他空间分开，如有不同年龄的儿童空间，也应加以分隔。活动节点内游乐设施附近应布置冠大荫浓的大乔木，以提供良好的遮阴。植物布置应结合儿童性格，通过修剪植物形成一些童话中的动物或人物雕像以及茅草屋、石洞、迷宫等以体现童话色彩。绿地中应丰富色彩设计，应选用叶、花、果形状奇特、色彩鲜艳，能引起儿童兴趣的树木；忌用有刺激性、有异味或易引起过敏性反应的植物以及有毒植物、有刺植物如枸骨、刺槐、蔷薇等；也应避免选用有过多飞絮的植物。图9-8所示为墨尔本Flagstaff Garden里的儿童空间植物景观。

图9-7　陶然亭公园水边休息亭

图9-8　墨尔本Flagstaff Garden里的儿童空间植物景观

五、特色植物景观设计

利用植物的特性营造特色植物景观也是公园设计的重要内容。不同的植物具有不同的景观特色，如棕榈、大王椰子、假槟榔等营造的是一派热带风光；雪松、悬铃木与大片的草坪形成的疏林草地展现的是欧陆风情；而竹径通幽、梅影疏斜表现的是我国传统园林的清雅。许多园林植物芳香宜人，能使人产生愉悦的感受。如桂花、蜡梅、丁香、兰花、月季等开花具有香味的园林植物种类非常多，在园林景观设计中可以利用各种香花植物进行配置，营造成"芳香园"景观，也可单独种植成专类园，如丁香园、月季园。此外，槭树、栎树、银杏、黄连木、黄栌等色叶树可以为公园营造一幅绚丽多彩的秋景。例如，山东省济南市红叶谷生态文化旅游区，每到秋季，山谷满眼红叶，层林尽染，因此而得名"红叶谷"。红叶谷以野生的灌木丛黄栌为主，它是红叶谷特有的观赏树种，图9-9所示即济南红叶谷秋季黄栌景观。

图9-9　济南红叶谷秋季黄栌景观

六、城市公园植物景观的意境创作

城市公园中园林植物景观不仅给人以环境舒适、心旷神怡的感受，还可使具有不同审美标准的人产生不同审美心理，即意境。利用园林植物进行意境创作是中国传统园林的典型造景风格和宝贵的文化遗产。中国植物栽培历史悠久，文化灿烂，很多诗词歌赋和民风民俗都留下了歌咏植物的优美篇章，并为各种植物赋予了人格化内容，以表达人的思想、品格、意志，作为情感的寄托，或寄情于景或因景而生情。例如：以松柏的苍劲挺拔、蟠虬古拙的形态，抗旱耐寒、常绿延年的生物特性比拟人的坚贞不屈、永葆青春的意志和体魄。正如郑板桥的七绝："咬定青山不放松，立根原在破岩中。千磨万击还坚劲，任尔东西南北风。"人们数千年的审美意识成为中国的传统思想，松柏早已成为正义、神圣、永垂不朽的象征。同样，以竹比喻人的"高风亮节""已是凌空也虚心"的崇高品德；以荷花比喻人"出淤泥而不染，濯清涟而不妖"的高尚情操。人们称松、竹、梅为"岁寒三友"，赞梅、兰、竹、菊为"四君子"，这样种种寄情于植物之例不胜枚举。同时，园林植物季相变化的表现也会使人触景生情，产生意境的联想。因此，设计师们使用具有生命特征的植物景观创造出丰富的文化寓意，使植物的物质性景观向文化性景观升华。物质与文化的结合增添了植物景观情趣，更加重了植物景观对城市公园形象影响的分量。

例如，西湖十景之一的"曲院风荷"（见图9-10）就是意境深远的成功范例，它占地 28.4 hm²，是以夏季景观而著称的专类园。设计师从全园的布局上突出了"碧、红、香、凉"的意境美，即荷叶的碧，荷花的红，和风的香，环境的凉。在植物材料的选择上，设计师又将其与西湖景区的自然特点和历史古迹紧密结合，大面积栽种西湖红莲和各色芙蓉，使夏日呈现出"接天莲叶无穷碧，映日荷花别样红"的景观，使人们从欣赏植物景观形态美到意境美，达到欣赏水平的升华，不但含意深邃，而且达到了天人合一的境界。

图9-10　西湖一景"曲院风荷"

第四节 城市公园植物景观设计要点

一、综合公园植物景观设计要点

综合公园面积较大，立地条件及生态环境复杂，活动项目多，对其进行植物景观设计不仅要掌握一般规律，还要结合综合公园的特殊要求，因地制宜，以乡土树种为主，以外地珍贵的驯化后生长稳定的树种为辅。充分利用该地原有树木，保留大树以体现该地文脉。设计师应选择具有观赏性植物栽植在活动或休息空间，同时，要形成一年四季季相动态构图，如春季观花，夏季形成浓荫，秋季有果实累累和红叶，冬季有绿色丛林，以利游览欣赏。同时，应选择既有观赏价值，又有较强抗逆性，病虫害少的树种，易于管理；不能选用有浆果和招引害虫的树种。根据当地自然地理条件、城市特点、市民爱好，设计师应进行乔、灌、草本合理布局，创造优美景观。通常的做法是，首先选用两三种基调树，形成统一基调；北方常绿树 30 %~50 %，落叶树 50 %~70 %；南方常绿树 70 %~90 %。在树木搭配方面，混交林可占 30 %。在出入口、建筑四周、儿童活动区、园中园的绿化应善于变化。其次，在娱乐空间、儿童活动空间，为创造热烈的气氛，可选用红、橙、黄等暖色调花升植物。

二、植物园景观设计要点

植物园是植物科学研究机构，也是以采集、鉴定、引种驯化、栽培试验为中心，可供人们游览的公园。它主要发掘野生植物资源，引进国内外重要的经济植物，调查收集稀有珍贵和濒危植物种类，以丰富栽植植物的种类或品种，为生产实践服务。它作为一个集科研、科普、游览为一体的园地，应根据各地各园的具体条件，尽量使收集的植物种类丰富，特别是一些珍稀、濒危品种。植物园的种植设计，应在满足其性质和功能需要的前提下，讲究园林艺术构图，使全园具有绿色覆盖较稳定的植物群落。在形式上，以自然式为主，配置出密林、疏林、树群、树丛、草坪、花丛等景观，并注意乔、灌、草本植物的搭配（见图 9-11）。为了使人们在休息、游览中，通过对植物分类系统的参观学习，得到完美的植物科学知识，一般可以将植物园分为以下几种展区。

图 9-11　上海辰山植物园植物景观

（1）植物进化系统展览区：这种展览区按照植物的进化系统和植物科、属分类结合起来布置，反映植物界发展由低级向高级的进化过程。

（2）植物地理分布和植物区系展示区：这种植物展览区是以植物原产地的地理分布或植物的区系分布原则进行布置的。

（3）植物生态习性与植被类型展览区：这类展览区是按植物的生态习性，植物与外界环境的关系，以及植物间相互作用而布置的。

（4）经济植物展览区：由于经济植物的科学研究成果直接对国民经济的发展起重要作用，因此各国许多主要植物园都开辟了经济植物区。

（5）观赏植物及园林艺术展览区：我国地大物博，植物资源十分丰富，其中观赏植物占相当大的比例，这就为建立各类观赏专类园提供了良好的物质条件；此展览区一般有专类花园和主题花园两种形式。

（6）树木园区：这类展览区主要以栽植露地可以成活的野生木本植物为主。

（7）自然保护区：自然保护区一般不对群众开放，主要进行植物科学研究。

三、植物专类园设计要点

植物专类园是在一定范围内种植同一类植物，供游赏、科学研究或科学普及的园地。有些植物品种繁多并有特殊的观赏性和生态习性，宜于集中一园专门展示，这样便形成专类园。植物专类园可分为专类花园和主题园两类。专类花园是指在一个花园中集中收集和展示同一类具有特色的观赏植物。组成专类花园的观赏植物要求品种丰富，

图9-12　曹州牡丹园

花色多样，如牡丹、芍药、梅花、杜鹃、月季、荷花、兰花等，如图9-12所示的曹州牡丹园。主题园多以植物的某一固有特征，如芳香的气味、华丽的叶色、丰硕的果实、各异的姿态或植物本身的特性，来突出某一主题，如芳香园、彩叶园、百果园、岩石园、防护园，等等。专类园植物景观设计首先应充分了解植物的生物学特性和生态习性，在保证植物健康生长的同时达到最佳观赏效果。其次选择植物种类进行搭配时需考虑常绿与落叶、乔木与灌木的搭配，植物季相的变化、色彩的变化等，尽量使专类园在空间构图上丰富多彩，四季有景可观而又特色明显。

四、儿童公园植物景观设计要点

儿童公园一般多位于城市生活区内，环境条件多不理想。为了创造良好的自然环境，其外围常用树林、树丛绿化与周围环境相隔离。园内用高大的庭荫树绿化以利于夏季遮阴，各分区可用花灌木隔离。由于少年儿童年龄偏小，

好奇心较强，活泼好动，但缺乏有关植物的科学性知识，且抵抗力较弱，所以考虑到少年儿童心理和行为不同于大人的特点，设计师在植物景观设计上可作如下布局。

（1）布置密林和草坪两种空间：在密林中，创造森林模拟景观、森林浴、森林游憩等内容，满足儿童好奇心；在草坪上，少种乔木和灌木，创造一种开放性空间，使儿童可以进行一些集体性活动和集体游戏等。

（2）布置花坛、花地与植物角：少年儿童对鲜艳的花朵天生喜爱，花卉的色彩将激起儿童的兴趣，同时激发他们对自然、对生活的热爱。所以设计师可在草地上栽植成片的花地、花丛、花坛、花境，做到四季鲜花不断。有条件的儿童公园可以规划出一块植物角，设计成以观赏植物的花、叶或香味为主要内容的观花、观叶植物角，让大自然千姿百态的叶形、叶色、花形、花色或不同果实，还有各种奇异树态，去丰富孩子们的植物学知识，也培养他们热爱树木，保护树木、花草的良好习惯。

（3）布置植物雕塑：由于少年儿童习惯直接联想，喜欢情节类作品，所以设计师可在完整的植物配置的主调上，创造一些植物雕像，满足儿童的直觉审美心理，同时也可丰富全园景观，加强趣味性，如图9-13所示。

图9-13　广州市儿童公园植物雕塑和花坛

五、动物园植物景观设计要点

动物园是人工模拟动物原产地的生态环境，给动物提供一个生存活动的空间。动物园植物配置应符合动物的特点，结合动物的生存习性，在设计中营造与原产地相同的植物景观和地貌特点，使动物能够适应园区的生活条件，如图9-14所示。一方面，合理的植物配置能增强展览的真实性，丰富游客的知识。许多动物都喜欢以植物的叶和果实来补充身体的能量，它们的栖息环境也离不开植物。如猕猴、金丝猴喜欢在树木间攀爬、玩耍、摘果子食用，鸳鸯、绿头鸭喜欢吃湖、河里的水草并且在芦苇丛里或低矮的灌木下产蛋、孵化。因此，在进行动物园植物配置时，必须依据动物的生态习性，满足它们的特殊需求。另一方面，植物可以通过调节环境因子中的光照、温度、湿度、空气等来满足动物的生活需求。植物和动物的生长都需要阳光，但炽热阳光的直射对动物是有害的。可以通过各种植物的合理配置给动物营造出既美观又可以乘凉的环境，避免它们被日光灼伤，满足它们对光照的需求。同时，植物叶片的蒸腾作用可以增加空气湿度，光合作用可以释放大量的氧气；植物叶片还有杀菌的作用，并可以吸附有毒的气体，净化空气。

　　动物馆舍与管理区、兽医院及各种馆舍间应有隔离防护林带。设计师可在动物园的围栏内以桧柏做背景，密植抗逆性强且易于管理的金银木、连翘等植物，用以降低噪声、减少污染、净化空气、缓解风力、去除干扰。动物园园路绿化要达到遮阴的效果，如在入园的主干内环路对植高大阔叶类乔木，形成林荫路，以避免游客在烈日下暴晒。动物园中的植物要保有其特殊性，同时严禁以剧毒农药用于植物病虫害防治，而应以生物防治为基础，将物理防治和化学防治协调起来，取长补短，组成一个完整的防治系统。

哥本哈根动物园熊猫馆　　　　　　　　　　　　　北京动物园水禽馆

图 9-14　满足动物生活需求的植物景观设计案例

附录 A　常用植物列表

此附录为常用植物列表。

A					
植物名称	别名	拉丁名	科	属	图例
桉	大叶桉、大叶有加利等	*Eucalyptus robusta* Smith	桃金娘科	桉属	
艾	艾蒿、香艾、艾叶等	*Artemisia argyi* Levl. et Van.	菊科	蒿属	
矮麦冬	玉龙	*Ophiopogon japonicus* var. nana	百合科	沿阶草属	
矮蒲苇	无	*Cortaderia selloana* 'Pumila	禾本科	蒲苇属	
矮小沿阶草	无	*Ophiopogon bodinieri* var. *pygmaeus* Wang et Dai	百合科	沿阶草属	
B					
篦齿眼子菜	龙须眼子菜、红线儿菹	*Potamogeton pectinatus* L.	眼子菜科	眼子菜属	

植物名称	别名	拉丁名	科	属	图例
白花柽柳	紫杆柽柳等	*Tamarix androssowii* Litw.	柽柳科	柽柳属	
碧冬茄	矮牵牛、彩花茄、番薯花、撞羽朝颜等	*Petunia hybrida* Vilm.	茄科	碧冬茄属	
薜荔	凉粉子、木莲、凉粉果等	*Ficus pumila* Linn.	桑科	榕属	
百里香	地角花、地椒叶、千里香等	*Thymus mongolicus* Ronn	唇形科	百里香属	
薄荷	野薄荷、夜息香、水薄荷、土薄荷等	*Mentha haplocalyx* Briq.	唇形科	薄荷属	
变叶木	洒金榕、彩叶木	*Codiaeum variegatum* (L.) A. Juss	大戟科	变叶木属	
半枝莲	牙刷草、赶山鞭、水黄芩、狭叶韩信草等	*Scutellaria barbata* D. Don	唇形科	黄芩属	

植物名称	别名	拉丁名	科	属	图例
白茅	茅针、茅根	*Imperata cylindrica* (L.) Beauv.	禾本科	白茅属	
白头翁	羊胡子花、将军草、老冠花、老公花等	*Pulsatilla chinensis* (Bunge) Regel	毛茛科	白头翁属	
白蜡树	无	*Fraxinus chinensis* Roxb.	木犀科	梣属	
补血草	海赤芍、鲂仔草、白花玉钱香、海菠菜等	*Limonium sinense* (Girard) Kuntze	白花丹科	补血草属	
柏木	香扁柏、垂丝柏、黄柏、柏木树等	*Cupressus funebris* Endl.	柏科	柏木属	
报春花	小种樱草、七重楼等	*Primula malacoides* Franch.	报春花科	报春花属	
百日菊	百日草、步步登高、火毡花、鱼尾菊、节节高	*Zinnia elegans* Jacq.	菊科	百日菊属	

植物名称	别名	拉丁名	科	属	图例
斑叶女贞	无	*Ligustrum punctifolium* M. C. Chang	木犀科	女贞属	
波罗蜜	木波罗、树波罗、牛肚子果	*Artocarpus heterophyllus* Lam.	桑科	波罗蜜属	
白桦	粉桦、桦皮树	*Betula platyphylla* Suk.	桦木科	桦木属	
白桉	无	*Eucalyptus alba* Reinw.	桃金娘科	桉属	
斑竹	桂竹、刚竹	*Phyllostachys bambusoides* Sieb. et Zucc. f. *lacrima-deae* Keng f. et Wen	禾本科	刚竹属	
八宝	景天、八宝、活血三七、对叶景天、白花蝎子草	*Hylotelephium erythrostictum* (Miq.) H. Ohba	景天科	八宝属	

植物名称	别名	拉丁名	科	属	图例
白车轴草	白三叶、荷兰翘摇	*Trifolium repens* L.	豆科	车轴草属	
芭蕉	天苴、板蕉、大芭蕉头、大头芭蕉等	*Musa basjoo*	芭蕉科	芭蕉属	
白菜	黄芽白、大白菜、菘、绍菜	*Brassica pekinensis*（Lour.）Rupr.	十字花科	芸苔属	
碧桃	桃、陶古日(蒙语)	*Amygdalus persica* L. var. *persica* f. *duplex* Rehd.	蔷薇科	桃属	
白丁香	紫丁香、华北紫丁香、紫丁白	*Syringa oblata* Lindl. var. *alba* Hort. ex Rehd	木犀科	丁香属	
荸荠	马蹄	*Heleocharis dulcis*（Burm. f.）Trin.	莎草科	荸荠属	
百岁兰	千岁兰、奇想天外、二叶树等	*Welwitschia mirabilis*	百岁兰科	百岁兰属	

植物名称	别名	拉丁名	科	属	图例
白刺	酸胖、唐古特白刺	*Nitraria tangutorum* Bobr.	蒺藜科	白刺属	
贝叶棕	行李叶椰子	*Corypha umbraculifea* L.	棕榈科	贝叶棕属	
八角金盘	无	*Fatsia japonica*（Thunb.）Decne. et Planch.	五加科	八角金盘属	
白鹤藤	白背丝绸、白背绸、白背藤、白牡丹、银背叶等	*Argyreia acuta* Lour.	旋花科	银背藤属	
白兰	白玉兰、白兰花	*Michelia alba* DC.	木兰科	含笑属	
白睡莲	无	*Nymphaea alba*	睡莲科	睡莲属	
槟榔	槟榔子、宾门、青仔、大腹子、橄榄子等	*Areca catechu* L.	棕榈科	槟榔属	

植物名称	别名	拉丁名	科	属	图例
白皮柳	无	*Salix pierotii*	杨柳科	柳属	
滨菊	无	*Leucanthemum vulgare* Lam.	菊科	滨菊属	
白扦	红扦、白儿松、钝叶杉、毛枝云杉等	*Picea meyeri* Rehd. et Wils.	松科	云杉属	
扁竹兰	扁竹、扁竹根	*Iris confusa*	鸢尾科	鸢尾属	
稗	稗子、扁扁草	*Echinochloa crusgalli* (L.) Beauv.	禾本科	稗属	
秘鲁天伦柱	无	*Cereus peruvianus*	仙人掌科	巨人柱属	
白花泡桐	泡桐、大果泡桐等	*Paulownia fortunei* (Seem.) Hemsl.	玄参科	泡桐属	

植物名称	别名	拉丁名	科	属	图例
北柴胡	竹叶柴胡、硬苗紫胡、韭叶紫胡	*Bupleurum chinense* DC.	伞形科	柴胡属	
白花银背藤	葛藤、白牛藤等	Argyreia seguinii (Levl.) Van. ex Levl.	旋花科	银背藤属	
白花夹竹桃	柳叶桃树、洋桃、叫出冬、洋桃梅等	*Nerium indicum* Mill.'*Paihua*'	夹竹桃科	夹竹桃属	
变叶芦竹	花叶芦竹、斑叶芦竹、彩叶芦竹等	*Arundo donax* var *versicolor* Stokes.	禾本科	芦竹属	
白梨	白桂梨、罐梨等	*Pyrus bretschneideri* Rehd.	蔷薇科	梨属	
白杜	丝绵木、明开夜合	*Euonymus maackii* Rupr.	卫矛科	卫矛属	

续表

植物名称	别名	拉丁名	科	属	图例
白溲疏	无	*Deutzia albida* Batal.	虎耳草科	溲疏属	
C					
常春藤	爬树藤、山葡萄、三角藤等	*Hedera nepalensis* K. Koch var. *sinensis* (Tobl.) Rehd.	五加科	常春藤属	
垂盆草	豆瓣菜、火连草、爬景天、佛甲草、石头菜、狗牙瓣等	*Sedum sarmentosum* Bunge	景天科	景天属	
长寿花	无	*Narcissus jonquilla* L.	石蒜科	水仙属	
垂枝榆	榆树、榆、白榆、家榆、钱榆等	*Ulmus pumila* L. 'Tenue'	榆科	榆属	
臭椿	臭椿皮、大果臭椿等	*Ailanthus altissima* (Mill.) Swingle	苦木科	臭椿属	
垂柳	水柳、垂丝柳、清明柳等	*Salix babylonica*	杨柳科	柳属	

植物名称	别名	拉丁名	科	属	图例
刺桐	空桐树、海桐等	*Erythrina variegata* Linn.	豆科	刺桐属	
刺楸	鼓钉刺、刺枫树、云楸、茨楸等	*Kalopanax septemlobus* (Thunb.) Koidz.	五加科	刺楸属	
车前	车轮草、猪耳草、牛耳朵草等	*Plantago asiatica* L.	车前科	车前属	
茶	槚、茗、荈等	*Camellia sinensis* (L.) O. Ktze.	山茶科	山茶属	
刺槐	洋槐	*Robinia pseudoacacia*	豆科	刺槐属	
草莓	凤梨草莓	*Fragaria×ananassa* Duch.	蔷薇科	草莓属	
侧柏	黄柏、香柏、扁柏、扁桧、香树、香柯树	*Platycladus orientalis* (L.) Franco	柏科	侧柏属	

植物名称	别名	拉丁名	科	属	图例
翠柏	长柄翠柏、大鳞肖楠	*Calocedrus macrolepis* Kurz	柏科	翠柏属	
池杉	池柏，沼落羽松	*Taxodium ascendens* Brongn.	杉科	落羽杉属	
菖蒲	泥菖蒲、野菖蒲、臭菖蒲、山菖蒲、白菖蒲、剑菖蒲、大菖蒲等	*Acorus calamus*	天南星科	菖蒲属	
重阳木	乌杨、茄冬树等	*Bischofia polycarpa* (Levl.) Airy Shaw	大戟科	秋枫属	
柽柳	三春柳、西湖柳、观音柳、红筋条、红荆条	*Tamarix chinensis* Lour.	柽柳科	柽柳属	
葱莲	葱兰、玉帘等	*Zephyranthes candida* (Lindl.) Herb.	石蒜科	葱莲属	
垂丝海棠	无	*Malus halliana* Koehne	蔷薇科	苹果属	

续表

植物名称	别名	拉丁名	科	属	图例
秤锤树	捷克木	*Sinojackia xylocarpa* Hu	安息香科	秤锤树属	
赤松	日本赤松、灰果赤松、短叶赤松等	*Pinus densiflora* Sieb. et Zucc.	松科	松属	
糙皮桦	无	*Betula utilis* D. Don	桦木科	桦木属	
垂叶榕	垂榕、细叶榕、白榕、小叶榕	*Ficus benjamina* L.	桑科	榕属	
茶梅	茶梅花	*Camellia sasanqua* Thunb.	山茶科	山茶属	
慈姑	野慈姑	*Sagittaria trifolia* L. var. *sinensis*（Sims.）Makino	泽泻科	慈姑属	
雏菊	马兰头花、延命菊	*Bellis perennis* L.	菊科	雏菊属	
春兰	朵朵兰、双飞燕、草兰、山兰、兰花等	*Cymbidium goeringii*（Rchb. f.）Rchb. f.	兰科	兰属	

植物名称	别名	拉丁名	科	属	图例
翠菊	五月菊、江西腊	*Callistephus chinensis* (L.) Nees	菊科	翠菊属	
菜豆	云扁豆、四季豆	*Phaseolus vulgaris* Linn.	豆科	菜豆属	
垂枝碧桃	垂枝桃	*Amygdalus persica* L. var. *persica* f. *pendula* Dipp.	蔷薇科	桃属	
沉水樟	水樟、臭樟、黄樟树等	*Cinnamomum micranthum* (Hay.) Hay	樟科	樟属	
草龙	细叶水丁香、线叶丁香蓼	*Ludwigia hyssopifolia* (G. Don) Exell	柳叶菜科	丁香蓼属	
莼菜	水案板	*Brasenia schreberi*	睡莲科	莼属	
长穗柳	无	*Salix radinostachya*	杨柳科	柳属	

续表

植物名称	别名	拉丁名	科	属	图例
茶条槭	茶条、华北茶条槭	*Acer ginnala* Maxim.	槭树科	槭属	
草地早熟禾	六月禾、早熟禾等	*Poa pratensis* L.	禾本科	早熟禾属	
刺柏	山刺柏、矮柏木、山杉、台湾柏等	*Juniperus formosana* Hayata	柏科	刺柏属	
稠李	臭耳子、臭李子	*Padus racemosa* (Lam.) Gilib.	蔷薇科	稠李属	
茶菱	荠米、铁菱角	*Trapella sinensis* Oliv.	胡麻科	茶菱属	
刺葵	无	*Phoenix hanceana* Naud.	棕榈科	刺葵属	
糙叶树	白鸡油、糙皮树、牛筋树、加条等	*Aphananthe aspera* (Thunb.) Planch.	榆科	糙叶树属	

植物名称	别名	拉丁名	科	属	图例
刺莓	无	*Rubus taiwanianus* Matsum.	蔷薇科	悬钩子属	
苍耳	虱马头、苍耳子、青棘子等	*Xanthium sibiricum* Patrin ex Widder	菊科	苍耳属	
梣叶槭	白蜡槭、复叶槭、糖槭等	*Acer negundo* L.	槭树科	槭属	
长叶女贞	大叶女贞、冬青、女贞籽等	*Ligustrum compactum* (Wall. ex G. Don) Hook. f.	木犀科	女贞属	
草麻黄	麻黄、华麻黄	*Ephedra sinica* Stapf	麻黄科	麻黄属	
常春油麻藤	常绿油麻藤、牛马藤、棉麻藤	*Mucuna sempervirens* Hemsl.	豆科	黧豆属	
朝天椒	辣椒、牛角椒、长辣椒	*Capsicum annuum* L. var. *conoides* (Mill.) Irish	茄科	辣椒属	

续表

植物名称	别名	拉丁名	科	属	图例
齿叶冬青	豆瓣冬青、龟甲冬青等	*Ilex crenata* Thunb.	冬青科	冬青属	
叉子圆柏	双子柏、砂地柏等	*Sabina vulgaris* Ant.	柏科	圆柏属	
长蕊石头花	长蕊丝石竹、霞草、满天星等	*Gypsophila oldhamiana* Miq.	石竹科	石头花属	
D					
大花万代兰	无	*Vanda coerulea* Griff. ex Lindl.	兰科	万代兰属	
大果冬青	见水蓝、臭樟树、青刺香等	*Ilex macrocarpa* Oliv.	冬青科	冬青属	
大滨菊	无	*Leucanthemum maximum* (Ramood) DC.	菊科	滨菊属	
大花马齿苋	半支莲、松叶牡丹、龙须牡丹、洋马齿苋、太阳花等	*Portulaca grandiflora* Hook.	马齿苋科	马齿苋属	

植物名称	别名	拉丁名	科	属	图例
大丽花	大理菊、洋芍药、天竺牡丹等	*Dahlia pinnata* Cav.	菊科	大丽花属	
大米草	无	*Spartina anglica* Hubb.	禾本科	米草属	
地毯草	大叶油草、地毡草、野地毯草	*Axonopus compressus* (Sw.) Beauv.	禾本科	地毯草属	
大叶黄杨	长叶黄杨	*Buxus megistophylla* Levl.	黄杨科	黄杨属	
大叶榉树	大叶榆、血榉等	*Zelkova schneideriana* Hand.-Mazz.	榆科	榉属	
倒挂金钟	灯笼花、吊钟海棠	*Fuchsia hybrida* Hort. ex Sieb. et Voss.	柳叶菜科	倒挂金钟属	

续表

植物名称	别名	拉丁名	科	属	图例
灯心草	秧草、水灯心、野席草等	*Juncus effusus* L.	灯心草科	灯心草属	
地肤	地虎、落帚、扫帚草、扫帚菜、白筷子等	*Kochia scoparia* (L.) Schrad.	藜科	地肤属	
地锦	趴墙虎、爬山虎、土鼓藤、红葡萄藤等	*Parthenocissus tricuspidata* (S. et Z.) Planch.	葡萄科	地锦属	
棣棠花	十黄条、鸡蛋黄花	*Kerria japonica* (L.) DC.	蔷薇科	棣棠花属	
吊灯树	吊瓜树、腊肠树	*Kigelia africana* (Lam.) Benth	紫葳科	吊灯树属	
冬青	无	*Ilex chinensis* Sims	冬青科	冬青属	
杜鹃	杜鹃花、山踯躅、山石榴、映山红、照山红、唐杜鹃	*Rhododendron simsii* Planch.	杜鹃花科	杜鹃属	

植物名称	别名	拉丁名	科	属	图例
杜松	刚桧、软叶杜松等	*Juniperus ridida* S. et Z.	柏科	刺柏属	
杜仲	丝棉树、丝楝树皮、扯丝皮等	*Eucommia ulmoides* Oliver	杜仲科	杜仲属	
杜英	假杨梅、青果、野橄榄等	*Elaeocarpus decipiens* Hemsl.	杜英科	杜英属	
大豆	菽、黄豆	*Glycine max*（Linn.）Merr.	豆科	大豆属	
大藻	肥猪草、水浮萍等	*Pistia stratiotes*	天南星科	大藻属	
椴树	无	*Tilia tuan* Szyszyl.	椴树科	椴树属	
大花蕙兰	喜姆比兰、蝉兰	*Cymbidium hubridum*	兰科	兰属	

续表

植物名称	别名	拉丁名	科	属	图例
代代酸橙	代代花、玳玳花、酸橙等	*Citrus aurantium* L. 'Daidai'	芸香科	柑橘属	
大豹皮花	大犀角	*Stapelia gigantea* N. E. Br.	萝藦科	豹皮花属	
大茨藻	玻璃草、刺菹草、刺藻等	*Najas marina* L.	茨藻科	茨藻属	
短穗柽柳	无	*Tamarix laxa* Wild.	柽柳科	柽柳属	
灯台树	六角树、瑞木等	*Bothrocaryum controversum* (Hemsl.) Pojark.	山茱萸科	灯台树属	
大果榆	黄榆、山榆、进榆等	*Ulmus macrocarpa* Hance	榆科	榆属	
大青树	缅树、圆叶榕、红优昙	*Ficus hookeriana* Corner	桑科	榕属	

植物名称	别名	拉丁名	科	属	图例
地涌金莲	地涌莲、地金莲、地母金莲	*Musella lasiocarpa*	芭蕉科	地涌金莲属	
大花葱	吉安花、巨葱、高葱、硕葱	*Allium giganteum* Regel	百合科	葱属	
大油芒	大荻、山黄管	*Spodiopogon sibiricus* Trin.	禾本科	大油芒属	
多花黑麦草	无	*Lolium multiflorum* Lamk.	禾本科	黑麦草属	
达香蒲	无	*Typha davidiana*	香蒲科	香蒲属	
荻	荻草、江荻、红毛公等	*Triarrhena sacchariflora* (Maxim.) Nakai	禾本科	荻属	
打碗花	燕覆子、蒲地参、兔耳草、钩耳藤等	*Calystegia hederacea* Wall. ex. Roxb.	旋花科	打碗花属	
颠茄	颠茄草、癫茄	*Atropa belladonna* L.	茄科	颠茄属	

植物名称	别名	拉丁名	科	属	图例
短穗毛舌兰	凤尾兰	*Trichoglottis rosea* var. *breviracema*（Hayata）T. S. Liu et H. J. Su	兰科	龙舌兰属	
垫状卷柏	还魂草、一把抓、石花等	*Selaginella pulvinata*（Hook. et Grev.）Maxim.	卷柏科	卷柏属	
多花兰	山慈菇、金稜边、牛角七、六月兰等	*Cymbidium floribundum* Lindl.	兰科	兰属	
东京樱花	日本樱花、樱花	*Cerasus yedoensis*（Matsum.）Yu et Li	蔷薇科	樱属	
大叶早樱	四川樱、日本早樱等	*Cerasus subhirtella*（Miq.）Sok.	蔷薇科	樱属	
短苞盐蓬	无	*Halimocnemis karelinii* Moq.	藜科	盐蓬属	
东北红豆杉	紫杉、赤柏松等	*Taxus cuspidata* S. et Z.	红豆杉科	红豆杉属	

续表

植物名称	别名	拉丁名	科	属	图例
E					
二色补血草	矶松、二色矶松、蝇子架、苍蝇花	*Limonium bicolor*（Bag.）Kuntze	白花丹科	补血草属	
鹅掌楸	马褂木等	*Liriodendron chinensis*（Hemsl.）Sargent	木兰科	鹅掌楸属	
二球悬铃木	英国梧桐	*Platanus acerifolia* Willd.	悬铃木科	悬铃木属	
二乔木兰	无	*Magnolia soulangeana* Soul.-Bod.	木兰科	木兰属	
鹅掌柴	鸭脚木、鸭母树	*Schefflera octophylla*（Lour.）Harms	五加科	鹅掌柴属	
鄂报春	四季报春、四季樱草、球头樱草等	*Primula obconica* Hance	报春花科	报春花属	
F					
附地菜	地胡椒	*Trigonotis peduncularis*（Trev.）Benth. ex Baker et Moore	紫草科	附地菜属	

植物名称	别名	拉丁名	科	属	图例
凤凰木	凤凰花、火树、红花楹等	*Delonix regia*（Boj.）Raf.	豆科	凤凰木属	
飞燕草	鸽子花、百部草、千鸟花等	*Consolida ajacis*（L.）Schur	毛茛科	飞燕草属	
凤梨	菠萝、露兜子等	*Ananas comosus*	凤梨科	凤梨属	
凤仙花	指甲花、急性子、凤仙透骨草等	*Impatiens balsamina* L.	凤仙花科	凤仙花属	
凤眼蓝	凤眼莲、水葫芦、水浮莲等	*Eichhornia crassipes*	雨久花科	凤眼蓝属	
浮萍	青萍、田萍、浮萍草、水浮萍、水萍草等	*Lemna minor* L.	浮萍科	浮萍属	
枫杨	麻柳、娱蛤柳	*Pterocarya stenoptera*	胡桃科	枫杨属	

植物名称	别名	拉丁名	科	属	图例
佛甲草	佛指甲、铁指甲、狗牙菜、金莿插等	*Sedum lineare* Thunb.	景天科	景天属	
扶芳藤	靠墙风、络石藤、爬墙草等	*Euonymus fortunei* (Turcz.) Hand. — Mazz.	卫矛科	卫矛属	
枫香树	枫香、鸡爪枫、百日柴、洋樟木等	*Liquidambar formosana*	金缕梅科	枫香树属	
风信子	洋水仙、西洋水仙、五色水仙等	*Hyacinthus orientalis* L.	风信子科	风信子属	
复羽叶栾树	复叶栾树、响铃子、马鞍树	*Koelreuteria bipinnata* Franch.	无患子科	栾树属	
佛手	佛手柑、拘橼、拘橼子、五指柑等	*Citrus medica* L. var. *sarcodactylis* Swingle	芸香科	柑桔属	

植物名称	别名	拉丁名	科	属	图例
番木瓜	木瓜、番瓜、万寿果、满山抛、树冬瓜	*Carica papaya* L.	番木瓜科	番木瓜属	
发草	无芒发草、小穗发草、深山米芒	*Deschampsia caespitosa* (L.) Beauv.	禾本科	发草属	
粉花凌霄	无	*Pandorea jasminoides* (Linn.) Schum.	无	无	
佛肚竹	佛竹、罗汉竹、大肚竹等	*Bambusa ventricosa* McClure	禾本科	簕竹属	
硃砂根	珍珠伞、大罗伞等	*Ardisia crenata* Sims	紫金牛科	紫金牛属	
浮叶眼子菜	飘浮眼子菜、水案板、水菹草等	*Potamogeton natans* L.	眼子菜科	眼子菜属	
非洲菊	扶郎花、灯盏花、大火草、舞娘花等	*Gerbera jamesonii* Bolus	菊科	大丁草属	

植物名称	别名	拉丁名	科	属	图例
丰花月季	北京红帽子	*Rosa cultivars* Floribunda	蔷薇科	蔷薇属	
粉花绣线菊	蚂蟥梢、火烧尖、日本绣线菊	*Spiraea japonica* L. f.	蔷薇科	绣线菊属	
菲白竹	无	*Sasa fortunei* (Van Houtte) Fiori	禾本科	赤竹属	
拂子茅	无	*Calamagrostis epigeios* (L.) Roth	禾本科	拂子茅属	
飞蓬	无	*Erigeron acer* L.	菊科	飞蓬属	
繁缕	鹅肠菜、鹅耳伸筋、鸡儿肠	*Stellaria media* (L.) Cyr.	石竹科	繁缕属	
费菜	景天三七、六月淋、收丹皮、石菜兰、九莲花等	*Sedum aizoon* L.	景天科	景天属	

续表

植物名称	别名	拉丁名	科	属	图例
风箱果	阿穆尔风箱果、托盘幌等	*Physocarpus amurensis* （Maxim.）Naxim.	蔷薇科	风箱果属	
粉美人蕉	粉背美人蕉、粉花美人蕉	*Canna glauca* L.	美人蕉科	美人蕉属	
G					
菰	茭儿菜、茭包、茭笋等	*Zizania latifolia* （Griseb.）Stapf	禾本科	菰属	
狗尾草	谷莠子、莠	*Setaria viridis* （L.）Beauv.	禾本科	狗尾草属	
柑橘	广橘、蜜橘，黄橘、红橘等	*Citrus reticulata* Blanco	芸香科	柑橘属	
杠柳	羊奶条、山五加皮、北五加皮、羊角条等	*Periploca sepium* Bunge	萝藦科	杠柳属	
高山石竹	无	*Dianthus chinensis* L. var. *morii* （Nakai）Y. C. Chu	石竹科	石竹属	

植物名称	别名	拉丁名	科	属	图例
高羊茅	无	*Festuca elata* Keng ex E. Alexeev	禾本科	羊茅属	
珙桐	水梨子、空桐、鸽子树、鸽子花	*Davidia involucrata* Baill.	蓝果树科	珙桐属	
狗牙根	绊根草、爬根草、咸沙草、铁线草	*Cynodon dactylon*（L.）Pers.	禾本科	狗牙根属	
枸骨	猫儿刺、鸟不宿、老虎刺、八角刺、鸟不宿、枸骨、猫儿香等	*Ilex cornuta* Lindl. et Paxt.	冬青科	冬青属	
枸杞	枸杞菜、红珠仔刺、牛吉力、狗牙子、狗牙根、狗奶子	*Lycium chinense* Mill.	茄科	枸杞属	
构树	楮树、褚桃、褚、谷桑、谷树、谷浆树等	*Broussonetia papyrifera*（Linn.）L'Hér. ex Vent.	桑科	构属	
瓜叶菊	无	*Pericallis hybrida* B. Nord.	菊科	瓜叶菊属	

植物名称	别名	拉丁名	科	属	图例
龟背竹	蓬莱蕉、龟背芋、穿孔喜林芋等	*Monstera deliciosa*	天南星科	龟背竹属	
国王椰子	佛竹、密节竹	*Ravenea rivularis*	棕榈科	棕榈属	
桂竹香	无	*Cheiranthus cheiri* L.	十字花科	桂竹香属	
管花肉苁蓉	无	*Cistanche tubulosa* (Schenk) Wight	列当科	肉苁蓉属	
关山樱	红缨	*P. lannesiana* Alborosea	蔷薇科	李属	
鬼针草	三叶鬼钗草、虾钳草、蟹钳草、对叉草等	*Bidens pilosa* L.	菊科	鬼针草属	
高雪轮	钟石竹	*Silene armeria* L.	石竹科	蝇子草属	

植物名称	别名	拉丁名	科	属	图例
光叶石楠	扇骨木、光凿树等	*Photinia glabra* (Thunb.) Maxim.	蔷薇科	石楠属	
皋月杜鹃	西洋杜鹃、西鹃、紫鹃、比利时杜鹃等	*Rhododendron indicum* (L.) Sweet	杜鹃花科	杜鹃花属	
光皮梾木	光皮树	*Swida wilsoniana* (Wanger.) Sojak	山茱萸科	梾木属	
甘蓝	洋白菜、圆白菜、包菜、包心菜、莲花菜、茴子白、大头菜、椰菜、包包白等	*Brassica oleracea* L.	十字花科	芸苔属	
瓜栗	水瓜栗、中美木棉等	*Pachira macrocarpa* (Cham. et Schlecht.) Walp.	木棉科	瓜栗属	
沟叶结缕草	马尼拉草、马尼拉等	*Zoysia matrella* (L.) Merr.	禾本科	结缕草属	
光叶子花	小叶九重葛、角花、宝巾、簕杜鹃等	*Bougainvillea glabra* Choisy	紫茉莉科	叶子花属	

H					
植物名称	别名	拉丁名	科	属	图例
红枝小檗	无	*Berberis erythroc lada* Ahrendt	小檗科	小檗属	
猴樟	猴挟木、楠木、樟树等	*Cinnamomum bodinieri* Levl.	樟科	樟属	
黄栌	栌木、红叶、乌牙木	*Cotinus coggygria* Scop.	漆树科	黄栌属	
黄菖蒲	黄鸢尾、水生鸢尾、黄花鸢尾等	*Iris pseudacorus*	鸢尾科	鸢尾属	
黄素馨	探春花、鸡蛋黄、迎夏等	*Jasminum floridum* Bunge subsp. *giraldii* (Diels) Miao	木犀科	素馨属	
海棠花	海棠、海红	*Malus spectabilis* (Ait.) Borkh.	蔷薇科	苹果属	
海桐	垂青树、七里香、水香花、海桐花等	*Pittosporum tobira* (Thunb.) Ait.	海桐花科	海桐花属	

植物名称	别名	拉丁名	科	属	图例
海州常山	臭梧桐、泡火桐、后庭花等	*Clerodendrum trichotomum* Thunb.	马鞭草科	大青属	
含笑花	含笑	*Michelia figo*（Lour.）Spreng.	木兰科	含笑属	
旱金莲	荷叶七、金莲花、旱莲花等	*Tropaeolum majus* L.	旱金莲科	旱金莲属	
旱柳	羊角柳、材柳、白皮柳等	*Salix matsudana*	杨柳科	柳属	
豪猪刺	土黄连、鸡足黄连等	*Berberis julianae* Schneid.	小檗科	小檗属	
合欢	马缨花、绒花树	*Albizia julibrissin* Durazz.	豆科	合欢属	
荷包牡丹	活血草、鱼儿牡丹、荷包花等	*Dicentra spectabilis*（L.）Lem.	罂粟科	荷包牡丹属	
荷兰菊	柳叶菊、纽约紫菀	*Aster novi-belgii*	菊科	紫菀属	

植物名称	别名	拉丁名	科	属	图例
胡桃	核桃	*Juglans regia*	胡桃科	胡桃属	
鹤望兰	天堂鸟、极乐鸟花等	*Strelitzia reginae*	芭蕉科	鹤望兰属	
黑麦草	黑燕麦、宿根毒麦等	*Lolium perenne* L.	禾本科	黑麦草属	
黑松	白芽松、日本黑松等	*Pinus thunbergii* Parl.	松科	松属	
黑藻	水王孙、灯笼草、水草虾形草等	*Hydrilla verticillata*	水鳖科	黑藻属	
红豆树	何氏红豆、鄂西红豆、江阴红豆等	*Ormosia hosiei* Hemsl. et Wils.	豆科	红豆属	
红瑞木	红梗木、凉子木、红瑞山茱萸等	*Swida alba*	山茱萸科	梾木属	

植物名称	别名	拉丁名	科	属	图例
红花酢浆草	紫花酢浆草、多花酢浆草等	*Oxalis corymbosa* DC.	酢浆草科	酢浆草属	
红千层	瓶刷子树、金宝树等	*Callistemon rigidus* R. Br.	桃金娘科	红千层属	
红树	鸡笼答、五足驴	*Rhizophora apiculata* Bl.	红树科	红树属	
红松	海松、果松、红果松等	*Pinus koraiensis* Sieb. et Zucc.	松科	松属	
狐尾藻	轮叶狐尾藻	*Myriophyllum verticillatum* L.	小二仙草科	狐尾藻属	
葫芦	瓠	*Lagenaria siceraria* (Molina) Standl.	葫芦科	葫芦属	
蝴蝶兰	蝶兰、台湾蝴蝶兰	*Phalaenopsis aphrodite* Rchb. F.	兰科	蝴蝶兰属	

植物名称	别名	拉丁名	科	属	图例
虎尾兰	虎皮兰、千岁兰等	*Sansevieria trifasciata* Prain	百合科	虎尾兰属	
花叶蔓长春花	蔓长春花、攀缠长春花	*Vinca major* L.'Variegata'	夹竹桃科	蔓长春花属	
黄蝉	黄兰蝉	*Allemanda neriifolia* Hook.	夹竹桃科	黄蝉属	
黄刺玫	黄刺莓、刺玫花等	*Rosa xanthina* Lindl.	蔷薇科	蔷薇属	
黄葛树	大叶榕、马尾榕、雀树、黄葛榕等	*Ficus virens* Ait. var. *sublanceolata*（Miq.）Corner	桑科	榕属	
黄花菜	萱草、金针花、金针菜、柠檬萱草等	*Hemerocallis citrina* Baroni	百合科	萱草属	
黄连木	楷木、木黄连、田苗树、黄儿茶等	*Pistacia chinensis* Bunge	漆树科	黄连木属	

植物名称	别名	拉丁名	科	属	图例
黄牡丹	白芍、丹皮、野牡丹、紫牡丹等	*Paeonia delavayi* Franch var. *lutea*（Franch.）Finet et Gagn.	毛茛科	芍药属	
黄蔷薇	大马茄子、红眼刺	*Rosa hugonis* Hemsl.	蔷薇科	蔷薇属	
黄山松	长穗松、台湾二针松、台湾松	*Pinus taiwanensis* Hayata	松科	松属	
茴香	小茴香、怀香、小香等	*Foeniculum vulgare* Mill.	伞形科	茴香属	
火棘	火把果、救兵粮、救军粮、红子等	*Pyracantha fortuneana*（Maxim.）Li	蔷薇科	火棘属	
火炬树	鹿角漆、火炬漆、加拿大盐肤木	*Rhus typhina* Nutt	漆树科	盐肤木属	
藿香蓟	胜红蓟、广马草、绿升麻等	*Ageratum conyzoides* L.	菊科	藿香蓟属	

植物名称	别名	拉丁名	科	属	图例
画眉草	星星草、蚊子草	*Eragrostis pilosa* (L.) Beauv.	禾本科	画眉草属	
红花檵木	檵木	*Loropetalum chinense* var. *rubrum* Yieh	金缕梅科	檵木属	
红背桂花	红背桂、红紫木等	*Excoecaria cochinchinensis* Lour.	大戟科	海漆属	
黑胡桃	黑核桃、核桃木、胡桃木	*Juglans nigra*	核桃科	核桃属	
黄瓜	胡瓜、刺瓜、青瓜等	*Cucumis sativus* L.	葫芦科	黄瓜属	
虎耳草	石荷叶、金线吊芙蓉、老虎耳等	*Saxifraga stolonifera* Curt.	虎耳草科	虎耳草属	
花烛	红鹅掌、火鹤花、安祖花、红掌	*Anthurium andraeanum* Linden	天南星科	花烛属	
合果芋	长柄合果芋、紫梗芋、剪叶芋、丝素藤、白蝴蝶、箭叶	*Syngonium podophyllum* Schott	天南星科	合果芋属	

植物名称	别名	拉丁名	科	属	图例
蕙兰	九子兰、夏兰、九华兰、九节兰、一茎九花等	*Cymbidium faberi* Rolfe	兰科	兰属	
花菖蒲	玉蝉花、紫花鸢尾、东北鸢尾等	*Iris ensata* var. *hortensis* Makino et Nemoto	鸢尾科	鸢尾属	
黄杨	黄杨木、瓜子黄杨、锦熟黄杨	*Buxus sinica*（Rehd. et Wils.）Cheng	黄杨科	黄杨属	
蝴蝶花	日本鸢尾、扁竹等	*Iris japonica*	鸢尾科	鸢尾属	
槐叶苹	蜈蚣草、蜈蚣萍、槐漂、水舌头草等	*Salvinia natans*（L.）All	槐叶苹科	槐叶萍属	
何首乌	多花蓼、紫乌藤、夜交藤等	*Fallopia multiflora*（Thunb.）Harald	蓼科	何首乌属	
胡杨	异叶杨、异叶胡杨、胡桐、石律	*Populus euphratica*	杨柳科	杨属	

植物名称	别名	拉丁名	科	属	图例
花菱草	无	*Eschscholtzia californica* Cham.	罂粟科	花菱草属	
胡枝子	胡枝条、扫皮、随军茶等	*Lespedeza bicolor* Turcz.	豆科	胡枝子属	
黄花夹竹桃	黄花状元竹、酒杯花、台湾柳、柳木子、相等子等	*Thevetia peruviana* (Pers.) K. Schum.	夹竹桃科	黄花夹竹桃属	
黑心金光菊	黑心菊、黑眼菊、光辉菊	*Rudbeckia hirta* L.	菊科	金光菊属	
黄姜花	无	*Hedychium flavum* Roxb.	姜科	姜花属	
黄兰	黄玉兰、黄缅桂等	*Michelia champaca* Linn.	木兰科	含笑属	
红豆杉	卷柏、红豆树等	*Taxus chinensis* (Pilger) Rehd.	红豆杉科	红豆杉属	
华山松	白松、五须松、果松、青松、五叶松等	*Pinus armandii* Franch.	松科	松属	

植物名称	别名	拉丁名	科	属	图例
花叶万年青	黛粉叶、花万年青等	*Dieffenbachia picta* (Lodd.) Schott Bunting	天南星科	花叶万年青属	
河北杨	椵杨	Populus hopeiensis	杨柳科	杨属	
黄花蒿	草蒿、青蒿、臭蒿等	*Artemisia annua*	菊科	蒿属	
黑三棱	三棱、光三棱等	*Sparganium stoloniferum*	黑三棱科	黑三棱属	
红花羊蹄甲	红花紫荆、洋紫荆、紫荆花等	*Bauhinia blakeana* Dunn	豆科	羊蹄甲属	
黄金榕	黄叶榕、黄心榕、金叶榕	*Ficus microcarpa* cv. Golden Leaves	桑科	榕属	
活血丹	遍地香、钹儿草、佛耳草、连钱草、金钱草、穿墙草等	*Glechoma longituba* (Nakai) Kupr	唇形科	活血丹属	

续表

植物名称	别名	拉丁名	科	属	图例
黄槽竹	碧玉镶黄金竹	*Phyllostachys aureosulcata* McClure	禾本科	刚竹属	
红桦	红皮桦、纸皮桦	*Betula albosinensis* Burk.	桦木科	桦木属	
蔊菜	印度蔊菜、塘葛菜、葶苈、江剪刀草、香荠菜、野油菜等	*Rorippa indica*（L.）Hiern.	十字花科	蔊菜属	
花曲柳	大叶白蜡树、大叶梣	*Fraxinus rhynchophylla* Hance	木犀科	梣属	
灰毛风铃草	无	*Campanula cana* Wall.	桔梗科	风铃草属	
灰莉	鲤鱼胆、灰刺木、小黄果、箐黄果	*Fagraea ceilanica*	马钱科	灰莉属	
荷花玉兰	洋玉兰、广玉兰	*Magnolia grandiflora* L.	木兰科	木兰属	
槐	国槐、槐树等	*Sophora japonica* Linn.	豆科	槐属	

植物名称	别名	拉丁名	科	属	图例
海枣	波斯枣、无漏子、海棕等	*Phoenix dactylifera* L.	棕榈科	刺葵属	
红色槭	无	*Acer rubescens* Hayata	槭树科	槭属	
葫芦树	炮弹果、瓠瓜木、红椤等	*Crescentia cujete* L.	紫葳科	葫芦树属	
花叶青木	洒金珊瑚、黄斑桃叶珊瑚、洒金桃叶珊瑚等	*Aucuba japonica* var. *variegata*	山茱萸科	桃叶珊瑚属	
华软丝木棉	丝木棉、美人树、酒瓶木棉、丝绵树等	*Ceiba insignis*	木棉科	异木棉属	
合萌	田皂角、水皂角等	*Aeschynomene indica* Linn.	豆科	合萌属	
红根草	散血草、红脚兰、红头绳等	*Lysimachia fortunei* Maxim.	报春花科	珍珠菜属	
厚萼凌霄	美国凌霄、美洲凌霄、杜凌霄等	*Campsis radicans* (L.) Seem.	紫葳科	凌霄属	

续表

J					
植物名称	别名	拉丁名	科	属	图例
锦绣杜鹃	鲜艳杜鹃、紫杜鹃等	*Rhododendron pulchrum* Sweet	杜鹃花科	杜鹃属	
金叶反曲景天	无	*Sedum reflexum cv.*	景天科	景天属	
金叶过路黄	无	*Lysimachia nummularia 'aurear'*	报春花科	珍珠菜属	
金鸡菊	金光菊	*Coreopsis drummondii* Torr. et Gray	菊科	金鸡菊属	
结香	打结花、雪里开、黄瑞香等	*Edgeworthia chrysantha* Lindl.	瑞香科	结香属	
金银忍冬	金银木、王八骨头	*Lonicera maackii* (Rupr.) Maxim	忍冬科	忍冬属	
金露梅	金腊梅、金老梅等	*Potentilla fruticosa* L.	蔷薇科	委陵菜属	
金盏花	金盏菊、金盏盏、甘菊花等	*Calendula officinalis* L.	菊科	金盏菊属	
金枝柳	无	*Chosenia Nakai*	杨柳科	柳属	

植物名称	别名	拉丁名	科	属	图例
金枝槐	黄金槐、金丝槐	*Sophora japonica* 'Golden Stem'	豆科	槐属	
榉树	光叶榉、鸡油树等	*Zelkova serrata* (Thunb.) Makino	榆科	榉属	
接骨木	续骨草、九节风等	*Sambucus williamsii* Hance	忍冬科	接骨木属	
金丝桃	狗胡花、金丝莲、金线蝴蝶、过路黄等	*Hypericum monogynum* L.	藤黄科	金丝桃属	
夹竹桃	红花夹竹桃、柳叶桃树、洋桃等	*Nerium indicum* Mill.	夹竹桃科	夹竹桃属	
金鱼草	龙头花、狮子花、龙口花、洋彩雀	*Antirrhinum majus* L.	玄参科	金鱼草属	
金花茶	黄色山茶	*Camellia nitidissima* Chi	山茶科	山茶属	

植物名称	别名	拉丁名	科	属	图例
荆条	黄荆柴、黄金子、秧青	*Vitex negundo* L. var. *heterophylla*（Franch.）Rehd.	马鞭草科	牡荆属	
鸡树条	毛叶鸡树条、欧洲荚蒾、天目琼花等	*Viburnum opulus* Linn. var. *calvescens*（Rehd.）Hara	忍冬科	荚蒾属	
加杨	加拿大杨、欧美杨、加拿大白杨等	*Populus×canadensis* Moench	杨柳科	杨属	
菊花	菊、黄花、鞠、九月菊、秋菊等	*Dendranthema morifolium*（Ramat.）Tzvel.	菊科	菊属	
鸡冠花	鸡髻花、老来少、鸡米花、鸡公花、海冠花等	*Celosia cristata* L.	苋科	青葙属	
箭叶雨久花	烟梦花、箭叶雨火花、多花鸭舌草等	*Monochoria hastata*	雨久花科	雨久花属	
金鱼藻	细草、软草、灯笼丝	*Ceratophyllum demersum* L.	金鱼藻科	金鱼藻属	

植物名称	别名	拉丁名	科	属	图例
假槟榔	亚历山大椰子	*Archontophoenix alexandrae* (F. Muell.) H. Wendl. et Drude	棕榈科	假槟榔属	
楸	楸树、枉等	*Catalpabungei* C. A. Mey	紫葳科	梓属	
金钱松	金松、水树	*Pseudolarix amabilis* (Nelson) Rehd.	松科	金钱松属	
荚蒾	孩儿拳、对节子、山梨儿、土兰条等	*Viburnum dilatatum* Thunb.	忍冬科	荚蒾属	
桔梗	铃当花	*Platycodon grandiflorus* (Jacq.) A. DC.	桔梗科	桔梗属	
鸡爪槭	鸡爪枫、红枫、七角枫等	*Acer palmatum* Thunb.	槭树科	槭属	

植物名称	别名	拉丁名	科	属	图例
金叶黄杨	无	*Buxus sempervives*	黄杨科	黄杨属	
金叶女贞	黄叶女贞	*Ligustrum×vicaryi*	木犀科	女贞属	
金叶桧	金边龙柏、金边圆柏、洒金柏等	*Sabina chinensis*（L.）Ant. var. *chinensis'Aurea'*	柏科	圆柏属	
金山绣线菊	无	*Spiraea japonica* Gold Mound	蔷薇科	绣线菊属	
金叶假连翘	黄金叶	*Duranta repens* 'Variegata'	马鞭草科	假连翘属	
金边胡颓子	无	*Elaeagnus pungens* var. *varlegata* Rehd.	胡颓子科	胡颓子属	
金边黄杨	冬青卫予、正木、大叶黄杨等	*Euonymus japonicus* Thunb. var. *aurea-marginatus* Hort.	卫矛科	卫矛属	
金橘	金桔、牛奶橘等	*Fortunella margarita*（Lour.）Swingle	芸香科	金橘属	

植物名称	别名	拉丁名	科	属	图例
君迁子	黑枣、软枣、牛奶柿	*Diospyros lotus* L.	柿科	柿属	
酒瓶椰	无	*Hyophorbe lagenicaulis* (L. H. Bailey) H. E. Moore	棕榈科	酒瓶椰属	
金香藤	蛇尾蔓	*Urachites lutea*	夹竹桃科	金香藤属	
吉祥草	竹根七、蛇尾七等	*Reineckia carnea* (Andr.) Kunth	百合科	吉祥草属	
君子兰	大花君子兰、红花君子兰、剑叶石蒜等	*Clivia miniata* Regel	石蒜科	君子兰属	
锦鸡儿	娘娘袜、黄雀梅、金雀木、金雀儿、土黄花等	*Caragana sinica* (Buc'hoz) Rehd.	豆科	锦鸡儿属	
结缕草	锥子草、延地青	*Zoysia japonica* Steud.	禾本科	结缕草属	

续表

植物名称	别名	拉丁名	科	属	图例
假俭草	爬根草	*Eremochloa ophiuroides*（Munro）Hack.	禾本科	蜈蚣草属	
剪股颖	剪股颖、糠穗	*Agrostis matsumurae* Hack. ex Honda	禾本科	剪股颖属	
金银莲花	白花荇菜、白花莕菜、印度荇菜、水荷叶等	*Nymphoides indica*（L.）O. Kuntze	龙胆科	莕菜属	
巨柱仙人掌	萨瓜罗巨形仙人柱、柱型仙人掌、巨人柱	*Carnegiea gigantea*	仙人掌科	仙人掌属	
锦葵	荆葵、钱葵、小钱花、金钱紫花葵等	*Malva sinensis* Cavan.	锦葵科	锦葵属	
金缕梅	木里仙、牛踏果等	*Hamamelis mollis* Oliver	金缕梅科	金缕梅属	
鸡蛋花	缅栀子、蛋黄花等	*Plumeria rubra* L.'Acutifolia'	夹竹桃科	鸡蛋花属	

植物名称	别名	拉丁名	科	属	图例
锦带花	锦带、五色海棠、山脂麻、海仙等	*Weigela florida* (Bunge) A. DC.	忍冬科	锦带花属	
芥菜	雪里红、芥、大芥菜等	*Brassica juncea* (L.) Czern. et Coss.	十字花科	芸苔属	
建兰	四季兰	*Cymbidium ensifolium* (L.) Sw.	兰科	兰属	
金钟花	金钟连翘、迎春柳、迎春条、金梅花、金铃花等	*Forsythia viridissima* Lindl.	木犀科	连翘属	
胶州卫矛	胶东卫矛、攀援丝棉木、青岛卫矛等	*Euonymus kiautschovicus* Loes.	卫矛科	卫矛属	
姜花	蝴蝶姜、蝴蝶花、白草果等	*Hedychium coronarium* Koen.	姜科	姜花属	
檵木	白树花、刺木花、地里爬等	*Loropetalum chinensis*	金缕梅科	檵木属	

植物名称	别名	拉丁名	科	属	图例
金叶连翘	黄缕带、黄金条、黄花杆	*Forsythia* 'Koreanna' 'Sawon Gold'	木犀科	连翘属	
金叶莸	无	*Caryopteris×clandonensis* 'Worcester Gold'	马鞭草科	莸属	
金叶红瑞木	无	*Swide alba* Opiz 'Aurea'	山茱萸科	梾木属	
菊蒿	艾菊	*Tanacetum vulgare* L.	菊科	菊蒿属	
金丝柳	金丝垂柳	*Salix×aureo-pendula*	杨柳科	柳属	
角果碱蓬	角碱蓬等	*Suaeda corniculata* (C. A. Mey.) Bunge	藜科	碱蓬属	
碱蓬	盐蒿、猪尾巴草、老虎尾等	*Suaeda glauca* (Bunge) Bunge	藜科	碱蓬属	

植物名称	别名	拉丁名	科	属	图例
鸡矢藤	牛皮冻、女青等	*Paederia scandens* (Lour.) Merr.	茜草科	鸡矢藤属	
荩草	绿竹	*Arthraxon hispidus* (Thunb.) Makino	禾本科	荩草属	
锦绣苋	五色草、红草、红节节草、红莲子草	*Alternanthera bettzickiana* (Regel) Nichols.	苋科	莲子草属	
金粟兰	珠兰、珍珠兰	*Chloranthus spicatus* (Thunb.) Makino	金粟兰科	金粟兰属	
金凤花	洋金凤、蛱蝶花、黄蝴蝶等	*Caesalpinia pulcherrima* (L.) Sw.	豆科	云实属	
巨序剪股颖	小糠草、红顶草、小糖草等	*Agrostis gigantea* Roth	禾本科	剪股颖属	
假连翘	莲荞、番仔刺、洋刺、花墙刺等	*Duranta repens* L.	马鞭草科	假连翘属	
间型沿阶草	书带草、蜈蚣七、山韭菜等	*Ophiopogon intermedius*	百合科	沿阶草属	

续表

植物名称	别名	拉丁名	科	属	图例
吉娃娃	杨贵妃	*Echeveria chihuahuaensis*	景天科	拟石莲花属	
金叶喜林芋	无	*Philodendron andreanum*	天南星科	喜林芋属	
金荞麦	天荞麦、荞麦三七等	*Fagopyrum dibotrys* (D. Don) Hara	蓼科	荞麦属	
K					
苦草	脚带小草、水韭、扁草等	*Vallisneria natans*	水鳖科	苦草属	
阔叶麦冬	大麦冬	*Liriope platyphylla* Wang et Tang	百合科	山麦冬属	
苦槠	槠栗、血槠、苦槠子等	*Castanopsis sclerophylla* (Lindl.) Schott.	壳斗科	锥属	
阔叶十大功劳	土黄柏	*Mahonia bealei* (Fort.) Carr.	小檗科	十大功劳属	

植物名称	别名	拉丁名	科	属	图例
宽叶香蒲	香蒲草、甘蒲、卜东麦等	*Typhy latifolia*	香蒲科	香蒲属	
孔雀草	小万寿菊、红黄草、西番菊等	*Tagetes patula* L.	菊科	万寿菊属	
堪察加景天	北景天、石板菜黄菜子、金不换等	*Sedum kamtschaticum* Fisch.	景天科	景天属	
L					
蜡梅	腊梅、黄金茶、蜡木、黄梅花等	*Chimonanthus praecox* (Linn.) Link	蜡梅科	蜡梅属	
蓝花楹	无	*Jacaranda mimosifolia* D. Don	紫葳科	蓝花楹属	
冷水花	长柄冷水麻、心叶冷水花、水麻叶等	*Pilea notata* C. H. Wright	荨麻科	冷水花属	
连翘	黄花杆、黄寿丹	*Forsythia suspensa* (Thunb.) Vahl	木犀科	连翘属	
莲子草	虾钳菜、满天星、白花仔、节节花、水牛膝、膨蜞菊	*Alternanthera sessilis* (Linn.) DC.	苋科	莲子草属	

续表

植物名称	别名	拉丁名	科	属	图例
铃兰	草玉玲、鹿铃、香水花等	*Convallaria majalis* Linn.	百合科	铃兰属	
凌霄	紫葳、苕华、堕胎花、白狗肠、五爪龙等	*Campsis grandiflora* (Thunb.) Schum.	紫葳科	凌霄属	
六月雪	满天星、白马骨、喷雪花等	*Serissa japonica* (Thunb.) Thunb.	茜草科	白马骨属	
龙柏	圆柏、桧、刺柏、红心柏、珍珠柏	*Sabina chinensis* (L.) Ant.'Kaizuca'	柏科	圆柏属	
龙舌兰	龙舌掌、番麻、百年兰等	*Agave americana* L.	石蒜科	龙舌兰属	
芦竹	荻芦竹、芦竹笋、芦竹根、楼梯杆等	*Arundo donax*	禾本科	芦竹属	
栾树	木栾、栾华、乌拉、石栾树等	*Koelreuteria paniculata* Laxm.	无患子科	栾树属	

植物名称	别名	拉丁名	科	属	图例
罗汉松	罗汉杉、小罗汉松、土杉等	*Podocarpus macrophyllus* (Thunb.) D. Don	罗汉松科	罗汉松属	
络石	石龙藤、石盘藤、万字茉莉等	*Trachelospermum jasminoides* (Lindl.) Lem.	夹竹桃科	络石属	
蓝冰柏	无	*Cupressus Blue Ice*	柏科	柏木属	
蓝羊茅	银羊茅	*Festuca glauca*	禾本科	羊茅属	
蓝粉云杉	无	*Picea pungens*	松科	云杉属	
狼尾草	狗尾巴草、狗仔尾、老鼠狼、芮草等	*Pennisetum alopecuroides* (L.) Spreng.	禾本科	狼尾草属	
榔榆	小叶榆、掉皮榆、豹皮榆等	*Ulmus parvifolia* Jacq.	榆科	榆属	
老鼠簕	老鼠怕、软骨牡丹、木老鼠簕等	*Acanthus ilicifolius* L.	爵床科	老鼠簕属	

植物名称	别名	拉丁名	科	属	图例
冷杉	塔杉	*Abies fabri*（Mast.）Craib	松科	冷杉属	
荔枝	离枝	*Litchi chinensis* Sonn.	无患子科	荔枝属	
栗	板栗、魁栗、毛栗、风栗	*Castanea mollissima* Bl.	壳斗科	栗属	
龙胆	龙胆草、胆草、草龙胆、山龙胆	*Gentiana scabra* Bunge	龙胆科	龙胆属	
龙眼	圆眼、桂圆、羊眼果树	*Dimocarpus longan* Lour.	无患子科	龙眼属	
龙爪槐	槐、守宫槐、槐花木、豆槐等	*Sophora japonica* Linn. var. *japonica* f. *pendula* Hort.	豆科	槐属	
耧斗菜	猫爪花、漏斗菜、血见愁等	*Aquilegia viridiflora* Pall.	毛茛科	耧斗菜属	

植物名称	别名	拉丁名	科	属	图例
鹿角桧	鹿角柏、红心柏等	*Sabina chinensis*（L.）Ant. *'P fitzeriana'*	柏科	圆柏属	
鹿角蕨	蝙蝠蕨、华氏麋角蕨等	*Platycerium wallichii* Hook.	鹿角蕨科	鹿角蕨属	
椤木石楠	椤木、水红树花、凿树、山官木等	*Photinia davidsoniae* Rehd. et Wils.	蔷薇科	石楠属	
落新妇	小升麻、术活、马尾参、山花七、阿根八、铁火钳等	*Astilbe chinensis*（Maxim.）Franch. et Savat.	虎耳草科	落新妇属	
落叶松	意气松、一齐松、兴安落叶松等	*Larix gmelinii*（Rupr.）Kuzen.	松科	落叶松属	
落羽杉	落羽松	*Taxodium distichum*（L.）Rich.	杉科	落羽杉属	
楝	楝树、苦楝、紫花树等	*Melia azedarach* L.	楝科	楝属	
菱	菱角、二角菱、风菱等	*Trapa bispinosa* Roxb.	菱科	菱属	

植物名称	别名	拉丁名	科	属	图例
落地生根	打不死、枪刀药、火炼丹、灯笼花等	*Bryophyllum pinnatum* （L. f.）Oken	景天科	落地生根属	
李	李仔、嘉庆子、玉皇李、山李子等	*Prunus salicina* Lindl.	蔷薇科	李属	
芦苇	苇、芦、蒹葭等	*Phragmites australis* （Cav.）Trin. ex Steud.	禾本科	芦苇属	
萝卜	莱菔	*Raphanus sativus* L.	十字花科	萝卜属	
丽格海棠	玫瑰海棠、丽格秋海棠	*Begonia×elatior*	秋海棠科	秋海棠属	
绿萝	绿罗、阳光黄金葛	*Epipremnum aureum*	天南星科	麒麟叶属	
令箭荷花	孔雀仙人掌、五彩令箭、荷花令箭等	*Nopalxochia ackermannii* Kunth	仙人掌科	令箭荷花属	

植物名称	别名	拉丁名	科	属	图例
裂叶丁香	无	*Syringa persica* var. *laciniata* West	木犀科	丁香属	
涝峪薹草	涝峪苔草	*Carex giraldiana* Kukenth.	莎草科	薹草属	
龙爪柳	无	*Salix matsudana* var. *matsudana* f. *tortuosa* （Vilm.）Rehd.	杨柳科	柳属	
驴蹄草	蹄叶、马蹄草	*Caltha palustris* L.	毛茛科	驴蹄草属	
芦荟	象鼻草、油葱等	*Aloe vera* var. *chinensis* （Haw.）Berg	百合科	芦荟属	
罗布麻	茶叶花、野麻、女儿茶、红麻等	*Apocynum venetum* L.	夹竹桃科	罗布麻属	
六道木	六条木、交翅等	*Abelia biflora* Turcz.	忍冬科	六道木属	

续表

植物名称	别名	拉丁名	科	属	图例
两栖蓼	扁蓄蓼、醋柳、胡水蓼、湖蓼等	*Polygonum amphibium* L.	蓼科	蓼属	
蓝桉	洋草果、灰杨柳等	*Eucalyptus globulus* Labill.	桃金娘科	桉属	
鳢肠	旱莲草、墨菜	*Eclipta prostrata*（L.）L.	菊科	鳢肠属	
凉粉草	仙人草、仙人冻、仙草等	*Mesona chinensis* Benth.	唇形科	凉粉草属	
龙葵	野辣虎、野海椒、小苦菜、石海椒、野伞子、野海角、灯龙草、山辣椒等	*Solanum nigrum* L.	茄科	茄属	
藜	灰藋、灰菜、野灰菜等	*Chenopodium album* L.	藜科	藜属	
乐昌含笑	景烈白兰、大叶含笑、景烈含笑等	*Michelia chapensis* Dandy	木兰科	含笑属	

植物名称	别名	拉丁名	科	属	图例
落葵薯	藤三七、藤七、马德拉藤等	*Anredera cordifolia* (Tenorc) Steenis	落葵科	落葵薯属	
莲	莲花、芙蓉、荷花等	*Nelumbo nucifera*	睡莲科	莲属	
辽东水蜡树	对节子、崂山茶等	*Ligustrum obtusifolium* Sieb. subsp. *suave* (Kitagawa) kitagawa	木犀科	女贞属	
龙船花	卖子木、山丹、映山红等	*Ixora chinensis* Lam.	茜草科	龙船花属	
绿玉树	光棍树、绿珊瑚、青珊瑚	*Euphorbia tirucalli* L.	大戟科	大戟属	
M					
马蔺	马莲	*Iris lactea* Pall. var. *chinensis* (Fisch.) Koidz.	鸢尾科	鸢尾属	
玫瑰	无	*Rosa rugosa* Thunb.	蔷薇科	蔷薇属	

植物名称	别名	拉丁名	科	属	图例
美人蕉	红花蕉、状元红、小芭蕉等	*Canna indica* L.	美人蕉科	美人蕉属	
茉莉花	茉莉、三白等	*Jasminum sambac*（L.）Ait.	木犀科	素馨属	
牡丹	无	*Paeonia suffruticosa* Andr.	毛茛科	芍药属	
木瓜	木李、海棠、楸楂	*Chaenomeles sinensis*（Thouin)Koehne	蔷薇科	木瓜属	
木棉	斑芝棉、攀枝花、红棉、英雄树	*Gossampinus malabarica* DC.	木棉科	木棉属	
木香花	木香、七里香	*Rosa banksiae* Ait.	蔷薇科	蔷薇属	
木槿	朝开暮落花、喇叭花等	*Hibiscus syriacus* Linn.	锦葵科	木槿属	
马鞭草	铁马鞭、马鞭子、马鞭稍、透骨草等	*Verbena officinalis* L.	马鞭草科	马鞭草属	

植物名称	别名	拉丁名	科	属	图例
马甲子	白棘、铁篱笆、铜钱树、雄虎刺等	*Paliurus ramosissimus* (Lour.) Poir	鼠李科	马甲子属	
马尾松	青松、山松、枞松	*Pinus massoniana* Lamb.	松科	松属	
馒头柳	无	*Salix matsudana* var. *matsudana* f. *umbraculifera* Rehd	杨柳科	柳属	
满江红	紫藻、三角藻、红浮萍、红苹等	*Azolla imbricata* (Roxb.) Nakai	满江红科	满江红属	
曼陀罗	枫茄花、万桃花、狗核桃等	*Datura stramonium* Linn.	茄科	曼陀罗属	
芒	芭茅	*Miscanthus sinensis* Anderss.	禾本科	芒属	
毛白杨	大叶杨、响杨	*Populus tomentosa*	杨柳科	杨属	
梅	春梅、干枝梅、酸梅、乌梅等	*Armeniaca mume* Sieb.	蔷薇科	杏属	

续表

植物名称	别名	拉丁名	科	属	图例
美女樱	铺地马鞭草、铺地锦	*Verbena hybrida* Voss	马鞭草科	马鞭草属	
木芙蓉	芙蓉花、酒醉芙蓉	*Hibiscus mutabilis* Linn.	锦葵科	木槿属	
木荷	何树、木艾树等	*Schima superba* Gardn. et Champ.	山茶科	木荷属	
木蓝	槐蓝、大蓝、小青、蓝靛、靛、火蓝等	*Indigofera tinctoria* Linn.	豆科	木蓝属	
木麻黄	短枝木麻黄、驳骨树、马尾树	*Casuarina equisetifolia* Forst.	木麻黄科	木麻黄属	
麦冬	麦门冬、沿阶草	*Ophiopogon japonicus*	百合科	沿阶草属	
米仔兰	树兰、鱼子兰、碎米兰等	*Aglaia odorata* Lour.	楝科	米仔兰属	

植物名称	别名	拉丁名	科	属	图例
马蹄莲	慈姑花、水芋、野芋、海芋百合、花芋等	*Zantedeschia aethiopica*	天南星科	马蹄莲属	
美国莲花	美国莲、黄莲花、美洲黄莲	*Nelumbo lutea* Pers.	睡莲科	莲属	
麻叶绣线菊	麻叶绣球、粤绣线麻叶绣球绣线菊、石棒子	*Spiraea cantoniensis* Lour.	蔷薇科	绣线菊属	
木通	山通草、野木瓜、附通子、丁翁等	*Akebia quinata* (Houtt.) Decne.	木通科	木通属	
墨西哥落羽杉	墨西哥落羽松、尖叶落羽杉	*Taxodium mucronatum* Tenore	杉科	落羽杉属	
美国尖叶扁柏	白扁柏、猴掌柏、尖叶扁柏等	*Chamaecyparis thyoides* (L.) Britton, Sterns et Poggenburg	柏科	扁柏属	
毛茛	老虎脚迹、五虎草	*Ranunculus japonicus* Thunb.	毛茛科	毛茛属	

续表

植物名称	别名	拉丁名	科	属	图例
毛樱桃	山樱桃、梅桃、山豆子等	*Cerasus tomentosa*（Thunb.）Wall.	蔷薇科	樱属	
毛水苏	水苏草等	*Stachys baicalensis* Fisch. ex Benth	唇形科	水苏属	
毛丁香	无	*Syringa tomentella* Bureau et Franch.	木犀科	丁香属	
毛核木	雪果、雪莓	*Symphoricarpos sinensis* Rehd.	忍冬科	毛核木属	
马缨丹	五色梅、臭草、如意草、七变花等	*Lantana camara* L.	马鞭草科	马缨丹属	
木贼	笔头草、笔筒草、节骨草等	*Equisetum hyemale* L.	木贼科	木贼属	
马唐	鸡窝草、才节草、红水草等	*Digitaria sanguinalis*（L.）Scop.	禾本科	马唐属	

植物名称	别名	拉丁名	科	属	图例
马齿苋	马苋、五行草、长命菜、五方草、瓜子菜、麻绳菜、马齿菜、蚂蚱菜等	*Portulaca oleracea* L.	马齿苋科	马齿苋属	
毛竹	龟甲、南竹、猫头竹等	*Phyllostachys heterocycla* (Carr.) Mitford 'Pubescens'	禾本科	刚竹属	
猫尾木	猫尾	*Dolichandrone cauda-felina* (Hance) Benth. et Hook. f.	紫葳科	猫尾木属	
牡荆	黄荆	*Vitex negundo* L. var. *cannabifolia* (Sieb. et Zucc.) Hand. —Mazz.	马鞭草科	牡荆属	
毛泡桐	紫花泡桐、光泡桐、空桐、日本泡桐等	*Paulownia tomentosa* (Thunb.) Steud.	玄参科	泡桐属	
墨兰	报岁兰	*Cymbidium sinensis* (Jackson ex Andr. wild.)	兰科	兰属	
木犀	桂花	*Osmanthus fragrans* (Thunb.) Lour.	木犀科	木犀属	

续表

植物名称	别名	拉丁名	科	属	图例
美国红梣	毛白蜡、洋白蜡	*Fraxinus pennsylvanica* Marsh.	木犀科	梣属	
		N			
南蛇藤	南蛇风、大南蛇、香龙草等	*Celastrus orbiculatus* Thunb.	卫矛科	南蛇藤属	
南天竹	南天竺、红杷子、蓝田竹等	*Nandina domestica* Thunb.	小檗科	南天竹属	
南洋杉	花旗杉、鳞叶南洋杉、尖叶南洋杉	*Araucaria cunninghamii* Sweet	南洋杉科	南洋杉属	
柠檬桉	留香久、白树、油桉树等	*Eucalyptus citriodora* Hook. f.	桃金娘科	桉属	
女贞	白蜡树、蜡树、女桢、桢木、将军树、青蜡树、大叶蜡树	*Ligustrum lucidum* Ait.	木犀科	女贞属	
南酸枣	五眼果、山枣、山桉果、鼻子果、啃不死、货郎果等	*Choerospondias axillaris* (Roxb.) Burtt et Hill.	漆树科	南酸枣属	

植物名称	别名	拉丁名	科	属	图例
楠木	桢楠、雅楠、楠树	*Phoebe zhennan* S. Lee	樟科	楠属	
茑萝松	茑萝、锦屏封、金丝线等	*Quamoclit pennata* （Desr.）Boj.	旋花科	茑萝属	
柠檬	香檬、西柠檬、洋柠檬等	*Citrus limon*（L.）Burm. f	芸香科	柑橘属	
糯米条	茶树条、鸡骨头、白花树等	*Abelia chinensis* R. Br.	忍冬科	六道木属	
牛鞭草	脱节草	*Hemarthria altissima*（Poir.）Stapf et C. E. Hubb	禾本科	牛鞭草属	
糯米团	糯米莱、糯米草、小粘药、红头带等	*Hyrtanandra hirta*（Bl.）Miq	荨麻科	糯米团属	
牛筋草	蟋蟀草	*Eleusine indica*（L.）Gaertn.	禾本科	穇属	
南瓜	倭瓜、番瓜、饭瓜、番南瓜、北瓜	*Cucurbita moschata*（Duch. ex Lam.）Duch. ex Poiret	葫芦科	南瓜属	

P					
植物名称	别名	拉丁名	科	属	图例
炮仗花	黄鳝藤、炮掌花、黄金珊瑚等	*Pyrostegia venusta* (Ker-Gawl.) Miers	紫葳科	炮仗藤属	
飘香藤	红皱藤、红蝉花等	*Dipladenia sanderi*	夹竹桃科	双腺藤属	
葡萄	蒲桃、草龙珠等	*Vitis vinifera* L.	葡萄科	葡萄属	
蒲葵	扇叶葵、葵树、华南蒲葵等	*Livistona chinensis* (Jacq.) R. Br.	棕榈科	蒲葵属	
枇杷	卢桔、枇杷果、土冬花等	*Eriobotrya japonica* (Thunb.) Lindl.	蔷薇科	枇杷属	
平枝栒子	平枝灰栒子、矮红子等	*Cotoneaster horizontalis* Dcne.	蔷薇科	栒子属	
苹果	奈、西洋苹果	*Malus pumila* Mill.	蔷薇科	苹果属	
铺地柏	矮桧、葡地柏、偃柏	*Sabina procumbens* (Endl.) Iwata et Kusaka	柏科	圆柏属	

植物名称	别名	拉丁名	科	属	图例
匍地龙柏	圆柏、桧、刺柏、红心柏、珍珠柏	*Sabina chinensis*（L.）Ant. 'Kaizuca Procumbens'	柏科	圆柏属	
匍枝亮绿忍冬	无	*Lonicera nitida* 'Maigrun'	忍冬科	忍冬属	
蒲公英	黄花地丁、灯笼草、婆婆丁等	*Taraxacum mongolicum* Hand.-Mazz.	菊科	蒲公英属	
蒲苇	无	*Cortaderia selloana*	禾本科	蒲苇属	
朴树	黄果朴、紫荆朴、小叶朴等	*Celtis sinensis* Pers.	榆科	朴属	
萍蓬草	黄金莲、萍蓬莲	*Nuphar pumilum*	睡莲科	萍蓬草属	
菩提树	思维树	*Ficus religiosa* L.	桑科	榕属	
匍匐剪股颖	四季青、本特草	*Agrostis stolonifera*	禾本科	剪股颖属	

续表

植物名称	别名	拉丁名	科	属	图例
普香蒲	无	*Typha przewalskii*	香蒲科	香蒲属	
佩兰	兰草	*Eupatorium fortunei* Turcz.	菊科	泽兰属	
普通小麦	麸麦、浮麦、浮小麦等	*Triticum aestivum* L.	禾本科	小麦属	
普贤象 (樱花品种)	无	*P. lannesiana* Alborosea	蔷薇科	樱属	
Q					
牵牛	牵牛花、勤娘子、喇叭花等	*Pharbitis nil* (L.)Choisy	旋花科	牵牛属	
七叶树	梭椤树、天师栗、婆罗子等	*Aesculus chinensis* Bunge	七叶树科	七叶树属	
七叶一枝花	蚤休	*Paris polyphylla*	百合科	重楼属	
漆	干漆、山漆等	*Toxicodendron verniciflum* (Stokes) F. A. Barkl.	漆树科	漆属	

植物名称	别名	拉丁名	科	属	图例
千屈菜	水枝柳、水柳等	*Lythrum salicaria* L.	千屈菜科	千屈菜属	
千头柏	侧柏、黄柏、扁柏等	*Platycladus orientalis*（L.）Franco ʹ*Sieboldii*ʹ	柏科	侧柏属	
芡实	鸡头米、鸡头莲等	*Euryale ferox*	睡莲科	芡属	
青冈	青冈栎、铁橺	*Cyclobalanopsis glauca*（Thunb.）Oerst.	壳斗科	青冈属	
琼花	八仙花、蝴蝶花、紫阳花、木绣球等	*Viburnum macrocephalum* Fort. f. *keteleeri*（Carr.）Rehd.	忍冬科	荚蒾属	
秋海棠	八香、无名断肠草、无名相思草	*Begonia grandis* Dry	秋海棠科	秋海棠属	
秋子梨	花盖梨、沙果梨、酸梨、楸子梨、山梨等	*Pyrus ussuriensis* Maxim.	蔷薇科	梨属	
千日红	火球花、百日红	*Gomphrena globosa* L.	苋科	千日红属	

植物名称	别名	拉丁名	科	属	图例
球根海棠	无	*Begonia×tuberhybrida* Voss.	秋海棠科	秋海棠属	
楸	楸树、木王等	*Catalpabungei* C. A. Mey	紫葳科	梓属	
千头椿	多头椿、千层椿	*Ailanthus altissima* 'Qiantou'	苦木科	臭椿属	
雀舌黄杨	无	*Buxus bodinieri* Levl.	黄杨科	黄杨属	
丘角菱	无	*Trapa japonica* Flerow	菱科	菱属	
窃衣	水防风、破子草、紫花窃衣	*Torilis scabra* (Thunb.) DC.	伞形科	窃衣属	
青蒿	香蒿、苹蒿、黑蒿等	*Artemisia carvifolia*	菊科	蒿属	
杞柳	白杞柳、筐柳、白箕柳等	*Salix integra*	杨柳科	柳属	

植物名称	别名	拉丁名	科	属	图例
曲瓣楝木	德钦楝木	*Swida monbeigii* (Hemsl.) Sojak	山茱萸科	楝木属	
全缘叶栾树	黄山栾、复叶栾树、山膀胱、巴拉子等	*Koelreuteria bipinnata* Franch. var. *integrifoliola* (Merr.) T. Chen	无患子科	栾树属	
千手丝兰	无	*Yucca aloifolia* Linn.	龙舌兰科	丝兰属	
钱氏水青冈	平武水青风	*Fagus chienii* Cheng	壳斗科	水青冈属	
青杨	大叶子杨、苦杨等	*Populus cathayana*	杨柳科	杨属	
球柏	球桧、圆头柏等	*Sabina chinensis* (L.) Ant. 'Globosa'	柏科	圆柏属	
千金子	油麻、千斤子等	*Leptochloa chinensis* (L.) Nees	禾本科	千金子属	

植物名称	别名	拉丁名	科	属	图例
千瓣白桃	白碧桃、陶胡（蒙语）	*Amygdalus persica* L. var. *persica* f. *alboplena* Schnerd.	蔷薇科	桃属	
秋英	波斯菊、大波斯菊	*Cosmos bipinnata* Cav.	菊科	秋英属	
R					
榕树	细叶榕、万年青	*Ficus microcarpa*	桑科	榕属	
忍冬	金银花、金银藤、银藤等	*Lonicera japonica* Thunb.	忍冬科	忍冬属	
瑞香	睡香、蓬莱紫、瑞兰、千里香等	*Daphne odora* Thunb.	瑞香科	瑞香属	
肉桂	桂枝、玉桂、桂皮等	*Cinnamomum cassia* Presl	樟科	樟属	
柔毛齿叶睡莲	红睡莲	*Nymphaea lotus* var. *pubescens*（Willd.）HK. F. et Thoms.	睡莲科	睡莲属	

植物名称	别名	拉丁名	科	属	图例
肉苁蓉	大芸、苁蓉	*Cistanche deserticola* Ma	列当科	肉苁蓉属	
日本珊瑚树	珊瑚树、极香荚蒾、旱禾树	*Viburnum odoratissimum* Ker -Gawl var. *awabuki* (K. Koch) Zabel ex Rumpl.	忍冬科	荚蒾属	
日本锦带花	锦带花、半边月、水马桑等	*Weigela japonica* Thunb.	忍冬科	锦带花属	
日本五针松	日本五须松、五钗松	*Pinus parviflora* Sieb. et Zucc.	松科	松属	
日本小檗	小檗、目木、红叶小檗等	*Berberis thunbergii* DC.	小檗科	小檗属	
S					
山莓	三月泡、四月泡、山抛子、刺葫芦、树莓等	*Rubus corchorifolius* L. f	蔷薇科	悬钩子属	
水鬼蕉	蜘蛛兰	*Hymenocallis littoralis* (Jacq.) Salisb.	石蒜科	水鬼蕉属	

植物名称	别名	拉丁名	科	属	图例
苏丹凤仙花	非洲凤仙、玻璃翠等	*Impatiens walleriana* Hook. f.	凤仙花科	凤仙花属	
丝葵	华盛顿椰子、加州葵、华盛顿棕榈、华盛顿棕等	*Washingtonia filifera* (Lind. ex Andre) H. Wendl.	棕榈科	丝葵属	
蒜香藤	紫铃藤、张氏紫葳	*Mansoa alliacea* (Lam.) A. H. Gentry	紫葳科	蒜香藤属	
丝瓜	无	*Luffa cylindrica* (L.) Roem.	葫芦科	丝瓜属	
四季海棠	玻璃翠、四季秋海棠等	Begonia semperflorens Link et Otto	秋海棠科	秋海棠属	
三叶木通	八月瓜藤、三叶拿藤、八月楂等	*Akebia trifoliata* (Thunb.) Koidz.	木通科	木通属	
丝兰	洋波萝	*Yucca smalliana* Fern.	百合科	丝兰属	

植物名称	别名	拉丁名	科	属	图例
鼠尾草	山陵翘、乌草、水青等	*Salvia japonica* Thunb.	唇形科	鼠尾草属	
石竹	洛阳花	*Dianthus chinensis* L.	石竹科	石竹属	
蓍	蓍草、欧蓍、千叶蓍等	*Achillea millefolium* L.	菊科	蓍属	
蛇鞭菊	麒麟菊、猫尾花	*Liatris spicata*（L.）Willd	菊科	蛇鞭菊属	
松果菊	紫锥花、紫锥菊、紫松果菊	*Echinacea purpurea*（Linn.）Moench	菊科	松果菊属	
四季桂	无	*Osmanthus fragrans* var. *semperflorens*	木犀科	木犀属	
柿	无	*Diospyros kaki* Thunb.	柿科	柿属	
水葱	蒲苹、水丈葱等	*Scirpus validus* Vahl	莎草科	藨草属	
山梅花	白毛山梅花、毛叶木通等	*Philadelphus incanus* Koehne	虎耳草科	山梅花属	

植物名称	别名	拉丁名	科	属	图例
酸枣	枣树、枣子、红枣树等	*Ziziphus jujuba* Mill. var. *spinosa*（Bunge）Hu ex H. F. Chow	鼠李科	枣属	
水曲柳	东北栲	*Fraxinus mandshurica* Rupr.	木犀科	栲属	
水杉	梳子杉、活化石等	*Metasequoia glyptostroboides* Hu et Cheng	杉科	水杉属	
珊瑚树	法国冬青、极香荚蒾、早禾树等	*Viburnum odoratissimum* Ker-Gawl	忍冬科	荚蒾属	
苏铁	铁树、凤尾草、凤尾蕉、凤尾松等	*Cycas revoluta* Thunb.	苏铁科	苏铁属	
十大功劳	老鼠刺、猫儿头、黄天竹、土黄柏等	*Mahonia fortunei*（Lindl.）Fedde	小檗科	十大功劳属	
桑	家桑、桑树	*Morus alba* L.	桑科	桑属	
芍药	红芍药、将离、没骨花、含巴高等	*Paeonia lactiflora* Pall.	毛茛科	芍药属	

植物名称	别名	拉丁名	科	属	图例
矢车菊	蓝芙蓉、车轮花等	*Centaurea cyanus* L.	菊科	矢车菊属	
三色堇	三色堇菜、猫儿脸、蝴蝶花、猫脸花、鬼脸花等	*Viola tricolor* L.	堇菜科	堇菜属	
蜀葵	一丈红、麻杆花、棋盘花、斗蓬等	*Althaea rosea* (Linn.)Cavan.	锦葵科	蜀葵属	
梭鱼草	北美梭鱼草、海寿花	*Pontederia cordata* L.	雨久花科	梭鱼草属	
睡莲	子午莲、香睡莲、白睡莲等	*Nymphaea tetragona*	睡莲科	睡莲属	
水苋菜	细叶水苋、浆果水苋	*Ammannia baccifera* L.	千屈菜科	水苋菜属	
水松	无	*Glyptostrobus pensilis* (Staunt.) Koch	杉科	水松属	
石菖蒲	九节菖蒲、紫耳、石娱蚣、香草等	*Acorus tatarinowii*	天南星科	菖蒲属	

植物名称	别名	拉丁名	科	属	图例
沙棘	醋柳、酸刺、黑刺等	*Hippophae rhamnoides* L.	胡颓子科	沙棘属	
沙枣	香柳、银柳等	*Elaeagnus angustifolia* Linn.	胡颓子科	胡颓子属	
杉木	沙木、沙树等	*Cunninghamia lanceolata* (Lamb.) Hook.	杉科	杉木属	
使君子	留求子、史君子、五棱子、索子果等	*Quisqualis indica* L.	使君子科	使君子属	
随意草	芝麻花、假龙头等	*Physostegia virginiana* (L.) Benth.	唇形科	随意草属	
四照花	山荔枝	*Dendrobenthamia japonica* (DC.) Fang var. *Chinensis* (Osborn.) Fang	山茱萸科	四照花属	
水仙	凌波仙子、金盏银台、玉玲珑等	*Narcissus tazetta* L. var. *chinensis* Roem.	石蒜科	水仙属	
山杨	大叶杨、响叶杨、麻嘎勒等	*Populus davidiana*	杨柳科	杨属	

植物名称	别名	拉丁名	科	属	图例
山杏	野山杏、西柏利亚杏等	*Armeniaca sibirica* (L.) Lam.	蔷薇科	杏属	
三角槭	三角枫	*Acer buergerianum* Miq.	槭树科	槭属	
洒金千头柏	无	*Platvcladus orientalis* Aurea Nana	柏科	侧柏属	
山楂	山里红	*Crataegus pinnatifida*	蔷薇科	山楂属	
鼠李	大绿、女儿茶、牛李子、臭李子等	*Rhamnus davurica* Pall.	鼠李科	鼠李属	
山桃	野桃、山毛桃等	*Amygdalus davidiana* (Carrière) de Vos ex Henry	蔷薇科	桃属	
水罂粟	水金英	*Hydrocleys nymphoides*	花蔺科	水罂粟属	
山牵牛	大花山牵牛、大花老鸦嘴	*Thunbergia grandiflora* (Rottl. ex Willd.) Roxb.	爵床科	山牵牛属	
石楠	山官木、千年红、凿木等	*Photinia serrulata* Lindl.	蔷薇科	石楠属	

续表

植物名称	别名	拉丁名	科	属	图例
石蒜	龙爪花、蟑螂花	*Lycoris radiata* （L'Her.）Herb	石蒜科	石蒜属	
散尾葵	黄椰子	*Chrysalidocarpus lutescens* H. Wendl.	棕榈科	散尾葵属	
蛇莓	蛇泡草、龙吐珠、三爪风	*Duchesnea indica* （Andr.）Focke	蔷薇科	蛇莓属	
素心蜡梅	素心腊梅	*Chimonanthus praecox* cv. Luteus	蜡梅科	蜡梅属	
薯蓣	野山豆、野脚板薯、面山药等	*Dioscorea opposita* Thunb.	薯蓣科	薯蓣属	
湿地松	美松、爱氏松等	*Pinus elliottii* Engelm.	松科	松属	
水鳖	苤菜、马尿花等	*Hydrocharis dubia*	水鳖科	水鳖属	
四角菱	野菱角	*Trapa quadrispinosa* Roxb.	菱科	菱属	

植物名称	别名	拉丁名	科	属	图例
水皮莲	水鬼莲、银莲化、水浮莲	*Nymphoides cristatum* (Roxb.) O. Kuntze	龙胆科	莕菜属	
生石花	石头花、石头玉、象蹄、元宝等	*Lithops* N. E. Br	番杏科	生石花属	
沙漠玫瑰	天宝花	*Adenium obesum.*	夹竹桃科	天宝花属	
娑罗树	娑罗双、波罗叉树、摩诃娑罗树、沙罗树、娑罗双树等	*Shorea robusta* Gaertn.	龙脑香科	娑罗双属	
穗状狐尾藻	泥茜、聚藻、金鱼藻	*Myriophyllum spicatum* L.	小二仙草科	狐尾藻属	
肾蕨	篦子草、蜈蚣草等	*Nephrolepis auriculata* (L.) Trimen	肾蕨科	肾蕨属	
水麻	柳莓、水麻桑、水麻叶、沙连泡、赤麻、水冬瓜等	*Debregeasia orientalis* C. J. Chen	荨麻科	水麻属	
水竹	毛竹、江南竹、水胖竹等	*Phyllostachys heteroclada* Oliver	禾本科	刚竹属	

植物名称	别名	拉丁名	科	属	图例
水芹	水芹菜、野芹菜	*Oenanthe javanica* (Blume) DC.	伞形科	水芹属	
伞房决明	无	*Cassia corymbosa*	豆科	决明属	
三球悬铃木	法国梧桐、祛汗树、净土树、悬铃木等	*Platanus orientalis* L.	悬铃木科	悬铃木属	
色木槭	五角枫、五角槭等	*Acer mono* Maxim.	槭树科	槭属	
山玉兰	优昙花、山菠萝	*Magnolia delavayi* Franch.	木兰科	木兰属	
山樱花	樱花、野生福岛樱	*Cerasus serrulata* (Lindl.) G. Don ex London	蔷薇科	樱属	
山茶	茶花	*Camellia japonica* L.	山茶科	山茶属	
水烛	水蜡烛、蒲草等	*Typha angustata*	香蒲科	香蒲属	

植物名称	别名	拉丁名	科	属	图例
蒜	大蒜头、独蒜、胡蒜等	*Allium sativum*	百合科	葱属	
水榆花楸	花楸、黄山榆、枫榆、千筋树等	*Sorbus aluifolia* (Sieb. et Zucc.) K. Koch	蔷薇科	花楸属	
松毛火绒草	火草、小地松	*Leontopodium andersonii* C. B. Clarke	菊科	火绒草属	
石莲	莲花还阳、碎骨还阳、狗牙还阳等	*Sinocrassula indrca* (Decne.) Berger	景天科	石莲属	
石榴	安石榴、山力叶、丹若、若榴木	*Punica granatum* L.	石榴科	石榴属	
沙冬青	蒙古沙冬青、冬青蒙古黄花木等	*Ammopiptanthus mongolicus*	豆科	沙冬青属	
三角酢浆草	百花酢浆草、山酢浆草	*Oxalis acetosella* L. subsp. *japonica* Hara	酢浆草科	酢浆草属	

		T			
植物名称	别名	拉丁名	科	属	图例
天竺葵	洋绣球、石腊红、洋葵、木海棠等	*Pelargonium hortorum* Bailey	牻牛儿苗科	天竺葵属	
天师栗	猴板栗、娑罗果等	*Aesculus wilsonii* Rehd.	七叶树科	七叶树属	
唐松草	草黄连、马尾连、黑汉子腿、土黄连等	*Thalictrum aquilegifolium* Linn. var. *sibiricum* Regel et Tiling	毛茛科	唐松草属	
铁苋菜	海蚌含珠、蚌壳草	*Acalypha australis* L.	大戟科	铁苋菜属	
台湾相思	相思树、相思仔、台湾柳	*Acacia confusa* Merr.	豆科	金合欢属	
藤本月季	藤蔓月季、爬藤月季、爬蔓月季等	*Morden cvs. of Chlimbers and Ramblers*	蔷薇科	蔷薇属	
田菁	碱青、劳豆等	*Sesbania cannabina* (Retz.) Poir.	豆科	田菁属	
铁力木	铁棱、铁栗木等	*Mesua ferrea* L.	藤黄科	铁力木属	

植物名称	别名	拉丁名	科	属	图例
桃金娘	岗稔	*Rhodomyrtus tomentosa*	桃金娘科	桃金娘属	
昙花	琼花、昙华、风花、月下美人等	*Epiphyllum oxypetalum* (DC.) Haw.	仙人掌科	昙花属	
太平花	太平瑞圣花、京山梅花、白花结	*Philadelphus pekinensis* Rupr.	虎耳草科	山梅花属	
铁线莲	无	*Clematis florida* Thunb.	毛茛科	铁线莲属	
唐菖蒲	菖兰、剑兰、十样锦、荸荠莲等	*Gladiolus gandavensis* Vaniot Houtt	鸢尾科	唐菖蒲属	
探春花	迎夏、鸡蛋黄、牛虱子	*Jasminum floridum* Bunge	木犀科	素馨属	
天南星	虎掌半夏、大半夏、独足伞等	*Arisaema heterophyllum* Blume	天南星科	天南星属	
绦柳	垂旱柳、条柳等	*Salix matsudana* var. *matsudana* f. *pendula* Schneid.	杨柳科	柳属	

续表

植物名称	别名	拉丁名	科	属	图例
土荆芥	臭草、杀虫芥、鹅脚草	*Chenopodium ambrosioides* L.	藜科	藜属	
菟丝子	豆寄生、无根草、黄丝、金丝藤、无娘藤等	*Cuscuta chinensis* Lam.	旋花科	菟丝子属	
糖芥	粮芥	*Erysimum bungei* (Kitag.) Kitag.	十字花科	糖芥属	
天蓝绣球	锥花福禄考、草夹竹桃、宿根福禄考等	*Phlox paniculata* L.	花葱科	天蓝绣球属	
铜钱树	鸟不宿、钱串树、金钱树、刺凉子等	*Paliurus hemsleyanus* Rehd.	鼠李科	马甲子属	
桃	白桃、毛桃、桃树等	*Amygdalus persica* L.	蔷薇科	桃属	
塔柏	三仙柏	*Sabina chinensis* (L.) Ant. ʹ*Pyramidalis*ʹ	柏科	圆柏属	
土木香	青木香	*Inula helenium* L.	菊科	旋覆花属	

植物名称	别名	拉丁名	科	属	图例
		W			
五加	白簕树、五叶路刺、白刺尖、五叶木	*Acanthopanax gracilistylus* W. W. Smith	五加科	五加属	
无花果	奶浆果、映日果、蜜果、树地瓜、文先果、明目果等	*Ficus carica* Linn.	桑科	榕属	
卫矛	鬼箭羽、四棱树、干筩子	*Euonymus alatus* (Thunb.) Sieb.	卫矛科	卫矛属	
梧桐	青桐、桐麻等	*Firmiana platanifolia* (L. f.) Marsili	梧桐科	梧桐属	
乌桕	腊子树、柏子树、木子树等	*Sapium sebiferum* (L.) Roxb.	大戟科	乌桕属	
五味子	五梅子、山花椒等	*Schisandra chinensis*	木兰科	五味子属	
无患子	油患子、苦患树、黄目树等	*Sapindus mukorossi* Gaertn.	无患子科	无患子属	
勿忘草	勿忘我等	*Myosotis silvatica* Ehrh. ex Hoffm.	紫草科	勿忘草属	

续表

植物名称	别名	拉丁名	科	属	图例
万寿菊	臭芙蓉、蜂窝菊、臭菊花等	*Tagetes erecta* L.	菊科	万寿菊属	
王莲	无	*Victoria regia* Lindl.	睡莲科	王莲属	
晚香玉	夜来香、月下香等	*Polianthes tuberosa* L.	石蒜科	晚香玉属	
乌蔹莓	乌蔹草、五叶藤、五爪龙、虎葛等	*Cayratia japonica* (Thunb.) Gagnep.	葡萄科	乌蔹莓属	
乌苏里狐尾藻	三裂狐尾藻、乌苏里聚藻等	*Myriophyllum propinquum* A. Cunn.	小二仙草科	狐尾藻属	
豌豆	雪豆、荷兰豆等	*Pisum sativum*	豆科	豌豆属	
文心兰	跳舞兰、金蝶兰、瘤瓣兰、舞女兰等	*Oncidium hybridum*	兰科	文心兰属	
网纹草	花脉爵床	Fittonia verschaffeltii (Lemaire) van Houtte	爵床科	网纹草属	

植物名称	别名	拉丁名	科	属	图例
文竹	云片竹、刺文竹等	*Asparagus setaceus*	天门冬科	天门冬属	
蜈蚣草	无	*Pteris vittata* L.	凤尾蕨科	凤尾蕨属	
微齿眼子菜	黄丝草	*Potamogeton maackianus* A. Benn.	眼子菜科	眼子菜属	
文殊兰	文珠兰	*Crinum asiaticum* L. var. *sinicum* (Roxb. ex Herb.) Baker	石蒜科	文殊兰属	
蚊母树	蚊母、米心树等	*Distylium racemosum*	金缕梅科	蚊母树属	
蝟实	猬实、千层皮	*Kolkwitzia amabilis* Geaebn	忍冬科	蝟实属	
文冠果	文冠树、文光果、木瓜、崖木瓜等	*Xanthoceras sorbifolia* Bunge	无患子科	文冠果属	
芜萍	萍沙、无根萍、微萍	*Wolffia arrhiza* (L.) Wimmer	浮萍科	浮萍属	

续表

植物名称	别名	拉丁名	科	属	图例
问荆	接续草、空心草、节节草、接骨草等	*Equisetum arvense* L.	木贼科	木贼属	
万年青	白河车、开口剑、铁扁担等	*Rohdea japonica* (Thunb.) Roth	百合科	万年青属	
五彩苏	洋紫苏、锦紫苏等	*Coleus scutellarioides* (L.) Benth.	唇形科	鞘蕊花属	
王棕	大王椰子	*Roystonea regia* (Kunth) O. F. Cook	棕榈科	王棕属	
五彩芋	花叶芋、彩叶芋、独角芋等	*Caladium bicolor* (Ait.) Vent	天南星科	五彩芋属	
五叶地锦	美国地锦、三角风、五花藤等	*Parthenocissus quinquefolia* (L.) Planch.	葡萄科	地锦属	
X					
腺柳	河柳	*Salix chaenomeloides*	杨柳科	柳属	

植物名称	别名	拉丁名	科	属	图例
蟹爪兰	圣诞仙人掌、蟹爪莲、螃蟹兰等	*Schlumlergera truncata* (Haw.) K. Schum.	仙人掌科	蟹爪兰属	
细叶结缕草	天鹅绒草	*Zoysia tenuifolia* Willd. ex Trin.	禾本科	结缕草属	
细叶芒	拉手笼	*Miscanthus sinensis* cv.	禾本科	芒属	
绣线菊	柳叶绣线菊、珍珠梅等	*Spiraea salicifolia*	蔷薇科	绣线菊属	
苋	雁来红、老来少、三色苋等	*Amaranthus tricolor*	苋科	苋属	
橡胶树	三叶橡胶、橡皮树、巴西橡胶	Hevea brasiliensis (Willd. ex A. Juss.) Muell. Arg.	大戟科	橡胶树属	
萱草	黄花菜、金针菜、忘萱草等	*Hemerocallis fulva* (L.) L.	百合科	萱草属	
香石竹	狮头石竹、康乃馨、大花石竹等	*Dianthus caryophyllus* L.	石竹科	石竹属	

植物名称	别名	拉丁名	科	属	图例
莕菜	金莲子、莲叶荇菜、莲叶莕菜	*Nymphoides peltatum*（Gmel.）O. Kuntze	龙胆科	莕菜属	
香豌豆	花豌豆、麝香豌豆等	*Lathyrus odoratus*	豆科	山黧豆属	
香雪球	喷雪花、小白花等	*Lobularia maritima*（Linn.）Desv.	十字花科	香雪球属	
向日葵	朝阳花、丈菊等	*Helianthus annuus* L.	菊科	向日葵属	
小鸡爪槭（栽培变种）	细叶鸡爪槭等	*Acer palmatum* Thunb. var. *tehunbergii* Pax	槭树科	槭属	
杏	杏树、杏花等	*Armeniaca vulgaris* Lam.	蔷薇科	杏属	
西洋接骨木	无	*Sambucus nigra* L.	忍冬科	接骨木属	
雪松	宝塔松、香柏等	*Cedrus deodara*（Roxb.）G. Don	松科	雪松属	

植物名称	别名	拉丁名	科	属	图例
雪莲花	雪莲、荷莲	*Saussurea involucrata* (Kar. et Kir.) Sch. -Bip.	菊科	风毛菊属	
仙人掌	仙巴掌、观音掌等	*Opuntia stricta* (Haw.) Haw. var. *dillenii* (Ker-Gawl.) Benson	仙人掌科	仙人掌属	
香蒲	东方香蒲、蒲草、水蜡烛等	*Typha orientalis*	香蒲科	香蒲属	
仙客来	兔耳花、兔子花、一品冠等	*Cyclamen persicum* Mill.	报春花科	仙客来属	
香薷	香茹草、德昌香薷、蚂蝗痧、野芝麻、野芭子等	*Elsholtzia ciliata* (Thunb.) Hyland.	唇形科	香薷属	
细茎针茅	墨西哥羽毛草、细茎针芒、利坚草	*Stipa tenuissima*	禾本科	针茅属	
孝顺竹	无	*Bambusa multiplex* (Lour.) Raeuschel . ex Schult	禾本科	簕竹属	
西府海棠	海红、子母海棠、小果海棠等	*Malus×micromalus* Makino	蔷薇科	苹果属	

续表

植物名称	别名	拉丁名	科	属	图例
香橼	拘橼、枸橼子	*Citrus medica* L.	芸香科	柑橘属	
小葫芦	药葫、苦葫芦、瓠等	*Lagenaria siceraria* (Molina) Standl. var. *microcarpa* (Naud.) Hara	葫芦科	葫芦属	
香椿	春芽子、香椿皮、椿菜、毛椿等	*Toona sinensis* (A. Juss.) Roem.	楝科	香椿属	
西番莲	转心莲、西洋鞠等	*Passiflora coerulea* L.	西番莲科	西番莲属	
小香蒲	无	*Typha minima*	香蒲科	香蒲属	
小沙冬青	矮沙冬青、新疆沙冬青	*Ammopiptanthus nanus*	豆科	沙冬青属	
小叶女贞	无	*Ligustrum quihoui* Carr.	木犀科	女贞属	
雪柳	五谷树、挂梁青	*Fontanesia fortunei* Carr.	木犀科	雪柳属	

植物名称	别名	拉丁名	科	属	图例
小龙柏	无	*Sabina chinensis*（L.）Ant. var. *chinensiscv*. Kaizuca	柏科	圆柏属	
香根草	岩兰草	*Vetiveria zizanioides*（L.）Nash	禾本科	香根草属	
须芒草	无	*Andropogon yunnanensis* Hack.	禾本科	须芒草属	
小叶杨	南京白杨、河南杨、明杨、青杨	*Populus simonii* Carr.	杨柳科	杨属	
香花槐	富贵树	*Robinia pseudoacacia cv.* idaho	豆科	刺槐属	
锈鳞木犀榄	尖叶木犀榄	*Olea ferruginea* Royle	木犀科	木犀榄属	
夏雪片莲	夏十样锦、雪片莲	*Leucojum aestivum* L.	石蒜科	雪片莲属	
小叶黄杨	锦熟黄杨、黄杨木、瓜子黄杨等	*Buxus sinica*（Rehd. et Wils.）Cheng subsp. *sinica* var. *parvifolia* M. Cheng	黄杨科	黄杨属	

植物名称	别名	拉丁名	科	属	图例
小天蓝绣球	雁来红、金山海棠、福禄考	*Phlox drummondii* Hook.	花荵科	天蓝绣球属	
细枝岩黄耆	花棒、花子柴、花帽和牛尾梢	*Hedysarum scoparium* Fisch. et Mey.	豆科	岩黄耆属	
细齿草木樨	草木樨	*Melilotus dentatus* (Waldst. et kit.) Pers.	豆科	草木樨属	
绣球荚蒾	绣球、八仙化、木绣球等	*Viburnum macrocephalum* Fort.	忍冬科	荚蒾属	
肖竹芋	无	*Calathea ornata* (Lindl.) Koern.	竹芋科	肖竹芋属	
Y					
岩牡丹	七星牡丹	*Ariocarpus retusus*	仙人掌科	岩牡丹属	
偃松	矮松、爬松等	*Pinus pumila* (Pall.) Regel	松科	松属	
鸢尾	蓝蝴蝶、紫蝴蝶等	*Iris tectorum*	鸢尾科	鸢尾属	

植物名称	别名	拉丁名	科	属	图例
沿阶草	无	*Ophiopogon bodinieri*	百合科	沿阶草属	
榆叶梅	小桃红等	*Amygdalus triloba* (Lindl.) Ricker	蔷薇科	桃属	
一枝黄花	无	*Solidago decurrens* Lour.	菊科	一枝黄花属	
银杏	白果、公孙树等	*Ginkgo biloba* L.	银杏科	银杏属	
郁金香	洋荷花、草麝香、郁香等	*Tulipa gesneriana*	百合科	郁金香属	
野老鹳草	老鹳嘴、老鸦嘴、福雀草、鬼针子等	*Geranium carolinianum*	牻牛儿苗科	老鹳草属	
野豌豆	大巢菜、肥田菜、滇野豌豆等	*Vicia sepium* L.	豆科	野豌豆属	
油桐	桐油树、桐子树、荏桐等	*Vernicia fordii* (Hemsl.) Airy Shaw	大戟科	油桐属	

植物名称	别名	拉丁名	科	属	图例
益母草	九重楼、益母艾、红花艾等	*Leonurus artemisia* (Laur.) S. Y. Hu	唇形科	益母草属	
月季花	月季、月月红、月月花、长春花、四季花、胜春等	*Rosa chinensis* Jacq.	蔷薇科	蔷薇属	
迎春花	迎春、小黄花、金腰带、清明花等	*Jasminum nudiflorum* Lindl.	木犀科	素馨属	
玉兰	白玉兰、木兰、望春花、玉堂春等	*Magnolia denudata* Desr.	木兰科	木兰属	
玉簪	玉春棒、白鹤花、玉泡花、白花玉簪等	*Hosta plantaginea* (Lam.) Aschers.	百合科	玉簪属	
油松	短叶松、短叶马尾松、红皮松等	*Pinus tabulaeformis* Carr.	松科	松属	
椰子	可可椰子	*Cocos nucifera* L.	棕榈科	椰子属	
一品红	草木象牙红、老来娇、猩猩木等	*Euphorbia pulcherrima* Willd. et Kl.	大戟科	大戟属	
燕子花	平叶鸢尾、光叶鸢尾	*Iris laevigata*	鸢尾科	鸢尾属	

植物名称	别名	拉丁名	科	属	图例
榆树	家榆、钱榆、白榆等	*Ulmus pumila* L.	榆科	榆属	
樱桃	莺桃、荆桃、楔桃、英桃、牛桃等	*Cerasus pseudocerasus* (Lindl.)G. Don	蔷薇科	樱属	
鱼尾葵	假桃榔、青棕、果株	*Caryota ochlandra* Hance	棕榈科	鱼尾葵属	
云杉	大果云杉、大云杉、异鳞云杉等	*Picea asperata* Mast.	松科	云杉属	
银桦	无	*Grevillea robusta* A. Cunn. ex R. Br.	山龙眼科	银桦属	
元宝槭	平基槭、五脚树、元宝树等	*Acer truncatum* Bunge	槭树科	槭属	
羽扇豆	无	*Lupinus micranthus*	豆科	羽扇豆属	
一串红	炮仔花、象牙红、西洋红、墙下红等	*Salvia splendens* Ker-Gawl.	唇形科	鼠尾草属	

续表

植物名称	别名	拉丁名	科	属	图例
羊蹄甲	玲甲花	*Bauhinia purpurea* L.	豆科	羊蹄甲属	
银白杨	无	*Populus alba*	杨柳科	杨属	
野蔷薇	墙靡、刺花、多花蔷薇、蔷薇等	*Rosa multiflora* Thunb.	蔷薇科	蔷薇属	
油柿	漆柿、方柿、绿柿、椑柿、青椑等	*Diospyros oleifera* Cheng	柿科	柿属	
杨梅	山杨梅、朱红、树梅等	*Myrica rubra*（Lour.）S. et Zucc.	杨梅科	杨梅属	
圆叶牵牛	圆叶牵头、喇叭花、紫花牵牛等	*Pharbitis purpurea*（L.）Voisgt	旋花科	牵牛属	
玉叶金花	白纸扇、白蝴蝶、白叶子、凉藤、蝴蝶藤、黄蜂藤等	*Mussaenda pubescens* Ait. f.	茜草科	玉叶金花属	

植物名称	别名	拉丁名	科	属	图例
月见草	晚樱草、夜来香、山芝麻、野油菜等	*Oenothera biennis* L.	柳叶菜科	月见草属	
云苔	油菜	*Brassica campestris* L.	十字花科	芸苔属	
虞美人	丽春花、赛牡丹、锦被花、百般娇、虞美人花等	*Papaver rhoeas* L.	罂粟科	罂粟属	
异叶南洋杉	澳洲杉、诺和克南洋杉、锥叶南洋杉等	*Araucaria heterophylla* (Salisb.) Franco	南洋杉科	南洋杉属	
云实	天豆、马豆、药王子、水皂角、铁场豆等	*Caesalpinia decapetala* (Roth) Alston	豆科	云实属	
野牡丹	紫牡丹等	*Paeonia delavayi* Franch.	毛茛科	芍药属	
野牛草	无	*Buchloe dactyloides* (Nutt.) Engelm.	禾本科	野牛草属	

续表

植物名称	别名	拉丁名	科	属	图例
圆叶茅膏菜	毛毡苔、捕虫草等	*Drosera rotundifolia* L.	茅膏菜科	茅膏菜属	
延药睡莲	蓝睡莲、白花睡莲、紫浮莲等	Nymphaea stellata	睡莲科	睡莲属	
眼子菜	鸭子草、水案板、水上漂等	*Potamogeton distinctus* A. Benn.	眼子菜科	眼子菜属	
一年蓬	千层塔、野蒿、治疟草等	*Erigeron annuus* (L.) Pers.	菊科	飞蓬属	
野菊	疟疾草、路边黄、山菊花、野黄菊等	*Dendranthema indicum* (L.) Des Moul.	菊科	菊属	
柚	抛、柚子、文旦等	*Citrus maxima* (Burm.) Merr.	芸香科	柑橘属	
野胡萝卜	鹤虱草	*Daucus carota* L.	伞形科	胡萝卜属	

植物名称	别名	拉丁名	科	属	图例
野迎春	云南黄馨、云南黄素馨、金腰带等	*Jasminum mesnyi* Hance	木犀科	素馨属	
薏苡	川谷	*Coix lacryma-jobi* L.	禾本科	薏苡属	
印度榕	橡皮树、印度橡皮树、缅树等	*Ficus elastica* Roxb. ex Hornem.	桑科	榕属	
雨久花	浮蔷、蓝花草等	*Monochoria korsakowii*	雨久花科	雨久花属	
盐地风毛菊	盐地凤毛菊等	*Saussurea salsa*	菊科	风毛菊属	
玉竹	萎、地管子、尾参、铃铛菜等	*Polygonatum odoratum*	百合科	黄精属	
夜来香	夜香花、夜兰香	*Telosma cordata* (Burm. f.) Merr.	萝藦科	夜香香属	

续表

植物名称	别名	拉丁名	科	属	图例
月桂	月桂树、香叶树等	*Laurus nobilis* L.	樟科	月桂属	
银叶菊	雪叶菊、白绒毛矢车菊	*Centaurea cineraia* DC	菊科	千里光属	
羊踯躅	黄杜鹃、羊不食草等	*Rhododendron molle*（Blume）G. Don	杜鹃花科	杜鹃属	
盐角草	海蓬子、草盐角、抽筋菜等	*Salicornia europaea* L.	藜科	盐角草属	
隐棒花	沙滩草	*Cryptocoryne sinensis*	天南星科	隐棒花属	
羽衣甘蓝	无	*Brassica oleracea* L. var. *acephala* DC. f. *tricolor* Hort.	十字花科	芸苔属	
圆柏	桧、刺柏、红心柏、珍珠柏	*Sabina chinensis*（L.）Ant.	柏科	圆柏属	
盐肤木	五倍子树、五倍柴、盐肤子等	*Rhus chinensis* Mill.	漆树科	盐肤木属	

植物名称	别名	拉丁名	科	属	图例
中国无忧花	无忧花、火焰花等	*Saraca dives*	豆科	无忧花属	
再力花	水竹芋、水莲蕉、塔利亚	*Thalia dealbata* Fraser	竹芋科	再力花属	
枣	枣树、枣子、大枣、刺枣、贯枣等	*Ziziphus jujuba* Mill.	鼠李科	枣属	
针茅	无	*Stipa capillata* L.	禾本科	针茅属	
珍珠梅	山高粱条子、高楷子、八本条等	*Sorbaria sorbifolia* (L.) A. Br.	蔷薇科	珍珠梅属	
中华绣线菊	铁黑汉条、华绣线菊	*Spiraea chinensis* Maxim.	蔷薇科	绣线菊属	
朱顶红	红花莲、华胄兰	*Hippeastrum rutilum* (Ker-Gawl.) Herb.	石蒜科	朱顶红属	
梓	花楸、水桐、河楸、臭梧桐、黄花楸、水桐楸、木角豆等	*Catalpa ovata* G. Don	紫葳科	梓属	

续表

植物名称	别名	拉丁名	科	属	图例
紫丁香	丁香、华北紫丁香、紫丁白等	*Syringa oblata* Lindl.	木犀科	丁香属	
紫花地丁	野堇菜、光瓣堇菜、辽堇菜等	*Viola philippica*	堇菜科	堇菜属	
紫荆	裸枝树、紫珠等	*Cercis chinensis* Bunge	豆科	紫荆属	
紫罗兰	草桂花、草紫罗兰等	*Matthiola incana*（L.）R. Br.	十字花科	紫罗兰属	
紫藤	朱藤、招藤、招豆藤、藤萝等	*Wisteria sinensis*	豆科	紫藤属	
紫菀	青苑、青牛舌头花、还魂草、山白菜、驴耳朵菜等	*Aster tataricus* L. f.	菊科	紫菀属	
紫薇	百日红、满堂红、痒痒树等	*Lagerstroemia indica* L.	千屈菜科	紫薇属	
紫叶李	红叶李、樱桃李等	*Prunus cerasifera* Ehrhar f. *atropurpurea*（Jacq.）Rehd.	蔷薇科	李属	

植物名称	别名	拉丁名	科	属	图例
紫竹梅	紫叶鸭跖草、紫锦草	*Setcreasea purpurea* Boom.	鸭跖草科	紫竹梅属	
紫玉兰	木兰、辛夷、木笔等	*Magnolia liliflora* Desr.	木兰科	木兰属	
紫御谷	无	*Pennisetum glaucum*	禾本科	狼尾草属	
紫珠	珍珠枫、漆大伯、大叶鸦鹊饭、白木姜、爆竹紫等	*Callicarpa bodinieri* Levl.	马鞭草科	紫珠属	
棕榈	栟棕、棕树等	*Trachycarpus fortunei* (Hook.) H. Wendl.	棕榈科	棕榈属	
樟	香樟、芳樟、樟木等	*Cinnamomum camphora* (L.) presl.	樟科	樟属	
醉鱼草	闭鱼花、痒见消、鱼尾草、槐木、五霸蔷、阳包树、雉尾花、鱼鳞子等	*Buddleja lindleyana*	马钱科	醉鱼草属	
栀子	栀子花、黄栀子、山栀子等	*Gardenia jasminoides* Ellis	茜草科	栀子属	

植物名称	别名	拉丁名	科	属	图例
窄冠侧柏	黄柏、香柏、扁柏等	*Platycladus orientalis*（L.）Franco 'Zhaiguancebai'	柏科	侧柏属	
菹草	虾藻、虾草、鹅草等	*Potamogeton crispus* L.	眼子菜科	眼子菜属	
紫萼	紫鹤、竹节三七等	*Hosta ventricosa*（Saliab.）Stearn	百合科	玉簪属	
紫万年青	紫背万年青、蚌花等	*Rhoeo discolor*（L Her.）Hance.	鸭跖草科	紫万年青属	
紫叶榛	无	*corylus maxima purpurea*	桦木科	榛属	
沼楠	无	*Phoebe angustifolia* Meissn.	樟科	楠属	
中华水韭	华水韭、海枝草等	*Isoetes sinensis* Palmer	水韭科	水韭属	
沼泽蕨	金星蕨	*Thelypteris palustris*（L.）Schott	金星蕨科	沼泽蕨属	

植物名称	别名	拉丁名	科	属	图例
竹叶眼子菜	箬叶藻、马来眼子菜	*Potamogeton malaianus* Miq.	眼子菜科	眼子菜属	
中间锦鸡儿	柠条等	*Caragana intermedia* Kuang et H. C. Fu	豆科	锦鸡儿属	
紫叶桃花	无	*Amygdalus persica* L. var. *persica*. f. *atropurpurea* Schneid.	蔷薇科	桃属	
珍珠绣线菊	雪柳、喷雪花、珍珠花	*Spiraea thunbergii* Bl.	蔷薇科	绣线菊属	
竹柏	椰树、罗汉柴、椤树、山杉等	*Podocarpus nagi*（Thunb.）Zoll. et Mor ex Zoll.	罗汉松科	罗汉松属	
紫露草	紫鸭跖草、原动花等	*Tradescantia reflexa* Raf.	鸭跖草科	紫露草属	
硃砂根	凉伞遮金珠、大罗伞、石青子等	*Ardisia crenata* Sims	紫金牛科	紫金牛属	
朱蕉	朱竹、铁树、红叶铁树、红铁树等	*Cordyline fruticosa*（L.）A. Cheval.	百合科	朱蕉属	

续表

植物名称	别名	拉丁名	科	属	图例
樟子松	海拉尔松、欧洲赤松、长白赤松等	*Pinus sylvestris* L. var. *mongholica* Litv.	松科	松属	
獐毛	小叶芦、马绊草等	*Aeluropus sinensis* (Debeaux) Tzvel.	禾本科	獐毛属	
竹叶草	多穗缩箬、竹节草等	*Oplismenus compositus* (L.) Beauv.	禾本科	求米草属	
纸沙阜	纸草、埃及莎草、埃及纸草	*Cyperus papyrus*	莎草科	莎草属	
早园竹	沙竹、桂竹、旱竹等	*Phyllostachys propinqua* McClure	禾本科	刚竹属	
皂荚	皂角、皂荚树、猪牙皂荚、悬刀、乌犀、鸡栖子等	*Gleditsia sinensis* Lam.	豆科	皂荚属	
紫穗槐	棉槐、椒条、穗花槐等	*Amorpha fruticosa* Linn.	豆科	紫穗槐属	

植物名称	别名	拉丁名	科	属	图例
泽泻	水泻、如意菜等	*Alisma plantago-aquatica* Linn.	泽泻科	泽泻属	
紫楠	紫金楠、金心楠、金丝楠、楠木、枇杷木、小叶嫩蒲柴等	*Phoebe sheareri* (Hemsl.) Gamble	樟科	楠属	
早熟禾	稍草、小青草、小鸡草、冷草、绒球草等	*Poa annua* L.	禾本科	早熟禾属	
棕竹	观音竹、筋头竹等	*Rhapis excelsa* (Thunb.) Henry ex Rehd.	棕榈科	棕竹属	
紫叶矮樱	无	*Prunus×cistena* N. E. Hansen ex Koehne	蔷薇科	李属	
钻天杨	美杨、美国白杨等	*Populus nigra* var. *italica* (Moench) Koehne	杨柳科	杨属	
朱槿	扶桑、大红花、佛桑、状元红等	*Hibiscus rosa-sinensis* Linn.	锦葵科	木槿属	
珍珠吊兰	绿之铃、佛珠、翡翠珠、翠珠等	*Senecio rowleyanus*	菊科	千里光属	

植物名称	别名	拉丁名	科	属	图例
中华猕猴桃	猕猴桃、阳桃、羊桃、羊桃藤、藤梨	*Actinidia chinensis* Planch.	猕猴桃科	猕猴桃属	
皱叶酸模	牛耳大黄、土大黄、四季菜豆等	*Rumex crispus* L.	蓼科	酸模属	
紫茉莉	夜饭花、胭脂花、状元花等	*Mirabilis jalapa* L.	紫茉莉科	紫茉莉属	
沼委陵菜	东北沼委陵菜	*Comarum palustre* L.	蔷薇科	沼委陵菜属	
诸葛菜	二月兰	*Orychophragmus violaceus* (L.) O. E. Schulz	十字花科	诸葛菜属	
枳	枸橘、臭橘、臭杞、雀不站等	*Poncirus trifoliata* (L.) Raf.	芸香科	枳属	
浙江红山茶	红花油茶、浙江山茶、浙江红花油茶	*Camellia chekiangoleosa* Hu	山茶科	山茶属	

植物名称	别名	拉丁名	科	属	图例
紫羊茅	红狐茅	*Festuca rubra* L.	禾本科	羊茅属	
中华金叶榆	金叶榆、美人榆	*Ulmus pumila* cv. jinye	榆科	榆属	
紫绿红景天	紫绿景天	*Rhodiola purpureoviridis* (Praeg.) S. H. Fu.	景天科	红景天属	
皱皮木瓜	贴梗海棠、铁脚梨、贴梗木瓜等	*Chaenomeles speciosa* (Sweet) Nakai	蔷薇科	木瓜属	
蜘蛛抱蛋	一叶兰、飞天蜈蚣、九龙盘等	*Aspidistra elatior* Blume	百合科	蜘蛛抱蛋属	
紫叶小檗	红叶小檗	*Berberis thunbergii var. atropurpurea* Chenault	小檗科	小檗属	
酢浆草	酸味草、鸠酸、酸醋酱等	*Oxalis corniculata* L.	酢浆草科	酢浆草属	

图 A.1 二十四节气代表植物

后　　记

　　本书的编写集合了环境景观设计理论、环境空间设计实践、景观植物学等多方面的专业教师，由王葆华、王璐艳担任主编；张斌、关伟锋担任副主编。各章的编写分工如下：王葆华负责编写第八章、第九章，王璐艳负责编写第一章、第二章、第六章，张斌负责编写第三章、第七章，关伟锋负责编写第四章、第五章。同时，肖红、栗笑寒、史雯澜、钱骏祥、余全红、张茜、姚兴、卢科全等研究生参与了本书的图文制作、处理和校阅工作，感谢他们的辛勤劳动和付出。

　　本书在编写过程中参考了大量的文献资料、硕博论文、期刊著作等，选用了一些设计公司的作品和大量的网络图片，在此向这些图片的版权所有者表示诚挚的谢意！由于客观原因，我们无法联系到您。如您能与我们取得联系，我们将在第一时间更正任何错误或疏漏。